이제 **오르비**가
학원을 재발명합니다

대치 오르비학원 내신관/학습관/입시센터 | 주소 : 서울 강남구 삼성로 61길 15 (은마사거리 도보 3분)
대치 오르비학원 수능입시관 | 주소 : 서울 강남구 도곡로 501 SM TOWER 1층 (은마사거리 위치)
| 대표전화 : 0507-1481-0368

오르비학원은

모든 시스템이 수험생 중심으로 더 강화됩니다.

모든 시설이 최고의 결과가 나올 수 있도록 설계됩니다.

집중을 위해 오르비학원이 수험생 옆으로 다가갑니다.

오르비학원과 시작하면

원하는 대학문이 가장 빠르게 열립니다.

출발의 습관은 수능날까지 계속됩니다.
형식적인 상담이나
관리하고 있다는 모습만 보이거나
학습에 전혀 도움이 되지 않는
보여주기식의 모든 것을 배척합니다.

쓸모없는 강좌와 할 수 없는 계획을 강요하거나
무모한 혹은 무리한 스케줄로
1년의 출발을 무의미하게 하지 않습니다.
형식은 모방해도 내용은 모방할 수 없습니다.

개인의 능력을 극대화 시킬 모든 계획이 오르비학원에 있습니다.

Show and Prove

1

수리논술을 위한 Basic Logic & 수학 1

SaP 시리즈 저자

김기대 T

– 학력
  고려대학교 수학과 (수리논술 합격 + 당해 수능 가형 100점)
– 강의
  시대인재   오르비 by 매시브   인클래스 (온라인 수강 사이트)
– 저서
  수능수학 : 기대모의고사, 기대 N제 저자 (2015~)
  수리논술 : Show and Prove 1, 2, 3편 저자 (2023~)
           대학별 분석서 (2025~, 예정)

박민서

– 학력 : 한양대학교 자연과학대학 (수리논술 합격)
– 저서 : Show and Prove 1, 2편 공동 저자 (2025~)
         대학별 분석서 공동 저자 (2025~, 예정)

검토진

김기준	서울대학교 수학교육과	이지훈	연세대학교 공과대학 (수리논술 합격)
전준현	영남대학교 수학교육과 (현직 수학강사)	전지원	이화여대 뇌인지과학전공 (수리논술 합격)
김재서	성균관대학교 수학과 (수리논술 합격)	박민	한양대 수리논술 예비 1번 (공과대학)

기대T 교재 커리큘럼

교재명	1월~3월	4월~7월	8월~9월	10월	11월
Show and Prove (수리논술 실전개념서) & **대학별 기출 분석서**		1편 : 수리논술을 위한 Basic Logic 및 수학1		연세/시립/홍익 학교별 Final 수업	수능후 학교별 Final 수업
		2편 : 수리논술을 위한 수학2 & 미적분			
		3편 : 수리논술을 위한 Advanced 미적분 & 고난도 Theme			
		4편 : 수리논술을 위한 선택확통과 선택기하 (수강생 전용)			
			대학별 기출 분석서 (25년 예정)		
대학별 Final 교재 및 모의고사	대학별 Final 수업 전용 교재				

– 학습 기간은 한 권 기준 4주를 넘기지 않는 것이 좋습니다.
– 음영 구간은 '학습 권장 시즌'을 의미합니다.
– 자세한 교재설명이나 출간 소식은 오른쪽 QR코드를 참고 해주세요.

1. 학습 전 사전공부 권장량

1편 수리논술을 위한 Basic logic & 수학 1
> 고1 수학 학습 + 수학1 학습 + 수학2 & 미적분 기본개념 1회독

2편 수리논술을 위한 수학 2 & 미적분
> 본 시리즈 1편 학습 + 1편 권장량 누적 + 수학2 & 미적분 학습

3편 수리논술을 위한 Advanced 미적분 & Advanced Theme
> 본 시리즈 2편 학습 + 2편 권장량 누적

4편 수리논술을 위한 선택확통와 선택기하 (수강생 전용)
> 선택확통, 선택기하 기본개념 1회독 (수강생들에게 기본개념&문풀강의 제공)

+ 수리논술 대학별 기출 분석집 (2025년 예정)
> 본 시리즈 1편 ~ 3편 학습 권장

2. 해설집 활용법

항상 해설집을 옆에 두고 공부하세요.

또한 예제와 실전 논제에 있는 별표는 다음과 같이 활용하면 됩니다.

별표	설명	고민 정도	고민 시간
★☆☆☆☆	직전에 배운 개념을 가볍게 확인하기 위한, 쉬운 문제	매우 빠르게	3분 이내
★★☆☆☆	빈출하는 주제이면서 평이한 난이도의 문제	빠르게	5~10분 이내
★★★☆☆	실전 문제로 나오는 수준의 난이도이며, 고민 시간을 투자할 가치가 충분히 있는 고난도 문제	넉넉히	10~15분 이내
★★★★☆	합격자조차도 승률이 50% 이하인 매우 어려운 문제		15~20분 이내
★★★★★	못 풀어도 합격이 가능할 만큼, 도전과 배움에 의의를 둔 초고난도 문제. 적당한 고민 후 해설로 빠른 학습 권장	빠르게	10분 이내
	꼭 고민 시간을 지키지 않아도 됩니다.		

01

개념 & 예제

단원별 수리논술용 빈출 주제의 학습으로 '수리논술용 필수 개념' 완성!

개념 : 수리논술 전형을 지원하는 학생이라면 꼭 알아야 할 필수 개념들을 정리하였습니다.
단순히 어렵고 처음 접하는 개념을 수록한 것이 아닌, 실제 출제되었던 대한민국 수리논술 문제를 기반으로 필수 개념을 선정 후 수록하였습니다.

예제 : 개념을 배운 그 자리에서 바로 문제에 개념을 적용해볼 수 있도록 예제를 수록하였습니다.
쉬운 기출 + 자작문항으로 이루어져 있으며, 개념을 체화하기 좋은 문항으로 선정하였습니다.

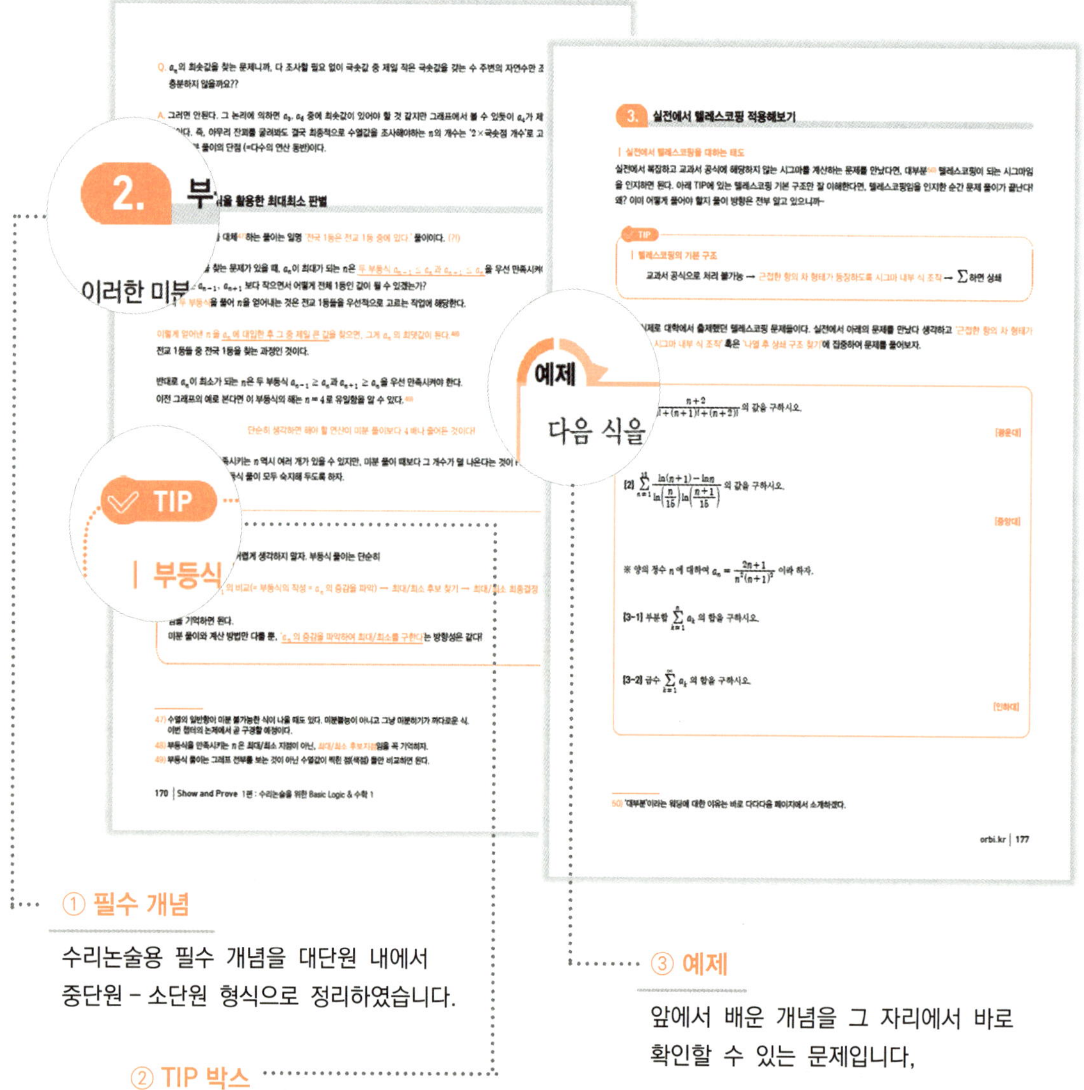

① 필수 개념

수리논술용 필수 개념을 대단원 내에서
중단원 – 소단원 형식으로 정리하였습니다.

② TIP 박스

각 개념에서 얻어가야 할 핵심 내용 혹은
개념 학습 시 헷갈릴만한 내용을 수록하였습니다,

③ 예제

앞에서 배운 개념을 그 자리에서 바로
확인할 수 있는 문제입니다,

앞에서 배운 개념을 '바로 확인' & '마무리 짓는' 문제와 해설 수록!

논제 : 대단원을 마무리하며 필수 개념들을 실제 출제되었던 수리논술 문제에 적용해볼 수 있도록,
단원별 실전 논제를 수록하였습니다. 또한, 학습자의 수학 역량과 학습 투자 시간에 따라
문제를 선별하여 풀 수 있도록, 모든 논제의 난이도를 별표로 표시해두었습니다.

해설 : 몇몇 문항의 경우, 단순 대학 해설만으로는 학습이 충분하지 않을 수 있습니다.
이러한 학습의 공백을 채우기 위해 이해에 도움되는 여러 가지 장치들을 수록해두었습니다.

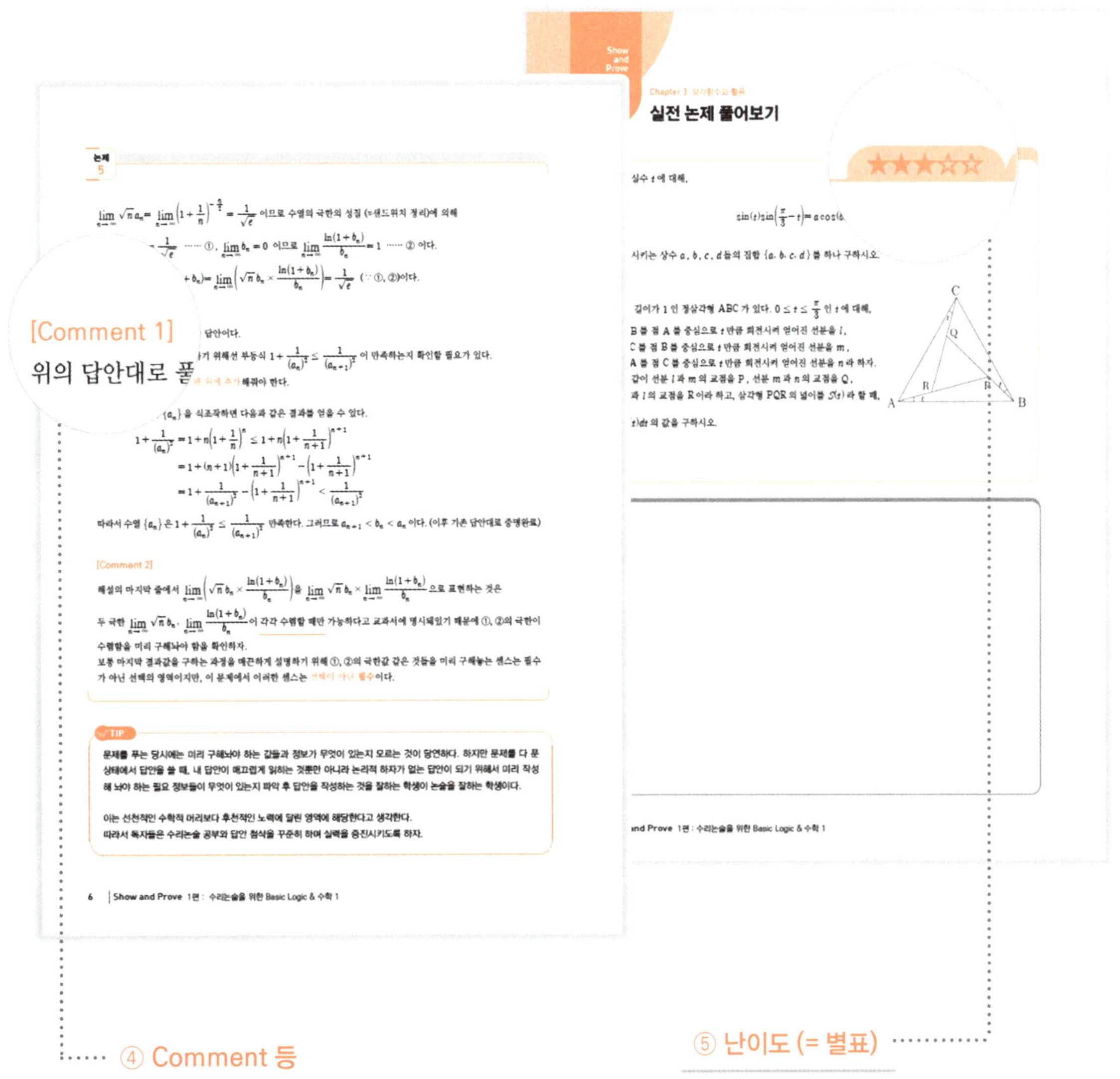

④ **Comment 등**

해설로 부족한 내용을 설명하는 장치입니다.
학습의 연장선이라 생각하고 꼭 읽어보시길 바랍니다.

⑤ **난이도 (= 별표)**

문제의 난이도를 별표로 표시하였습니다.
(별표에 따른 고민 시간은 교재 앞 참고)

기대T 수리논술 수업 상세안내

정규반	수업 상세 안내 (지난 수업 영상수강 가능)
정규반 - Set 1 (1주차~4주차)	- 수리논술만의 특징인 '답안작성 능력'과 '증명 능력'을 향상시키는 수업 - 수능/내신 공부와 다른 수리논술 공부의 결 & 방향성을 잡아주는 수업 - 수험생은 물론 강사조차 가지고 있는 '오개념'을 타파시키는 수학 전공자의 수업 - 무언가가 어려우면 쉽게 포기하는 성향을 가진 학생의 경우, 문제풀이가 위주인 Set 2부터 학습한 후 Set 1 학습 추천 (단순 난이도 : Set 1 〉 Set 2)
정규반 - Set 2 (5주차~8주차)	- 만만해 보이는 과목인 수학 1이 수리논술에서 어떻게 나오는지 배워보는 강의 - 삼각함수 & 수열의 콜라보 등 수학1의 논술형 발전성을 체감해볼 수 있는 실전 내용 수업 - 다른 Set에 비하여 난이도가 쉬운 편 : 수리논술에 입문하기 좋은 강의 Set
정규반 - Set 3 (9주차~12주차)	- 수리논술에서 50% 이상의 비중을 차지하는 수리논술용 미적분을 집중 해석하는 수업 - 수리논술에도 존재하는 행동 영역을 통해 고난도 문제의 체감 난이도를 낮춰주는 수업 - 대학의 모범답안을 보고도 '이런 아이디어를 내가 어떻게 생각해내지?' 라는 생각이 드는 학생들도, 납득 가능하고 감탄할 만한 문제 접근법을 제시해주는 수업
정규반 - Set 4 (13주차~16주차)	- 상위권 대학의 합격 당락을 가르는 고난도 주제들을 총정리하는 수업 - 출제 난이도가 높은 학교의 수리논술 합격을 바라는 학생이라면 강추
첨삭 및 자료	- 수강 형태 (현장 vs 온라인) / 상관없이, 모든 학생들에게 첨삭 제공 - 복습 시트, 손글씨 답안, 다채로운 자료 등등 오른쪽 QR코드에서 확인 가능

실전반 & Final	수업 상세 안내 (지난 수업 영상수강 가능)
실전반 - Set 1 (1주차~5주차)	- 수리논술 전용 확통/기하 Theme에 대하여 학습하는 강의 - 수능/내신의 빈출 Point와의 괴리감이 제일 큰 두 과목인 확통/기하의 내용을 철저히 수리논술 빈출 Point에 맞게 제단된 내용만을 다루는 Compact 강의
실전반 - Set 2 (6주차~10주차)	- 상위권 학교 지원자들은 꼭 알아야 하는 필수내용만 다루는 강의 - 본인에게 유리한 출제 스타일인 학교를 탐색하여 원서 지원부터 이기고 들어갈 수 있도록 하는, 대학별 출제경향 파악 수업 (모든 대학을 A그룹~D그룹으로 분류 후 분석) - 최신기출 (작년 기출+올해 모의) 중 주요 문항 선별 통해 주요대학 최근 출제 경향 파악
Semi Final 고/서/성/경 반 (수능전 & 직후)	- 수능 직후 시험 보는 학교들을 중점적으로 미리 공부해두기 위한 수업 - 전형적인 고난도 문제부터, 창의적인 신유형 문제까지 다양하게 만나볼 수 있는 수업 - 수능 끝나고, 주력으로 준비할 학교 선택하면 해당 학교 모의고사 1~2회분 및 해설강의 당일 제공
학교별 Final (수능전 / 수능후)	- 학교별 고유 출제 스타일에 맞는 문제들만 정조준하여 분석해주는 Final 수업 - 빈출 주제 특강 + 예상 문제 모의고사 응시 후 해설 & 첨삭 - 고승률 문제접근 Tip을 파악하기 쉽도록 기출 선별 자료집 제공 (학교별 교재 상이)

교재에 실린 문제들에 대하여, 본인만 떠올린 것 같은 개쩌는 신규 풀이 혹은 교재의 내용을 100% 알맞게
반영한 모범적인 별해라 생각되는 풀이들을 기대T 연구소에 자랑해주세요!
(연구소의 수리논술 안목 확대 목적으로 활용되며, 추후 풀이 제공자의 실명과 함께 풀이가 게시될 예정입니다.)

기발한 풀이의 최초 제보자에겐 최소 **스타벅스 기프티콘**을 드리며, 풀이 완성도 및 발상의 퀄리티에 따라
치킨 기프티콘, 더 나아가서 기대T 조교 혹은 그 이상(ex. 프로젝트 동업) 섭외까지도 받으실 수 있는 절호의
기회!!

자세한 이벤트 보상 및 참여 방법은 아래 사이트의 공지사항을 참고해주세요.

목차

CHAPTER.1

수리논술 답안작성에 대한 기본기와 기호 사용법을 익히고, 이를 바탕으로 실전에서 어떻게 답안을 작성하여야 하는지 알아보자. 또한 앞으로의 수리논술 학습에 대한 방향성을 알아보자.

CHAPTER.2

본격적으로 수학1의 삼각함수 단원을 다루기 전, 중학교 때 배웠던 도형의 성질들을 리마인드하고 수리논술에서만 등장하는 도형의 성질들을 새롭게 배워보자.

CHAPTER.3

수리논술에서의 삼각함수 공식들의 쓰임새에 대해 알아보자. 수능에서는 전혀 경험하지 못한 것들도 등장하므로, 새로운 공부라 생각하며 받아들이면 크게 어렵지 않을 것이다.

CHAPTER.4

논술용 수열 & 시그마 문제 풀이를 위한 마인드를 연습해보자. 일부 파트에서는 수능과 달리 '어떤 영특한 아이디어'가 필요로 하므로, 여러 기출들을 풀어보면서 이런 아이디어들을 집중 흡수하도록 하자.

CHAPTER.5

수리논술에서 자주 등장하는 수학적 귀납법, 귀류법, 대우법에 대해서 알아보자. 수능에서 자주 쓰이지 않는 증명법 파트인 만큼 각 증명법의 구조와 특징을 알아보는 것에 집중해보자.

CHAPTER.6

지금까지 학습했던 모든 CHAPTER의 내용에 대한 고난도 추가 논제입니다. 저자진이 본 교재에서 공을 제일 많이 들인 것이 바로 본 챕터의 해설 파트입니다. 문제가 어렵더라도 해설을 참고하여 학습하신다면 수리논술 실력이 엄청나게 스텝-업할 것이라 확신합니다.

CHAPTER.7

해당 교재와 관련된 최신 기출문제들을 모았습니다. 올해 모의논술 등 출판 이후 생긴 기출 문제들은 아래 사이트에서 상시 업데이트 되므로 활용하시기 바랍니다.

Show and Prove

기대T 수리논술 수업 상세안내

정규반	수업 상세 안내 (지난 수업 영상수강 가능)
정규반 - Set 1 (1주차~4주차)	- 수리논술만의 특징인 '답안작성 능력'과 '증명 능력'을 향상시키는 수업 - 수능/내신 공부와 다른 수리논술 공부의 결 & 방향성을 잡아주는 수업 - 수험생은 물론 강사조차 가지고 있는 '오개념'을 타파시키는 수학 전공자의 수업 - 무언가가 어려우면 쉽게 포기하는 성향을 가진 학생의 경우, 　문제풀이가 위주인 Set 2부터 학습한 후 Set 1 학습 추천 (단순 난이도 : Set 1 〉 Set 2)
정규반 - Set 2 (5주차~8주차)	- 만만해 보이는 과목인 수학 1이 수리논술에서 어떻게 나오는지 배워보는 강의 - 삼각함수 & 수열의 콜라보 등 수학1의 논술형 발전성을 체감해볼 수 있는 실전 내용 수업 - 다른 Set에 비하여 난이도가 쉬운 편 : 수리논술에 입문하기 좋은 강의 Set
정규반 - Set 3 (9주차~12주차)	- 수리논술에서 50% 이상의 비중을 차지하는 수리논술용 미적분을 집중 해석하는 수업 - 수리논술에도 존재하는 행동 영역을 통해 고난도 문제의 체감 난이도를 낮춰주는 수업 - 대학의 모범답안을 보고도 '이런 아이디어를 내가 어떻게 생각해내지?' 　라는 생각이 드는 학생들도, 납득 가능하고 감탄할 만한 문제 접근법을 제시해주는 수업
정규반 - Set 4 (13주차~16주차)	- 상위권 대학의 합격 당락을 가르는 고난도 주제들을 총정리하는 수업 - 출제 난이도가 높은 학교의 수리논술 합격을 바라는 학생이라면 강추
첨삭 및 자료	- 수강 형태 (현장 vs 온라인) / 상관없이, 모든 학생들에게 첨삭 제공 - 복습 시트, 손글씨 답안, 다채로운 자료 등등 오른쪽 QR코드에서 확인 가능

실전반 & Final	수업 상세 안내 (지난 수업 영상수강 가능)
실전반 - Set 1 (1주차~5주차)	- 수리논술 전용 확통/기하 Theme에 대하여 학습하는 강의 - 수능/내신의 빈출 Point와의 괴리감이 제일 큰 두 과목인 확통/기하의 내용을 　철저히 수리논술 빈출 Point에 맞게 제단된 내용만을 다루는 Compact 강의
실전반 - Set 2 (6주차~10주차)	- 상위권 학교 지원자들은 꼭 알아야 하는 필수내용만 다루는 강의 - 본인에게 유리한 출제 스타일인 학교를 탐색하여 원서 지원부터 이기고 들어갈 수 있도록 하는, 　대학별 출제경향 파악 수업 (모든 대학을 A그룹~D그룹으로 분류 후 분석) - 최신기출 (작년 기출+올해 모의) 중 주요 문항 선별 통해 주요대학 최근 출제 경향 파악
Semi Final 고/서/성/경 반 (수능전 & 직후)	- 수능 직후 시험 보는 학교들을 중점적으로 미리 공부해두기 위한 수업 - 전형적인 고난도 문제부터, 창의적인 신유형 문제까지 다양하게 만나볼 수 있는 수업 - 수능 끝나고, 주력으로 준비할 학교 선택하면 해당 학교 모의고사 1~2회분 및 해설강의 당일 제공
학교별 Final (수능전 / 수능후)	- 학교별 고유 출제 스타일에 맞는 문제들만 정조준하여 분석해주는 Final 수업 - 빈출 주제 특강 + 예상 문제 모의고사 응시 후 해설 & 첨삭 - 고승률 문제접근 Tip을 파악하기 쉽도록 기출 선별 자료집 제공 (학교별 교재 상이)

수리논술의 기본기

수리논술 답안작성에 대한 기본기와 기호 사용법을 익히고,
이를 바탕으로 실전에서 어떻게 답안을 작성하여야 하는지 알아보자.
또한 앞으로의 수리논술 학습에 대한 방향성을 알아보자.

1-1 답안작성법과 기호

1. 답안작성 기본원칙

| 수리논술 답안작성이란?

ⓐ (문제조건 또는 공리[1])의 ⓑ (변화과정)을 <u>다른 문제조건 또는 다른 공리를 이용해 설명하여</u>
ⓒ (새로운 사실)을 이끌어 내는 과정을 반복적으로 답안지에 적어냄으로써

문제에서 요구하는 증명이나 정답(= 보여야 하는 것)을 이끌어내는 과정을 자연스러운 문장형식으로 써주는 것

이 답안작성이다. 수리논술도 결국 '논술 = 논리적으로 서술하는 것'임에 유의하자.
서술에 대한 감이 잘 안 올 경우 여러분이 공부하는 수능수학 학습서들의 해설지를 여러 권 펴서 읽어보는 것만으로도 큰 도움이 된다.

다음 예제는 수능 2점급의 매우 쉬운 문제인데, 답안을 본인 스타일대로 작성해보고 해설과 비교해보자.

'문제를 풀 수 있는 것과, 답안을 쓰는 것은 다른 능력이다.'

예제

상수항이 2 인 다항함수 $f(x)$ 에 대하여 $f'(x) = 3x^2$ 일 때, $f(x)$ 를 구하시오.

연습지

---

[1] 당연히 맞다고 여겨지는 것. 보통 $1+1=2$와 같은 수학적인 진리를 의미하나, 본 책에선 이미 알고 있는 교육과정 내의 공식이나 문제의 조건 같은 것도 공리라 하겠다.

[잘못된 답안] – 논술에 대한 이해 부족, 답안 전개의 근거 부족

$f'(x) = 3x^2$, $f(x) = x^3 + c$, $f(x) = x^3 + 2$

[아쉬운 답안][2] – 답안 전개의 근거 부족

$f'(x) = 3x^2$ 이고 $f(x) = x^3 + c$ 이므로 $f(x) = x^3 + 2$ 이다.

[정석적 답안]

$f'(x) = 3x^2$ 의 양변을 적분하면 $f(x) = x^3 + c$ (단, c는 적분상수)이고

    ⓐ 조건   ⓑ 변화과정   ⓒ 새로운 사실 이끌어 냄

$f(x)$ 의 상수항이 2 이므로 $c = 2$ 이다. 따라서 $f(x) = x^3 + c$ 이다.

    ⓐ 조건   ⓒ 새로운 사실 이끌어 냄

[기호 사용 답안]

$f'(x) = 3x^2 \Rightarrow f(x) = x^3 + c$ ($\because$ 양변 적분, c 는 적분상수)[3]

$\qquad\qquad \Rightarrow f(x) = x^3 + 2$ ($\because$ $f(x)$ 상수항 2)

$\therefore f(x) = x^3 + 2$

> **✅ TIP**
>
> 잘못된 답안과 같이, 여러분의 연습장처럼 답안지를 제출하거나 근거와 논리를 누락해서는 안된다.
> 본인이 어떤 논리로 답안을 전개하고 있는지 명확히 표현될 수 있도록 하자.
>
> **[정석적 답안]**은 흔히 우리가 수능 수학책의 해설지에서 볼 수 있는 형식이고,
> **[기호 사용 답안]**은 **[정석적 답안]**보다 컴팩트한 느낌을 준다. 하지만 두 답안 모두 완전무결한 답안으로,
> 점수 차이는 없으므로 굳이 컴팩트한 **[기호 사용 답안]**에 혈안이 될 필요는 없다.

---

[2] 물론 이 문제는 너무 간단한 문제이므로 이 정도로만 써도 감점이 없을 수 있지만, 고난도 문제일수록 **[정석적 답안]**
혹은 **[기호 사용 답안]**과 같이 쓰는 것이 필수가 되므로 처음부터 연습을 잘 해두는 것이 좋겠다.

[3] 이 부분은 간단한 과정이므로 설명 생략 가능하지만, 공부하는 초기에는 신경써주자.

| 답안에 자주 사용하는 기호와 Tip

앞선 두 답안처럼 말끔한 답안을 쓰기 위해서 자주 사용하는 기호들이 몇몇 있는데, 아래 표를 참고하도록 하자.

기호/Tip	의미/사용처	기호/Tip	의미/사용처
$\therefore$	따라서	$\because$	왜냐하면
★ ······ ⓐ	'★을 ⓐ라 하자'는 암묵적 약속	〈그림 1〉	그래프, 도형 아래에 써주기
한편	다른 것을 구하려고 문단을 바꿀 때 사용하는 부사		
$\Rightarrow$, $\Leftrightarrow$	명제를 표현하는 기호로, 다음 페이지의 '명제 기호 가이드' 참고		
마찬가지 방법으로	같은 방법을 반복할 때, 이 표현을 사용하여 무의미한 답안의 반복을 예방할 수 있다.		
일반성을 잃지 않는다.	문제의 전제를 특수한 케이스로 좁히더라도, 증명의 유효성에 영향을 주지 않는 가정을 나타낼 때 사용한다.		

| 일반성을 잃지 않는다

여기서 '일반성을 잃지 않는다.'라는 표현이 낯설 수 있는데, 활용 예시를 봐 보자.
예를 들어,

$a^b = b^a$ 을 만족시키는 3 이상의 서로 다른 두 자연수의 순서쌍 (a, b) 가 존재하지 않음을 보이시오.

라는 문제를 증명할 때, $a > b$ 라고 가정한 후 증명을 진행한다.
$b > a$ 일 수 있음에도 불구하고, $a > b$인 상황만 증명해도 문제가 없는 것일까?

위의 문제에 a자리에 b를 넣고 b자리에 a를 넣어보면

$b^a = a^b$ 을 만족시키는 3 이상의 서로 다른 두 자연수의 순서쌍 (a, b) 가 존재하지 않음을 보이시오.

으로 바뀌지만, 결국 원래 명제와 같은 명제가 됨을 확인할 수 있다.

즉, $a > b$ 이든 $b > a$ 이든 증명과정과 결과에 영향을 주지 않는 경우이므로, 이 두 경우 중 하나의 상황으로 고정한 후 증명하는 상황에서 우리는 '일반성을 잃지 않는다.'는 표현을 사용한다.

이후 수리논술 공부를 할 때에도 자주 나올 표현이니, 나올 때마다 표현법을 익혀두길 바란다.
지금은 저러한 표현의 존재 자체만 알고 넘어가도 충분하다.

> **spoiler**
>
> 이후 증명은 $a > b$ 이므로 $a^b < b^a$ 임을 증명할 수 있고[4], 따라서 $a^b = b^a$ 를 만족시키는 순서쌍이 존재하지 않음을 보이는 방향으로 진행된다. 이 과정에서, $a > b$ 라는 조건 덕분에 증명이 간편해짐을 추후 확인할 수 있다.

---

[4] $y = \dfrac{\ln x}{x}$ 의 그래프를 이용하여 증명할 수 있다.

2. 명제 기호

기호	의미
$\rightarrow$	$p \rightarrow q$ 의 의미 : 명제 'p 이면 q 이다.' 의 참-거짓이 확인되지 않았을 때 사용
$\Rightarrow$	$p \Rightarrow q$ 의 의미 : 명제 'p 이면 q 이다.' 가 참임이 확실할 때 사용
$\Leftrightarrow$ (필요충분조건)	$p \Leftrightarrow q$ 의 의미 : 두 명제 'p 이면 q 이다.' 와 'q 이면 p 이다.' 가 모두 참이다.

| 기호 '$\rightarrow$'

참인 논리로만 답안을 작성해야 하는 수험생들은 수리논술 답안에 $\rightarrow$ 를 사용하지 않도록 주의한다.
이를 무시하고 이 기호를 쓴다면, 교수님에게 '이 명제가 참일까요 거짓일까요~' 퀴즈를 내는 셈이 된다.
교수님의 기억에 남는 지원자가 되겠지만 합격할 순 없을 것 ^_^

| 기호 '$\Rightarrow$'

'미분가능한 함수는 연속이다.'는 참인 명제이지만, 가정과 결론의 순서를 바꾼 명제인
'연속인 함수는 미분가능이다.'는 거짓인 명제이다. (반례 : $y = |x|$)
즉, 가정(p)과 결론(q)의 관계에 따라 $\Rightarrow$ 의 방향이 결정되므로, p 와 q 의 논리 관계에 주의해야 한다.[5]

| 기호 '$\Leftrightarrow$' (필요충분조건; 양방향 성립[6])

'p 일 때 q 임을 보이시오.'와 같은 문제에서 p 는 문제에서 주어진 조건이므로 자유롭게 써도 된다.
하지만 q 는 우리가 보여내야 하는 것으로, 단 한 가지 경우를 제외하면 q 를 문제풀이에 사용해선 안된다.
그 한 가지 경우가 바로 필요충분조건 기호를 활용하는 방법이다.

보이려는 명제 (p 이면 q 이다.) 혹은 식 ($A = B$)을 미리 써놓고

'$A = B$ 이고, $B = C$ 야. 근데 C 가 맞으니 B 도 맞고, 그래서 A 도 맞아.'

라며 풀어내는 논리에서 필요충분조건 기호가 활용된다.

다음 예제에서 적용해보자.

---

[5] 책 첫 장이라고 너무 당연한 얘기를 한다며 코웃음 치는 친구들의 절반 이상은 이 행동강령을 제대로 지키지 못한다.
[6] $\Leftrightarrow$는 $\Rightarrow$과 $\Leftarrow$를 동시에 포함하는 개념이다. 따라서, 어떤 두 조건 p, q가 필요충분관계에 있음을 보이라는 문제가 나온다면, 두 명제 'p 이면 q 이다.'와 'q 이면 p 이다.'가 모두 성립함을 보여주면 된다.

모든 자연수 n 에 대하여 $2n+7 > n+5$ 임을 보이시오.

연습지

$\underline{2n+7 > n+5 \Leftrightarrow n > -2}$ 인데, n은 자연수이므로 $n > -2$는 자명한 부등식이다.
따라서 문제의 부등식도 성립한다.

이렇듯 문제에서 보이라는 것과 동일한 상황(= 필요충분조건)을 찾아내고 이를 설명해냄으로써 문제에서 보이라는 것을
−설명해낼 수 있었다.

이번엔, 아래 예제를 푼 후 본인 스타일대로 답안을 작성해보고 해설과 비교해보자.

예제

두배각공식 $2\sin\alpha\cos\alpha = \sin 2\alpha$을 이용하여 $\cos\dfrac{\pi}{7} \times \cos\dfrac{2\pi}{7} \times \cos\dfrac{4\pi}{7} = -\dfrac{1}{8}$ 임을 보이시오.

[서울대 신입생고사 유사문항]

연습지

[일반적인 답안] – 순방향 답안

$$\cos\frac{\pi}{7}\times\cos\frac{2\pi}{7}\times\cos\frac{4\pi}{7}=\frac{\sin\frac{\pi}{7}\times\cos\frac{\pi}{7}\times\cos\frac{2\pi}{7}\times\cos\frac{4\pi}{7}}{\sin\frac{\pi}{7}}$$

$$=\frac{\sin\frac{2\pi}{7}\times\cos\frac{2\pi}{7}\times\cos\frac{4\pi}{7}}{2\sin\frac{\pi}{7}}\quad(\because\text{두배각공식, 이후 반복적용})$$

$$=\frac{\sin\frac{4\pi}{7}\times\cos\frac{4\pi}{7}}{2^2\times\sin\frac{\pi}{7}}=\frac{\sin\left(\pi+\frac{\pi}{7}\right)}{2^3\times\sin\frac{\pi}{7}}=\frac{-\sin\frac{\pi}{7}}{8\sin\frac{\pi}{7}}=-\frac{1}{8}\ \text{이다.}$$

[필요충분조건을 활용한 답안] – 역방향 답안

$$\cos\frac{\pi}{7}\times\cos\frac{2\pi}{7}\times\cos\frac{4\pi}{7}=-\frac{1}{8}\Leftrightarrow 2^3\times\sin\frac{\pi}{7}\times\cos\frac{\pi}{7}\times\cos\frac{2\pi}{7}\times\cos\frac{4\pi}{7}=-\sin\frac{\pi}{7}$$

$$\Leftrightarrow 2^2\times\sin\frac{2\pi}{7}\times\cos\frac{2\pi}{7}\times\cos\frac{4\pi}{7}=-\sin\frac{\pi}{7}\quad(\because\text{두배각공식})$$

$$\Leftrightarrow \sin\frac{8\pi}{7}=-\sin\frac{\pi}{7}\quad(\because\text{두배각공식})$$

한편, 사인함수의 성질에 의하여 $\sin\left(\pi+\frac{\pi}{7}\right)=-\sin\frac{\pi}{7}$ 이 성립하므로

문제의 준식 $\cos\frac{\pi}{7}\times\cos\frac{2\pi}{7}\times\cos\frac{4\pi}{7}=-\frac{1}{8}$ 역시 성립한다.

⌄ TIP

다시 한 번 강조한다. 값이나 등식을 보이는 문제[7]에서 보이려는 값이나 등식 그 자체를 문제에서 제시된 조건 마냥 미리 사용해서는 안된다. 알고 있는 것(= 제시된 조건)과 보여야 하는 것은 엄밀히 다른 것이기 때문이다.

따라서 앞선 해설의 **[일반적인 답안]**처럼 $\cos\frac{\pi}{7}\times\cos\frac{2\pi}{7}\times\cos\frac{4\pi}{7}$ 에서부터 출발하여 각종 논리와 계산을 이용

하여 최종적으로 $\dfrac{\sin\left(\pi+\frac{\pi}{7}\right)}{8\sin\frac{\pi}{7}}=-\dfrac{1}{8}\times\dfrac{\sin\frac{\pi}{7}}{\sin\frac{\pi}{7}}=-\dfrac{1}{8}$ 으로 다다르는 답안을 채택해야 한다.

그럼에도 불구하고, 보이려는 값이나 등식을 먼저 사용하여 문제를 해결하고 싶다면 앞선 예제 해설의 **[필요충분조건을 활용한 답안]**처럼 필요충분조건으로 값과 등식을 드리블해서 풀이 or 증명을 이끌어가야 한다.

---

7) 예시 : '$f(2)=2$임을 보이시오.' or '$f(x)=2x$임을 보이시오.'

| ⇒ 와 ⇔ 의 적절한 용법이란?

이번 파트에서 '적절한 용법'과 '부적절한 용법'이란 용어를 쓸 건데, 다음 예시로 의미를 파악해보자.

$$\text{예시 명제 : 함수 } f(x)\text{가 미분가능한 함수} \Rightarrow \text{함수 } f(x)\text{는 연속함수}$$

에서 ⇒ 는 적절한 용법으로 사용됐으며, 위 명제에서 ⇒ 대신 ⇔ 을 쓴다면 이는 부적절한 용법이다.

(함수 $f(x)$는 연속함수 ⇒ 함수 $f(x)$는 미분가능한 함수 라는 명제가 거짓이므로, ⇔ 는 부적절)

| ⇒ 와 ⇔ 의 오용 주의

보여내려는 결론 Z로부터 Y, X라는 사실을 거쳐, 문제에서 제시된 조건 W로 가는 **[역방향 답안]**을 쓰고 싶을 때,
다음 두 답안 중 올바른 답안은 무엇인가? (세 번의 ⇒ 와 세 번의 ⇔ 가 모두 적절한 용법으로 사용됐다고 가정)

	[답안 1]			**[답안 2]**	
Z	⇒ Y	(∵ 사유 1)	Z	⇔ Y	(∵ 사유 1′)
	⇒ W	(∵ 사유 3)		⇔ X	(∵ 사유 2′)
	⇒ W	(∵ 사유 3)		⇔ W	(∵ 사유 3′)

오로지 **[답안 2]**만 올바른 답안이다.
Z와 W가 ⇔로 이어진 '동치'임을 밝히고, W는 문제의 조건이기 때문에 틀림없이 참이라서
W와 동치인 Z 또한 참이라는 논리가 완성되는 것이다.

[답안 1]은 아무리 멋지게 써내도 0점짜리 답안임을 명심하자.[8]

| ⇒ 와 ⇔ 의 남용 주의

문제에서 제시된 조건 A로부터 B, C라는 사실을 거쳐, 보여내려는 결론 D로 가는 **[순방향 답안]**을 쓰고 싶을 때,
다음 두 답안 중 올바른 답안은 무엇인가? (세 번의 ⇒ 와 세 번의 ⇔ 가 모두 적절한 용법으로 사용됐다고 가정)

	[답안 3]			**[답안 4]**	
A	⇒ B	(∵ 사유 4)	A	⇔ B	(∵ 사유 4′)
	⇒ C	(∵ 사유 5)		⇔ C	(∵ 사유 5′)
	⇒ D	(∵ 사유 6)		⇔ D	(∵ 사유 6′)

세 번의 ⇒ 와 세 번의 ⇔ 가 모두 적절한 용법으로 사용됐을 때, 두 답안 중 올바른 답안은 무엇인가?

추천되는 답안은 **[답안 3]**이지만,
[답안 3], **[답안 4]** 모두 올바른 답안이다. **[답안 4]**에 **[답안 3]**이 포함되어있기 때문이다.

하지만 **[답안 4]**의 경우, **[답안 3]**에 비하여 필요 이상으로 과한 답안이다. 과한 부분에서 논리가 틀려서 받을 감점 리스크[9]를
굳이 안을 필요가 없으므로, 우리는 **[답안 2]**와 **[답안 3]**만 머릿속에 담아가도록 하자.

---

8) **[답안 1]**의 문제점이 무엇인지 모르겠다면, 문제의 결론과 조건이 '올바른 방향'으로 이어져 있는지 확인해보자.

9) 꼭 필요한 ⇒ 뿐만 아니라 꼭 필요하진 않은 ⇐ 까지 성립한다고 '과대 주장'을 하는 꼴이기에, ⇐ 이 성립하지 않는다면 감점을 받을
리스크를 의미

| 수식으로 쓴 답안을 역으로 한글로 풀어 써보기

기대T 수리논술 정규반에서는 첨삭 문항에 대한 해설을 듣고 이를 바탕으로 답안을 쓴 후 제출한다.[10]
이런 방식이라면 모든 수강생이 완벽한 답안을 써내지 않을까?? 전혀 그렇지 않다.

'답안에서 이 논리가 빠지면 팥 없는 호빵, 페이커 없는 T1 [11], 닭다리 없는 치킨'

이라며 수업 중에 분명하게 강조하고, 심지어 중요도에 따라 여러 번 반복하여 언급함에도 불구하고 그 논리를 온전히 담은 완벽한 답안을 제출하는 학생들은 고작 25% 수준이다.[12]

해설을 들었음에도 불구하고 첨삭할 내용이 많은 답안을 제출하게 되는 이유는 뭘까??

첫 번째, 그 문제에 대한 이해가 온전히 되지 않은 경우이다.
선생님의 해설에 이끌려 고개만 끄덕이다가, 왜 그 논리가 이 답안의 핵심이 되는지 이해하지 않고 암기만 한 케이스.

이런 경우는, 수학 문제를 논리가 아닌 감으로 접근하여 푸는 학생들에게 이런 현상이 자주 일어나므로,
단계별 논리를 충분히 이해하며 다음 학습으로 넘어갈 것을 추천한다. (이 문제점을 해결한다면 수능수학 실력 또한 가파르게 상승 가능)

두 번째, 머리는 문제를 온전히 이해했음에도 그것을 답안화 하지 못하는 경우다.
본인의 머릿속에는 해당 문제가 온전히 잘 풀려져 있을 수 있지만, 답안 채점자를 이해시키지 못한다면
말짱 도루묵이다. 결국 채점자는 답안을 보고 여러분을 판단하기 때문이다.

이 두 문제점을 한 번에 해결하기 위해서는 첨삭을 여러 번 받아보는 것이 좋으며,

① 수리논술 공부 초기의 답안은 최대한 한글로 풀어서 쓰기
② 본인이 쓴 답안을 일주일 뒤에 다시 읽으며 논리적 하자가 없는지 확인하기

를 유념하며 답안을 써보는 것이 큰 도움이 될 것이다.

---

10) 문제를 못 풀어서 백지로 답안을 내면, 학생이 첨삭을 받을 수 없기 때문
11) 해당 텍스트가 불편한 젠지를 사랑하는 학생들은 '쵸비 없는 젠지' 정도로 생각하면 되겠다 ^-^
12) 수업 초반부 기준 수치. 첨삭을 보통 10번 정도 받아보면 많이 고쳐진다.

답안작성 Tip

1. 답안의 마지막은 항상 '문제에서 묻는 것'으로 마무리

문제에선 A 를 묻고 있는데 이와 비슷한 A′ 으로 답안을 마무리 짓는 실수들을 많이 한다. 아래 예제로 알아보자.

예제

> 부등식 $2n - 10 > n - 5$을 만족시키는 자연수 n의 해가 무수히 많음을 보이시오.

연습지

예제 해설

$2n - 10 > n + 5 \Leftrightarrow n > 15$ 이므로, (a) 위 부등식은 16 이상의 자연수 n에 대하여 항상 성립한다.
(b) 따라서 위 부등식의 자연수 해는 무수히 많다.

'(a)이면 (b)이다.' 라는 명제가 너무 자명한 나머지, (a)에서 답안을 멈추는 경우가 생긴다.
반드시, 문제에서 묻는 것을 답하는 (b)까지 반드시 적어주는 습관을 들이자. 논리의 자명함이 나에게만 자명하고 문제에 따라 채점관에겐 자명하지 않을 수 있기 때문에, 감점이 발생할 수 있다.

답안이 긴 어려운 문제일수록 '거의 다 왔다.'는 안도감 때문에 발생하는 실수이니 유의하도록 하자.

$$g(0)=-\tfrac{1}{2},\ g(1)=\tfrac{1}{2}\ \text{로}\ g(0)\neq g(1)\ \text{이고, 함수}\ f(x)\text{가}$$
$$\text{단힌구간 }[0,1]\text{에서 연속이고, 열린구간 }(0,1)\text{에서 미분가능 하므로}$$
$$g(c)=0\ \text{인 실근 }c\text{가 열린구간 }(0,1)\text{에 적어도 하나 존재한다}$$

[실제 답안 중 일부]

문제는 보지 않았지만, 위 답안만 보아도 어떤 답안인지 알 수 있다. (*)에서 $g(0)g(1)<0$이기 때문에 사잇값 정리에 의하여 방정식 $g(x)=0$의 해가 적어도 하나 있다는 논리를 전개한 답안이다.

하지만 본 답안에는 사잇값 정리를 언급하지 않았다. 문제풀이의 핵심개념이기 때문에 치명적인 감점이 우려되는데, 과연 이 학생이 사잇값 정리를 몰랐을까?

전혀 그렇지 않다. 사잇값 정리를 몰랐다면 이런 풀이 방향을 떠올리지도 못했을 것이다.

사잇값 정리를 잘 알고 있고, 문제 풀이에 잘 활용했지만, 답안을 옮기는 과정에서 사잇값 정리에 대한 언급을 빼먹었기 때문에 감점의 가능성이 있는 답안이 되겠다.

우리는 수리논술 공부를 하며 문제를 많이 푸는 것도 중요하지만, 답안을 많이 써보면서 본인이 위와 같은 실수를 하지 않으며 답안을 쓸 수 있는지 꾸준히 확인을 해줘야 한다. (자가첨삭[13]의 중요성)

| 마찬가지로, 답안 논리에 필요 없는 부분은 되도록 작성하지 않도록 유념

위의 첨삭 내용에서 물결로 밑줄 친 부분 (* *)은 답안에 작성될 필요가 없다.
왜냐하면 사잇값 정리를 쓰기 위해서 미분까지 가능할 필요는 없기 때문이다. (연속만 보장되면 충분함)

언제 사잇값 정리가 먹히는지 잘 모르니까, 그냥 싹 다 적어놨네!

라고 판단될 수 있는 것이다.

뭐라도 더 쓰면 답안에 도움이 된다는 속설이 있는데, 이런 경우엔 오히려 본인 답안의 신뢰도를 떨어트리는 상황이 된다.[14]

물론 이 내용은, 수리논술 합격을 위하여 꼭 해야 하는 사항(= 강제되는 사항)까지는 아니다.
'논리에 필요 없는 부분은 작성 No' 정도의 디테일은, 어차피 나의 경쟁자인 다른 학생들도 잘 신경 쓰지 못한다.

하지만, 이런 디테일까지 신경 써준다면 더 정확하고 체계적인 수학 공부를 평소에도 할 수 있는 원동력이 된다.

---

13) 수능으로 치면 검토에 해당한다.
14) 정확히 알지 못하기 때문에 아는 것을 다 썼다고 생각하게 됨

수능은 10번 중난도 문제를 암산 5초컷으로 풀고 30번 고난도 문제를 마지막 계산실수로 틀린 학생은 $4 + 0 = 4$점을 획득하지만, 10번 중난도 문제를 아예 못 풀어내고 30번을 찍어 맞춘 학생 역시 $0 + 4 = 4$점으로 점수가 서로 같다.

즉, 수능 성적표에는 이 둘은 똑같은 점수가 나온다. 누군가는 억울하겠지만.

하지만 논술에서는 풀이를 채점하는 시험이기 때문에, 앞 학생과 뒷 학생의 점수 차이는 엄청나다.

따라서, 수능과 논술을 대하는 자세는 반드시 달라야 한다.

수능은 한 번의 시험에서 고득점을 받기 위해 '정답을 내는 마지막 계산까지도 완벽'해야 했지만,
논술은 내가 아는 것에 대한 부분점수를 많이 챙기는 것으로 부족한 수학실력을 커버할 수 있다는 생각을 갖는 것이 아주 좋은 수리논술 합격 마인드이자 TIP이다.

| 이로 인한 오개념

'부분점수를 챙기는게 중요하다고? 그럼 뭐라도[15] 답안을 적어 내는게 도움 되겠네!'

라고 생각하기 쉽다.

물론, 답안이 백지인 것 보다는 소설을 적는 게 더 나을 때도 있다. 얻어걸리면 부분점수라도 얻을 수 있으니까. 하지만, 본인이 답안의 50% 정도를 쓴 상태에서 그 뒤를 앞 답안과 관련된 소설로 채워 넣는 경우 오히려 앞 답안에 있는 사소한 실수 혹은 논리적 비약을 돋보이게 하는 자충수가 될 수 있음을 인지할 필요가 있다.

예를 들어보자. 다음과 같이 두 연속함수 $h_1(x)$, $h_2(x)$ 의 미분가능성을 묻는 문제가 있다.

예제

[1-1] $h_1(x) = \begin{cases} 2x - 1 & (x \geq 1) \\ x^2 & (x < 1) \end{cases}$ 의 $x = 1$에서의 미분가능성을 판단하시오.

[1-2] $h_2(x) = \begin{cases} \sqrt{x}\,\sin x & (x \geq 0) \\ x^2 & (x < 0) \end{cases}$ 의 $x = 0$에서의 미분가능성을 판단하시오.

실전에서 이 문제를 만났을 때, 답안을 어떻게 작성할 것인지 생각해보자.

---

15) 이것을 소설이라 하자.

원래는 미분계수의 정의를 이용한 엄밀한 답안을 추천하지만, 함수 $h_1(x)$ 의 미분가능성 판단시 우리가 수능에서 하던 대로

> '위아래 식을 각각 미분한 후 $x = 1$ 을 넣은 값이 2 로 같으므로 함수 $h_1(x)$ 은 $x = 1$ 에서 미분가능하다.'

는 뉘앙스로 답안을 간단하게 작성했다고 하더라도, 채점자는 '간단한 문제이기에 답안이 굳이 엄밀하지 않아도 돼.' 라고 판단하며 감점 없이 넘겼을 수 있다. 함수 $h_1(x)$ 은 수능 초반에 있는 매우 쉬운 문제에서나 볼법한 함수이니까.

한편, 함수 $h_2(x)$ 도 위와 같은 방법으로 위아래 식을 각각 미분한 후 $x = 0$ 을 넣어보려는데 $\left(\sqrt{x} \sin x \right)' = \dfrac{\sin x}{2\sqrt{x}} + \sqrt{x} \cos x$ 의 분모에 있는 $\sqrt{x}$ 때문에 $x = 0$ 대입이 불가능하다는 것을 알 수 있다.

이 다음부터 엄밀한 답안을 못쓸 것 같으면, 여기서 멈추고 다른 문제로 넘어가면 되는데, 여기서 부분점수를 노리는 소설이 문제가 될 수 있다. 다음 소설을 구경해보자.

> $h_2{}'(x) = \begin{cases} \dfrac{\sin x}{2\sqrt{x}} + \sqrt{x} \cos x & (x > 0) \\ 2x & (x < 0) \end{cases}$ 에서 $\lim\limits_{x \to 0+} \{ h_2{}'(x) \} = 0$ 이고 $\lim\limits_{x \to 0-} \{ h_2{}'(x) \} = 0$
>
> 이므로 $h_2{}'(0) = 0$ 이다. 즉, $h_2(x)$ 는 $x = 0$ 에서 미분가능하다.

도함수의 극한, 즉 미분가능성을 판단하는 대표적인 오개념을 이용한 답안이 이런 문제 유형에서의 대표적인 소설이다.

이런 소설을 써서 제출한다면 채점자는 $h_1(x)$ 도 저런 오개념을 이용하여 미분가능성을 판단했을 것이라고 생각할 수 있다. 즉, '이건 쉬운 거니까 가볍게 쓴 거지? 믿고 넘어간다!' 라고 했던 함수 $h_1(x)$ 에 대한 답안을 불신하게 될 수 있다는 뜻이다.

| 종합

물론 이번 내용은 저자의 뇌피셜이 강한 칼럼인 것은 맞다. 채점기준은 채바채, 학바학[16]이기도 하지만, 상식적인 측면에서 바라봤을 때 충분히 일어날 수 있는 시나리오라고 생각한다. 판단은 여러분 몫에 맡긴다.

아, 그래서 해결책을 내놓고 가라고?

많은 소설을 써보고, 그 소설에 대한 정당성을 판단받는 첨삭을 받아보며 전문가에게 여러 번 깨져보며 영점조절을 해나가는 것이 유일한 방법이라 생각한다.

---

16) 채점자 by 채점자, 학교 by 학교

어떤 문제를 풀 때 자주 쓰이거나 논리 전개에 필요한 보조정리들을 미리 증명한 후 네이밍을 해준다면, 보다 더 깔끔한 답안을 쓸 수 있다. 다음 예제와 해설을 통해 확인해보자.

예제

제시문

(가) 삼차방정식 $\alpha x^3 + \beta x^2 + \gamma x + \delta = 0$의 세 실근의 합은 $-\dfrac{\beta}{\alpha}$ 이다.[17)]

(나) 최고차항의 계수가 1인 삼차함수 $f(x)$에 대하여 곡선 $y = f(x)$가 y축과 만나는 점을 A라 하자. 곡선 $y = f(x)$ 위의 점 A에서의 접선을 l이라 할 때, 직선 l이 곡선 $y = f(x)$와 만나는 점 중에서 A가 아닌 점을 B라 하자. 또, 곡선 $y = f(x)$ 위의 점 B에서의 접선을 m이라 할 때, 직선 m이 곡선 $y = f(x)$와 만나는 점 중에서 B가 아닌 점을 C라 하자. 두 직선 l, m이 서로 수직이고 직선 m의 방정식이 $y = x$ 이다.

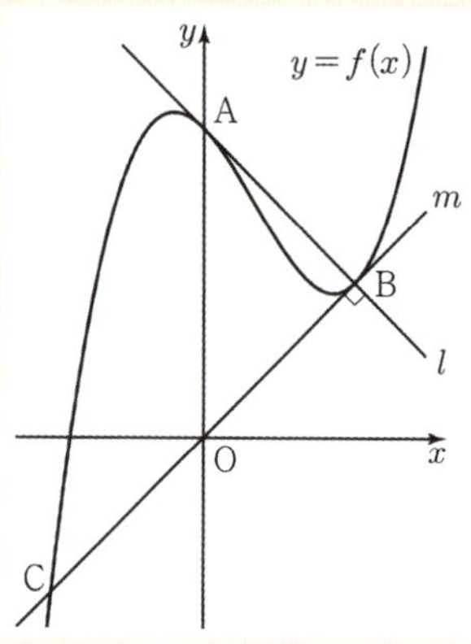

제시문 (가), (나)를 이용하여 $f(0)$의 값을 구하시오. (단, $f(0) > 0$ 이다.)

[사관학교]

연습지

[17)] 참고로 삼차 이상 방정식에서의 근과 계수의 관계는 교과과정외 이지만, 교과과정이었던 시절이 워낙 길었기 때문에 교수님들은 교과과정으로 알고 출제하는 경우가 많다. 제시문으로 주어지지 않아도 삼차 이상 방정식에서의 근과 계수의 관계를 사용할 때, 굳이 따로 증명할 필요는 없다.

[SaP 추천 답안]

삼차함수 $f(x) = \alpha x^3 + \beta x^2 + \gamma x + \delta$와 임의의 일차함수 $g(x) = px + q$에 대하여

방정식 $f(x) = g(x) \Leftrightarrow \alpha x^3 + \beta x^2 + (\gamma - p)x + (\delta - q) = 0$의 서로 다른 세 근의 합은 제시문 (가)에 의하여

p, q에 관계없이 $-\dfrac{\beta}{\alpha}$로 항상 일정하다. …… ①

또한, 직선 $m : y = x$과 수직인 직선 l의 기울기는 -1이므로 $f'(0) = -1$임을 알 수 있다. …… ②

한편 직선 m의 방정식이 $y = x$이므로, 점 B, C좌표를 (b, b), (c, c) (단, $c' < 0 < b'$) 라 하면

$y = f(x)$와 직선 l을 연립한 방정식의 서로 다른 세 근의 합은 $0 + 0 + b = b$ 이다.

①에 의해 $y = f(x)$와 직선 m을 연립한 방정식의 서로 다른 세 근의 합 역시 b여야 하므로

$b + b + c = b$, $c = -b$ 이다.

$$\therefore\ f(x) - x = (x - b)^2 (x - c)$$
$$= (x - b)^2 (x + b)$$

이고, 양변을 미분한 후 $x = 0$을 대입하면 $f'(0) - 1 = -b^2$이다.

$\therefore\ b = \sqrt{2}\ (\because ②)$ 이고 $f(0) = 2\sqrt{2}$ 이다.

[일반적인 답안]

직선 m의 방정식이 $y = x$ 이므로, 점 B, C좌표를 (b, b), (c, c) (단, $c < 0 < b$) 라 하면

$y = f(x)$와 직선 l을 연립한 방정식의 서로 다른 세 근의 합은 $0 + 0 + b = b$ 이다.

삼차함수 $f(x) = \alpha x^3 + \beta x^2 + \gamma x + \delta$와 임의의 일차함수 $g(x) = px + q$에 대하여

방정식 $f(x) = g(x) \Leftrightarrow \alpha x^3 + \beta x^2 + (\gamma - p)x + (\delta - q) = 0$의 서로 다른 세 근의 합은 제시문 (가)에 의하여 p, q에

관계없이 항상 일정하므로, $y = f(x)$와 직선 m을 연립한 방정식의 서로 다른 세 근의 합 역시 b여야 한다.

따라서 $b + b + c = b$, $c = -b$ 이다.

$$\therefore\ f(x) - x = (x - b)^2 (x - c)$$
$$= (x - b)^2 (x + b) \ \cdots\cdots ③$$

또한 직선 $m : y = x$과 수직인 직선 l의 기울기는 -1이므로 $f'(0) = -1$이다. 따라서

양변을 ③식을 미분한 후 $x = 0$을 대입하면 $f'(0) - 1 = -b^2$이다.

$\therefore\ b = \sqrt{2}$ 이고 $f(0) = 2\sqrt{2}$ 이다.

[SaP 추천 답안]에서는 수능에서 실전개념으로 자주 쓰이는 사실을 ①에서 증명해주고, $f'(0) = -1$임을 ②에서 미리 언급해준다면, 설명의 흐름을 끊지 않는 '매끄러운 답안'을 쓰기 좋다.

[일반적인 답안]에서는 ①과 ②에 대한 설명을 하느라 밑줄 친 부분이 필요했고, 이 부분이 약간 답안의 흐름을 끊는 느낌을 준다.

물론 두 답안 모두 논리적인 부족함은 없기 때문에 감점은 없다. 하지만 내 답안이 채점관에게 잘 읽히도록 쓰는 것만으로도 심리적 우위를 가져갈 수 있으니, 좋은 습관은 얼른 들여놓도록 하자.

| 수능판 역대급 최장기간 논쟁 건에 대하여

저자가 수험생이던 13수능 때부터 현재까지도, 다음 주제로 열띤 토론하는 모습들을 여러 커뮤니티에서 흔히 볼 수 있다.

수능수학에서 그래프 풀이가 우선이냐, 수식적 풀이가 우선이냐.

이것이 수능판에서 핫한 논쟁이 될 수 있는 이유는 단 하나. 수능은 풀이를 보지 않는 시험이기 때문이다.
수능은 정답이 맞냐 틀리냐로만 채점하는 타임어택 시험이기 때문에, 풀이 과정에 대해 소홀한 결과론적 풀이도 신속성에 의하여 힘을 받을 수 있는 구조이다.

아무리 풀이 과정에서의 논리가 빈약하다고 반박하면 뭐하나.

'하지만 풀이가 빨랐쥬~ 정답도 맞았쥬~ 킹받쥬~'

해버리면 그만인 시험인 걸...★
(물론 이런 태도는 수능에서도 좋지 않은 것은 분명하다. 이렇게 안일하게 공부하다가 수능날 미끄러져도 할 말 없음!!)

하지만 논술은 과정에 대한 점수가 세세하게 나뉘어져 있기 때문에, 논리적 비약을 함축할 가능성이 높은 그래프 풀이가 감점을 유발할 가능성이 더 높다.
따라서 수리논술을 공부할 때에는 최대한 그래프 풀이보다는 수식적 풀이를 우선시하려는 노력을 할 필요가 있다.

| 그렇다고, 그래프 풀이를 논술에서 아예 쓰지 말라는 것은 아니다.

문제를 파악하는 데에 그래프는 아주 효율적인 도구임은 틀림없고, 몇몇 문제들은 수식적으로는 풀 수 없는 문제들이 있을 수 있기 때문이다.
수식적 풀이는 현실적으로 불가능하고 그래프 풀이만 가능한 문제들도 나오기 때문에, 독자들은 다음 표의 전략대로 따라하면 된다. Trust me.

	수식적 풀이 불가능	수식적 풀이 존재	수식적 풀이 복잡함
그래프 풀이 불가능	이럴 리가 없어!! 풀 수 없는 문제는 없으니, 다시 풀어보기	**수식으로 답안작성**	**수식으로 답안작성**
그래프 풀이 존재	그래프로 답안 작성	**수식으로 답안작성**	풀이의 복잡함의 차이가 극명한 경우는 그래프, 버틸만하면 **수식**
그래프 풀이 복잡함	울며 겨자 먹기로 그래프로 답안 작성 or 수식적 풀이 좀 더 탐구해보기	**수식으로 답안작성**	**수식으로 답안작성**

그래프 풀이와 수식적 풀이 둘 다 훌륭한 논술 답안풀이가 될 수 있지만, 둘 다 존재한다면 수식적 풀이가 훨씬 감점에서 자유롭다는 것만 명심하자.

그래프로 문제를 풀고 나서, 그 과정을 수식적으로 풀어써보려는 노력을 하다보면, 그것이 수식적 풀이로 진화하여 완벽한 답안이 완성되기도 한다.

구간 (a, b)에서 정의된 함수 $f(x)$에 대하여 $f''(x) \geq 0$ 일 때, 임의의 점 $(p, f(p))$에서 그은 접선 ℓ은 항상 곡선 $y = f(x)$ 보다 아래에 있음을 보이시오.

연습지

예제 해설

$f''(x) \geq 0$ 이므로 구간 (a, b)안에 있는 임의의 α, β $(\alpha < \beta)$에 대하여 $f'(\alpha) \leq f'(\beta)$ 이다. …… ①

(ⅰ) $x > p$ 일 때

평균값 정리에 의하여 $p < c_1 < x$ 인 c_1 가 존재하여 $\dfrac{f(x) - f(p)}{x - p} = f'(c_1)$ 이고 $f'(c_1) \geq f'(p)$ $(\because ①)$

이므로 $\dfrac{f(x) - f(p)}{x - p} \geq f'(p)$, 즉 $f(x) \geq f(p) + f'(p)(x - p)$이다. $(\because x - p > 0)$

(ⅱ) $x < p$ 일 때

평균값 정리에 의하여 $x < c_2 < p$인 c_2 가 존재하여 $\dfrac{f(x) - f(p)}{x - p} = f'(c_2)$ 이고 $f'(c_2) \leq f'(p)$ $(\because ①)$

이므로 $\dfrac{f(x) - f(p)}{x - p} \leq f'(p)$, 즉 $f(x) \geq f(p) + f'(p)(x - p)$이다. $(\because x - p < 0)$

한편 곡선 $y = f(x)$ 위의 점 $(p, f(p))$에서 그은 접선 ℓ의 식은 $y = f(p) + f'(p)(x - p)$ 으로 표현되므로, (ⅰ), (ⅱ)에 의해 접선 $\ell : y = f(p) + f'(p)(x - p)$은 항상 곡선 $y = f(x)$ 보다 아래에 있음을 알 수 있다.

[Comment]

$f''(x) \geq 0$라는 조건을 보고 아래로 볼록[18]인 $y = f(x)$를 대충 그려놓고 여러 점에서 접선을 그어보면서

'다 곡선 아래에 있네. 증명 끝!'

하는 그래프 답안을 적으면, 위와 같은 수식을 이용한 답안과 비교하여 유의미한 감점을 받을 수 있다.

---

18) 심지어 $f''(x) = 0$인 직선이 $f(x)$의 일부분이 될 수 있기 때문에, 이 문제에서 그래프 답안은 '오점이 많은 답안'이 될 수 있다.

수리논술 공부 Tip

1. 본 교재에 나오는 기본공식 증명들은 웬만하면 외우기

학생들에게 수리논술이 어렵다고 느껴지는 큰 이유 중 하나는 '내가 그런 생각이나 풀이를 어떻게 떠올려?'라는 생각 때문이다. 이러한 생각이 드는 이유는 수리논술이 터무니없이 어렵게 출제되는 것 때문이라기보다는, '과정의 이해'가 아닌 '결과 암기하기'에만 의존한 지금까지의 수능&내신 공부 습관 때문이라 생각한다.

과정을 이해하며 수학 공부를 하는 것이 왜 중요한지 알아보자. 아래 문제를 풀어본 후 다음 페이지의 해설을 봐 보자.

예제

서로 다른 두 실수 a, b와 $f(a) = f(b) = 0$인 임의의 다항함수 $f(x)$에 대하여

$$\int_a^b f(x)dx = \int_a^b g(x)f''(x)dx$$

를 만족시키는 이차함수 $g(x)$는 $g(x) = \frac{1}{2}(x-a)(x-b)$ 임이 알려져 있다. …… ①

임의의 다항함수 $h(x)$와 $g(x) = \frac{1}{2}(x-a)(x-b)$에 대하여

$$\int_a^b h(x)dx = \frac{(h(a)+h(b))(b-a)}{2} + \int_a^b g(x)h''(x)dx$$

임을 ①을 이용하여 보이시오.

[인하대 – 제시문 생략 버전]

연습지

$f(x) = h(x) - \left\{ \dfrac{h(b) - h(a)}{b - a}(x - a) + h(a) \right\}$ 라 하면 $f(a) = f(b) = 0$ 이므로,

문제의 ①식에 밑줄 식에 대입하여 계산하면

(중간 계산과정은 생략!)

이므로 $\displaystyle\int_a^b h(x)dx = \dfrac{(h(a) + h(b))(b - a)}{2} + \int_a^b g(x)h''(x)dx$ 임을 알 수 있다.

이 문제는 다른 것보다는, $f(x) = h(x) - \left\{ \dfrac{h(b) - h(a)}{b - a}(x - a) + h(a) \right\}$ 로 두는 Idea를 떠올리는 게 어려웠을 것이다. 대체 해설에서는 어떻게 이 Idea를 떠올릴 수 있었던 걸까?

사실 이는 이미 교과서에서 평균값의 정리를 증명하면서 제시된 Idea인데, 다음 증명에서 확인해보자.

증명

| 평균값의 정리 교과서 증명

두 점 $A(a, f(a))$, $B(b, f(b))$를 지나는 직선의 방정식을 $y = g(x)$라고 하면

$$g(x) = \dfrac{f(b) - f(a)}{b - a}(x - a) + f(a)$$

이다. 이때

$$i(x) = f(x) - g(x) = f(x) - \left\{ \dfrac{f(b) - f(a)}{b - a}(x - a) + f(a) \right\}$$

라고 하면 함수 $i(x)$는 닫힌구간 $[a, b]$에서 연속이고, 열린구간 (a, b)에서 미분가능하며 $i(a) = i(b) = 0$ 이다. 따라서, 롤의 정리에 의하여

$$i'(c) = f'(c) - g'(c) = f'(c) - \dfrac{f(b) - f(a)}{b - a} = 0$$

인 c가 열린구간 (a, b)에 적어도 하나 존재한다. 즉,

$$\dfrac{f(b) - f(a)}{b - a} = f'(c)$$

인 c가 열린구간 (a, b)에 적어도 하나 존재한다.

본 증명에 있는 Box 부분의 함수치환 뿐만 아니라 그 이후의 결과 $(i(a) = i(b) = 0)$ 까지도 앞선 예제 해설과 완전한 판박이 Idea임을 알 수 있다.

우리가 낯설게 느끼는 Idea나 증명은 이미 우리가 교과서나 기출에서 경험했었던 Idea나 증명에서부터 시작되는 경우가 종종 있으므로, 본 시리즈에서 제공하는 기본공식 증명은 전부 흡수하도록 하자.

2. 제시문은 너무나도 소중한 Hint

| 제시문 없는 학교

문제만 덜렁 던져주고 '어디 한 번 풀어봐!' Style이기 때문에, 까다롭다고 평가되는 학교들의 특징이다.
문항에 대한 Hint은 적지만, 학교별로 자주 출제하는 스타일이나 문제풀이 Idea 유형은 분명히 있기 때문에
이를 잘 짚어주는 후반기 학교별 Final을 수강하는 것이 좋다.

| 제시문 있는 학교

문제풀이에 사용되는 교과개념이나 문제풀이의 핵심 Key를 제시문에서 알려준다. 하지만 대부분의 학생들은 제시문을 너무
쉽게 무시해버리는 경우가 있는데, 이는 주어진 Hint를 직접 걷어차는 꼴이다.

직전에 본 예제는 제시문 삭제 버전인데, 아래 제시문이 같이 붙어있다고 생각하고 문제를 다시 봐 보자.

> **제시문**
>
> $x_1 \neq x_2$일 때, 두 점 (x_1, y_1), (x_2, y_2)를 지나는 직선의 방정식은
>
> $$y - y_1 = \frac{y_2 - y_1}{x_2 - x_1}(x - x_1)$$

뜬금없이 제시문에 직선의 방정식이 주어졌다.
과연, 출제진은 학생들이 직선의 방정식을 모를 것 같아서 제시문을 준 걸까?

당연히 아닐 것이다. 그럼에도 제시문을 준 이유는??

핵심 Idea였던 $f(x) = h(x) - \left\{ \dfrac{h(b) - h(a)}{b - a}(x - a) + h(a) \right\}$ 에서 직선의 방정식 part인 $\dfrac{h(b) - h(a)}{b - a}(x - a) + h(a)$를
떠올리는 데에 도움이 되라고 준 출제진의 배려[19]이다.
이 배려를 눈치채고 잘 활용하는 것 역시 수리논술 실력이라 할 수 있다.

> **TIP**
>
> '난 하드코어 모드로 공부하겠어. 제시문이 나와도 공부할 땐 우선 무시!!' 하는 자세 역시 좋지 않다.
> 제시문을 문제에 맞게 잘 성형해서 생각의 물꼬를 트는 연습도 필요하기 때문이다.
>
> 반대로, '내가 지원하는 학교들은 다 제시문 주더라. 제시문 없는 어려운 문제는 풀지 않겠어.' 역시 좋지 않다.
> 평소엔 제시문이 친절하다가 당해 시험에서는 친절하지 않을 수도 있기 때문이다.
> 수능이든 논술이든 '배제'는 좋지 않다. 모든 Case에 대비해서 공부하도록 하자.

---

19) 학교별성향에 따라 제시문 제공여부 혹은 배려의 깊이 정도가 다 다름을 인지하자.

3. 선천적 오개념과 후천적 오개념

| 선천적 오개념

수험생의 90% 이상이 가질 수 있는 합리적인 오개념을 뜻한다. 예를 들어,

'1 보다 작은 양수를 무한 번 곱하면 0 으로 갈 것이다.'

와 같은 명제가 있다. 얼핏 보면 맞는 명제인 것 같지만 실제로는 틀린 명제이다.

모든 자연수 n에 대하여 $1 - \dfrac{1}{n}$은 분명 1 보다 작은 수이지만, 이를 n번 곱한 식의 극한값은 $\displaystyle\lim_{n \to \infty}\left(1 - \dfrac{1}{n}\right)^n = \dfrac{1}{e}$ 이다.

따라서 위 명제는 잘못된 명제, 즉 선천적 오개념이다.

이러한 선천적 오개념들은 누구나 가지고 있을법한 오개념이므로, 수리논술 학습을 해가면서 고치면 된다.[20]

그리고 몇몇 선천적 오개념들은 너무 지엽적이라 여러분이 걱정할 수 있는데, 이런 것들은 못 고치더라도 걱정할 필요는 없다. 나와 같은 시험을 보는 경쟁자들도 갖고 있을 확률이 매우 높은 것만을 선천적 오개념이라 부르며, 이로 인해 모두가 같은 감점을 받으면 나의 합격 가능성에는 영향을 주지 않으니 말이다.

물론 '다 같이 틀리자!' 라고 선동하는 것은 아니다. 군계일학이 될 수 있는 좋은 기회이지만, 뒤에서 나올 후천적 오개념만큼 치명적이지는 않다라고 얘기하는 것! 지극히 현실적인 조언이다.

예제

함수 $f(x) = \dfrac{cx+1}{dx+1}$ 에 대하여 $(f \circ f \circ f)(x) = x$ 을 만족하는 실수 x 가 무한히 많이 있다.

이때 d 의 최댓값을 구하시오. (단, c, d는 실수이다.)

[중앙대]

연습지

---

20) 수능 공부로는 잘 해결이 안 되는 오개념들이다.

합성함수의 정의를 적용하여

$$(f \circ f)(x) = f(f(x)) = \frac{c\left(\dfrac{cx+1}{dx+1}\right)+1}{d\left(\dfrac{cx+1}{dx+1}\right)+1} = \frac{(c^2+d)x+(c+1)}{d(c+1)x+(d+1)}$$

이 됨을 알 수 있고 이로부터

$$(f \circ f \circ f)(x) = (f \circ f)(f(x)) = \frac{(c^3+2cd+d)x+(c^2+c+d+1)}{d(c^2+c+d+1)x+(cd+2d+1)}$$

를 얻는다.

> 한편, $(f \circ f \circ f)(x) = x$ 가 무한히 많은 실수 x 에 대하여 성립하므로
>
> $$d(c^2+c+d+1)x^2+(cd+2d+1)x = (c^3+2cd+d)x+(c^2+c+d+1)$$
>
> 가 항등식이다.

따라서 $d(c^2+c+d+1)=0$, $cd+2d+1 = c^3+2cd+d$, $c^2+c+d+1 = 0$ 를 얻는다.

이를 정리하면 $d = -c^2-c-1$ 의 조건을 얻고, 이를 대입하면 다른 조건들도 만족시킴을 알 수 있다.

따라서 $d = -c^2-c-1 = -\left(c+\dfrac{1}{2}\right)^2 - \dfrac{3}{4}$ 로부터 $c = -\dfrac{1}{2}$ 일 때 d가 최대이고 이때 $d = -\dfrac{3}{4}$ 이다.

위 해설은 대학에서 제공한 해설로, Box 부분을 신경 쓸 필요가 있다.

무한히 많은 실수 x 에 대하여 성립하는 식이라는 조건과 항등식이라는 조건이 서로 필요충분조건이 아니다.

예를 들어, 방정식 $\sin x = \dfrac{1}{3}$ 의 해는 무한히 많지만 x 에 대한 항등식이 아니다. 즉,

'항등식이면 무한히 많은 실수 x에 대하여 성립하는 식'이라는 명제는 맞지만,
'무한히 많은 실수 x에 대하여 성립하는 식이면 항등식'이라는 명제는 틀렸다.

하지만 해설의 Box 부분은 후자의 명제 의미를 포함하는 듯한 뉘앙스를 풍기는 느낌이라,
저자의 개인적인 생각으로는 예제 해설의 Box 부분을 다음과 같이 보강해야 한다고 생각한다.
아래의 새로 써진 답안은, 방정식과 항등식의 개념 차이에 주안점을 두고 쓴 답안이다.

> $(f \circ f \circ f)(x) = x$ 를 정리하면
>
> $$d(c^2+c+d+1)x^2+(cd+2d+1)x = (c^3+2cd+d)x+(c^2+c+d+1)$$
>
> 인데, 이 식이 n차 다항방정식이면 이 식을 만족시키는 x가 최대 n개이므로 이는 준식을 만족시키는 실수 x가 무한히 많이 있다는 조건에 모순이다. 따라서 항등식이어야 한다.

문제를 출제한 대학조차 이견이 생길 수 있는 답안을 예시답안으로 제시한 만큼,
이 부분을 꼬집어 답안을 쓸 수 있는 수험생은 거의 없었을 것이다.

본인이 정 이것마저도 완벽하고 싶은 욕심을 가지고 있다면, 첨삭 때마다 지적되는 포인트들은 고쳐보려고 노력하는 것으로
충분하다.

| 후천적 오개념

내신 혹은 수능 공부를 하면서 문제를 빨리 풀기 위한 '문제풀이 도구나 스킬'에 의해 생긴 후천적 오개념은, 선천적 오개념과는
달리 항상 경계하며 공부해야 한다. 제대로 수학을 공부한 학생이라면 있을 수 없는 오개념이므로,
이 오개념은 공부를 엉터리로 한 나만 갖고 있는 오개념, 즉

이 될 수 있는 치명적인 오개념이다.
이러한 후천적 오개념은 대부분 정확한 논리가 아닌 감에 의존하여 공부하는 학생들에게 많이 생긴다.

후천적 오개념의 예시로는

$$\text{'미분가능한 함수 } f(x)\text{에 대하여 } \frac{f(b)-f(a)}{b-a} = f'(c)\text{인 구간 }(a,\, b)\text{가 항상 존재한다.'}$$

라는 명제가 있다.
얼핏 보기에는 일반적인 평균값의 정리와 비슷하다고 착각할 수 있지만, 이는 평균값의 정리가 아니라 오개념이다.
(반례 : $f(x) = x^3$, $c = 0$일 때, $\frac{f(b)-f(a)}{b-a} = f'(c)$를 만족시키는 구간 $(a,\, b)$가 존재하지 않는다.)

진짜 평균값의 정리는

$$\text{'미분가능한 함수 } f(x)\text{에 대하여 } \frac{f(b)-f(a)}{b-a} = f'(c)\text{인 } a < c < b\text{가 항상 존재한다.'}$$

이다.

누군가는 '선생님, 이런 걸 누가 이렇게 잘못 알고 있나요~ 저는 제대로 알고 있습니다.'라고 할 수 있다.
하지만 그런 학생들 중 최소 절반 이상 역시 이 오개념을 갖고 있을 거라고, 경험적으로 확신한다.

다음 문제는 [Show and Prove 2편]에서 본격적으로 소개하는 문제이지만, 잠시 스포일러를 당해보도록 하자.

어떤 양수 k에 대하여 함수 $f(x) = k(x^2 - 2x - 1)e^x$ 은 다음 조건을 만족시킨다.

$$0 \leq a < b \text{ 인 임의의 두 실수 } a, b\text{에 대하여 } f(b) - f(a) + b - a \geq 0\text{이다.}$$

가능한 k의 범위를 구하시오. (미적분 학습이 안된 학생들은 Box 조건만 해석해보세요 :D)

[평가원]

위의 문제에 대한 한 학생의 잘못된 풀이다.

> 조건의 부등식을 변형하면
>
> $$f(b) - f(a) + b - a \geq 0 \Leftrightarrow \frac{f(b) - f(a)}{b - a} + 1 \geq 0 \Leftrightarrow \frac{f(b) - f(a)}{b - a} \geq -1$$
>
> 평균값의 정리에 의하여 $\frac{f(a) - f(a)}{b - a} = f'(c)$인 c가 구간 (a, b) 사이에 적어도 하나 존재하므로 $f'(c) \geq -1$ 임을 알 수 있다. 이때 $0 \leq a < c < b$ 이므로, $f'(c) \geq -1$라는 조건은 $x > 0$일 때 $f'(x) \geq -1$과 동치이다.

위 풀이를 뒷받침하는 논리는

> 위 부등식이 $0 \leq a < b$인 임의의 두 실수 a, b에 대하여 성립하므로, a, b의 모든 조합을 통해 모든 양수의 값을 c의 값으로 만들어 낼 수 있다. 따라서, $f'(c) \geq -1$는 $f'(x) \geq -1$가 된다.

라는 논리다. 얼핏 보면 맞는 말 같지만, 앞 페이지에서 오개념이라고 했던 문장과 정확히 일맥상통한다.

우리는 이렇듯 아무렇지 않게 후천적 오개념을 활용하고 있었을지도 모른다. 수능은 정답만 묻는 시험이기 때문에, 후천적 오개념이 오개념인지 모르고 넘어갔을 가능성이 매우 높다. 이를 방지하기 위해서는 수능도 풀이를 논리적으로 분석 및 확인해보는 습관을 들이는 것이 좋겠다.

1-4 실전 논제 풀어보기

제시문

$n \geq k$ 인 자연수 n과 k에 대하여 유리수 $\alpha(n, k)$를 $\alpha(n, k) = \frac{1}{k} {}_{2n-k}C_{k-1}$ 이라고 정의하자. 이때

$$_nC_r = \frac{n!}{r!(n-r)!} = \frac{n(n-1)(n-2)\dots(n-r+1)}{r!}$$

은 서로 다른 n개에서 $r\,(0 \leq r \leq n)$개를 택하는 조합의 수이다. 단, $0! = 1$로 정의한다. 그러면 항등식

$$1^2 + 2^2 + 3^2 + \dots + n^2 = \frac{n(n+1)(2n+1)}{6}$$

을 이용하여 $n \geq 4$일 때, 명제

$$① \; \alpha(n,4)는 자연수이다.$$

가 참임을 증명할 수 있다.

또한, $n \geq 3$일 때, 명제 '$3 \times \alpha(n,n-1)$이 자연수이다.'가 참임을 다음과 같이 증명할 수 있다.

$$\alpha(n, n-1) = \frac{1}{n-1} {}_{n+1}C_{n-2} = \frac{1}{n-1} {}_{n+1}C_3 = \frac{1}{3} \times \frac{(n+1)n}{2 \times 1} = \frac{1}{3} {}_{n+1}C_2$$

소수는 1과 자기 자신만을 약수로 가지는 1보다 큰 자연수이다. 유리수 $\alpha(17, 7)$은 정의에 의하여

$$\alpha(17, 7) = \frac{1}{7} {}_{27}C_6 = \frac{27 \times 26 \times \cdots \times 22}{7!} \quad \cdots\cdots (\text{i})$$

이다. 유리수 $\alpha(17, 7)$이 자연수라고 가정하면, (i)의 우변의 분모인 $7!$이 소수 7의 배수이므로, 분자 $27 \times 26 \times \dots \times 22 \cdots\cdots (\text{ii})$는 소수 7의 배수이다. 그런데 (ii)는 소수 7의 배수가 아님을 증명할 수 있다. 따라서 모순이다. 그러므로 $\alpha(17, 7)$은 자연수가 아니다.

[1] 명제 ①이 참임을 증명하시오.

[2] $n \geq 4$일 때, $5 \times \alpha(n, n-2)$와 $\alpha(100, 67)$이 자연수인지 아닌지를 각각 판별하고, 그 이유를 설명하시오. (단, 67은 소수이다.)

제시문 일부

(가) 자연수 n이 양의 약수의 총합이 $2n$이 될 때, n을 완전수라 부른다. 예를 들어 6은 양의 약수가 1, 2, 3, 6 이므로 이를 모두 더한 값이 6의 2배가 되어 완전수이다. 또 다른 예로 28은 양의 약수가 1, 2, 4, 7, 14, 28이므로 이를 모두 더하면 28의 2배가 되어 완전수이다. 이보다 더 큰 완전수로는 496, 8128 등이 있으며 완전수가 유한한지 아니면 무한히 많은지는 알려져 있지 않다.

자연수 n을 소인수분해 하였을 때, $n = pq$ (단, p, q는 $p < q$인 소수)인 경우 n이 완전수가 되는지 알아보자. $n = pq$의 양의 약수는 1, p, q, pq이므로 약수들의 합은 $1 + p + q + pq$이다. 따라서 n이 완전수가 되기 위하여 $1 + p + q + qp = 2pq$가 되어야 한다. 즉, $pq - p - q - 1 = 0$이다. 이를 풀면 $p = 2$, $q = 3$이 되어야 함을 확인할 수 있다. 그러므로 두 소수의 곱인 완전수는 6이 유일함을 알 수 있다.

이제 자연수 n이 $n = 4m$ (m은 홀수)일 때 n이 완전수가 될 조건을 구해보자. m이 홀수이므로 n의 양의 약수는 m의 양의 약수를 1배, 2배, 4배한 수이다. m의 양의 약수의 총합을 $f(m)$이라 하면 n의 양의 약수의 총합은 $(1 + 2 + 4)f(m) = 7f(m)$이다. 그러므로 n이 완전수라면 $7f(m) = 8m$을 만족시킨다. 이때 7은 소수이므로 m은 7의 배수이다.

$m = 7k$ (k는 자연수)로 두면 $f(m) = 8k$이다.

만약 $k \geq 2$이면 1, k, $7k$가 모두 서로 다른 m의 양의 약수이므로 $f(m) \geq 1 + k + 7k = 8k + 1$이 되어 모순이다.

만약 $k = 1$이라면 $n = 28$이고 이는 완전수이다. 따라서 $n = 4m$인 완전수는 28뿐임을 알 수 있다.

[1] 자연수 n이 $n = p^k$이면 n이 완전수가 아님을 보이시오. (단, p는 소수이고 k는 자연수이다.)

[2] 자연수 n이 $8m$ (m은 홀수)이면 n이 완전수가 아님을 보이시오.

연습지

답안지

제시문 일부

함수 $g(x) = \begin{cases} x \ (x \geq 0) \\ 0 \ (x < 0) \end{cases}$ 와 함수 f, $a < b$인 실수 a, b가 있다. 이때, 모든 실수 x에 대하여

$$g(f(x) - a) + a \leq g(f(x) - b) + b \ \cdots ②$$

가 성립한다. 이는 다음과 같이 보일 수 있다.

먼저, $f(x) \geq b$이면 $f(x) \geq b > a$이므로 $g(f(x) - a) + a = f(x) - a + a = f(x)$이고 $g(f(x) - b) + b = f(x) - b + b = f(x)$이다.

이제 $a \leq f(x) < b$이면, $g(f(x) - a) + a = f(x) - a + a = f(x)$ 이고 $g(f(x) - b) + b = b$이다.

마지막으로 $f(x) < a$이면 $f(x) < a < b$이므로, $g(f(x) - a) + a = a$이고 $g(f(x) - b) + b = b$이다.

따라서, ②는 성립한다.

한편, 아래의 명제를 생각하자. 함수 f가 모든 실수 x에 대하여

$$g(f(x) - 2) + 2 \leq g(f(x) - 1) + 1$$

을 만족시키는 것은 모든 실수 x에 대하여 $f(x) \geq 2$이기 위한 필요충분조건이다. $\cdots$ ③

명제 ③은 ②를 이용하여 다음과 같이 보일 수 있다. 함수 f가 모든 실수 x에 대하여

$$g(f(x) - 2) + 2 \leq g(f(x) - 1) + 1 \quad \cdots ④$$

을 만족시킨다고 하자. 결론을 부정하여 어떤 실수 c에 대하여 $f(c) < 2$라고 가정하자.

④에 의하여 $g(f(c) - 2) + 2 \leq g(f(c) - 1) + 1$이고, ②에 의하여 $g(f(c) - 1) + 1 \leq g(f(c) - 2) + 2$이므로, $g(f(c) - 2) + 2 = g(f(c) - 1) + 1$이다.

이것은 모순임을 보일 수 있다. 따라서 모든 실수 x에 대하여 $f(x) \geq 2$이다.

역으로 모든 실수 x에 대하여 $f(x) \geq 2$이면, 모든 실수 x에 대하여 $g(f(x) - 2) + 2 \leq g(f(x) - 1) + 1$ 이 성립함도 보일 수 있다.

제시문 (나)를 읽고 함수 $h(x) = \begin{cases} 0 \ (x > 0) \\ x \ (x \leq 0) \end{cases}$ 에 대한 다음 문제에 답하시오.

[1] 임의의 함수 f와 임의의 실수 a, b에 대하여, $a < b$이면 모든 실수 x에 대하여

$$h(f(x) - a) + a \leq h(f(x) - b) + b$$

가 성립함을 보이시오.

[2] 함수 f가 모든 실수 x에 대하여

$$h(f(x) - 7) + 7 \leq h(f(x) - 5) + 5$$

를 만족시키는 것은 모든 실수 x에 대하여 $f(x) \leq 5$이기 위한 필요충분조건임을 보이시오.

제시문

최고차항의 계수가 1 인 이차함수 $f(x)$ 가 다음 조건을 만족시킨다.

(가) 방정식 $f(x) = 0$ 의 서로 다른 두 실근 α, β $(\alpha < \beta)$를 갖고, $\displaystyle\int_0^\alpha |f(x)|\, dx = \dfrac{50}{3}$ 이다.

(나) 방정식 $|f(x)|$ 는 $x = 6$ 에서 미분가능하고, 곡선 $y = |f(x)|$ 위의 점 $(6,\, |f(6)|)$ 에서의 접선의 y 절편이 $|f(0)|$ 이다.

$f(10)$ 의 값을 구하시오.

연습지

제시문

(가) 샌드위치 정리

(나) 모든 자연수 n에 대하여 $\left(1+\dfrac{1}{n}\right)^{n} \leq \left(1+\dfrac{1}{n+1}\right)^{n+1}$ 가 성립한다.

두 수열 $\{a_n\}$, $\{b_n\}$ 에 대하여 다음 명제 p 가 참이다.

$$\text{명제 } p : 1+\frac{1}{(a_n)^2} \leq \frac{1}{(a_{n+1})^2} \text{ 이면 } a_{n+1} < b_n < a_n \text{ 이다.}$$

$a_n = \dfrac{1}{\sqrt{n}}\left(1+\dfrac{1}{n}\right)^{-\frac{n}{2}}$ 일 때, $\lim\limits_{n \to \infty} \sqrt{n}\,\ln(1+b_n)$ 의 값을 구하시오.

(아직 미적분 문제가 버거운 학생은 해설만 읽어보셔도 좋습니다 :D)

연습지

Show and Prove

기대T 수리논술 수업 상세안내

정규반	수업 상세 안내 (지난 수업 영상수강 가능)
정규반 – Set 1 (1주차~4주차)	– 수리논술만의 특징인 '답안작성 능력'과 '증명 능력'을 향상시키는 수업 – 수능/내신 공부와 다른 수리논술 공부의 결 & 방향성을 잡아주는 수업 – 수험생은 물론 강사조차 가지고 있는 '오개념'을 타파시키는 수학 전공자의 수업 – 무언가가 어려우면 쉽게 포기하는 성향을 가진 학생의 경우, 　문제풀이가 위주인 Set 2부터 학습한 후 Set 1 학습 추천 (단순 난이도 : Set 1 〉 Set 2)
정규반 – Set 2 (5주차~8주차)	– 만만해 보이는 과목인 수학 1이 수리논술에서 어떻게 나오는지 배워보는 강의 – 삼각함수 & 수열의 콜라보 등 수학1의 논술형 발전성을 체감해볼 수 있는 실전 내용 수업 – 다른 Set에 비하여 난이도가 쉬운 편 : 수리논술에 입문하기 좋은 강의 Set
정규반 – Set 3 (9주차~12주차)	– 수리논술에서 50% 이상의 비중을 차지하는 수리논술용 미적분을 집중 해석하는 수업 – 수리논술에도 존재하는 행동 영역을 통해 고난도 문제의 체감 난이도를 낮춰주는 수업 – 대학의 모범답안을 보고도 '이런 아이디어를 내가 어떻게 생각해내지?' 　라는 생각이 드는 학생들도, 납득 가능하고 감탄할 만한 문제 접근법을 제시해주는 수업
정규반 – Set 4 (13주차~16주차)	– 상위권 대학의 합격 당락을 가르는 고난도 주제들을 총정리하는 수업 – 출제 난이도가 높은 학교의 수리논술 합격을 바라는 학생이라면 강추
첨삭 및 자료	– 수강 형태 (현장 vs 온라인) / 상관없이, 모든 학생들에게 첨삭 제공 – 복습 시트, 손글씨 답안, 다채로운 자료 등등 오른쪽 QR코드에서 확인 가능

실전반 & Final	수업 상세 안내 (지난 수업 영상수강 가능)
실전반 – Set 1 (1주차~5주차)	– 수리논술 전용 확통/기하 Theme에 대하여 학습하는 강의 – 수능/내신의 빈출 Point와의 괴리감이 제일 큰 두 과목인 확통/기하의 내용을 　철저히 수리논술 빈출 Point에 맞게 제단된 내용만을 다루는 Compact 강의
실전반 – Set 2 (6주차~10주차)	– 상위권 학교 지원자들은 꼭 알아야 하는 필수내용만 다루는 강의 – 본인에게 유리한 출제 스타일인 학교를 탐색하여 원서 지원부터 이기고 들어갈 수 있도록 하는, 　대학별 출제경향 파악 수업 (모든 대학을 A그룹~D그룹으로 분류 후 분석) – 최신기출 (작년 기출+올해 모의) 중 주요 문항 선별 통해 주요대학 최근 출제 경향 파악
Semi Final 고/서/성/경 반 (수능전 & 직후)	– 수능 직후 시험 보는 학교들을 중점적으로 미리 공부해두기 위한 수업 – 전형적인 고난도 문제부터, 창의적인 신유형 문제까지 다양하게 만나볼 수 있는 수업 – 수능 끝나고, 주력으로 준비할 학교 선택하면 해당 학교 모의고사 1~2회분 및 해설강의 당일 제공
학교별 Final (수능전 / 수능후)	– 학교별 고유 출제 스타일에 맞는 문제들만 정조준하여 분석해주는 Final 수업 – 빈출 주제 특강 + 예상 문제 모의고사 응시 후 해설 & 첨삭 – 고승률 문제접근 Tip을 파악하기 쉽도록 기출 선별 자료집 제공 (학교별 교재 상이)

도형 성질 총망라

본격적으로 수학1의 삼각함수 단원을 다루기 전,
중학교 때 배웠던 도형의 성질들을 리마인드하고
수리논술에서만 등장하는 도형의 성질들을 새롭게 배워보자.

2-1 중학 도형 성질 총정리

1. 중점연결정리와 확장

| 중점연결정리

삼각형 ABC의 두 변 AB, AC의 두 중점 M, N에 대하여 두 선분 MN, BC는 평행하며 $\overline{MN} = \dfrac{1}{2}\overline{BC}$ 이다.

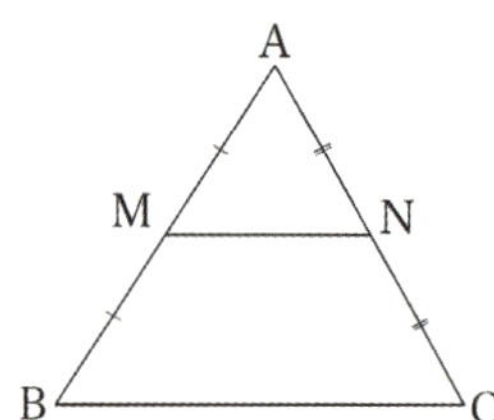

증명

두 삼각형 AMN, ABC는 각 A를 공유하며 $\overline{AM} : \overline{AB} = \overline{AN} : \overline{AC} = 1 : 2$를 만족시키므로 SAS 닮음이다. 따라서 $\angle AMN = \angle ABC$, $\angle ANM = \angle ACB$이므로 각각 동위각의 성질에 의해 두 선분 MN, BC가 평행함을 알 수 있다. 또한 닮음비는 $1 : 2$이므로 $\overline{MN} = \dfrac{1}{2}\overline{BC}$임을 알 수 있다.

| 중점연결정리의 확장해석 ①

삼각형 ABC의 두 변 AB, AC를 $p : q$로 내분하는 M, N에 대하여 두 선분 MN, BC는 평행하며

$\overline{MN} = \dfrac{p}{p+q}\overline{BC}$ 이다. (증명은 중점연결정리랑 같은 방법으로 닮음을 통해 증명하면 된다.)

| 중점연결정리의 확장해석 ②

오른쪽 그림과 같이 평행한 세 직선 AA′, BB′, CC′에 대하여 $\overline{AB} : \overline{BC} = \overline{A\,'B\,'} : \overline{B\,'C\,'}$ 이다.

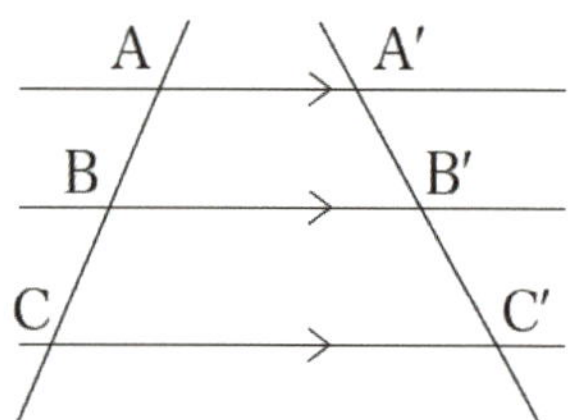

증명

보조선 AC′을 그은 후 두 삼각형 ACC′, AA′C′에서 중점연결정리 증명 과정에서와 같이 닮음을 써주면

$$\overline{AB} : \overline{BC} = \overline{AQ} : \overline{QC'} = \overline{A\,'B\,'} : \overline{B\,'C\,'}$$

임을 알 수 있다.

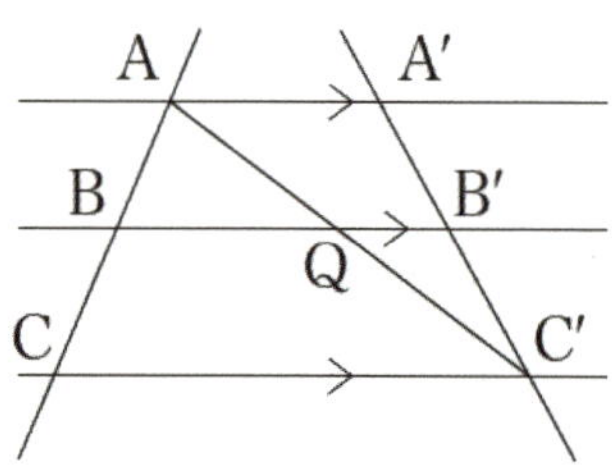

사각형 ABCD의 네 변의 중점을 각각 P, Q, R, S라 할 때, 사각형 P, Q, R, S가 평행사변형임을 보이시오.

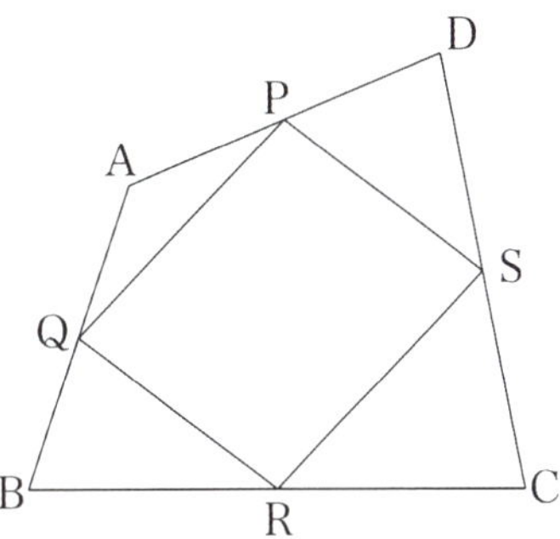

보조선 AC를 긋자.

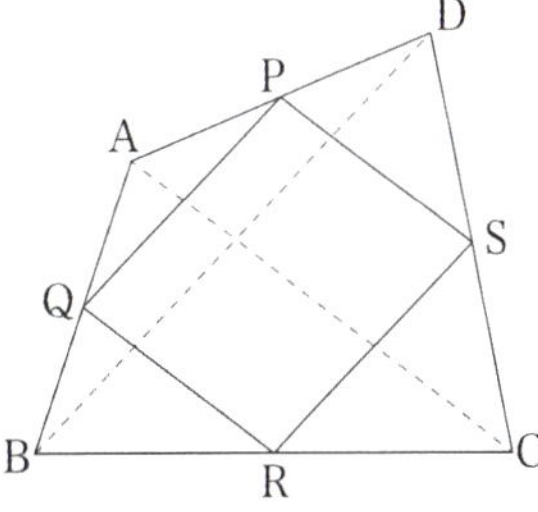

삼각형 ABC에서 중점연결정리에 의하여 선분 QR는 AC에 평행하며 길이는 $\frac{1}{2}$배이다.

또한 삼각형 ACD에서 중점연결정리에 의하여 선분 PS는 AC에 평행하며 길이는 $\frac{1}{2}$배이다.

따라서 두 선분 QR, PS는 평행하며 길이가 같고, 자연스럽게 두 선분 PQ, RS의 길이가 같고 서로 평행함을 알 수 있다. (이 부분은 보조선 BD를 그어서 위와 같은 과정으로 확인해봐도 좋다.)

이는 사각형 PQRS가 평행사변형임을 의미하므로 증명 끝.

[Comment]

두 점 P, Q가 두 선분 AD, AB를 $m:n$으로 내분하는 점이고 두 점 S, R이 두 선분 CD, CB를 $m:n$으로 내분하는 점일 때도 마찬가지로 사각형 PQRS가 평행사변형임을 증명할 수 있어야 한다.

[1] 길이가 각각 a, b인 두 대각선이 이루는 예각이 θ 인 사각형 ABCD의 넓이를 구하시오.

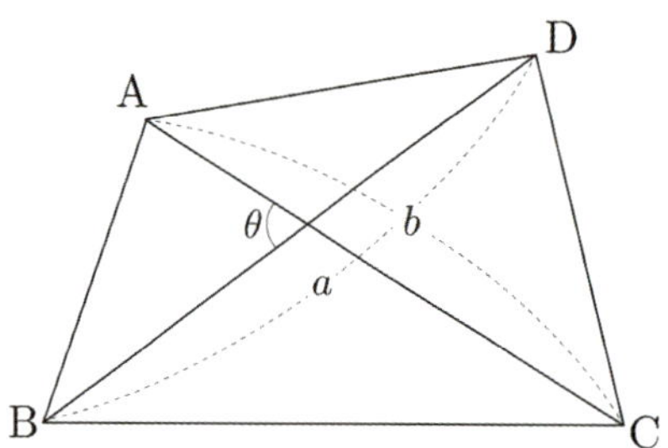

[2] 넓이가 4인 삼각형 ABC의 세 중선 ①, ②, ③을 기울이지 않고 그대로 이어붙이면 오른쪽 삼각형이 만들어진다. 이 삼각형의 넓이 S를 **[1]**의 결과를 이용하여 구하시오.

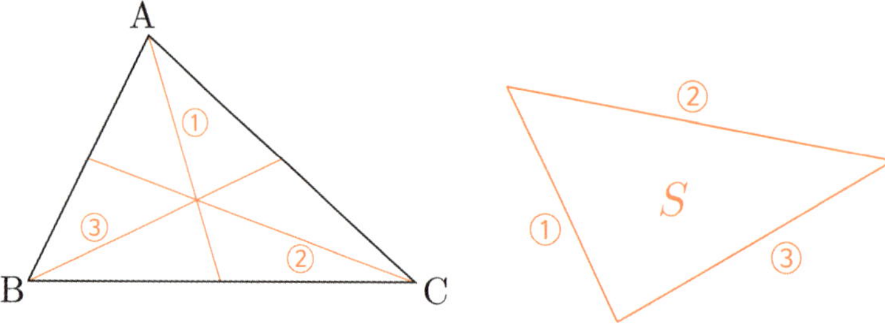

[1]

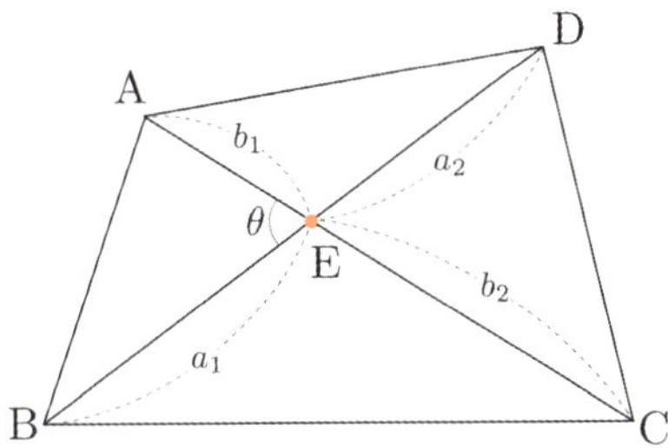

사각형의 넓이를 S라 하면

$$S = \triangle ABE + \triangle BCE + \triangle CDE + \triangle DAE$$
$$= \frac{1}{2}(a_1 b_1 + a_2 b_2)\sin\theta + \frac{1}{2}(a_1 b_2 + a_2 b_1)\sin(\pi - \theta)$$
$$= \frac{1}{2}(a_1 b_1 + a_1 b_2 + a_2 b_1 + a_2 b_2)\sin\theta$$
$$= \frac{1}{2}(a_1 + a_2)(b_1 + b_2)\sin\theta = \frac{1}{2}ab\sin\theta \text{ 이다.}$$

[2]

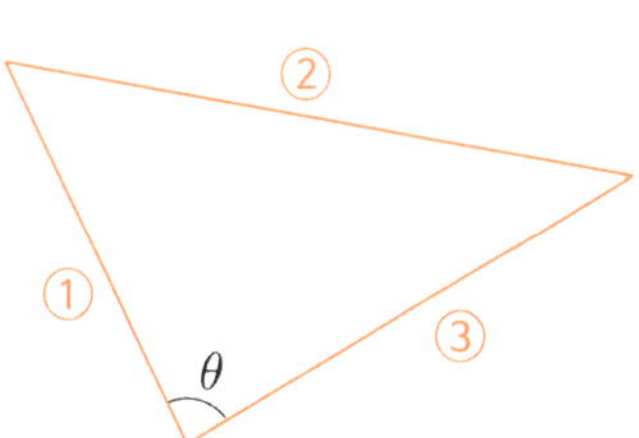

구하려는 값은 $S = \dfrac{1}{2} \times ① \times ③ \times \sin\theta$ 이다. …… ⓐ

그림과 같이 삼각형 ABC의 두 변의 중점을 각각 M_1, M_2라 하면 사각형 ABM_1M_2의 넓이는 중점연결정리에 의하여

$4 \times \dfrac{3}{4} = 3$이다. …… ⓑ

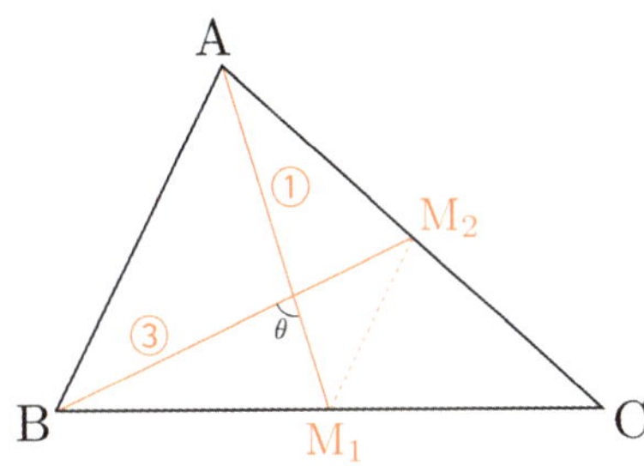

한편 사각형 ABM_1M_2의 넓이는 **[1]**과 같이 $\dfrac{1}{2} \times ① \times ③ \times \sin\theta$ 로도 구할 수 있으므로 ⓐ, ⓑ 에 의하여 $S = 3$ 임을 알 수 있다.

원의 반지름의 길이를 r, 원의 중심 O로 부터 직선까지의 거리를 d라 하자.
미리 종합하면, 원과 직선의 교점의 수는 $r > d$일 때 2개, $r = d$일 때 1개, $r < d$일 때 0개이다.

| $r < d$ 일 때, 자명하게도 원과 직선이 만나지 않으므로 교점도 0개다.

| $r > d$ 일 때

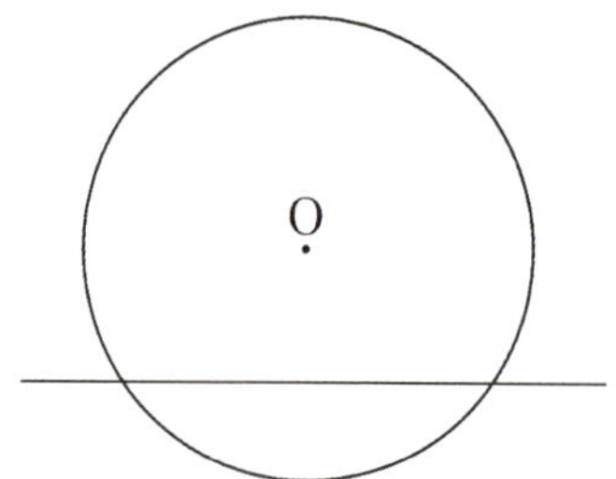

이 경우 교점이 2개가 생긴다.
두 교점을 A, B라 할 때, 반드시 해야할 두 표시는 길이의 이등분 표시와 각도의 이등분 표시다.

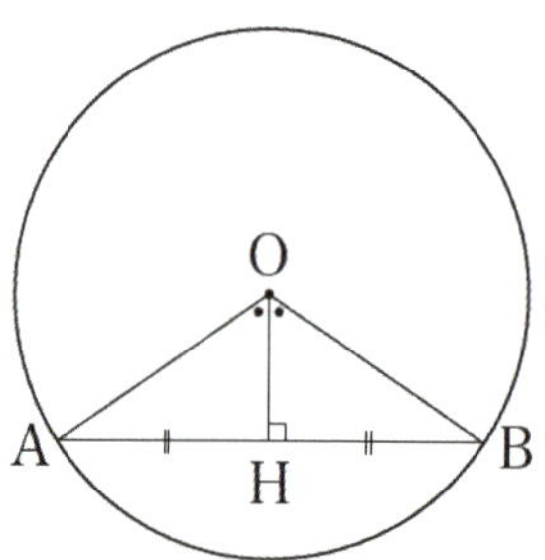

| $r = d$ 일 때

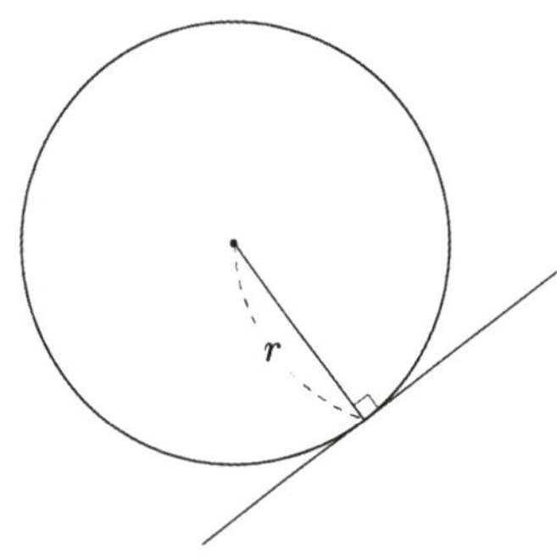

즉, 교점이 1개인 상황(=원과 직선이 접하는 상황)이다.
이 경우 원에 직선이 접하는 경우엔 항상 원의 중심과 접점을 이은 후 수직표시를 해주자. 이때, 이 두 점 사이의 거리는 원의 반지름의 길이와 같다.

'수직'과 '길이'

이 두 정보가 곧 문제 풀이의 핵심이 된다.

두 원에 동시에 접하는 직선은 공통외접선과 공통내접선으로 나뉜다.

접선을 기준으로 한 평면은 두 영역으로 나뉘는데, 두 원이 같은 영역에 있으면 접선을 외접선이라 하고, 두 원이 다른 영역에 있으면 접선을 내접선이라고 한다는 것 정도만 알고 있으면 된다.

[주의]

두 원에 동시에 접하는 직선은 2개가 아니라 4개임을 다시 한번 리마인드 하자.

'공통내접선'(X자로 보이는 접선) 에 해당하는 두 접선을 떠올리지 못하는 경우가 빈번하므로 주의할 것!

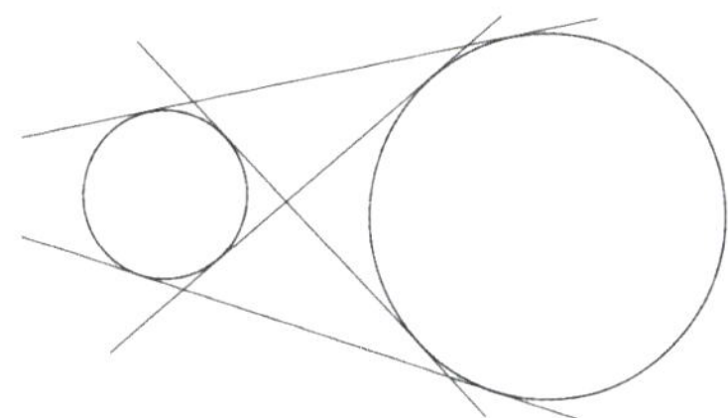

| 문제풀이 마인드

앞서 원과 직선이 접해있다면 수직 표시와 반지름 길이 표시 두 가지를 무조건 해주자고 했었다. 이건 기본이고, 보통은 두 접점 사이의 거리를 구해야 하는 문제로 많이 나오기 때문에 $\overline{AA'}$ (편의상 l이라 하자) 와 반지름들 r , r' 그리고 두 원의 중심 사이의 거리 d를 어떻게 연결시키는지 상황에 따라 알아보자.

| 공통외접선

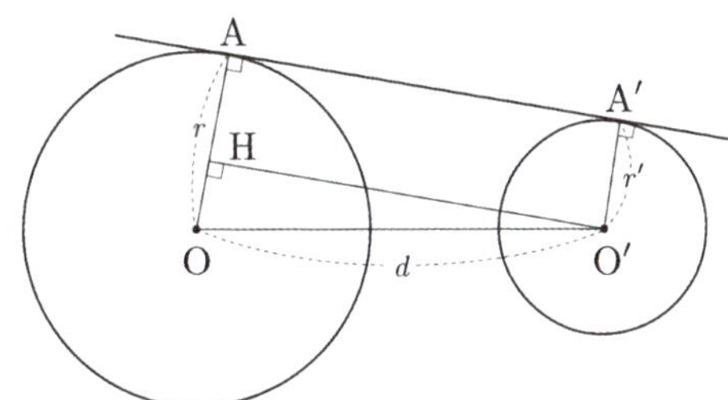

위와 같이 직각삼각형 $OO'H$를 만들면 피타고라스의 정리에 의하여 $d^2 = (r-r')^2 + l^2$이다.

| 공통내접선

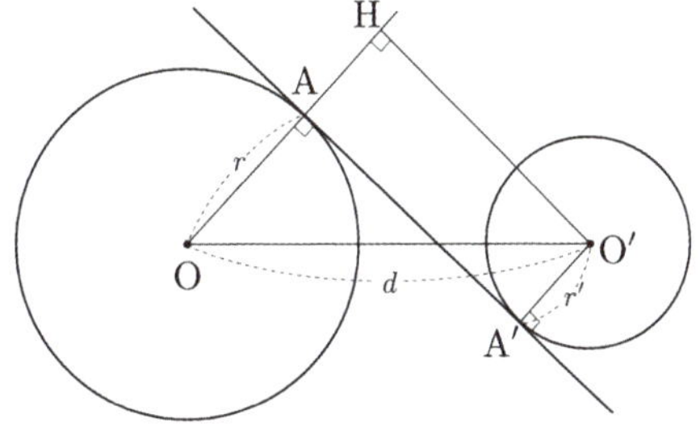

위와 같이 직각삼각형 $OO'H$를 만들면 피타고라스의 정리에 의하여 $d^2 = (r+r')^2 + l^2$이다.

즉, 두 상황의 결과 식이 다르게 생겼으므로 공통외접선인지 공통내접선인지 판단하는 게 상당히 중요하다는 것을 알 수 있다.

중심이 각각 O_1, O_2이고 반지름의 길이가 r_1, r_2인 두 원 C_1, C_2이 점 T에서 접한다. 두 원 C_1, C_2에 각각 점 T_1, T_2에서 동시에 접하는 직선과 점 T에서 두 원에 동시에 접하는 직선 사이의 교점을 Q라 할 때, $\overline{QT} = \sqrt{r_1 r_2}$임을 보이시오.

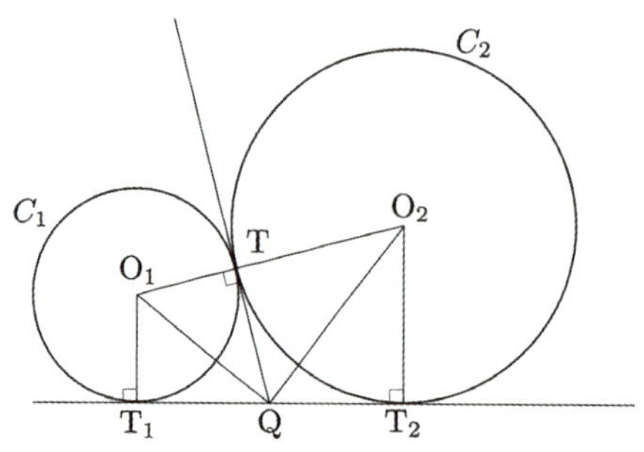

연습지

앞서 배운 원 밖의 한 점에서 원에 그은 접선의 성질을 떠올리면

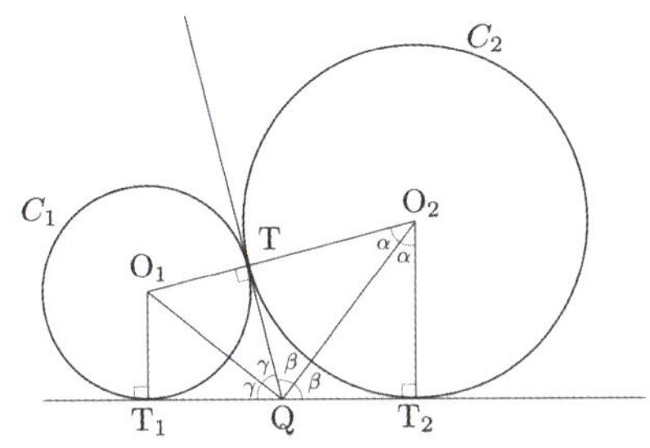

$\angle O_2QT = \angle O_2QT_2 = \beta$, $\angle TQO_1 = \angle T_1QO_1 = \gamma$, $\angle QO_2T = \angle QO_2T_2 = \alpha$ 임을 알 수 있다.

한편, $\angle O_1TQ = 90°$ 이고 $2\beta + 2\gamma = 180°$ $\alpha + \beta = 90°$ 이므로, 삼각형 O_1QO_2만 살펴보면 다음과 같이 각도를 표현할 수 있다.

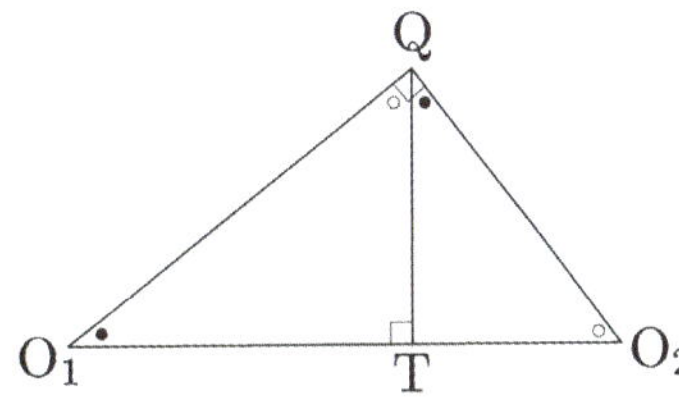

삼각형의 닮음에 의해, $\overline{O_1T} \times \overline{O_2T} = \overline{QT}^2$임을 알 수 있다. 그런데 $\overline{O_1T} = r_1,$ $\overline{O_2T} = r_2$이므로 $\overline{QT} = \sqrt{r_1 r_2}$ 이다.

Spoiler

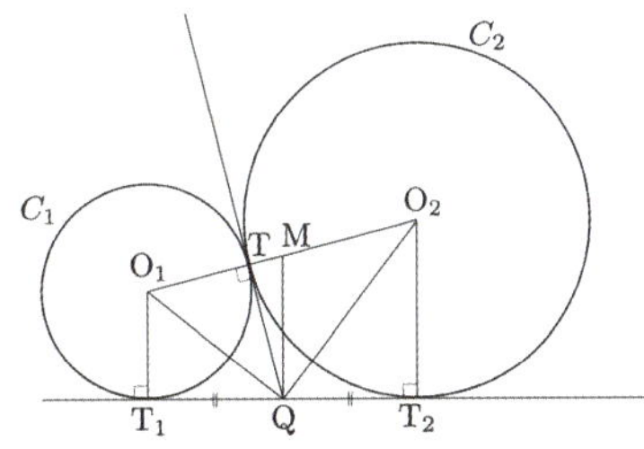

원 밖의 한 점에서 원에 그은 접선의 성질에 의해 $\overline{T_1Q} = \overline{TQ} = \overline{QT_2}$ 이므로, 점 Q는 선분 T_1T_2의 중점이다.

따라서 직선 T_1T_2에 수직이면서 점 Q를 지나는 직선이 직선 O_1O_2와 만나는 점을 M이라 할 때,

$\overline{MQ} = \dfrac{r_1 + r_2}{2}$ 이다. 한편, 삼각형 MTQ는 직각삼각형이므로 $\overline{MQ} > \overline{QT}$ 이고, 곧 $\dfrac{r_1 + r_2}{2} > \sqrt{r_1 r_2}$ 이다.

이 경우 등호조건은 $\overline{MQ} = \overline{QT}$ 인 상황이다. 즉, 점 M과 점 T가 일치하는 상황이므로 두 원 C_1, C_2의 반지름의 길이가 같을 때 등호가 성립함을 그림으로부터 알 수 있다.

(모든 부등식은 언제나 등호조건이 중요하니, 위의 내용을 잘 알아둘 것!)

따라서 종합하면 양수 r_1, r_2에 대하여 $\dfrac{r_1 + r_2}{2} \geq \sqrt{r_1 r_2}$ (단, 등호조건은 $r_1 = r_2$)를 알 수 있다.

두 선분 PA , PB 가 이루는 예각이 2θ 이다. 이때, 두 선분에 동시에 접하도록 원 C_1 을 그리고, 두 선분과 원 C_n 에 접하도록 원 C_{n+1} 을 그린다. (단, n 은 자연수이고 원 C_{n+1} 은 원 C_n 보다 작다.)

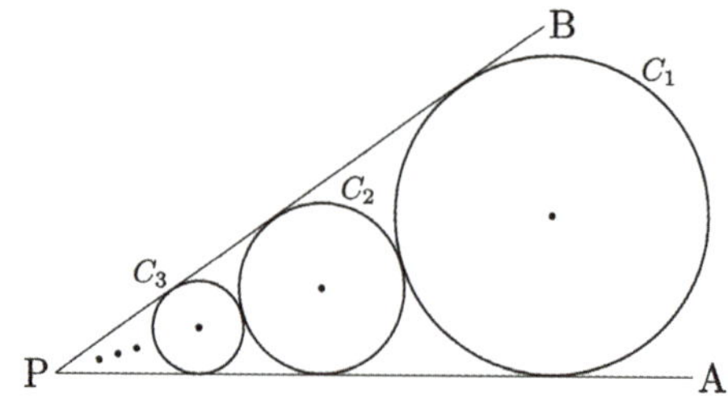

원 C_n 의 반지름을 r_n 이라 할 때, 수열 $\{r_n\}$ 이 등비수열임을 증명하여라.

연습지

원 C_n과 C_{n+1}의 중심을 각각 O_n과 O_{n+1}라 하자. 점 O_{n+1}에서 직선 PB에 내린 수선의 발을 Q_{n+1}, 점 O_n에서 직선 PA에 내린 수선의 발을 Q_n이라 하자.

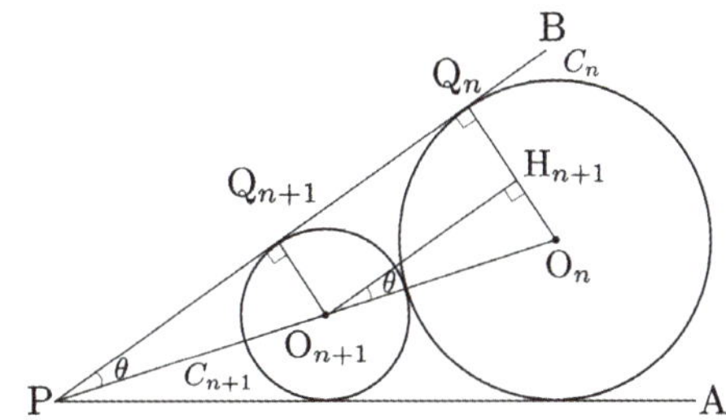

그리고, 점 O_{n+1}에서 직선 $O_n Q_n$에 내린 수선의 발을 H_{n+1}이라 하면
$\overline{O_{n+1}O_n} = r_n + r_{n+1}$이고, $\overline{O_n H_{n+1}} = r_n - r_{n+1}$이다.

한편, $\angle H_{n+1}O_{n+1}O_n = \theta$이므로, $\sin\theta = \dfrac{r_n - r_{n+1}}{r_n + r_{n+1}}$이다. 정리하면

$r_{n+1} = \dfrac{1 - \sin\theta}{1 + \sin\theta} r_n$이고, $r_{n+1} = c\, r_n$이다. ($\because \theta$가 결정된 상황이므로, $\dfrac{1 - \sin\theta}{1 + \sin\theta} = c$는 상수)

따라서 수열 $\{r_n\}$은 등비수열이다.

[Comment]
여기까진 수학1 내용으로 충분히 보일 수 있는 부분이고, 이러한 상황에서 n을 무한대로 보내면 미적분에서 배우는 등비급수 관련 문제를 출제할 수 있게 된다.

서로 다른 두 원은 최대 2 개의 점에서만 만날 수 있다. 그중 특이한 상황은 두 원이 접하는 상황인데, 크게 두 가지 상황으로 나뉜다. 이것도 마찬가지로 두 원이 외접하는 경우만 생각하는 경우가 많으므로 주의하자. 두 원의 반지름을 각각 R, r ($R \geq r$) 라 하고 두 원의 중심 사이의 거리를 d 라 하자.

（ⅰ） 내접할 때, $d = R - r$ 인 상황이다.

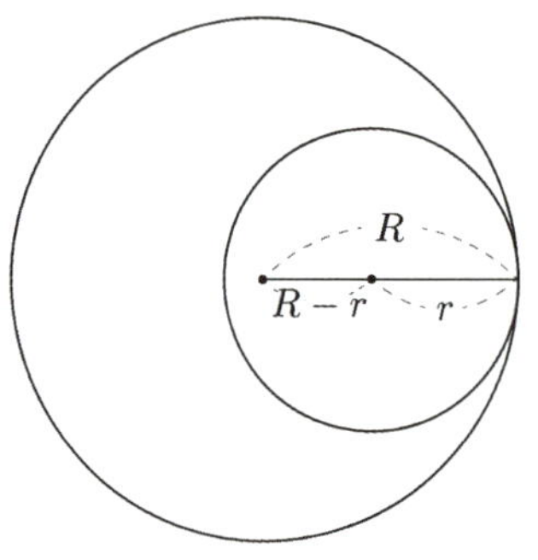

（ⅱ） 외접할 때, $d = R + r$ 인 상황이다.

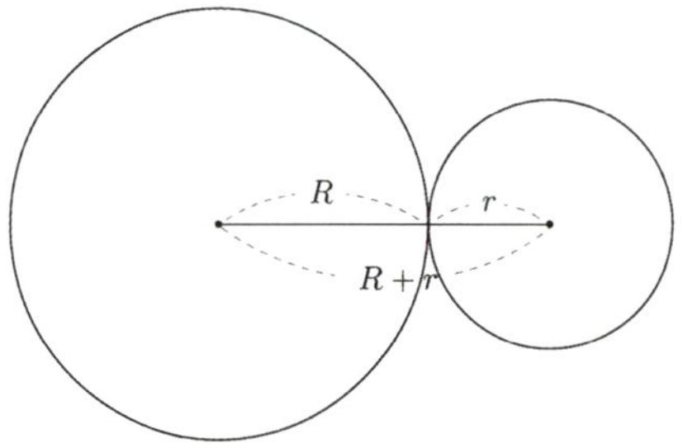

[주의]
두 원의 중심 및 접점까지, 총 3 개의 점은 동시에 한 직선 위에 있다. 이를 간과하지 말 것.

호의 정의

중심이 O인 원 위의 두 점 A , B에 대하여 A부터 B까지의 원 둘레를 호라고 한다.
이 때 생기는 두 개의 둘레 중 짧은 것을 '호'라고 하는 것이 일반적인 정의[21]이다.

원주각의 성질

긴 호 AB 위의 점 C와 호 AB에 대하여 $\angle ACB$를 호 AB에 대한 원주각이라 한다.
(단, 점 C는 두 점 A, B와 다른 점이다.)

이때 원주각에 대한 성질들이 있다. (단, 점 C는 긴 호 위에 있는 상황만 생각)

① 점 C의 위치와 상관없이 항상 $\angle ACB$가 일정하다.

② 호 AB의 원주각은 호 AB의 중심각의 절반이다. 즉, $\angle ACB = \dfrac{1}{2}\angle AOB$ 이다.

이때, 직선 AB가 지름일 때 중심각은 $180\,^\circ$ 이므로 원주각은 $90\,^\circ$ 이다.

①, ②를 한 그림에 표현하면 다음과 같다.

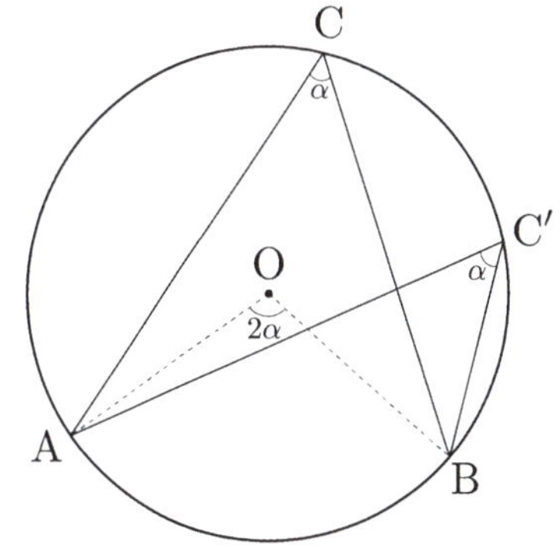

---

21) 수험생들의 혼동을 막기 위해서 굳이 '짧은 호', '긴 호'로 구별해주는 경우가 있긴 하다. 반대편 호를 얘기하고 싶을 땐 '긴 호'라고 따로
   문제에서 설명해준다.

$\overline{AB} = 2$인 선분 AB를 지름으로 하는 원 C_1 위의 점 P에 대하여 점 X를 $\overline{PB} = \overline{PX}$가 되도록 원 밖에 잡는다. 점 P가 원 C_1 위를 움직일 때, 점 X가 그리는 자취의 길이를 구하시오.

(단, 점 P가 점 B일 때는 점 X는 점 B와 같고, 점 P가 점 A일 때는 선분 XA는 원과 점 A에서 접한다.)

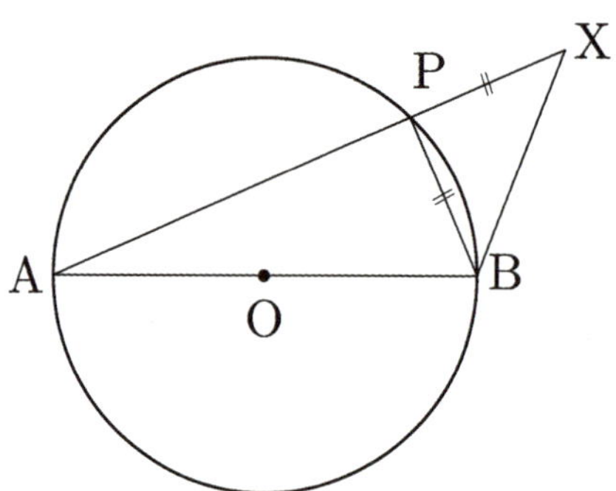

연습지

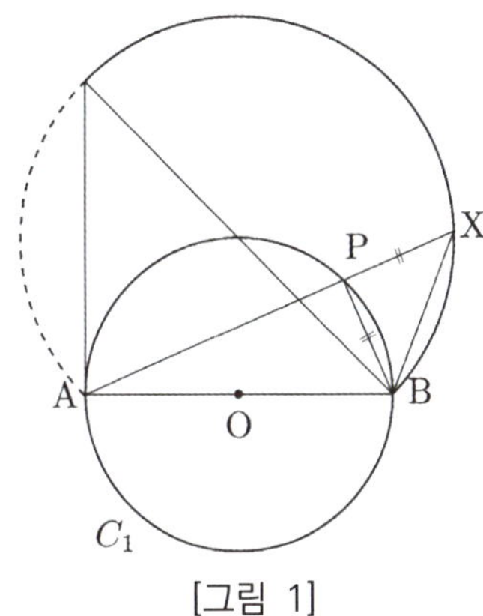

[그림 1]

일반성을 잃지 않고 점 P가 선분 AB보다 위쪽에 있다고 가정한 후 구한 자취의 길이의 2배를 해주면 정답이 된다.
(∵ 점 P가 아래쪽에 있을 때엔 선분 AB에 대한 대칭 상황이고, 두 상황이 중복되는 경우는 없으므로)

$\angle$ APB는 원 C_1의 지름 AB에 대한 원주각이므로, $\angle$ APB $= 90\,^\circ$ 이다.
삼각형 XPB는 이등변삼각형이므로, $\angle$ AXB 의 크기는 $45\,^\circ$ 로 일정하다.
원주각에 성질에 의해, 점 X는 점 A, B를 포함하는 어떤 원 위에 있으므로, 점 X가 그리는 자취는 원의 일부이다.

점 P가 점 A일 때는 선분 XA가 원 C_1과 점 A에서 접한다는 조건을 이용하면, 점 X가 그리는 자취는
[그림 1]과 같이 그려진다.

한편, 점 P에서 선분 AB에 내린 수선의 발이 점 O일 때의 점 P의 위치를 점 P $'$으로 정의하자.

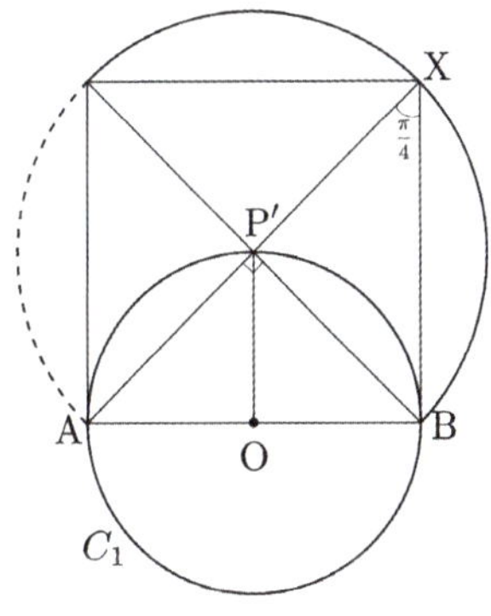

$\angle$ AP$'$B $= 90\,^\circ$ 이고, $\angle$ AXB $= 45\,^\circ$ 로 일정함을 보였으므로,
$\dfrac{1}{2}\angle$ AP $'$B $= \angle$ AXB에서 원주각의 성질에 의해 점 X가 그리는 원의 중심이 P$'$임을 알 수 있다.

따라서, 점 X가 그리는 자취는 중심이 P$'$이고, 반지름의 길이가 $\overline{\mathrm{P}'\mathrm{B}}$인 반원이므로, 점 X가 그리는 자취의 길이는
$\sqrt{2}\,\pi$이다. 따라서 문제의 정답은 이것의 두 배인 $2\sqrt{2}\,\pi$ 임을 알 수 있다.

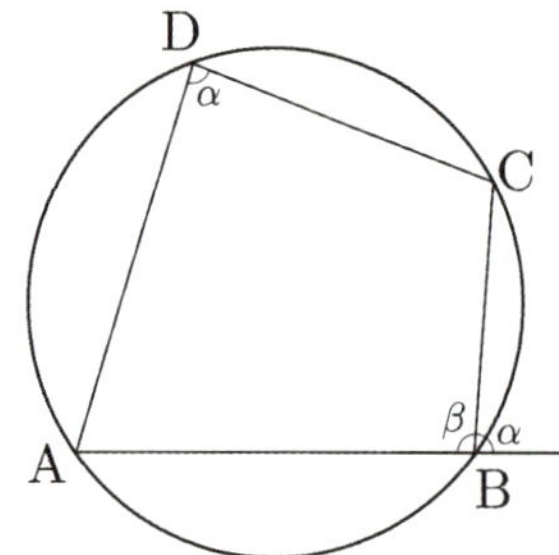

원에 내접하는 사각형은 마주보는 두 각의 합이 $180\,^\circ$이다.

증명

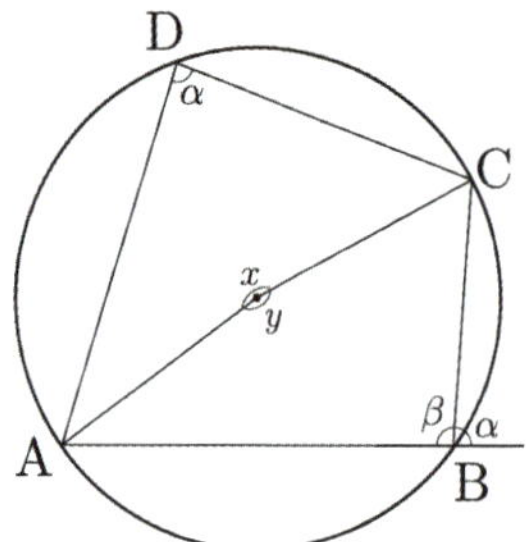

원주각의 성질에 의하여 오른쪽 그림에서 $y = 2\alpha$, $x = 2\beta$이다. $x + y = 360\,^\circ$이므로 $\alpha + \beta = 180\,^\circ$이다.

또한 이 두 각 α, β 사이의 관계를 '내대각'이라 하는데, 이에 대한 보조정리도 있다.

내대각 정리) $\angle$B의 외각은 $\angle$ADC와 같다. $(= \alpha)$

반대로, 바라보는 두 각의 합이 $180\,^\circ$인 사각형의 네 꼭짓점은 한 원 위에 있다는 것도 쉽게 알 수 있다.[22]

---

[22] 일반적으로, 한 직선 위에 있지 않은 세 점을 지나는 원은 항상 만들 수 있지만 네 점을 지나는 원은 매우 특수한 상황이다. 그러기 위한 조건이 사각형의 바라보는 두각의 합이 $180\,^\circ$여야 한다는 것이다.

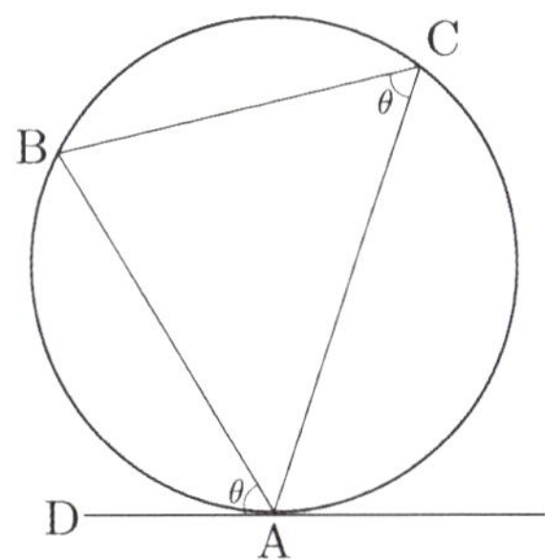

삼각형 ABC의 외접원과 점 A에서 접하는 직선 위의 점 D에 대하여 $\angle ACB = \angle BAD$ 이다.

증명

[그림 1]

원주각의 성질에 의해 점 C를 원 위에 있는 조건 하에 임의로 조정하여도 각도는 θ로 일정하다. 이 때, 점 C'을 선분 AC'이 원의 지름이 될 때 까지 움직여준다.

(즉, 선분 AC'이 접선과 수직이 될 때까지 움직여주는 것)

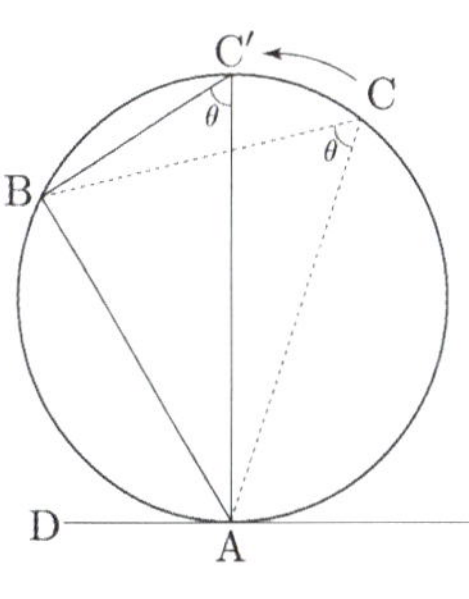

[그림 1]

[그림 2]

선분 AC'이 지름이 됐으므로, 지름에 대한 원주각으로 각 B가 직각이 됨을 알 수 있다.

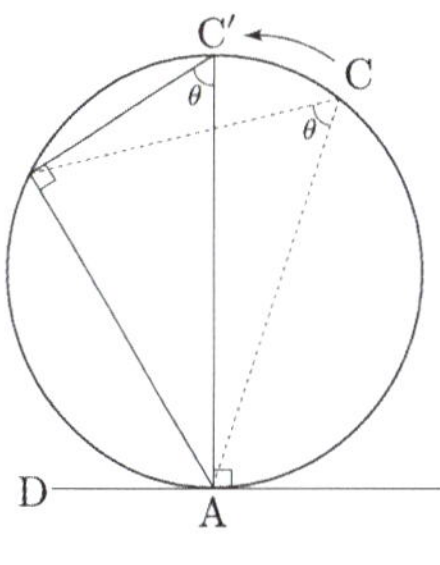

[그림 2]

[그림 3]

각 B가 직각이고, 직선 AD가 접선임을 이용하면 어렵지 않게 $\angle AC'B = \angle BAD = \theta$임을 알 수 있다.

따라서 위의 증명에 의하여 $\angle ACB = \angle BAD$

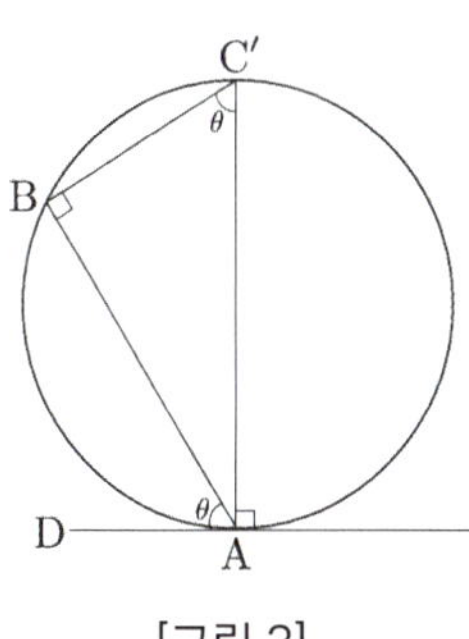

[그림 3]

한 원 위에 있는 임의의 네 점 A, B, C, D에 대하여 두 직선 AD, BC가 만나는 점을 P라 하자.
이 때, 점 P의 위치와 관계없이 항상 등식

$$\overline{PA} \times \overline{PD} = \overline{PB} \times \overline{PC}$$

이 성립한다. 즉, 네 점에서 점 P까지의 거리 사이에서 성립하는 정리이다.

최근 수능에서의 도형문제에서도 주목받고 있는 정리이므로 반드시 잘 알아두도록 하자.

증명

원주각의 성질에 의하여 $\angle A = \angle C$이다. 또한 $\angle P$를 맞꼭지각으로
공유하고 있으므로 두 삼각형 PAB, PCD는 닮음이다.
따라서 닮음비 식에 의하여

$$\overline{PA} \times \overline{PD} = \overline{PB} \times \overline{PC}$$

임을 알 수 있다.

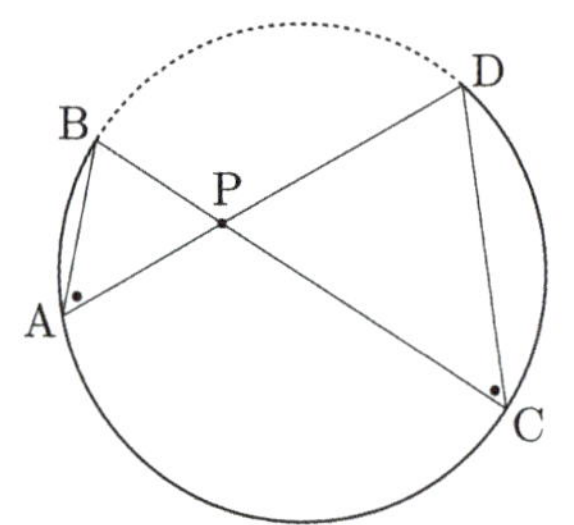

다음 그림처럼 점 P가 원 외부에 있는 경우에는, $\overline{PA} \times \overline{PB} = \overline{PC} \times \overline{PD}$로 쓰인다.

(아래 그림에서 꼭짓점 순서가 바뀌어서 공식 바뀐 것 유의)

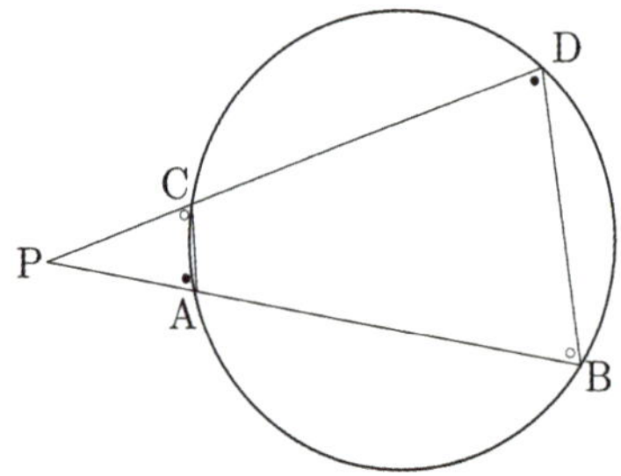

증명

내대각 정리에 의하여 오른쪽 그림과 같이 각도관계를 표현할 수 있다. 즉, 두 삼각형 PAC, PDB는 닮음이다.
따라서 닮음비 식에 의하여 $\overline{PA} \times \overline{PB} = \overline{PC} \times \overline{PD}$ 이다.

이 상황에서 두 점 C, D가 같은 점이 되도록 직선 PD를 움직여보자. (= 직선 PD가 원의 접선이 되도록)
그렇게 되면 $\overline{PC} = \overline{PD}$ 가 돼서 할선정리가 $\overline{PA} \times \overline{PB} = \left(\overline{PC}\right)^2$ 으로 변형된다.[23]

---

23) 이 정도로만 이해하고 있으면 되겠다. 증명은 결국 닮음이니까.

그림과 같이 $\overline{AB}=3$, $\overline{BC}=2$, $\overline{AC}>3$ 이고 $\cos(\angle BAC)=\dfrac{7}{8}$ 인 삼각형 ABC가 있다.

선분 AC의 중점을 M, 삼각형 ABC의 외접원이 직선 BM과 만나는 점 중 B가 아닌 점을 D라 할 때,
선분 MD의 길이를 구하시오.

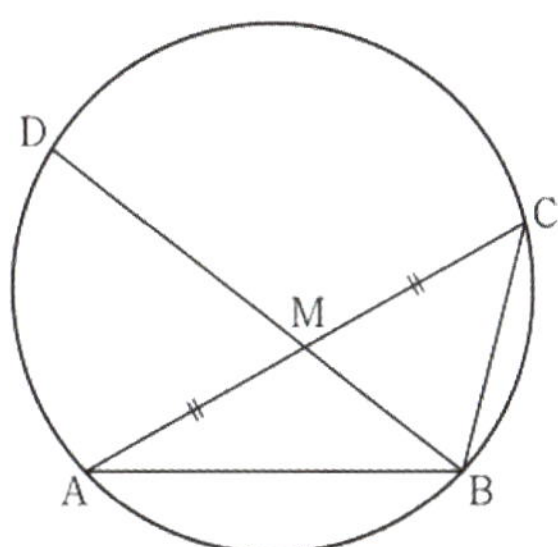

[평가원]

연습지

예제
해설

$\angle BAC=\theta$, $\overline{AC}=a$라 하면 삼각형 ABC에서 코사인법칙에 의하여

$$\overline{BC}^2 = \overline{AB}^2 + \overline{AC}^2 - 2\times\overline{AB}\times\overline{AC}\times\cos\theta$$

즉, $2^2 = 3^2 + a^2 - 2\times 3\times a\times\dfrac{7}{8}$, $a^2 - \dfrac{21}{4}a + 5 = 0$ 이므로 $a=4\,(\because a>3)$

이로부터 $\overline{AM}=\overline{CM}=\dfrac{a}{2}=2$

같은 방법으로 삼각형 ABM에서 코사인법칙에 의하여

$$\overline{MB}^2 = \overline{AB}^2 + \overline{AM}^2 - 2\times\overline{AB}\times\overline{AM}\times\cos\theta$$
$$= 3^2 + 2^2 - 2\times 3\times 2\times\dfrac{7}{8} = \dfrac{5}{2}$$

이므로 $\overline{MB}=\sqrt{\dfrac{5}{2}}=\dfrac{\sqrt{10}}{2}$ 이다.

이때 두 삼각형 ABM, DCM은 서로 닮은 도형이므로 (이 부분이 사실상 할선정리)

$\overline{MA}\times\overline{MC}=\overline{MB}\times\overline{MD}$ 에서 $2\times 2 = \dfrac{\sqrt{10}}{2}\times\overline{MD}$ 이다. 따라서 $\overline{MD}=\dfrac{8}{\sqrt{10}}=\dfrac{4\sqrt{10}}{5}$ 이다.

한편, 할선 정리는 역도 성립한다. 즉,

$$\text{점 P에서 만나는 두 직선 AB, CD에 대하여 } \overline{PA} \times \overline{PB} = \overline{PC} \times \overline{PD} \text{ 가 성립하면}$$
$$\text{네 점 A, B, C, D는 동시에 한 원 위에 있다.}$$

도 참인 명제이다.

예제

[1] 두 점 E, F에서 만나는 두 원을 C_1, C_2라 하고 두 원 위에 있지 않고 직선 EF 위의 한 점 P를 지나는 두 직선을 각각 l_1, l_2라 하자. l_1과 C_1이 만나는 두 점을 A, B, l_2와 C_2가 만나는 두 점을 C, D라 할 때, 네 점 A, B, C, D 을 지나는 원이 존재함을 보이시오.

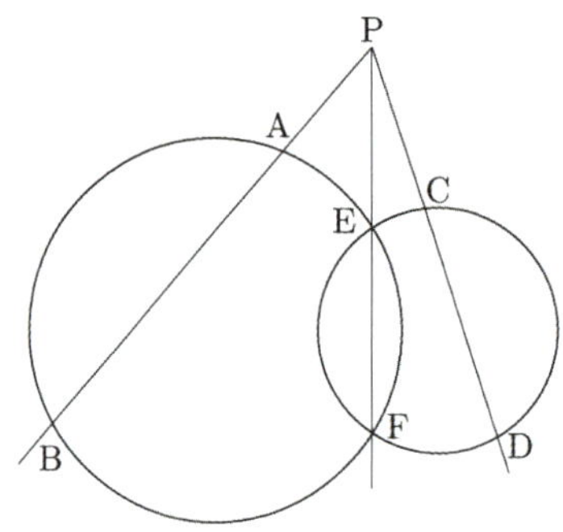

[2] 한 점 E에서 접하는 두 원을 C_1, C_2라 하고 두 원 위에 있지 않은 한 점 P를 지나는 두 직선을 각각 l_1, l_2라 하자. l_1과 C_1이 만나는 두 점을 A, B, l_2와 C_2가 만나는 두 점을 C, D라 할 때, 네 점 A, B, C, D 을 지나는 원이 존재함을 보이시오.

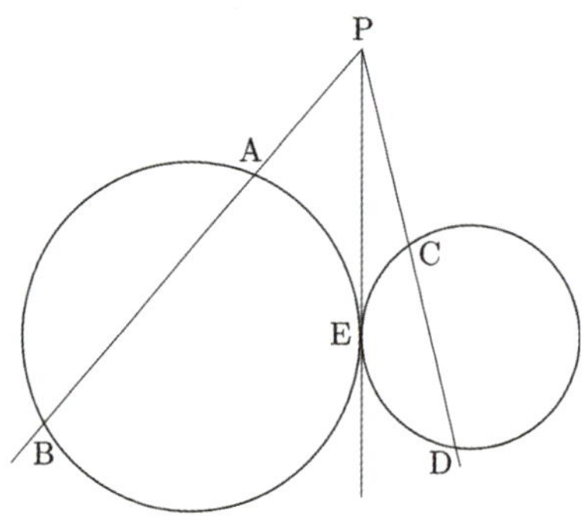

[3] 만나지 않는 두 원을 C_1, C_2 라 하고 두 원 위에 있지 않은 한 점 P를 지나는 두 직선을 각각 l_1, l_2라 하자. l_1과 C_1이 만나는 두 점을 A, B, l_2와 C_2가 만나는 두 점을 C, D라 할 때, 네 점 A, B, C, D 을 지나는 원이 존재하기 위한 조건을 접선에 대한 관점에서 제시하시오.

[1]

원 C_1에서 $\overline{PA} \times \overline{PB} = \overline{PE} \times \overline{PF}$를 만족시키고, 원 C_2에서 $\overline{PC} \times \overline{PD} = \overline{PE} \times \overline{PF}$를 만족시키므로 $\overline{PA} \times \overline{PB} = \overline{PC} \times \overline{PD}$이 성립한다.

따라서 할선 정리의 역에 의하여 네 점 A, B, C, D를 동시에 지나는 한 원이 존재한다.

[2]

원 C_1에서 $\overline{PA} \times \overline{PB} = (\overline{PE})^2$를 만족시키고, 원 C_2에서 $\overline{PC} \times \overline{PD} = (\overline{PE})^2$를 만족시키므로 $\overline{PA} \times \overline{PB} = \overline{PC} \times \overline{PD}$ 이 성립한다.

따라서 할선 정리의 역에 의하여 네 점 A, B, C, D를 동시에 지나는 한 원이 존재한다.

[3]

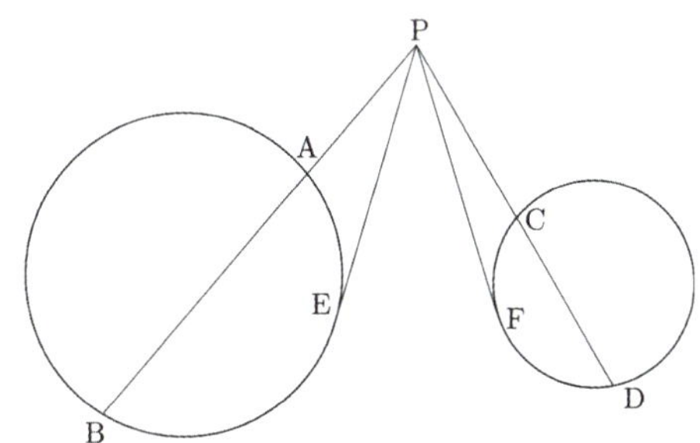

점 P에서 두 원에 그은 접선과의 접점을 각각 E, F라 하자.
원 C_1에서 $\overline{PA} \times \overline{PB} = (\overline{PE})^2$를 만족시키고, 원 C_2에서 $\overline{PC} \times \overline{PD} = (\overline{PF})^2$를 만족시키므로 $(\overline{PE})^2 = (\overline{PF})^2$, $\overline{PE} = \overline{PF}$를 만족해야 한다.

즉, 점 P에서 두 원에 그은 접선의 길이가 같아야 성립함을 알 수 있다.

앞선 예제 [3]의 증명을 약간만 확장시켜 해석해보자.

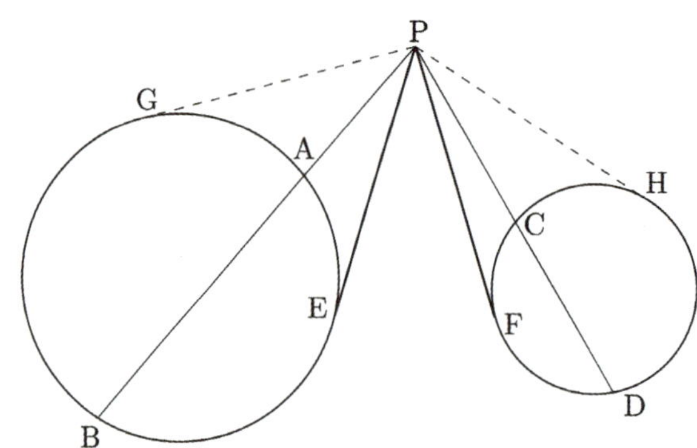

점 P에서는 각 원에 2개의 접선을 그을 수 있으므로 총 4개의 접선을 그을 수 있다.

그런데, $\overline{PE} = \overline{PF}$ 이므로 결국 이 4개의 접선의 길이가 모두 같아야 함을 알 수 있다.

이는 네 점 E, F, G, H가 점 P를 중심으로 하는 한 원 위에 있다는 것을 의미한다.

예제 [3]에서의 결론을 종합하면, 문제 조건에 의해 만들어진 네 점 A, B, C, D가 한 원 위에 동시에 있기 위한
필요충분조건은 점 P에서 두 원에 그은 접선에서의 네 접점 E, F, G, H가 한 원 위에 동시에 있어야 한다는 것이다.

두 조건의 구조가 매우 비슷하다는 것이 흥미롭다. (네 점이 한 원 위에 존재)

| 무게중심의 정의

삼각형 ABC 각 변의 중점을 각각 M, N, L 이라 하자. 세 선분 AL, BM, CN을 각각 중선이라고 하고, 이 세
중선은 한 점에서 동시에 만난다.[24] 이 점을 무게중심 G라 한다.

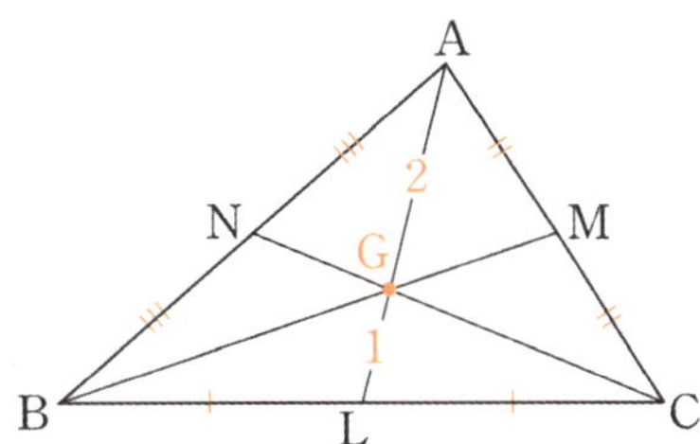

| 무게중심의 성질

(i) 점 G는 세 중선 AL, BM, CN을 2 : 1로 내분한다. (2가 꼭짓점 쪽, 1이 중점 쪽)

(ii) 세 직선 AG, BG, CG는 각각 선분 BC, CA, AB의 중점을 지난다.

　　　(= 세 중선에 의해 나누어진 6개 삼각형들은 넓이가 같다.)

| 외심의 정의

삼각형 ABC의 외접원의 중심을 외심 O라 한다.

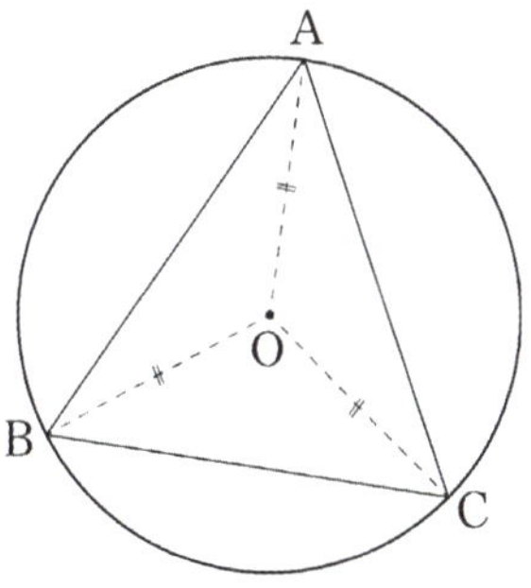

| 외심의 성질

(i) 세 삼각형 OAB, OBC, OCA 는 이등변삼각형이다. (따라서 이등변삼각형의 성질을 모두 따른다.)

(ii) 외심 O와 세 변의 중점들을 이은 선분들은 각 변을 수직이등분한다. ((i)에서 나온 성질)

---

24) '왜 세 중선이 동시에 한 점에서 만나지?'라는 의문을 품을 수 있다. 충분히 예리한 질문이지만 출제가능성은 낮기 때문에 Pass해도
　　무방하다.

삼각형 ABC의 내접원의 중심을 내심 I라 한다.

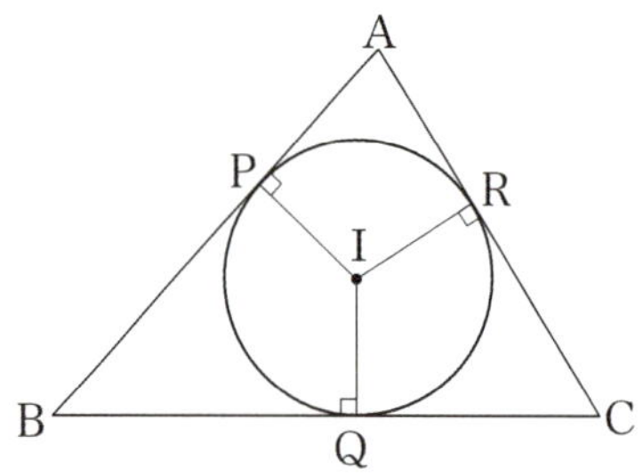

(i) 꼭짓점을 지나는 두 변 위의 접점들에서부터 꼭짓점까지의 거리가 같다.

즉, $\overline{AP} = \overline{AR}$, $\overline{BP} = \overline{BQ}$, $\overline{CQ} = \overline{CR}$ 이다.

(ii) 내심 I에서 세 접점 P, Q, R 까지의 거리가 같고 (i)에 의하여 합동관계에 있는 삼각형 세 쌍
$AIP - AIR$, $BIP - BIQ$, $CIQ - CIR$을 찾을 수 있다.

이로부터 세 선분 AI, BI, CI는 내각을 이등분한다는 사실을 알 수 있다.

> **TIP**
>
> 오른쪽 그림에서 $\overline{PA} = \overline{PB}$ 인 것을 알고 있는지 확인해보자.
> 내심의 성질 (i)이 이 그림과 똑같은 상황이다.
> 추가적으로, 점 P와 원의 중심을 잇는 선분이 $\angle APB$를 이등분하고
> 있는지까지 확인해보자.[25]

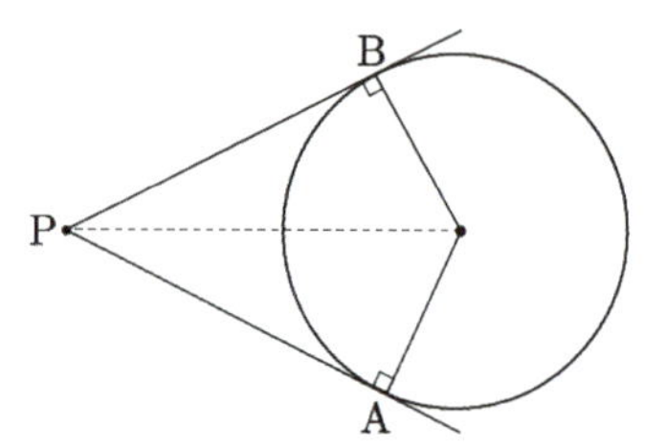

(i), (ii) 를 모두 표현하면 아래 그림과 같다.

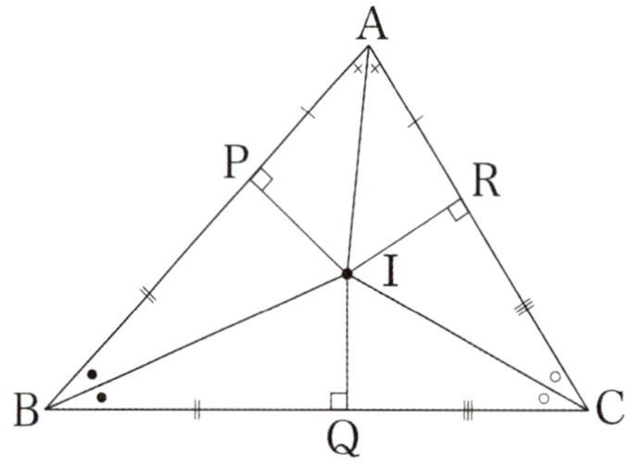

---

[25] 이 상황은 사인법칙, 코사인법칙과도 잘 어울려 출제될 수 있으니 중요하다.

（ⅲ）삼각형의 넓이와 내접원의 반지름 사이에는 다음과 같은 관계에 있다.

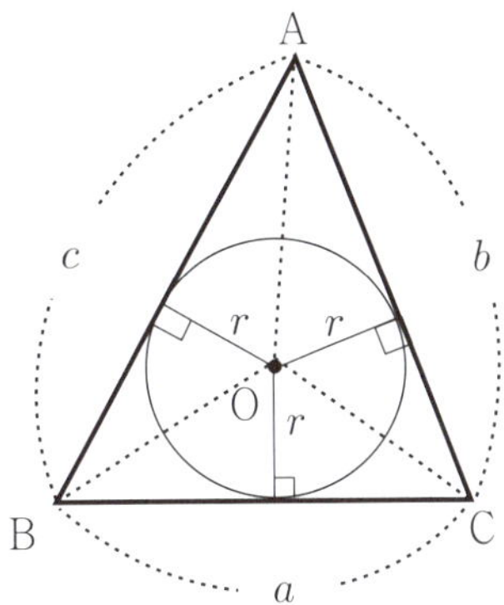

넓이 관점에서 보면 $\triangle ABC = \triangle OBC + \triangle OCA + \triangle OAB = \dfrac{1}{2}ar + \dfrac{1}{2}br + \dfrac{1}{2}cr = \dfrac{1}{2}r(a+b+c)$

이므로 $r = \dfrac{2S}{a+b+c}$ 이다. (S 는 삼각형 넓이)

여기에 직각삼각형 넓이 $S = \dfrac{1}{2}ac$를 대입하면 $r = \dfrac{ac}{a+b+c}$ 이다. 이 모양도 나쁘지 않지만,

아래 Tip의 공식 모양이 좀 더 간단하다. (내심의 성질 （ⅰ）을 활용)

TIP

$\overline{CF} = a - r = \overline{CD}$, $\overline{AE} = c - r = \overline{AD}$ 이므로 $b = a + c - 2r$

이다. 따라서 $r = \dfrac{a+c-b}{2}$ 이다.

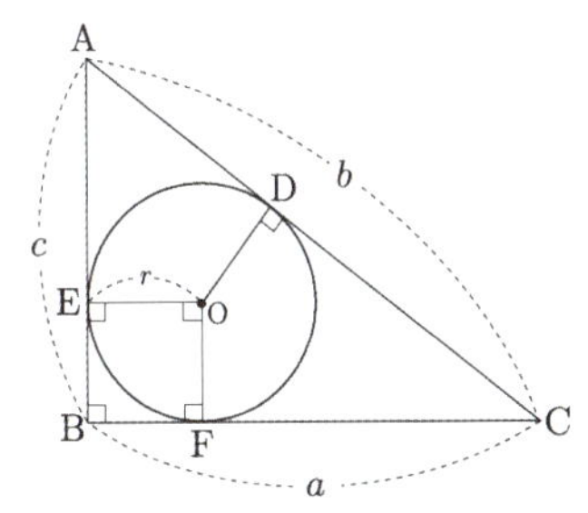

Spoiler

삼각형 ABC의 세 꼭짓점의 좌표를 $A(x_1, y_1)$, $B(x_2, y_2)$, $C(x_3, y_3)$라 하고 선분 BC, CA, AB의 길이를 각각 a, b, c 라 하면, 내심의 좌표[26]는

$$\left(\frac{ax_1 + bx_2 + cx_3}{a+b+c}, \; \frac{ay_1 + by_2 + cy_3}{a+b+c} \right)$$

이 된다.
기하를 알고 있는 학생들은 벡터를 도입하여 증명해보도록 하자.

---

[26] 참고로 외심의 좌표 공식은 너무 복잡하고 실용성이 떨어져 본 교재에 수록하지 않았다.
그래도 궁금하다면 직접 검색해보자... 엄청나게 긴 공식을 마주하게 될 것이다.

(가) 점 (x_1, y_1)과 직선 $ax + by + c = 0$ 사이의 거리는

$$\frac{|ax_1 + by_1 + c|}{\sqrt{a^2 + b^2}}$$

(나) 아래 그림은 좌표평면에 있는 세 직선

$$l_1 : 3x - y + 1 = 0$$

$$l_2 : x - 3y + 3 = 0$$

$$l_3 : (\sin\theta)x + (\cos\theta)y - \frac{5}{\sqrt{2}} = 0$$

을 나타낸 것이다. 점 A, B, C는 각각 직선 l_1과 l_3의 교점, 직선 l_1과 l_2의 교점, 직선 l_2와 l_3의 교점이다. (단, $0 < \theta < \frac{\pi}{2}$)

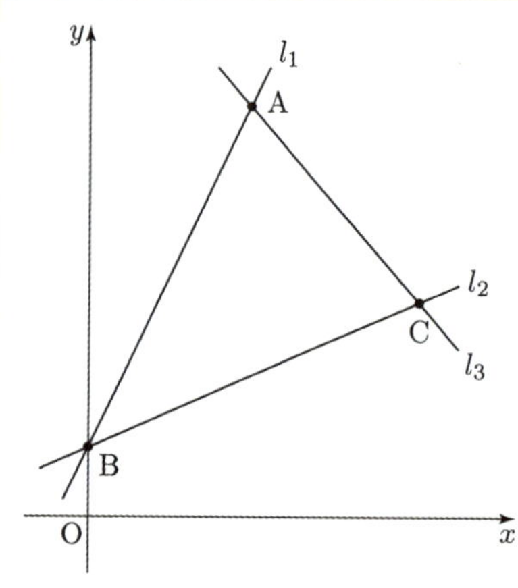

삼각형 ABC의 외심을 P라 하고, $\angle PAC$의 크기를 α라 하자. $\overline{AB} = \overline{BC}$일 때, $\cos\alpha$의 값을 구하고 풀이과정을 쓰시오.

[건국대]

삼각형 ABC 는 $\overline{AB} = \overline{BC}$ 인 이등변삼각형이므로 $\angle ABP = \angle PBC$ 이고 직선 BP 는 변 AC 의 수직이등분선이다. 직선 BP 를 l 이라 하자. 점 P 의 좌표를 $(a,\ b)$ 라 하자. 점 P 에서 직선 l_1 과 직선 l_2 까지의 거리는 같다. 따라서,

$$\frac{|3a-b+1|}{\sqrt{10}} = \frac{|a-3b+3|}{\sqrt{10}}$$

이 식을 풀어 $b = -a+1$, $b = a+1$ 을 얻는다. 또한 점 P 는 $\angle ABC$ 의 이등분선 위에 있으므로 $b = a+1$ 이고, 따라서 직선 l 의 방정식은 $y = x+1$ 이다.

직선 l 의 기울기가 1 이고 직선 l 과 수직인 l_3 는 수직이므로 직선 l_3 의 기울기는 -1 이다. 따라서 $\sin\theta = \cos\theta$ 이고, $0 < \theta < \dfrac{\pi}{2}$ 이므로 $\theta = \dfrac{\pi}{4}$ 이다. 이때, 직선 l_3 의 방정식 $x+y-5 = 0$ 을 얻는다.

직선 l_3 와 직선 l 의 교점을 Q 라 하자. 삼각형 APQ 가 $\angle AQP$ 가 직각인 직각삼각형이므로 $\cos\alpha = \dfrac{\overline{AQ}}{\overline{AP}}$ 이다. 직선 $3x-y+1 = 0$ 과 $x+y-5 = 0$ 을 연립하여 풀어 점 A $(1,\ 4)$ 를 얻는다. $y = x+1$ 과 $x+y-5 = 0$ 을 연립하여 풀어 Q $(2,\ 3)$ 을 얻는다.

P $(a,\ a+1)$ 은 삼각형 ABC 의 외심이므로 $\overline{AP} = \overline{BP}$ 이다. 점 B 의 좌표는 $(0,\ 1)$ 이다. 따라서, $\sqrt{(a-1)^2+(a+1-4)^2} = \sqrt{a^2+(a+1-1)^2}$ 이고, $a = \dfrac{5}{4}$ 이다. 따라서 점 P 의 좌표는 $\left(\dfrac{5}{4},\ \dfrac{9}{4}\right)$ 이다.

따라서 $\overline{AP} = \sqrt{\left(\dfrac{1}{4}\right)^2+\left(-\dfrac{7}{4}\right)^2} = \dfrac{5\sqrt{2}}{4}$, $\overline{AQ} = \sqrt{(-1)^2+1^2} = \sqrt{2}$ 이고, $\cos\alpha = \dfrac{\sqrt{2}}{\dfrac{5\sqrt{2}}{4}} = \dfrac{4}{5}$ 이다.

2-2 수리논술 전용 도형 성질 총정리

1. 삼각형의 확정조건과 삼각부등식

| 삼각형의 확정조건

삼각형이 하나로 유일하게 정해지는 조건을 삼각형의 확정조건이라고 한다.
다음 세 조건 중 하나의 조건만 만족하여도 삼각형이 유일하게 확정된다.

① 세 변의 길이가 주어지면, 삼각형은 유일하게 확정된다.
② 두 변의 길이가 주어지고 그 끼인각이 주어지면, 삼각형은 유일하게 확정된다.
③ 한 변의 길이가 주어지고 그 양 끝 각이 주어지면, 삼각형은 유일하게 확정된다.

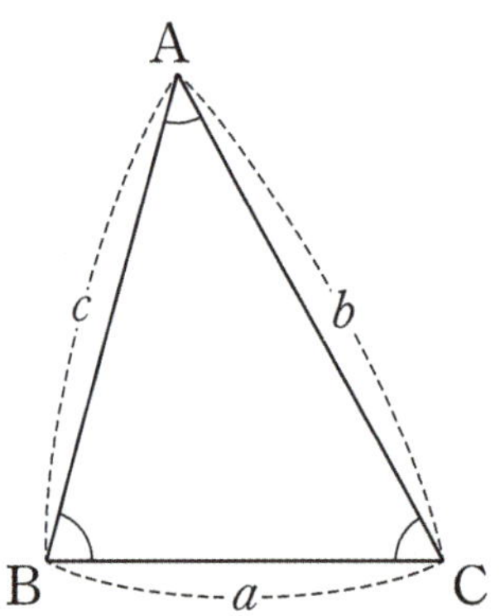

| 삼각부등식

한 평면 위의 서로 다른 세 점 A, B, C에 대하여, 부등식 $\overline{AB} + \overline{BC} \geq \overline{AC}$ 가 성립한다는 정리를 흔히 삼각부등식이라고 부른다.

매우 낯설 수 있는 부등식이지만, 사실 이건 중학교 때부터 여러분의 머릿속에 있는 부등식이다.

> **증명** 🖉
>
> 세 점 A, B, C가 순서대로 수직선 위에 동시에 놓이는 경우, $\overline{AB} + \overline{BC} = \overline{AC}$ 가 되기 때문에 부등식이 성립한다.
>
> 또한 세 점 A, B, C가 수직선 위에 동시에 놓이지 않은 경우, 삼각형 ABC를 이루게 되므로
> 삼각형 결정조건[27]에 의하여 $\overline{AB} + \overline{BC} > \overline{AC}$ 이므로 부등식 $\overline{AB} + \overline{BC} \geq \overline{AC}$ 이 항상 성립한다.

---

27) 중학교 때 배운 거 맞잖아,, 인정해안해

제시문

(가) 좌표평면 위의 임의의 세 점 A, B, C에 대하여, 부등식 $\overline{AB} + \overline{BC} \geq \overline{AC}$가 성립한다. 역으로, 좌표평면 위에 임의의 두 점 A, B가 있고, 임의의 두 양수 p, q가 부등식

$$|p - q| \leq \overline{AB} \leq p + q$$

를 만족하면, $\overline{AC} = p$, $\overline{BC} = q$인 점 C가 좌표평면 위에 존재한다.

[1] 좌표평면에서 $\overline{OP_1} = 10$, $\overline{P_1P_2} = 20$인 점 P_1이 존재하는 점 P_2의 집합을 S라고 할 때, 도형 S의 넓이를 구하시오. (단, O는 원점이다.)

[2] 좌표평면에서 $\overline{OP_1} = a_1$, $\overline{P_1P_2} = a_2$, $\overline{P_2P_3} = a_3$인 두 점 P_1, P_2가 존재하는 점 P_3의 집합이 $\{ P \mid \overline{OP} \leq 9 \}$가 되도록 하는 자연수 a_1, a_2, a_3의 순서쌍 (a_1, a_2, a_3)의 개수를 구하시오.

[인하대 메디컬]

연습지

[1] 삼각형 OP_1P_2를 살펴보자. $\angle OP_1P_2 = \theta$ 라고 두고 코사인법칙을 이용하면, $\overline{OP_1} = 10$, $\overline{P_1P_2} = 20$ 이므로

$$\overline{OP_2} = \sqrt{10^2 + 20^2 - 2 \times 10 \times 20 \times \cos\theta}$$

이고, $0 \le \theta \le 2\pi$ 이므로 $\cos\theta$ 는 -1 과 1 을 포함하며 그 사이의 모든 값을 가질 수 있다. …… ㉠ (연속성)
따라서

$$\sqrt{100} \le \overline{OP_2} = \sqrt{10^2 + 20^2 - 2 \times 10 \times 20 \times \cos\theta} \le \sqrt{900}$$

이므로, ㉠에 의하여 $\overline{OP_2}$ 는 10 과 30 을 포함하며 그 사이의 모든 값을 가질 수 있다.
따라서 $S = \{\, \mathrm{P} \mid 10 \le \overline{OP} \le 30 \,\}$ 이고, 도형 S 의 넓이는 $(30^2 - 10^2)\pi = 800\pi$ 이다.

[cf] 점 O, P_1, P_2 가 순서대로 일직선 위에 놓여있을 때 $\overline{OP_2}$ 는 최댓값이 30 이 됨을 알 수 있고, 이와 비슷하게
점 P_2, O, P_1 순서대로 일직선 위에 놓여있을 때 $\overline{OP_2}$ 는 최솟값 10 을 가짐을 알 수 있다.
하지만, 이 답안은 10과 30 사이의 값들을 모두 가질 수 있음을 설명하지 않았으므로 감점이 우려된다.

[2] 문제 조건에 맞는 점 P_3 가 나타내는 영역이 '반지름의 길이가 9 이고 중심이 O 인 원의 경계 및 내부'가 되도록 하는
자연수 a_1, a_2, a_3 의 순서쌍 $(a_1,\ a_2,\ a_3)$의 개수를 구하면 된다. 이때, **[1]**에서의 ㉠과 같은 방법으로 $\overline{OP_3}$ 가
가질 수 있는 값의 연속성을 보장할 수 있으므로, $\overline{OP_3}$ 의 최솟값과 최댓값이 각각 0 과 9 가 되도록 하는 순서쌍
$(a_1,\ a_2,\ a_3)$의 개수를 구하는 것으로 충분하다.
원활한 답안 작성을 위하여 일반성을 잃지 않고 a_1, a_2, a_3 중 가장 큰 값을 a_1 이라 하자.

(i) $\overline{OP_3} = 9$ 인 상황이 존재하기 위해서는, $\overline{OP_3}$ 가 최대인 상황이므로 점 O, P_1, P_2, P_3 는 일직선 위에 순서
대로 놓여 있어야 한다. 따라서 $a_1 + a_2 + a_3 = 9$ 를 만족해야 함을 알 수 있다. …… ㉡

(ii) $\overline{OP_3} = 0$ 인 상황, 즉 점 P_3와 점 O이 겹치는 상황이 존재하기 위해서는 두 케이스가 있다.
　　(a) 세 선분 $\overline{OP_1}$, $\overline{P_1P_2}$, $\overline{P_2P_3}$이 모두 한 직선에 포함되는 케이스일 때, $a_1 = a_2 + a_3$이어야 점 P_3와
　　　　점 O가 겹칠 수 있지만 $2a_1 = a_1 + a_2 + a_3 = 9$ ($\because$ ㉡) 로 부터 a_1이 자연수가 아니므로 불가능
　　(b) 세 선분 $\overline{OP_1}$, $\overline{P_1P_2}$, $\overline{P_2P_3}$이 삼각형을 이루는 케이스일 때, 삼각부등식에 의해 $a_1 < a_2 + a_3$ 을
　　　　만족시켜야 한다. 따라서 $2a_1 < a_1 + a_2 + a_3 = 9$ ($\because$ ㉡) 로 부터 a_1 의 값으로 1, 2, 3, 4 가
　　　　가능함을 알 수 있다. …… ㉢

㉡에 ㉢을 대입하여 나온 순서쌍 중 $a_1 > a_2$ 이고 $a_1 > a_3$인 순서쌍 $(a_1,\ a_2,\ a_3)$들을 참고하여,
문제의 모든 조건을 만족시키는 순서쌍 $(a_1,\ a_2,\ a_3)$의 개수를 세어주면 총 10개임을 알 수 있다.
(이때, 실제로는 a_1, a_2, a_3 중 가장 큰 값이 a_1이 아닌 a_2 혹은 a_3일 수 있으므로 그러한 케이스들도 모두 세줘야
만 총 10개가 나온다. 일반성을 잃지 않고라는 표현 다시 복습하기)

대놓고 '삼각형의 결정 조건을 구하시오.'란 문제는 우리가 잘 풀어내겠지만, 이런 조건이 은은하게 숨겨져 있는 문제들에 대해선 잘 못 푸는 경우가 허다하다. 따라서, 도형이 등장하는 문제에서 할 건 다 한 거 같은데 정답이 안 나오는 경우,

도형의 히든 조건을 의심해보자.

이때 도형의 히든 조건이란, 쉽게 말하자면 삼각형의 결정 조건과 같이 도형이 잘 그려질 수 있도록 하는 조건을 뜻한다. 예를 들자면, 직사각형의 한 변의 길이가 절대로 대각선의 길이보다 클 수 없다는 사실 같은 것 말이다.

이렇게 문제에서 직접 제시하지 않더라도, 도형을 관찰 후 스스로 문제의 숨겨진 조건인 '도형의 히든 조건'을 찾아낼 수 있어야 한다. 다음 예제를 직접 풀어보며 도형의 히든 조건이 문제에 어떻게 적용되는지 느껴보자.

예제

평면 위에 $\overline{AB} = 2$인 점 A와 점 B가 있다. $\overline{AP} \times \overline{BP} = 4$를 만족하는 평면 위의 점 P에 대하여 $\overline{AP} + \overline{BP}$의 최댓값과 최솟값을 구하시오.

[한양대]

연습지

$\overline{\mathrm{AP}} = 2r$, $\overline{\mathrm{BP}} = \dfrac{2}{r}$ 라 하자. $(r > 0)$

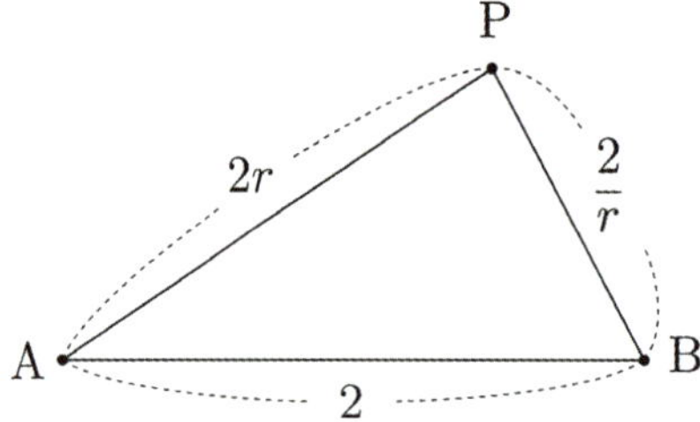

세 점 A, B, P 는 삼각형의 세 꼭짓점이거나 일직선 위에 있으므로

$2r + \dfrac{2}{r} \geq 2$, $2r + 2 \geq \dfrac{2}{r}$, $2 + \dfrac{2}{r} \geq 2r$ 이 성립한다. (이 부분이 히든조건에 해당)

이로부터 $\dfrac{-1+\sqrt{5}}{2} \leq r \leq \dfrac{1+\sqrt{5}}{2}$ 이 성립한다.

$\overline{\mathrm{AP}} + \overline{\mathrm{BP}} = 2\left(r + \dfrac{1}{r}\right) = f(r)$ 이라 하면, $f'(r) = 2\left(1 - \dfrac{1}{r^2}\right)$ 이므로 다음의 변화표와 $f(r)$ 의 그래프로부터

$\overline{\mathrm{AP}} + \overline{\mathrm{BP}}$ 의 최댓값은 $f\left(\dfrac{-1+\sqrt{5}}{2}\right) = f\left(\dfrac{1+\sqrt{5}}{2}\right) = 2\sqrt{5}$ 이고, $\overline{\mathrm{AP}} + \overline{\mathrm{BP}}$ 의 최솟값은 $f(1) = 4$ 이다.

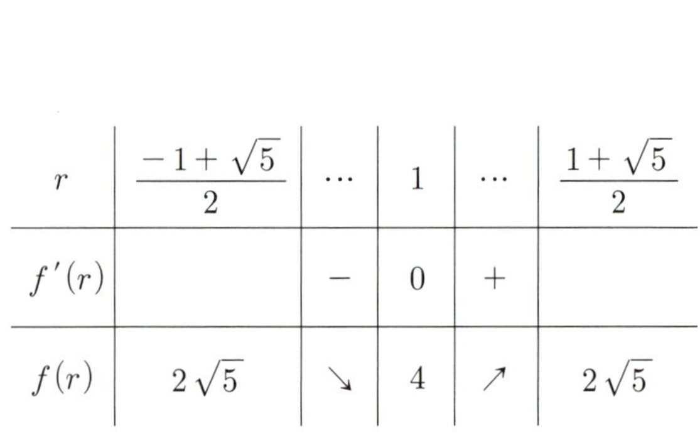

r	$\dfrac{-1+\sqrt{5}}{2}$	$\cdots$	1	$\cdots$	$\dfrac{1+\sqrt{5}}{2}$
$f'(r)$		$-$	0	$+$	
$f(r)$	$2\sqrt{5}$	$\searrow$	4	$\nearrow$	$2\sqrt{5}$

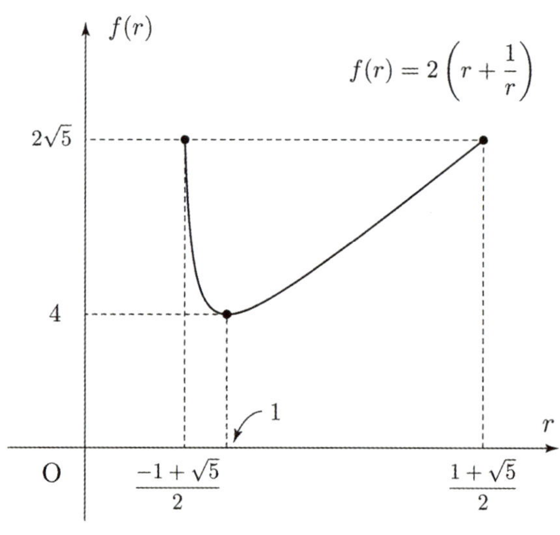

[Comment]

$\overline{\mathrm{AP}} = r$, $\overline{\mathrm{BP}} = \dfrac{4}{r}$ 라 두면 $(r > 0)$, $-1 + \sqrt{5} \leq r \leq 1 + \sqrt{5}$ 이 성립한다.

$\overline{\mathrm{AP}} + \overline{\mathrm{BP}} = r + \dfrac{4}{r} = g(r)$ 라 하면 역시 동일한 결과를 얻을 수 있다.

도형을 그대로 좌표평면 위로 옮겨 푸는 방법은 수능과 달리 수리논술에서 더욱 자주 등장하는 도형 풀이법이다.
물론 수리논술에서도 자주 등장하는 유형은 아니지만, 수능 도형에만 익숙한 수험생이 제시문 없이 이런 유형의 문제를 만난
다면 충분히 당황할 수 있다. 이 유형이 실제 문제로 출제된다면 어떤 느낌일지 예제를 통해 느껴보자.

> **TIP**
>
> 도형에서 좌표평면을 도입해야 하는 문제들은 보통 문제의 시작부터 막히는 경우가 많다.
> 도형 문제의 시작점이 도저히 보이지 않을 때 좌표평면을 도입해보자.

예제

제시문

(가) 코사인 법칙은 삼각형의 세 변의 길이를 알고 있는 경우 각의 크기를 구하는 데 사용된다.

(나) 아래 그림의 삼각형 ABC 에서 변 AB 의 수직이등분선과 변 BC 의 수직이등분선이 이루는 예각의 크기가
$\dfrac{\pi}{4}$ 이다. 점 D 는 변 AC 를 $1:3$ 으로 내분하는 점으로, 변 BC 의 수직이등분선은 변 AC 와 점 D 에서 만난다.

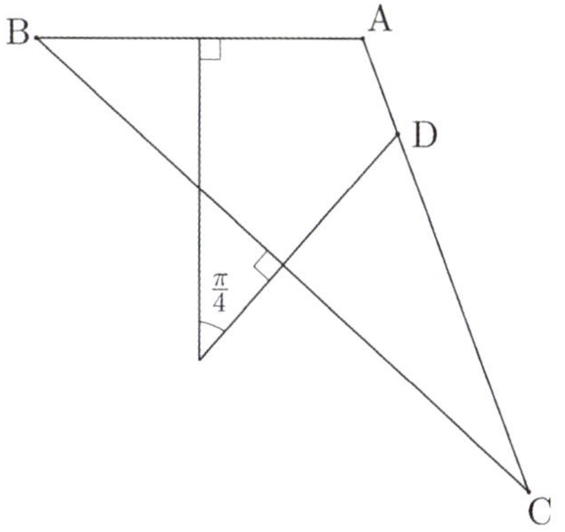

(나)에서 변 AC 의 수직이등분선과 변 BC 의 수직이등분선이 이루는 예각의 크기를 θ 라 할 때, $\cos\theta$ 의 값을 구하고
풀이 과정을 쓰시오.

[건국대]

연습지

좌표평면에 변 AB 의 수직이등분선이 y 축, 변 BC 의 수직이등분선이 직선 $y = x$ 가 되도록 놓자.

점 A 의 좌표를 $(a, b)\,(a > 0,\, b > 0)$라 하면 점 B 의 좌표는 $(-a, b)$, 점 C 의 좌표는 $(b, -a)$ 가 된다.

점 D 가 변 AC 를 $1 : 3$ 으로 내분하므로 점 D 의 좌표는 $\left(\dfrac{b+3a}{4},\, \dfrac{-a+3b}{4} \right)$ 이다.

점 D 가 직선 $y = x$ 위에 있으므로 $b+3a = -a+3b$ 가 성립한다. 이를 정리하면 $b = 2a$ 이다.
따라서 삼각형 ABC 의 세 변을 a 로 나타내면 다음과 같다.

$$\overline{AB} = 2a$$
$$\overline{BC} = \sqrt{(-a-b)^2 + (b+a)^2} = \sqrt{2}\,(a+b) = 3\sqrt{2}\,a$$
$$\overline{AC} = \sqrt{(a-b)^2 + (b+a)^2} = \sqrt{2(a^2+b^2)} = \sqrt{10}\,a$$

변 AC 의 수직이등분선과 변 BC 의 수직이등분선이 이루는 예각의 크기가 θ 이므로 $\angle$ ACB 의 크기 또한 θ 이다. 따라서 코사인 법칙을 이용하면 다음과 같다.

$$\cos\theta = \frac{\overline{AC}^2 + \overline{BC}^2 - \overline{AB}^2}{2 \times \overline{AC} \times \overline{BC}} = \frac{10a^2 + 18a^2 - 4a^2}{2 \times (\sqrt{10}\,a) \times (3\sqrt{2}\,a)} = \frac{2\sqrt{5}}{5}$$

제시문에서 아무런 힌트를 제시하지 않았어도, 위의 예제처럼 스스로 좌표평면을 도입할 수 있어야 한다.
위의 해설을 보면 알 수 있다시피, 도형을 있는 그대로 해석하려 할 때는 찾기 힘들었던 정보들이 도형에서 좌표평면을 도입하는 순간 발견되기 때문이다.
이와 같이 좌표평면을 도입하는 풀이만의 세 가지 장점이 있다.

① 점과 선분에 대한 좌표와 식을 알기 때문에 정보의 구체화가 가능하다. (예를 들자면 해설의 밑줄 부분)
② 계산의 자유도가 높아진다.
③ 답안 구성에서의 편리함이 있다.

이러한 장점들을 최대한 살리면서도 계산의 난이도는 대폭 낮추기 위해, 도형에서 좌표평면을 도입할 때 원점과
축(= 기준)을 설정하는 TIP을 소개하겠다. 이를 잘 읽어본 후, 위의 예제 해설에서도 TIP의 방법이 잘 사용되었는지 TIP과 함께 확인하며 학습하자.

⌄ TIP

| 좌표평면을 도입하는 방법[28]

도형에서 좌표평면을 도입할 때, 원점과 축 (= 기준)을 다음과 같이 설정하면 계산량을 낮출 수 있다.

① 도형에서 대칭성이 나타나는 부분이 있다면, 그 부분을 원점 혹은 축 대칭에 맞춰 설정한다.
② 도형에서 y 축 혹은 x 축으로 사용할 선분을 찾은 후, 이에 맞춰 원점을 설정한다.
③ 내심원이 등장한다면 내심원의 중심을 원점으로 설정하자.

---

[28] 저자의 경험과 분석을 바탕으로 만든 TIP이니, 웬만하면 이 방법을 사용하길 바란다.

이 방법은 내가 아는 모든 방법을 동원해도 도형 문제의 시작점이 보이지 않을 때 최후의 보루로 사용하는 것이 좋다.
좌표평면을 도입하는 풀이는 계산의 자유도가 높은 만큼 계산량이 폭발적으로 증가할 수도 있기 때문이다.

다음 예제를 풀어본 후 해설을 살펴보자. 좌표평면의 도입 없이 푸는 풀이와 좌표평면을 도입하여 푸는 풀이 모두 수록했으니,
위에서 언급한 계산량의 차이를 몸소 느껴볼 수 있을 것이다.

예제

제시문

그림과 같이 길이가 2인 선분 AB를 지름으로 하는 반원이 있다. 점 O는 선분 AB의 중점이다. 호 AB
위의 한 점 R에서 선분 AB에 내린 수선의 발을 H라 하고, 점 H에서 선분 AR에 내린 수선의 발을 P라 하자.

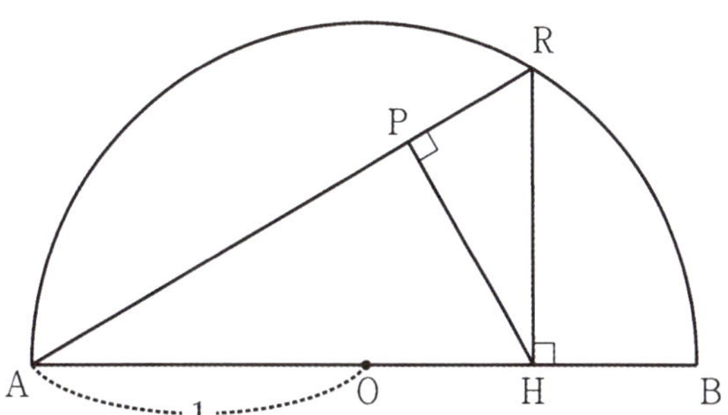

R가 A에서 B까지 호 AB위를 움직일 때, 선분 OP의 길이의 최솟값을 구하시오.

[한양대]

연습지

[좌표평면을 도입하는 풀이]– 대학 제공 답안

지름의 양 끝점이 $A(-1, 0)$, $B(1, 0)$가 되고, 호 AB가 x축 윗부분에 오도록 반원을 좌표평면에 두자.

$\angle ROB = t \, (0 \leq t \leq \pi)$ 라 하면, $R(\cos t, \sin t)$, $H(\cos t, 0)$이라 할 수 있다.

$0 < t < \pi$일 때, 두 점 $A(-1, 0)$, $R(\cos t, \sin t)$를 지나는 직선의 방정식은

$$y - 0 = \frac{\sin t - 0}{\cos t - (-1)}(x - (-1))$$

이고, 점 H를 지나고 선분 AR에 수직인 직선의 방정식은

$$y - 0 = -\frac{1 + \cos t}{\sin t}(x - \cos t)$$

이다. 점 P는 이 두 직선의 교점이므로 두 직선의 방정식을 연립[29]해서 풀면, 점 $P(x, y)$의 좌표는 아래와 같이 주어진다. (연립하는 과정을 본 답안에선 생략해서 그렇지, 이 부분에서 계산량이 꽤 된다.)

$$\begin{cases} x = \dfrac{1}{2}(\cos^2 t + 2\cos t - 1) \\ y = \dfrac{1}{2}\sin t(1 + \cos t) \end{cases} \qquad (t = 0이면 \ P = B, \ t = \pi이면 \ P = A \ 이다.)$$

따라서

$$\overline{OP} = \sqrt{x^2 + y^2} = \sqrt{\left\{\frac{1}{2}(\cos^2 t + 2\cos t - 1)\right\}^2 + \left\{\frac{1}{2}\sin t(1 + \cos t)\right\}^2}$$

$$= \sqrt{\frac{1}{2}(\cos^3 t + \cos^2 t - \cos t + 1)}$$

이고 $f(t) = \cos^3 t + \cos^2 t - \cos t + 1$이라 하면, $f'(t) = -\sin t(\cos t + 1)(3\cos t - 1)$이고,

$0 \leq t \leq \pi$일 때 $-1 \leq \cos t \leq 1$이므로, $f(t)$의 최솟값은 $t = \alpha$, $\cos \alpha = \dfrac{1}{3}$일 때, $f(t) = \dfrac{22}{27}$이다.

따라서, 구하는 $\overline{OP}$의 최솟값은 $\sqrt{\dfrac{1}{2} \times \dfrac{22}{27}} = \dfrac{\sqrt{11}}{3\sqrt{3}} = \dfrac{\sqrt{33}}{9}$이다.

[Comment]

놀랍게도 위의 풀이는 대학에서 공식적으로 제공한 풀이다.

---

29) 계산하기로 마음 먹었다면 겁먹지 말고 그냥 하면 된다. 모든 계산은 항상 '어떻게든 계산하면 무조건 답 나온다.' 라는 생각을 갖고 시작 하는 것이 핵심!

[좌표평면을 도입하지 않는 풀이 1] – 삼각비와 코사인법칙의 이용

$\angle \mathrm{RAB} = \theta \, (0 \leq \theta \leq \frac{\pi}{2})$라 하면 $\angle \mathrm{RHP} = \angle \mathrm{BRH} = \theta$ 이므로,

$$\overline{\mathrm{BR}} = 2\sin\theta , \quad \overline{\mathrm{RH}} = 2\sin\theta\cos\theta , \quad \overline{\mathrm{PH}} = 2\sin\theta\cos^2\theta$$

이다.

이때, $\overline{\mathrm{AR}} : \overline{\mathrm{AP}} = \overline{\mathrm{BR}} : \overline{\mathrm{PH}} = 1 : \cos^2\theta$ 이므로

$$\begin{aligned}\overline{\mathrm{AP}} &= \overline{\mathrm{AR}} \times \cos^2\theta \\ &= 2\cos^3\theta\end{aligned}$$

이다.

삼각형 AOP 에서 코사인법칙을 이용하면

$$\begin{aligned}\overline{\mathrm{OP}} &= \sqrt{(1)^2 + (2\cos^3\theta)^2 - 2\times(1)\times(2\cos^3\theta)\times\cos\theta} \\ &= \sqrt{4\cos^6\theta - 4\cos^4\theta + 1}\end{aligned}$$

이다.

$\cos^2\theta = t \, (0 \leq t \leq 1)$로 치환하여 $4t^3 - 4t^2 + 1$ 의 최솟값을 구하자. 미분하여 계산하면
$4t^3 - 4t^2 + 1$ 은 $t = \frac{2}{3}$ 에서 극솟값이자 최솟값 $\frac{11}{27}$ 을 갖는다. (*$t = 0$ 과 $t = 1$ 에서의 함숫값 비교는 생략*30))

따라서, 구하는 $\overline{\mathrm{OP}}$ 의 최솟값은 $\sqrt{\dfrac{11}{27}} = \dfrac{\sqrt{33}}{9}$ 이다.

---

30) 해설에서는 생략했지만, 답안에서 닫힌구간 내 최댓값 혹은 최솟값을 구할 때는 반드시 구간 양끝의 함숫값 비교를 해야 한다.
　　구간 양끝의 함숫값이 최댓값 혹은 최솟값이 될 수 있기 때문이다. (풀이는 언제나 꼼꼼하게!)

앞의 두 해설의 계산량의 차이, 심지어 발상 난이도의 차이까지도 독자 스스로 잘 느낄 수 있을 것이다.

이 예제의 핵심을 다시 한번 정리해보면 다음과 같다.

도형에서 좌표 풀이법은 내가 아는 모든 방법을 동원해도 도형 문제의 시작점이 보이지 않을 때 사용한다.
이를 섣불리 사용한다면 역효과로 문제의 체감 난이도를 올리는 꼴이 될 수 있기 때문이다.

앞으로 도형 문제를 만났을 때, 이 점을 항상 유의하며 풀이법을 선택하자.

| One More Thing

이 예제를 마무리 하기 전에, 앞에서 배웠던 할선 정리를 이용한 또 다른 풀이 한 가지를 소개하겠다.

미리 말하지만 다음 풀이를 읽고 '이런 생각을 하는 건 너무 발상적인데? 이런 것까지 해야해?'라고 생각하지 말자.
이러한 발상은 공부해두는 순간, 공부해두지 않은 학생들보다 앞서나갈 수 있는 발상이다.[31]

수학을 잘하는 사람들에겐 이미 Well − known인 발상이므로, 잘 구경해두도록 하자.

예제 해설

[좌표평면을 도입하지 않는 풀이 2] − 할선정리의 이용

$\angle \mathrm{RAB} = \theta\,(0 \leq \theta \leq \frac{\pi}{2})$라 하고, 선분 OP의 길이의 길이를 l라 하자.
선분 AB를 지름으로 하는 원과 직선 OP가 원과 만나는 두 점을 생각해보자.

점 P를 두 선분의 교점으로 생각해 할선 정리를 사용하면[32]

$$
\begin{aligned}
(1-l)(1+l) &= \overline{\mathrm{PR}} \times \overline{\mathrm{PA}} \\
&= 2\sin^2\theta\cos\theta \times 2\cos^3\theta \\
&= 4(1-\cos^2\theta)\cos^4\theta \\
&= -4\cos^6\theta + 4\cos^4\theta
\end{aligned}
$$

이고, 정리하면 $l = \sqrt{4\cos^6\theta - 4\cos^4\theta + 1}$ 이다.

$\cos^2\theta = t\,(0 \leq t \leq 1)$로 치환하여 $4t^3 - 4t^2 + 1$ 의 최솟값을 구하자. 미분하여 계산하면
$4t^3 - 4t^2 + 1$ 은 $t = \frac{2}{3}$ 에서 극솟값이자 최솟값 $\frac{11}{27}$ 을 갖는다.

따라서, 구하는 $\overline{\mathrm{OP}}$ 의 최솟값은 $\sqrt{\frac{11}{27}} = \frac{\sqrt{33}}{9}$ 이다.

[Comment]

반원과 한 선분이 주어졌을 때, 선분을 연장시켜 원과 함께 해석하는 아이디어는 수능에서도 많이 등장하지 않아 익숙
하지 않을 것이지만, 다음과 같은 사고 과정을 거치면 좀 더 친숙해질 것이다.

반지름의 길이 안다 = 지름의 길이 안다 = 제일 긴 현(=지름)의 길이 안다 = 현의 길이? 할선 정리!

반지름의 길이를 알고 원의 중심을 지나는 상황일 때 유용한 아이디어이며, 예제의 상황과 달리 연장시킨 선분이 원의
중심을 지나지 않는 경우에는, 이등변 삼각형을 만든 후 원의 중심에서 연장시킨 선분에 수선의 발을 내려서 해석하면
된다.

---

[31] 발상의 수집이 곧 수리논술 실력의 기반이 된다.

지금까지 도형에서 좌표를 도입하여 문제를 푸는 것을 배웠으니, 이제부터는 이 풀이의 장점을 살리기 위해
도형에서 좌표를 도입할 때 유용하게 쓰이는 몇 가지 공식과 도구들을 소개하겠다.

대부분 본인이 무의식적으로 사용하고 있거나, 중학교 때 배우고 넘어간 내용들이므로 간단하게 Remind 한다는 느낌으로
읽으면 충분하겠다.

| 원 위의 점에서의 접선의 방정식

원 위의 점 $P(x_1,\ y_1)$ 을 지나는 직선의 방정식을 설정 후, 이를 원과 연립하여 나온 이차방정식이 중근을 갖는다는 조건으로 직선을 구할 수 있다. (판별식 등을 활용)
혹은 원 위의 점 $P(x_1,\ y_1)$ 을 지나는 직선의 방정식을 설정 후, 원의 중심으로부터 이 직선까지의 거리가 원의 반지름과 같음을 이용하여 직선의 방정식을 구할 수 있다.

위와 같이 기본에 충실하게 계산하는 것도 좋지만, 이번 기회에 이를 일반화한 아래의 공식을 외워보도록 하자.

원 $(x-a)^2 + (y-b)^2 = r^2$ 위의 점 $P(x_1,\ y_1)$ 에서의 접선의 방정식은

$$(x_1 - a)(x-a) + (y_1 - b)(y-b) = r^2$$

이다.

| 각에 집중하여 직선의 방정식을 세우는 방법

일반적으로 우리는 직선의 방정식을 세울 때, $y = mx + n$ 혹은 $y = m(x-a) + b$ 와 같이 식을 세우곤 한다. 이는 직선의 기울기 혹은 지나는 점을 중심으로 직선의 방정식을 세운 것이다.
그렇다면 기울기나 점 말고 다른 정보를 중심으로 직선의 방정식을 세울 수는 없을까?

이에 대한 하나의 대답[33]으로 각도에 대하여 직선의 방정식을 세우는 방법을 소개하면 다음과 같다.

점 $P(a,\ b)$ 를 지나는 직선이 x 축과 양의 방향으로 이루는 각을 θ 라 하면, 그 직선은

$$y - b = \tan\theta\,(x-a) \quad (\Leftrightarrow\ \cos\theta\,(y-b) - \sin\theta\,(x-a) = 0)$$

이다.

이는 문제에서 각도에 대한 정보가 많이 활용될 때 사용할 수 있다.

이처럼 하나의 계산/표현 방법에만 의존하지 않고, 문제에서 등장한 도형의 특징에 맞춰 계산/표현방법을 선택하는 습관을 갖도록 하자.

---

32) 스스로 할선 정리 풀이를 떠올렸다면 칭찬합니다~
33) 이번 편에서 벡터에 대한 내용은 거의 다루지 않기 때문에, 벡터를 이용한 직선의 방정식은 일단 Pass~

| 신발끈 공식

삼각형 ABC의 세 꼭짓점의 좌표를 각각 (x_1, y_1), (x_2, y_2), (x_3, y_3)로 알고 있을 때, 삼각형 ABC의 넓이 S를 구하기 위해 흔히 '신발끈 공식'으로 불리는 공식을 떠올린다.

$$S = \frac{1}{2} \begin{vmatrix} x_1 & x_2 & x_3 & x_1 \\ y_1 & y_2 & y_3 & y_1 \end{vmatrix} \quad \cdots \ ①$$

이 도구를 통해 대각선 관계에 있는 두 수를 곱하는데, ╱ 방향 대각선은 곱한 후 (+)부호를 붙이고 ╲ 방향 대각선은 곱한 후 (−)부호를 붙여서 만든 모든 값을 더하면 넓이 S를 구할 수 있다. 즉,

$$S = \frac{1}{2} \left| (x_2 y_1 + x_3 y_2 + x_1 y_3) - (x_1 y_2 + x_2 y_3 + x_3 y_1) \right| \quad \cdots \ ②$$

이다.

하지만, 당연하게도 이 공식을 바로 쓰면 안된다. 교과 외 과정인 것은 둘째 치고, ①은 ②를 외우기 위한 도구[34]일 뿐이다. 절대적인 정리인 것처럼 답안에서 언급해서는 안된다는 뜻이다. 해당 도구를 쓸 거면, ②임을 증명해야 한다.

| 재래식 풀이

따라서 삼각형의 넓이를 구할 때, 가장 먼저 떠올려야 하는 풀이는 '재래식 풀이'이다. 선분 AB의 길이 l_1을 구하고, 직선 AB의 방정식을 구한 후 점과 직선 사이의 거리 l_2를 공식을 통해 구하면 $S = \frac{1}{2} \times l_1 \times l_2$ 로 구할 수 있다.

하지만, 재래식 풀이는 답안이 매우 지저분해지는 경향이 있으므로 등적변형을 활용한 아래의 방법을 애용하기로 하자.

| 삼각형 쪼개기

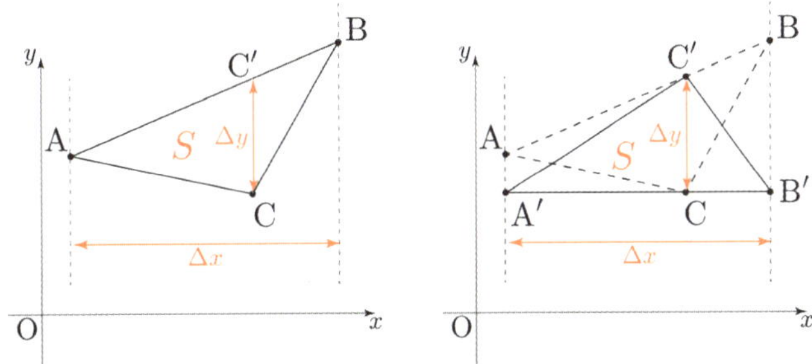

삼각형의 넓이를 등적변형으로 바꾸자. 즉, $S_{\triangle ABC} = S_{\triangle A'B'C'}$ 이다. ($\because S_{\triangle ACC'} = S_{\triangle A'CC'}$, $S_{\triangle BCC'} = S_{\triangle B'CC'}$)
이후 직선 AB의 방정식에 점 C의 x좌표를 대입하여 점 C'의 y좌표를 구하고, 두 점 C, C'의 y좌표 차인 $\triangle y$와 두 점 A, B의 x좌표 차인 $\triangle x$를 곱하면 삼각형의 넓이를

$$S = \frac{1}{2} \times \triangle x \times \triangle y$$

로 구할 수 있다. 이 방식은 고난도 수리논술 문제에서 애용되는 방식이므로 꼭 알아두자.

| 마무리

'재래식 풀이 or 삼각형 쪼개기' 중 문제에 제일 편한 방법을 택하여 푼 답을 ②로 빠르게 검산해야지~

라고 마무리 했다면, 이 페이지를 제대로 공부한 것이다.

---

34) 수리논술에선 도구는 도구일 뿐, 절대적인 정리가 아니다. 아, 물론 롤에서는 '도구'도 존중해주자. 샤라웃 Keria :)

실전 논제 풀어보기

논제 1 ★★★☆☆ 부산대

제시문 일부

삼각형 ABC 의 세 변의 길이가 a, b, c 라 하자.

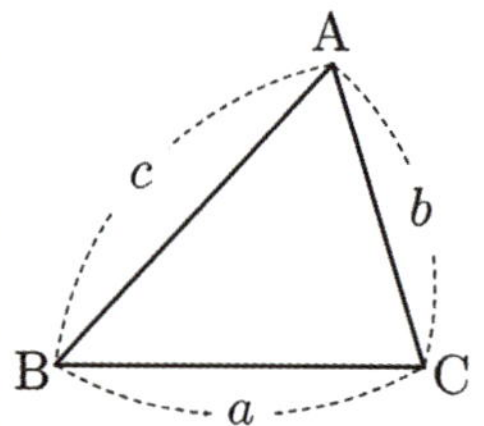

(가) 삼각형 ABC 에서 외접원의 반지름의 길이를 R 라고 하면

$$\frac{a}{\sin A} = \frac{b}{\sin B} = \frac{c}{\sin C} = 2R$$

(나) 삼각형 ABC 에서

$$a^2 = b^2 + c^2 - 2bc\cos A$$
$$b^2 = c^2 + a^2 - 2ca\cos B$$
$$c^2 = a^2 + b^2 - 2ab\cos C$$

(다) 삼각형 ABC 의 넓이를 S 라고 하면

$$S = \frac{1}{2}bc\sin A = \frac{1}{2}ca\sin B = \frac{1}{2}ab\sin C$$

한 변의 길이가 1 인 정삼각형 ABC 가 있다. 선분 AC 위의 양 끝점이 아닌 임의의 점 D 에 대하여 직선 BD 위의 점 중 점 C 로부터의 거리가 1 인 점을 E 라 하자. (단, 점 E 는 점 B 가 아니다.) 다음 물음에 답하시오.

[1] $\overline{AD} = x$ 라 할 때, 삼각형 CDE 의 외접원의 반지름의 길이를 x 에 대한 식으로 나타내시오.

[2] 삼각형 CDE 의 넓이를 S 라 할 때, $S \times \overline{BD}^2$ 의 값이 최대가 되도록 하는 선분 AD 의 길이를 구하시오.

제시문

(가) 삼각형 ABC 에서

$$a^2 = b^2 + c^2 - 2bc\cos A$$
$$b^2 = c^2 + a^2 - 2ca\cos B$$
$$c^2 = a^2 + b^2 - 2ab\cos C$$

(나) 삼각형 ABC의 넓이를 S라고 하면,

$$S = \frac{1}{2}bc\sin A = \frac{1}{2}ca\sin B = \frac{1}{2}ab\sin C$$

(다) x의 값의 범위가 $\alpha \leq x \leq \beta$일 때, 이차함수 $y = a(x-p)^2 + q$의 최댓값과 최솟값은 이차함수의 꼭짓점의 x좌표 p가 주어진 범위에 포함되는지 조사하여 다음과 같이 구한다.

(i) $\alpha \leq p \leq \beta$인 경우, $f(\alpha)$, $f(\beta)$, $f(p)$중에서 가장 큰 값이 최댓값이고,
가장 작은 값이 최솟값이다.

(ii) $p < \alpha$ 또는 $p > \beta$인 경우, $f(\alpha)$, $f(\beta)$중에서 가장 큰 값이 최댓값이고,
가장 작은 값이 최솟값이다.

(라) 원에 내접하는 사각형의 한 쌍의 대각의 크기의 합은 $180\,^\circ$ 이다.

원에 내접하는 사각형 ABCD의 네 변의 길이의 합이 22이고 $\angle A = 60\,^\circ$, $\overline{BD} = 8$일 때, $\overline{CB} + \overline{CD}$의 범위를 구하라. 그리고, 사각형 ABCD의 넓이가 최대가 될 때 $\overline{CB} + \overline{CD}$의 길이를 구하라.

연습지

답안지

제시문

(가) 첫째항부터 차례대로 일정한 수를 더하여 만든 수열을 등차수열이라 하며, 그 일정한 수를 공차라고 한다.
공차가 d 인 등차수열 $\{a_n\}$ 에서 제 n 항에 공차 d 를 더하면 제 $(n+1)$ 항이 되므로 다음이 성립한다.

$$a_{n+1} = a_n + d \quad (n=1, 2, 3, \cdots)$$

(나) 첫째항부터 차례대로 일정한 수를 곱하여 만든 수열을 등비수열이라 하며, 그 일정한 수를 공비라고 한다.
공비가 $r\,(r \neq 0)$ 인 등비수열 $\{a_n\}$ 에서 제 n 항에 공비 r 를 곱하면 제 $(n+1)$ 항이 되므로 다음이 성립한다.

$$a_{n+1} = ra_n \quad (r \neq 0, \, n=1, 2, 3, \cdots)$$

(다) 세 개의 정수로 이루어진 순서쌍의 집합 M 을 다음과 같이 정의하자.

$$M = \{(a, b, c)\,|\,a, b, c \text{는 정수이고 } 1 \leq |a|, \, |b|, \, |c| \leq 100\}$$

이때, 집합 M 의 원소의 개수는 200^3 이다.

[1] 삼각형의 세 변의 길이가 각각 100 이하의 자연수이면서 등차수열을 이루는 삼각형의 개수를 구하고 그 이유를 논하시오, (단. 합동인 두 삼각형은 한 개의 삼각형으로 간주한다.)

[2] 삼각형의 세 변의 길이가 각각 100 이하의 자연수이면서 등비수열을 이루는 삼각형의 개수를 구하고 그 이유를 논하시오, (단. 합동인 두 삼각형은 한 개의 삼각형으로 간주하며, $\sqrt{5} = 2.236 \cdots$ 이다.)

[3] (다)에서 정의된 집합 M 의 원소 (a, b, c) 중에서 다음의 조건을 모두 만족하는 모든 원소의 개수를 구하고 그 이유를 논하시오.

> (가) a, b, c 는 이 순서대로 등차수열을 이룬다.
> (나) a, b, c 를 일렬로 나열하여 적어도 한 개의 등비수열을 만들 수 있다. 예를 들어,
> $(a, b, c) = (1, 2, 3)$ 인 경우 a, b, c 를 일렬로 나열하는 방법은 다음의 여섯 가지가 있다.
>
> ① 1,2,3 ② 1,3,2 ③ 2,1,3 ④ 2,3,1 ⑤ 3,1,2 ⑥ 3,2,1

연습지

제시문

(가) 삼각형 ABC의 외접원의 반지름의 길이 R에 대해 다음이 성립한다.

$$\frac{\overline{BC}}{\sin A} = \frac{\overline{CA}}{\sin B} = \frac{\overline{AB}}{\sin C} = 2R$$

(나) 그림과 같이 양의 실수 a에 대해 반지름의 길이가 a인 원에 내접하는 삼각형 ABC가 다음 세 가지 조건을 만족한다.

> (i) $\overline{BC} = \sqrt{3}\,a$
> (ii) $\angle A < 90°$
> (iii) $0 < \overline{AC} \leq \overline{AB}$

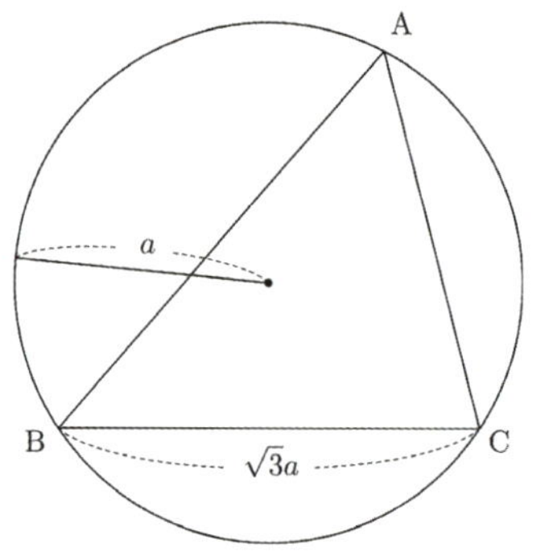

[1] (나)의 삼각형 ABC에 대해 $\angle A$를 구하고 그 이유를 논하시오.

[2] (나)의 삼각형 ABC에 대해 $a = 10$일 때, $\overline{AB}$와 $\overline{AC}$가 모두 정수가 되는 $\overline{AB}$와 $\overline{AC}$의 값을 모두 찾고 그 이유를 논하시오.

[3] (나)의 삼각형 ABC에 대해 $a = \sqrt{10}$이라 하자. 2023 이하인 자연수 M에 대해, $\overline{AB} + \overline{AC} = M$을 만족하는 순서쌍 $(\overline{AB}, \overline{AC})$가 존재하는 모든 M의 합을 구하고 그 이유를 논하시오.

[4] (나)의 삼각형 ABC에 대해 $a = \sqrt{2}$이라 하자. 2023 이하인 자연수 N에 대해, $\overline{AB}^2$과 $\overline{AC}^2$은 정수가 아니고 $\overline{AB} \times \overline{AC} = N$을 만족하는 순서쌍 $(\overline{AB}^2, \overline{AC}^2)$이 존재하는 모든 N의 합을 구하고 그 이유를 논하시오.

연습지

제시문

(가) 수열 $\{a_n\}$ 에서 n 의 값이 한없이 커질 때, a_n 의 값이 일정한 값 α 에 한없이 가까워진 수열 $\{a_n\}$ 은 α 에 수렴한다고 하고

$$\lim_{n \to \infty} a_n = \alpha$$

와 같이 나타낸다.

(나) 그림에서 반지름의 길이가 1 인 원 O 가 평행한 직선 l_1, l_2 사이에 놓여 있다.

두 직선 l_1, l_2 는 각각 원의 중심 O 로부터의 거리가 2 이다. 점 A_0 는 점 O 에서 직선 l_1 에 내린 수선의 발이고, 자연수 n 에 대하여 A_n 은 직선 l_1 위에 있고 A_0 와의 거리가 n 이다. 점 A_n 에서 원에 그은 두 접선이 직선 l_2 와 만나는 두 점 사이의 거리가 d_n 이다.

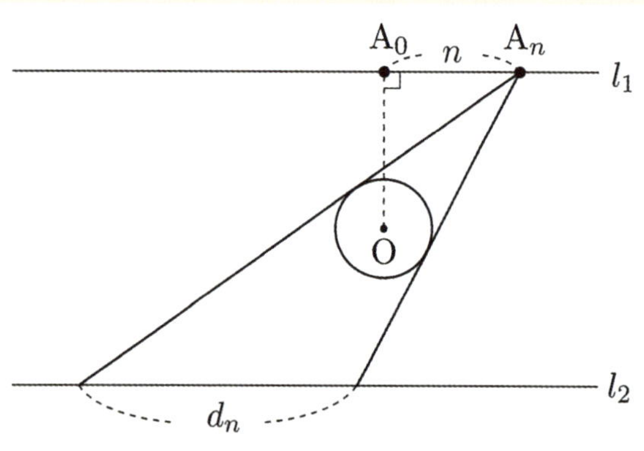

(나)에서 주어진 수열 $\{d_n\}$ 에 대하여 $\displaystyle\lim_{n \to \infty} \frac{d_n}{n}$ 을 구하고 풀이 과정을 쓰시오.

연습지

답안지

좌표평면에 길이 10인 선분을 $I = \{(x, 0) \mid -5 \leq x < 5\}$로 정하고 선분 밖에 있는 점 P와 선분 I의 두 점 A, B가 이루는 각을 $\angle APB = \theta \ (0 \leq \theta < \pi)$라고 할 때 다음 물음에 답하여라.

[1] 선분 밖의 점 P가 y축의 점이고 $\theta = \dfrac{\pi}{6}$가 되도록 선분 I의 두 점 A, B를 선택할 수 있을 때, 점 P의 집합을 J라 하자. 집합 $J \cup \{(0, 0)\}$이 나타내는 그림의 길이를 구하여라.

[2] 선분 I의 양 끝점 $(-5, 0)$, $(5, 0)$와 $\theta = \dfrac{\pi}{6}$가 되는 선분 밖의 점 P의 집합을 S라 하자. 집합 $S \cup \{(-5, 0), (5, 0)\}$이 나타내는 그림의 길이를 구하여라.

[3] 선분 밖의 점 P가 $\theta = \dfrac{\pi}{6}$가 되도록 선분 I의 두 점 A, B를 선택할 수 있을 때 점 P를 집합 V의 원소라 하자. 집합 $V \cup I$를 나타내는 그림의 넓이를 구하여라.

연습지

답안지

제시문

공간에서 $\overline{AB}=1$ 을 만족시키는 점 A 와 점 B 가 있다.

$0<\theta<\pi$ 인 θ 에 대해, $\angle APB=\theta$ 를 만족시키는 점 P 들을 생각하자.

[1] 두 점 A 와 B 를 포함하는 한 평면을 α 라 하자. $\theta=\dfrac{\pi}{4}$ 일 때, 평면 α 위에 있는 점 P 들과 점 A , B 가 이루는 곡선으로 둘러싸인 부분의 넓이를 구하시오.

[2] $\theta=\dfrac{\pi}{12}$ 일 때, $\overline{AP}$ 의 최댓값을 구하고, $\overline{AP}$ 를 최대로 하는 점 P 들이 이루는 곡선의 길이를 l 이라 할 때, l^2 의 값을 구하시오.

연습지

좌표평면에서 벡터 $\vec{a}$ 에 대하여 다음 명제 p 가 있다.

$$p : \vec{a} + \vec{b} = \vec{v} \text{ 와 } |\vec{a}| = m,\ |\vec{b}| = n \text{ 을 만족시키는 벡터 } \vec{b} \text{ 가 존재한다.}$$
$$(\text{단, } m \text{ 과 } n \text{ 은 } 0 < m < n \text{ 인 고정된 실수이다.})$$

명제 p 를 만족시키는 벡터 $\vec{a}$ 의 집합을 S 라고 할 때, 집합 S 의 원소의 개수가 2 가 되는 벡터 $\vec{v}$ 의 조건을 m 과 n 을 사용하여 나타내시오. (기하 기본 공부를 한 학생들만 도전해보세요.)

연습지

답안지

높이가 1인 정삼각형 ABC의 꼭짓점 A를 중심으로 하고 변 BC에 접하는 원이 있다. 오른쪽 그림과 같이 이 원을 직선 BC에 접한 채 거리 t만큼 $(0 < t < 1)$ 평행이동한 원과 변 AB, 변 AC로 둘러싸인 도형의 넓이를 $f(t)$라고 하자.

이때, 도함수 $f'(t)$를 구하시오.

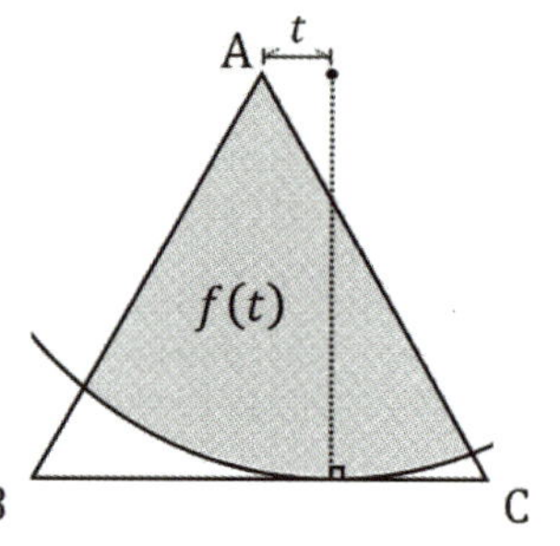

연습지

제시문 일부

(가) 평면 위에 반지름의 길이가 1인 원 C와 D가 서로 접하고 있다. 원 C와 D는 각각 직선 l과 서로 다른 점에서 접한다. 원 C, D, 직선 l에 둘러싸인 영역을 A라고 하자.

제시문 (가)에서 직선 l에 접하면서 영역 A에 들어갈 수 있는 가장 큰 원을 C_1이라 하자. 영역 A에서 원 $C_1, \cdots, C_n$의 내부를 제외한 영역에 들어가고, 그 중심이 원 $C_1, \cdots, C_n$의 중심과 다르며, 직선 l에 접하는 가장 큰 원 하나를 택하여 C_{n+1}이라 하자. 원 C_{12}의 반지름의 길이를 구하시오.

연습지

답안지

Show and Prove

기대T 수리논술 수업 상세안내

정규반	수업 상세 안내 (지난 수업 영상수강 가능)
정규반 - Set 1 **(1주차~4주차)**	– 수리논술만의 특징인 '답안작성 능력'과 '증명 능력'을 향상시키는 수업 – 수능/내신 공부와 다른 수리논술 공부의 결 & 방향성을 잡아주는 수업 – 수험생은 물론 강사조차 가지고 있는 '오개념'을 타파시키는 수학 전공자의 수업 – 무언가가 어려우면 쉽게 포기하는 성향을 가진 학생의 경우, 문제풀이가 위주인 Set 2부터 학습한 후 Set 1 학습 추천 (단순 난이도 : Set 1 〉 Set 2)
정규반 - Set 2 **(5주차~8주차)**	– 만만해 보이는 과목인 수학 1이 수리논술에서 어떻게 나오는지 배워보는 강의 – 삼각함수 & 수열의 콜라보 등 수학1의 논술형 발전성을 체감해볼 수 있는 실전 내용 수업 – 다른 Set에 비하여 난이도가 쉬운 편 : 수리논술에 입문하기 좋은 강의 Set
정규반 - Set 3 **(9주차~12주차)**	– 수리논술에서 50% 이상의 비중을 차지하는 수리논술용 미적분을 집중 해석하는 수업 – 수리논술에도 존재하는 행동 영역을 통해 고난도 문제의 체감 난이도를 낮춰주는 수업 – 대학의 모범답안을 보고도 '이런 아이디어를 내가 어떻게 생각해내지?' 라는 생각이 드는 학생들도, 납득 가능하고 감탄할 만한 문제 접근법을 제시해주는 수업
정규반 - Set 4 **(13주차~16주차)**	– 상위권 대학의 합격 당락을 가르는 고난도 주제들을 총정리하는 수업 – 출제 난이도가 높은 학교의 수리논술 합격을 바라는 학생이라면 강추
첨삭 및 자료	– 수강 형태 (현장 vs 온라인) / 상관없이, 모든 학생들에게 첨삭 제공 – 복습 시트, 손글씨 답안, 다채로운 자료 등등 오른쪽 QR코드에서 확인 가능

실전반 & Final	수업 상세 안내 (지난 수업 영상수강 가능)
실전반 - Set 1 **(1주차~5주차)**	– 수리논술 전용 확통/기하 Theme에 대하여 학습하는 강의 – 수능/내신의 빈출 Point와의 괴리감이 제일 큰 두 과목인 확통/기하의 내용을 철저히 수리논술 빈출 Point에 맞게 제단된 내용만을 다루는 Compact 강의
실전반 - Set 2 **(6주차~10주차)**	– 상위권 학교 지원자들은 꼭 알아야 하는 필수내용만 다루는 강의 – 본인에게 유리한 출제 스타일인 학교를 탐색하여 원서 지원부터 이기고 들어갈 수 있도록 하는, 대학별 출제경향 파악 수업 (모든 대학을 A그룹~D그룹으로 분류 후 분석) – 최신기출 (작년 기출+올해 모의) 중 주요 문항 선별 통해 주요대학 최근 출제 경향 파악
Semi Final **고/서/성/경 반** **(수능전 & 직후)**	– 수능 직후 시험 보는 학교들을 중점적으로 미리 공부해두기 위한 수업 – 전형적인 고난도 문제부터, 창의적인 신유형 문제까지 다양하게 만나볼 수 있는 수업 – 수능 끝나고, 주력으로 준비할 학교 선택하면 해당 학교 모의고사 1~2회분 및 해설강의 당일 제공
학교별 Final **(수능전 / 수능후)**	– 학교별 고유 출제 스타일에 맞는 문제들만 정조준하여 분석해주는 Final 수업 – 빈출 주제 특강 + 예상 문제 모의고사 응시 후 해설 & 첨삭 – 고승률 문제접근 Tip을 파악하기 쉽도록 기출 선별 자료집 제공 (학교별 교재 상이)

CHAPTER 3

삼각함수와 활용

수리논술에서의 삼각함수 공식들의 쓰임새에 대해 알아보자.
수능에서는 전혀 경험하지 못한 것들도 등장하므로,
새로운 공부라 생각하며 받아들이면 크게 어렵지 않을 것이다.

3-1 삼각함수의 여러 가지 기본 공식

1. 삼각함수에 대한 미적분 교과서 공식

│ 삼각함수 덧셈정리

① $\sin(\alpha + \beta) = \sin\alpha\cos\beta + \cos\alpha\sin\beta$ $\sin(\alpha - \beta) = \sin\alpha\cos\beta - \cos\alpha\sin\beta$

② $\cos(\alpha + \beta) = \cos\alpha\cos\beta - \sin\alpha\sin\beta$ $\cos(\alpha - \beta) = \cos\alpha\cos\beta + \sin\alpha\sin\beta$

③ $\tan(\alpha + \beta) = \dfrac{\tan\alpha + \tan\beta}{1 - \tan\alpha\tan\beta}$ $\tan(\alpha - \beta) = \dfrac{\tan\alpha - \tan\beta}{1 + \tan\alpha\tan\beta}$

Spoiler

미적분 교과서 기본 덧셈정리 ①의 공식의 두 식

$$\sin(\alpha + \beta) = \sin\alpha\cos\beta + \cos\alpha\sin\beta$$
$$\sin(\alpha - \beta) = \sin\alpha\cos\beta - \cos\alpha\sin\beta$$

의 양변을 더하면 $\sin(\alpha + \beta) + \sin(\alpha - \beta) = 2\sin\alpha\cos\beta$ 이다.

$\alpha + \beta = A$, $\alpha - \beta = B$ 라 하면 이 공식은 $\sin A + \sin B = 2\sin\dfrac{A+B}{2}\cos\dfrac{A-B}{2}$ 가 된다.

이와 같은 방법으로 새 공식들을 갈무리하면 다음과 같다.

$$\sin A + \sin B = 2\sin\frac{A+B}{2}\cos\frac{A-B}{2}$$
$$\sin A - \sin B = 2\cos\frac{A+B}{2}\sin\frac{A-B}{2}$$
$$\cos A + \cos B = 2\cos\frac{A+B}{2}\cos\frac{A-B}{2}$$
$$\cos A - \cos B = -2\sin\frac{A+B}{2}\sin\frac{A-B}{2}$$

교과과정에서 사라졌으나, 각종 식 정리에서 유리한 고지에 오를 수 있는 공식이므로 수리논술을 위해 약간의 overdose를 해두자.

[사용예시] $\displaystyle\int 2\sin3x\cos2x\,dx = \int (\sin5x + \sin x)\,dx$ 로 활용 후 적분 가능

│ 공식의 구조를 살려 암기하는 것을 추천

예를 들면, '저는 $\sin(\alpha + \beta)$ 를 전개할 줄 알아요!'에서 그치는 것이 아니라 '저는 $\sin\alpha\cos\beta$ 를 덧셈정리를 통해 제작할 수 있어요.'가 되어야 한다는 것이다. 즉, 덧셈정리 공식에서 단순히 좌변에서 우변으로 바꾸는 것에만 집중하여 외우지 말고, 좌변의 식이 어떤 구조로 새롭게 바뀌는지에 집중하자.

흔히 '계산 테크닉이 발상적인 문항'이라는 것들 중 대부분은 공식을 무지성 암기하는 학생들이 별명을 붙인 것이다. 공식과 계산의 구조를 살리며 암기하며, 새로운 방법들을 만날 때 마다 수집하는 태도로 학습하면 어느샌가 남들이 계산 테크닉이 발상적이라 할 때 '그거 당연하게 생각해야 하는 건데..?'하는 본인을 만날 수 있을 것이다.

제시문

(가) 사인함수와 코사인함수의 덧셈정리는 다음과 같다.

$$\sin(\alpha+\beta) = \sin\alpha\cos\beta + \cos\alpha\sin\beta$$
$$\cos(\alpha+\beta) = \cos\alpha\cos\beta - \sin\alpha\sin\beta$$

(나) 그림에서 점 A 의 좌표는 $(0,\ 1)$이다. 점 B와 C 는 각각 반직선 $y=0\ (x \geq 0)$과 반직선 $y=3\ (x \geq 0)$ 위에 있고 $\angle \mathrm{BAC}$의 크기는 $\dfrac{\pi}{6}$이다.

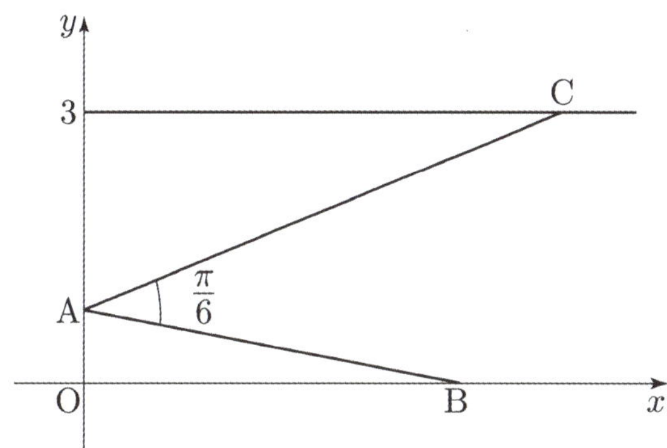

$\angle \mathrm{OAB}$의 크기를 θ라 할 때, 삼각형 ABC 의 넓이를 θ에 대한 식으로 표시하고 최솟값을 구하시오. 풀이 과정도 쓰시오.

[건국대]

연습지

점 D 를 $D(0, 3)$ 이라 하자. 직각삼각형 AOB 와 직각삼각형 ACD 에서

$$\overline{AB}\cos\theta = 1 \,,\ \overline{AC}\cos\left(\pi - \left(\theta + \frac{\pi}{6}\right)\right) = 2$$

이므로

$$\overline{AB} = \frac{1}{\cos\theta} \,,\ \overline{AC} = -\frac{2}{\cos\left(\theta + \dfrac{\pi}{6}\right)}$$

이다.

삼각형 ABC 의 넓이를 $S(\theta)$ 라 하면 $S(\theta) = \dfrac{1}{2} \times \overline{AB} \times \overline{AC} \times \sin\dfrac{\pi}{6}$ 이다. 따라서

$$S(\theta) = \frac{-1}{2\cos\theta\cos\left(\theta + \dfrac{\pi}{6}\right)}$$

이다. 이때, $2\cos\dfrac{A+B}{2}\cos\dfrac{A-B}{2} = \cos A + \cos B$ 를 활용하면

$2\cos\theta\cos\left(\theta + \dfrac{\pi}{6}\right) = \cos\left(\theta + \left(\theta + \dfrac{\pi}{6}\right)\right) + \cos\left(\theta - \left(\theta + \dfrac{\pi}{6}\right)\right) = \cos\left(2\theta + \dfrac{\pi}{6}\right) + \dfrac{\sqrt{3}}{2}$ 이다. 따라서

$$S(\theta) = \frac{-1}{\cos\left(2\theta + \dfrac{\pi}{6}\right) + \dfrac{\sqrt{3}}{2}}$$

이다.

한편, $\dfrac{\pi}{3} < \theta < \dfrac{\pi}{2}$ 이므로 $\dfrac{5\pi}{6} < 2\theta + \dfrac{\pi}{6} < \dfrac{7\pi}{6}$ 이다. 따라서 $-1 + \dfrac{\sqrt{3}}{2} \leq \cos\left(2\theta + \dfrac{\pi}{6}\right) + \dfrac{\sqrt{3}}{2} < 0$ 이다. 즉, $S(\theta)$ 는 $2\theta + \dfrac{\pi}{6} = \pi$ 일 때 최솟값 $4 + 2\sqrt{3}$ 을 갖는다.

[Comment]
제시문과 달리 $S(\theta)$ 를 θ 에 대해 미분하여 최솟값을 구하는 풀이를 선택해도, 당연히 같은 결과가 나온다. 직접 미분 풀이를 해보고, 본 풀이와 비교해보면서 새 공식의 필요성을 체감해볼 것.

닫힌구간 $[0, \pi]$ 에서 $\sin(x - \cos x)$ 와 $\sin x$ 의 크기를 비교하시오.

[한양대]

연습지

예제 해설

$\sin A - \sin B = 2\cos\dfrac{A+B}{2}\sin\dfrac{A-B}{2}$ 을 활용하면

$\sin x - \sin(x - \cos x) = 2\cos\left(x - \dfrac{\cos x}{2}\right)\sin\left(\dfrac{\cos x}{2}\right)$ 이다.

(ⅰ) $0 \le x \le \dfrac{\pi}{2}$ 일 때,

$-\dfrac{\pi}{2} < x - \dfrac{\cos x}{2} \le \dfrac{\pi}{2}$ 이고 $0 \le \dfrac{\cos x}{2} \le \dfrac{1}{2} < \dfrac{\pi}{2}$ 이므로 $\cos\left(x - \dfrac{\cos x}{2}\right) \ge 0$, $\sin\left(\dfrac{\cos x}{2}\right) \ge 0$ 이다.

따라서 $\sin x \ge \sin(x - \cos x)$ 이다.

(ⅱ) $\dfrac{\pi}{2} < x \le \pi$ 일 때,

$\dfrac{\pi}{2} < x - \dfrac{\cos x}{2} \le \pi + \dfrac{1}{2} < \dfrac{3}{2}\pi$ 이고 $-\dfrac{\pi}{2} < -\dfrac{1}{2} \le \dfrac{\cos x}{2} < 0$ 이므로

$\cos\left(x - \dfrac{\cos x}{2}\right) < 0$, $\sin\left(\dfrac{\cos x}{2}\right) < 0$ 이다. 따라서 $\sin x > \sin(x - \cos x)$ 이다.

이를 종합하면, 닫힌구간 $[0, \pi]$ 에서 $\sin x \ge \sin(x - \cos x)$ 임을 알 수 있다.

핵심 아이디어는, 기본공식 $\sin(\alpha+\beta) = \sin\alpha\cos\beta + \cos\alpha\sin\beta$ 에서 좌변과 우변의 등장 순서를 바꾸는 것이다.
좌변을 풀어서 우변이 나오던 흔한 방식이 아니고, 우변의 모양을 갖추면 좌변으로 깔끔하게 정리를 할 수 있다는 마인드가
삼각함수 합성이라 생각해주면 된다.

즉, $a\sin\theta + b\cos\theta$와 같은 식을 우변 모양인 $\sin\alpha\cos\beta + \cos\alpha\sin\beta$으로 바꾼 후 좌변의 $\sin(\alpha+\beta)$ 형태로 도착하는
과정이 삼각함수 합성이다.

| 삼각함수 합성 하는 방법

단순하게 생각하면 모든 a, b에 대하여 $a = \cos\alpha$, $b = \sin\alpha$라 하면 될 것 같지만, 문제가 생긴다.
$\sin^2\alpha + \cos^2\alpha$는 항상 1이므로 위 논리에 따르면 $a^2 + b^2 = 1$이어야 하는데, 모든 문제의 (a, b) 순서쌍에서 만족하는 건
아니다. (Ex : $3\sin\theta + 4\cos\theta$ 라 한다면 $(a, b) = (3, 4)$이므로 $a^2 + b^2 = 5^2 \neq 1$)

이러한 현상을 방지하기 위해서는, $a\sin\theta + b\cos\theta$를

$$\sqrt{a^2+b^2} \times \left(\frac{a}{\sqrt{a^2+b^2}}\sin\theta + \frac{b}{\sqrt{a^2+b^2}}\cos\theta \right)$$

꼴로 변형함으로써 $\dfrac{a}{\sqrt{a^2+b^2}} = \cos\alpha$, $\dfrac{b}{\sqrt{a^2+b^2}} = \sin\alpha$ 라 할 수 있는 명분을 만들어내야 하고, 이러한 과정을 삼각함
수 합성이라 생각하면 된다.

삼각함수 합성 과정을 통해, 최종적으로

$$a\sin\theta + b\cos\theta = \sqrt{a^2+b^2}\sin(\theta+\alpha) \ (단, \ \frac{a}{\sqrt{a^2+b^2}} = \cos\alpha, \ \frac{b}{\sqrt{a^2+b^2}} = \sin\alpha)$$

로 표현이 가능하다.

혹은 $\dfrac{a}{\sqrt{a^2+b^2}} = \sin\beta$, $\dfrac{b}{\sqrt{a^2+b^2}} = \cos\beta$ 이라 두면,

$$a\sin\theta + b\cos\theta = \sqrt{a^2+b^2}\cos(\theta-\beta) \ (단, \ \frac{a}{\sqrt{a^2+b^2}} = \sin\beta, \ \frac{b}{\sqrt{a^2+b^2}} = \cos\beta)$$

로도 표현이 가능하다.

'sin 합성이나 cos 합성 둘 중 하나만 외울게요.'라는 마인드가 아닌
'두 방식으로 모두 바꿀 수 있어요.'

라는 마인드로 학습해주기 바란다.

 배각공식과 반각공식

수리논술에서는 n 배각 공식의 암기가 필수이므로, 아래의 공식들을 모두 완벽하게 암기하길 바란다.

| 두배각 공식

앞선 덧셈정리 ①, ②, ③에 $\alpha = x = \beta$를 대입해서 유도한다. 즉 우리가 알고 있는 공식으로부터 충분히 유도가 되기 때문에 논술에서 나와도 전혀 어색하지 않으므로, 숙지하고 있을 것.[35]

④ $\sin 2x = 2 \sin x \cos x$

⑤ $\cos 2x = \cos^2 x - \sin^2 x = 2\cos^2 x - 1 = 1 - 2\sin^2 x$

⑥ $\tan 2x = \dfrac{2\tan x}{1 - \tan^2 x}$

| 세배각 공식

덧셈정리 ①, ②, ③의 식에 $\alpha = 2x$, $\beta = x$를 대입한 후 ④, ⑤, ⑥의 결과를 적용하면 얻을 수 있다.

⑦ $\sin 3x = 3\sin x - 4\sin^3 x$

⑧ $\cos 3x = 4\cos^3 x - 3\cos x$

⑨ $\tan 3x = \dfrac{3\tan x - \tan^3 x}{1 - 3\tan^2 x}$

| 반각 공식

덧셈정리 ⑤의 공식 $\cos 2x = \cos^2 x - \sin^2 x = 2\cos^2 x - 1 = 1 - 2\sin^2 x$ 을 이용하면

⑩ $\cos^2\left(\dfrac{x}{2}\right) = \dfrac{1 + \cos x}{2}$

⑪ $\sin^2\left(\dfrac{x}{2}\right) = \dfrac{1 - \cos x}{2}$

⑫ $\tan^2\left(\dfrac{x}{2}\right) = \dfrac{1 - \cos x}{1 + \cos x}$ (⑩, ⑪번 식을 나눠서 얻어낼 수 있음)

---

[35] 수능에서 나와도 역시 이상하지 않지만, 단지 평가원이 최대한 지양하여 출제하고 있을 뿐이다.

3-2 삼각함수 특수각의 확장

1. $15°$ & $75°$, $22.5°$ & $67.5°$ 의 삼각비 : 덧셈정리 활용

| $15°$ & $75°$ 삼각비 구하기

삼각함수의 덧셈정리를 이용하여 $15°$ 와 $75°$ 의 삼각비를 구해보자.

$15° = 45° - 30°$ 이므로

$$\sin 15° = \sin(45° - 30°) = \frac{\sqrt{2}}{2}\left(\frac{\sqrt{3}}{2} - \frac{1}{2}\right) = \frac{\sqrt{6} - \sqrt{2}}{4} \text{ 이고}$$

$$\cos 15° = \cos(45° - 30°) = \frac{\sqrt{2}}{2}\left(\frac{1}{2} + \frac{\sqrt{3}}{2}\right) = \frac{\sqrt{6} + \sqrt{2}}{4} \text{ 이다.}$$

자연스럽게 $\tan 15° = \dfrac{\sin 15°}{\cos 15°} = \dfrac{\sqrt{6} - \sqrt{2}}{\sqrt{6} + \sqrt{2}} = \dfrac{(\sqrt{6} - \sqrt{2})^2}{4} = 2 - \sqrt{3}$ 까지 구할 수 있다.

이때, $\sin(90° - \theta) = \cos\theta$ 를 이용하여 $75°$ 에 대한 삼각비 또한 알 수 있다.

| $22.5°$ & $67.5°$ 삼각비 구하기

이번엔 $22.5°$ 와 $67.5°$ 의 삼각비를 구해보자. 반각 공식을 활용한다.

$\cos^2\left(\dfrac{x}{2}\right) = \dfrac{1 + \cos x}{2}$ 에 $x = 45°$ 를 대입하면

$\cos^2(22.5°) = \dfrac{2 + \sqrt{2}}{4}$ 이고, $\sin^2(22.5°) = 1 - \dfrac{2 + \sqrt{2}}{4} = \dfrac{2 - \sqrt{2}}{4}$ 이므로

$\tan^2(22.5°) = \dfrac{2 - \sqrt{2}}{2 + \sqrt{2}} = \dfrac{(2 - \sqrt{2})^2}{2}$ 에서 $\tan(22.5°) = \dfrac{2 - \sqrt{2}}{\sqrt{2}} = \sqrt{2} - 1$ 임을 알 수 있다.

이때, $\sin(90° - \theta) = \cos\theta$ 를 이용하여 $67.5°$ 에 대한 삼각비 또한 알 수 있다.

다섯 개의 꼭짓점 A,B,C,D,E가 모두 원 위에 있고, 한 변의 길이가 1인 정오각형을 생각하자.
직선 AC와 직선 EB의 교점을 점 H라 하자.

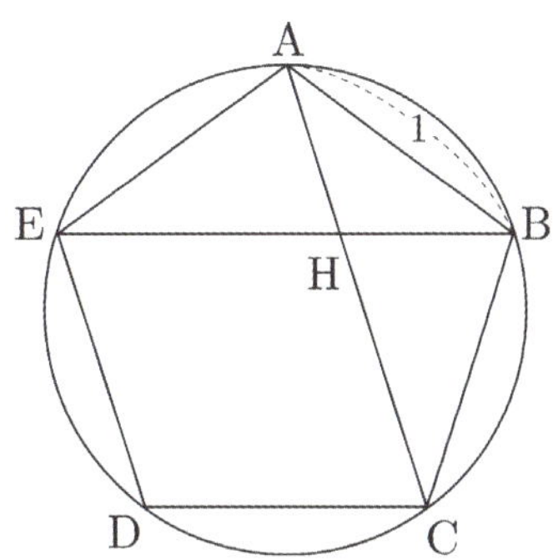

선분 ED와 선분 AC가 서로 평행하고, 선분 EH와 선분 DC가 서로 평행하므로, 사각형 EHCD는 평행사변형이고,
$\overline{DC} = 1$이므로 선분 EH의 길이도 1이다.

한편 원주각의 성질에 의해, $\angle ABE = \angle BAC = \dfrac{\pi}{5} = 36\degree$ 이므로, 삼각형 HAB는 이등변삼각형이다.

마찬가지로 원주각의 성질에 의해 $\angle AEB = \angle ABE = \dfrac{\pi}{5} = 36\degree$ 이므로, 삼각형 AEB도 이등변삼각형이다.

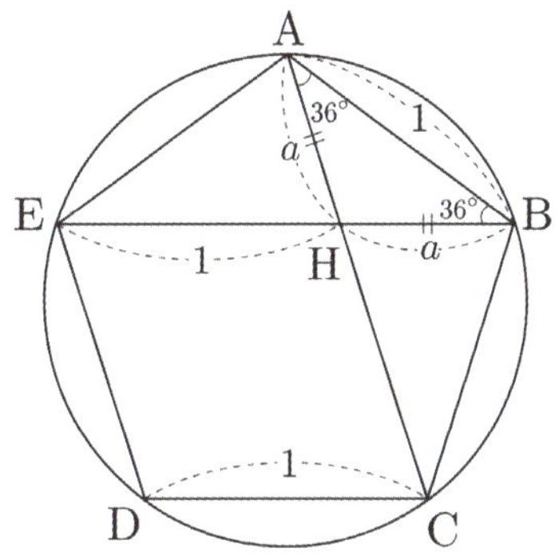

따라서 두 삼각형 HAB과 삼각형 AEB는 서로 닮음이다.

$\overline{HA} = \overline{HB} = a$라 하자.

닮음의 성질에 의해 $1 : a+1 = a : 1$이고, 정리하면 $1 = a^2 + a$에서 $a = \dfrac{-1+\sqrt{5}}{2}$ 이다.

삼각형 AHB에서 코사인법칙을 사용하면, $a^2 = a^2 + 1 - 2a\cos 36\degree$ 에서

$\cos 36\degree = \dfrac{1}{2a} = \dfrac{1+\sqrt{5}}{4} \ (= \sin 54\degree)$이다. (혹은 점 H에서 수선의 발을 내려서 코사인값을 구하여도 된다.)

또한 $\angle EHA = 72\degree$ 인 이등변삼각형 EHA 에서 수선의 발을 내려 $\cos 72\degree = \dfrac{a}{2} = \dfrac{\sqrt{5}-1}{4} \ (= \sin 18\degree)$
까지 알 수 있다.

| $\sin 18°\,(=\cos 72°)$ 구하기

$18° = x$ 라 두면 $5x = 90°$, $2x = 90° - 3x$이므로 $\sin 2x = \cos 3x$ 이다.

배각공식에 의하여 $2\sin x \cos x = 4\cos^3 x - 3\cos x$이므로

$2\sin x = 4\cos^2 x - 3$ 이고 $2\sin x = 4(1 - \sin^2 x) - 3$이다.

이를 정리하면 $4\sin^2 x + 2\sin x - 1 = 0$이며 근의 공식을 사용하면

$\sin x = \dfrac{-1 + \sqrt{5}}{4}$ $(\because \sin x > 0)$ 임을 알 수 있다.

따라서 $\sin 18° = \dfrac{\sqrt{5}-1}{4} = \cos 72°$ 이다.

| $\cos 36°\,(=\sin 54°)$ 구하기

마찬가지로 $36° = y$로 두면 $5y = 180°$, $2y = 180° - 3y$ 이므로 $\sin 2y = \sin 3y$다.

배각공식에 의하여 $2\sin y \cos y = -4\sin^3 y + 3\sin y$이므로

$2\cos y = -4\sin^2 y + 3 = -4(1 - \cos^2 y) + 3$ 이다.

이를 정리하면 $4\cos^2 y - 2\cos y - 1 = 0$이며 근의 공식을 사용하면

$\cos y = \dfrac{1 + \sqrt{5}}{4}$ $(\because \cos y > 0)$ 임을 알 수 있다.

따라서 $\cos 36° = \dfrac{\sqrt{5}+1}{4} = \sin 54°$ 이다.

4.   특수각에 따른 삼각비 값 종합

위의 내용들을 정리해서 표로 나타내면 다음과 같다. 이과 논술러라면 아래의 표는 꼭 알아두어야 한다.

삼각함수 \\ θ 값	$\dfrac{\pi}{12}\,(15°)$	$\dfrac{\pi}{10}\,(18°)$	$\dfrac{\pi}{8}\,(22.5°)$	$\dfrac{\pi}{5}\,(36°)$
$\sin\theta = \cos\left(\dfrac{\pi}{2}-\theta\right)$	$\dfrac{\sqrt{6}-\sqrt{2}}{4}$	$\dfrac{\sqrt{5}-1}{4}$	$\sqrt{\dfrac{2-\sqrt{2}}{4}}$	X [36]
$\cos\theta = \sin\left(\dfrac{\pi}{2}-\theta\right)$	$\dfrac{\sqrt{6}+\sqrt{2}}{4}$	X	$\sqrt{\dfrac{2+\sqrt{2}}{4}}$	$\dfrac{\sqrt{5}+1}{4}$
$\tan\theta = \dfrac{1}{\tan\left(\dfrac{\pi}{2}-\theta\right)}$	$2-\sqrt{3}$	X	$\sqrt{2}-1$	X

---

36) X의 의미는 구하지 못한다는 의미가 아니고, 구해도 깔끔하지 않아서 활용도가 떨어지는 값임을 의미한다.

3-3 사인함수와 코사인함수 사이의 관계

1. 합의 관계와 각변환 공식

| $\sin^2\theta + \cos^2\theta = 1$ 과 **각종 각변환 공식**

$\sin\left(\dfrac{\pi}{2} - \theta\right) = \cos\theta$ 와 같은 각변환 공식들, 이미 수능에서 너무나도 많이 사용해봤을테니 구체적인 설명은 생략한다.

다만 이들 공식의 중요 Point를 두 줄로 정리하고 넘어가도록 하자.

① 알 수 없는 삼각비[37]라 하더라도, 합차($\pm$)의 관계를 통해 계산 불가능한 식의 값을 결정할 수 있다.
② $\sin$ 과 $\cos$ 을 서로 양방향 전환시킬 수 있다는 장점이 있다.

아래의 간단한 예제를 통해 두 가지 사실을 한 번에 정리해보자.

예제

$\displaystyle\sum_{n=1}^{8} \sin^2\dfrac{n\pi}{16}$ 의 값을 구하시오.

[인하대]

연습지

예제 해설

삼각함수의 성질 $\sin^2 x + \cos^2 x = 1$, $\sin\left(\dfrac{\pi}{2} - x\right) = \cos x$를 활용하여 계산하면 다음과 같다.

$$\sum_{n=1}^{8} \sin^2\frac{n\pi}{16} = \left(\sin^2\frac{\pi}{16} + \sin^2\frac{7\pi}{16}\right) + \left(\sin^2\frac{2\pi}{16} + \sin^2\frac{6\pi}{16}\right) + \left(\sin^2\frac{3\pi}{16} + \sin^2\frac{5\pi}{16}\right) + \sin^2\frac{4\pi}{16} + \sin^2\frac{8\pi}{16}$$

$$= \left(\sin^2\frac{\pi}{16} + \cos^2\frac{\pi}{16}\right) + \left(\sin^2\frac{2\pi}{16} + \cos^2\frac{2\pi}{16}\right) + \left(\sin^2\frac{3\pi}{16} + \cos^2\frac{3\pi}{16}\right) + \sin^2\frac{4\pi}{16} + \sin^2\frac{8\pi}{16}$$

$$= 1 + 1 + 1 + \frac{1}{2} + 1 = \frac{9}{2}$$

---

37) θ 가 특수각이 아닐 때의 삼각비 값을 지칭한다.

항등식 $\sin^2\theta + \cos^2\theta = 1$을 변형하면 $(\sin\theta + \cos\theta)^2 = 1 + 2\sin\theta\cos\theta$ 임을 알 수 있다.

따라서 $\sin\theta + \cos\theta = w$ 라 하면, $\sin\theta \times \cos\theta = \dfrac{w^2-1}{2}$ 임을 알 수 있다.

즉, 두 종류의 삼각함수가 섞여 있는 방정식을 한 변수의 방정식으로 바꿀 수 있다는 장점이 있다.

수능에서는 거의 경험해본적 없는 유형일테니, 아래의 예제를 통해 어떤 어떻게 출제되는지 느껴보자.

예제

함수 $f(\theta) = -\dfrac{2}{3}(\cos^3\theta - \sin^3\theta) + 3(\cos\theta - \sin\theta)$ 에 대하여 다음 물음에 답하시오.

[1] 실수 θ 에 대하여 $t = \cos\theta + \sin\theta$ 라 할 때, $f'(\theta)$ 를 t 에 관한 다항식으로 나타내시오.

[2] 함수 $f(\theta)$ 의 최댓값과 최솟값을 구하시오.

[이화여대]

연습지

[1]

삼각함수의 미분법과 합성함수의 미분법에 의해, 도함수는 아래와 같이 계산된다.

$$f'(\theta) = 2\cos^2\theta\sin\theta + 2\sin^2\theta\cos\theta - 3(\cos\theta + \sin\theta)$$
$$= (2\cos\theta\sin\theta - 3)(\cos\theta + \sin\theta)$$

$t^2 = \cos^2\theta + \sin^2\theta + 2\cos\theta\sin\theta = 1 + 2\cos\theta\sin\theta$ 를 이용하여 도함수를 t 에 대한 다항식으로 다음과 같이 표현할 수 있다.

$$f'(\theta) = (t^2 - 4)t = t^3 - 4t$$

[2]

$t = \cos\theta + \sin\theta = \sqrt{2}\sin\left(\theta + \dfrac{\pi}{4}\right)$ 이므로, $-\sqrt{2} \le t \le \sqrt{2}$ 이다.

[1]에서 구한 결과에서 $f'(\theta) = f'(t) = t^3 - 4t = 0$ 을 만족하는 t 의 값은 0 뿐이다.
따라서 $t = -\sqrt{2}$ 또는 $t = \sqrt{2}$ 또는 $t = 0$ 에서 최댓값 또는 최솟값을 갖는다.

이때, 함수 $f(\theta)$ 는 주기가 2π 인 주기함수이고, 실수 전체에서 미분가능하다.
따라서 $[0, 2\pi)$ 구간에서 함수 $f(\theta)$ 의 최댓값과 최솟값을 찾으면 된다.

$t = -\sqrt{2}$ 일 때 $\theta = \dfrac{5\pi}{4}$, $t = \sqrt{2}$ 일 때 $\theta = \dfrac{\pi}{4}$, $t = 0$ 일 때 $\theta = \dfrac{3\pi}{4}$, $\theta = \dfrac{7\pi}{4}$ 이므로

이 값을 $f(\theta) = -\dfrac{2}{3}(\cos^3\theta - \sin^3\theta) + 3(\cos\theta - \sin\theta)$ 에 대입하면

$$f\left(\frac{\pi}{4}\right) = -\frac{2}{3}\left(\left(\frac{1}{\sqrt{2}}\right)^3 - \left(\frac{1}{\sqrt{2}}\right)^3\right) + 3\left(\frac{1}{\sqrt{2}} - \frac{1}{\sqrt{2}}\right) = 0 = f\left(\frac{5\pi}{4}\right)$$

$$f\left(\frac{3\pi}{4}\right) = -\frac{2}{3}\left(\left(-\frac{1}{\sqrt{2}}\right)^3 - \left(\frac{1}{\sqrt{2}}\right)^3\right) + 3\left(-\frac{1}{\sqrt{2}} - \frac{1}{\sqrt{2}}\right) = -\frac{8}{3}\sqrt{2}$$

$$f\left(\frac{7\pi}{4}\right) = -\frac{2}{3}\left(\left(\frac{1}{\sqrt{2}}\right)^3 - \left(-\frac{1}{\sqrt{2}}\right)^3\right) + 3\left(\frac{1}{\sqrt{2}} + \frac{1}{\sqrt{2}}\right) = \frac{8}{3}\sqrt{2}$$

이다.

그러므로 함수 $f(\theta)$ 의 최댓값은 $\dfrac{8}{3}\sqrt{2}$ 이고, 최솟값은 $-\dfrac{8}{3}\sqrt{2}$ 이다.

3-4 Chapter 3. 삼각함수와 활용
사인법칙과 코사인법칙의 기본

먼저, 우리가 사인법칙과 코사인법칙을 몰랐을 중학생 때나 전 교육과정에서 $\sin$ 과 $\cos$ 을 어떻게 만들어 냈는지 생각해 보면 직각삼각형에서 삼각비를 배웠음을 회상할 수 있다.[38]

사인법칙과 코사인법칙이 없던 지난 교육과정에서 미지의 각 θ 에 관련된 문제가 나왔을 때, 그 각을 끼고 있는 직각삼각형을 만들거나 찾는게 핵심이었던 이유도 이것 때문이다.

즉, 사인법칙과 코사인법칙의 증명도 결국은 직각삼각형을 만드는 것이 핵심이 됨을 명심하자.

1. 사인법칙과 코사인법칙의 정의와 증명

| 사인법칙과 증명

삼각형 ABC 의 외접원의 반지름의 길이를 R 이라 하면

$$\frac{a}{\sin A} = \frac{b}{\sin B} = \frac{c}{\sin C} = 2R$$

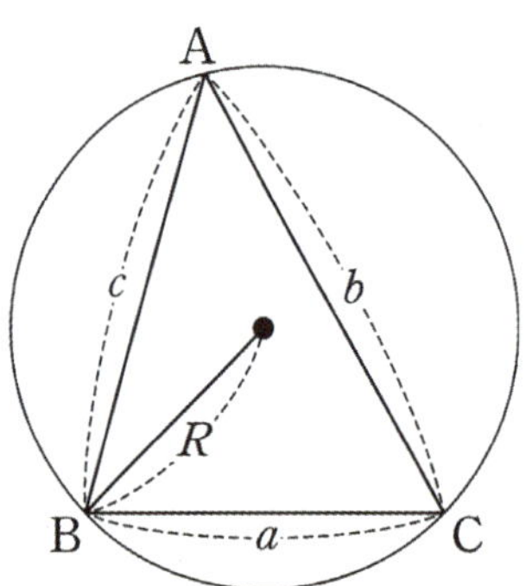

사인법칙 증명의 시작은 원주각이고 끝은 직각삼각형 (삼각비 정의)이다.

원의 특정 현에 대한 원주각 θ 는 일정하다는 성질을 이용하여 θ 를 끼고 있는 직각삼각형을 만들어서 $\sin$ 을 만들기. 이것이 삼각비의 기본이고, 이를 사인법칙 증명에도 활용할 수 있다.

---

[38] 고등학생 기준으로, 삼각함수의 시작은 단위원이고, 삼각비를 배우는 중학생 때는 직각삼각형이 시작이었다.

| 증명 1

(i) 삼각형 ABC가 예각삼각형일 때

원주각의 성질을 이용하여 $\angle \mathrm{BAC}$를 $\angle \mathrm{BA'C}$로 옮겨준다. 이 때, 선분 $\mathrm{A'B}$가
외접원의 지름이 되도록 점 $\mathrm{A'}$를 잡아준다.

그러면 $\angle \mathrm{BCA'} = \dfrac{\pi}{2}$, $\overline{\mathrm{A'B}} = 2R$, $\overline{\mathrm{BC}} = a$ 이므로

$$\sin A' = \frac{a}{2R} = \sin A \ \text{이다.}$$

마찬가지 방법으로 점 B, C에도 적용시켜주면 사인법칙을 증명할 수 있다.

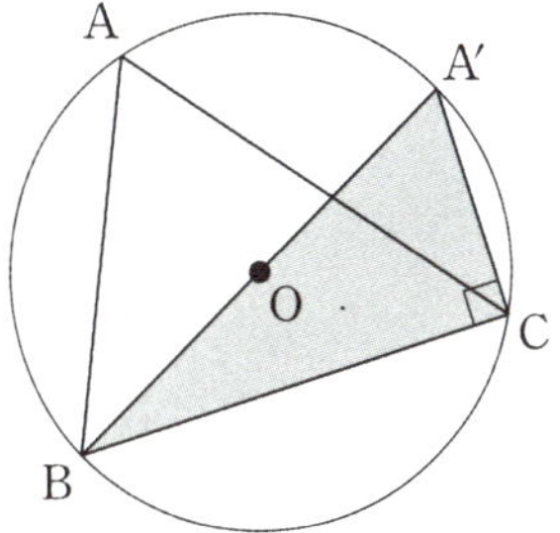

(ii) 삼각형 ABC가 둔각삼각형일 때,

선분 $\mathrm{A'C}$가 외접원의 지름이 되도록 점 $\mathrm{A'}$를 잡는다. 그러면 둔각삼각형
특성상 위의 그림과 같이 원에 내접한 사각형 꼴이 나오게 된다.

$\angle \mathrm{CBA'} = \dfrac{\pi}{2}$, $\overline{\mathrm{A'C}} = 2R$, $\overline{\mathrm{BC}} = a$ 이고 $\sin(\angle \mathrm{BAC}) = \sin(\angle BA'C)$

$(\because \sin(\pi - \theta) = \sin\theta)$ 이므로, (i)과 같은 방법으로 증명된다.

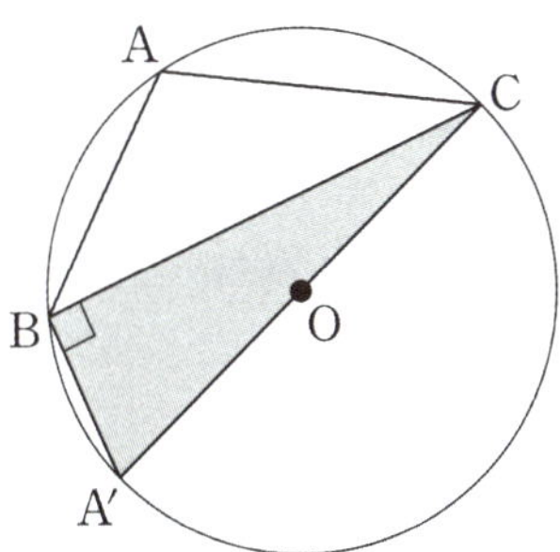

(iii) 삼각형 ABC가 직각삼각형일 때는 너무 자명하게 성립한다. (생략)

| 증명 2

삼각형 ABC의 넓이 S 를 나타내는 방법으로

$$S = \frac{1}{2}ab\sin C = \frac{1}{2}bc\sin A = \frac{1}{2}ca\sin B$$

가 있다.

이 모든 식에 $\dfrac{2}{abc}$ 를 곱하면 $\dfrac{\sin C}{c} = \dfrac{\sin A}{a} = \dfrac{\sin B}{b} = k$가 나오므로 좀 더 쉽게 사인법칙을 증명할 수 있다.

[Comment]

물론 이 k값이 $\dfrac{1}{2R}$로 같은지는 알 수 없기 때문에, 이 부분은 어쩔 수 없이 따로 증명해줘야 한다.

이것의 증명은 세 각 A , B , C 중 예각 하나를 잡고 증명 1의 (i)과 똑같이 해주면 된다.
이미 같은 값으로 일정하다는 사실을 알고 있기 때문에 굳이 (ii), (iii)의 과정을 거치지 않아도 된다는 점에서 이 증명
이 훨씬 편하다.

| **코사인법칙과 증명**

삼각형 ABC에서 다음 법칙이 성립하며 이를 코사인법칙이라 한다.

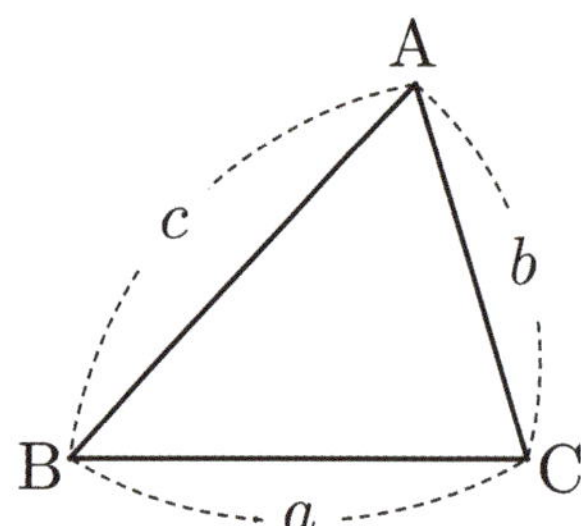

$$\text{코사인법칙} : a^2 = b^2 + c^2 - 2bc\cos A$$

코사인법칙의 일반적인 증명의 시작은 직각을 나타내는 요소인 수선의 발이고, 끝도 역시 직각삼각형에서의 피타고라스 정리
이다.

한 꼭짓점에서 마주보는 변에 수선을 내려 생긴 두 개의 직각삼각형에서 피타고라스의 정리 사용하면, 증명이 된다.

주의해야 할 점은 예각삼각형, 직각삼각형, 둔각삼각형 등 종류에 따라 수선의 발 위치가 달라질 수 있음을 간과하면 안된다는
것이다.

하지만 이러한 기본적 증명보다 '삼각함수의 정의'를 활용하여 점의 좌표를 설정하면 이보다 쉽게 증명할 수 있기에,
이 책에서는 좀 더 실전적이라 판단되는 다음 증명을 제시한다.

증명

점 A는 $(b\cos\theta,\ b\sin\theta)$, 점 B는 $(a,\ 0)$, 점 C는 원점으로 두면
$\overline{AC} = b$, $\overline{BC} = a$ 이다.[39]
$\overline{AB} = c$라 하고 두 점 사이의 거리 공식을 이용하면

$$c^2 = (b\cos\theta - a)^2 + (b\sin\theta)^2 = a^2 + b^2 - 2ab\cos\theta$$

임을 알 수 있다.

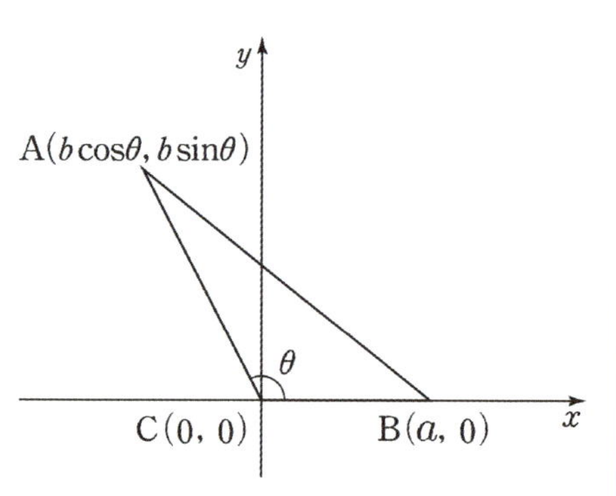

---

[39] 점 B를 $(b, 0)$이 아닌 $(a, 0)$으로 잡은 이유는 일반적으로 각 A(대문자)의 대변의 길이를 a(소문자)로 나타내기 때문이다.

특수각이 존재하며 길이비가 간단한 삼각형에서 사인법칙과 코사인법칙이 종종 활용된다. 다음 삼각형의 비율과 각도를 달달 외우기보단[40] '이런 것도 있구나~'하며 눈에 담아두는 것으로 충분하겠다.

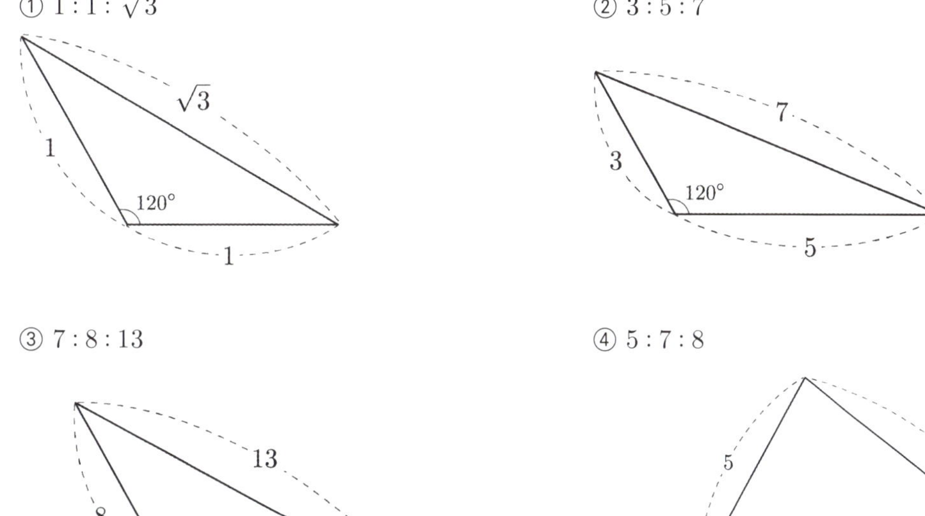

③ $7 : 8 : 13$

④ $5 : 7 : 8$

⑤ $3 : 7 : 8$

⑥ $8 : 13 : 15$

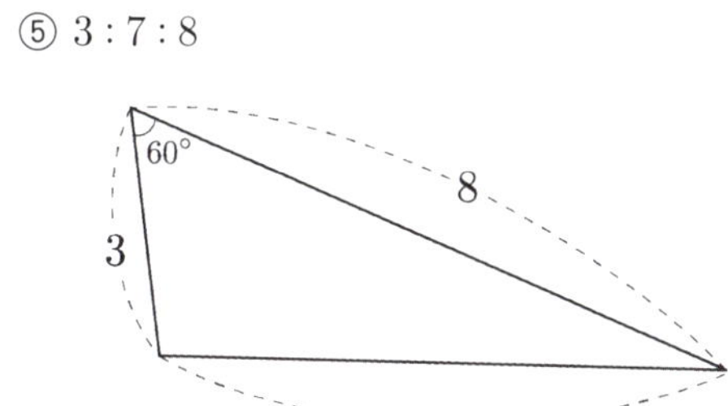

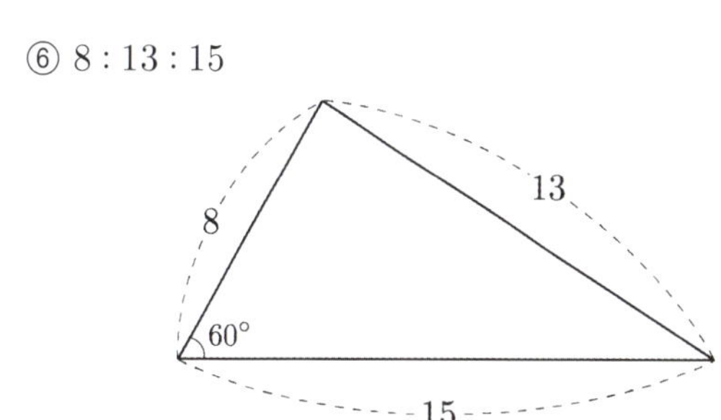

[Comment]
④, ⑤ 삼각형을 이어붙이면 한 변의 길이가 8인 정삼각형이 나온다. 사실 이 두 삼각형은 이 정삼각형에서 태어난 놈이다.

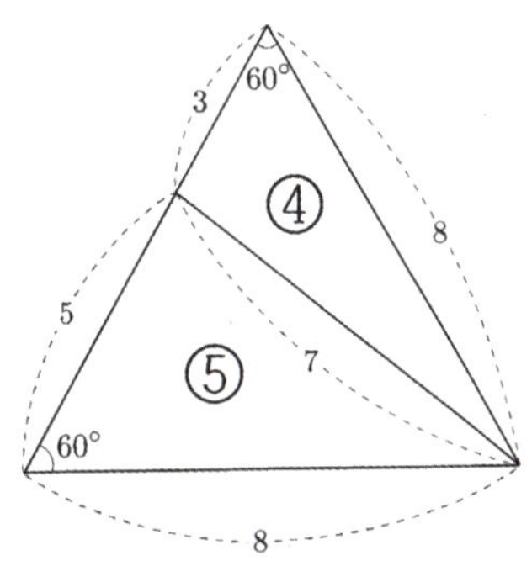

---

40) 물론 본인의 뇌 용량이 넘쳐나면, 외워도 상관은 없다!

3-5 사인법칙과 코사인법칙의 활용

1. 세 변 길이 표현 방법

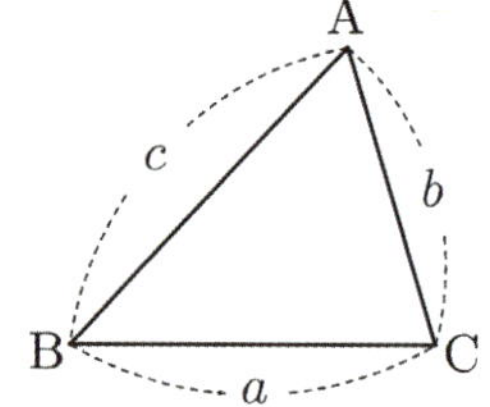

사인법칙을 정리해보면 $a = 2R\sin A,\ b = 2R\sin B,\ c = 2R\sin C$ 이다. …… ⓐ

이를 비례식으로 나타내보면 $a : b : c = \sin A : \sin B : \sin C$ 임을 알 수 있다.

즉, 변끼리의 관계와 각끼리의 관계를 양방향 전환시킬 수 있다는 것이다.

대부분의 학생들이 사인법칙하면 언제나 '한 각과 마주보는 변으로 외접원을 구할 수 있다.'는 사실에만 집중한다.

그런데 사실 사인법칙은 변끼리의 관계와 각끼리의 관계를 양방향 전환시킬 때 더 많이 사용된다.

꽤 많은 문제에서 자주 사용되므로 완벽하게 익혀두자.

예제

삼각형 ABC 에서 $\overline{\mathrm{AB}} = 1$ 이고 $\angle \mathrm{A} = \theta$, $\angle \mathrm{B} = 2\theta$ 이다. 변 AB 위의 점 D 를 $\angle \mathrm{ACD} = 2\angle \mathrm{BCD}$ 가

되도록 잡는다. $\displaystyle \lim_{\theta \to 0+} \frac{\overline{\mathrm{CD}}}{\theta} = a$ 일 때, $27a^2$ 의 값을 구하시오. (단, $0 < \theta < \dfrac{\pi}{4}$ 이다.)

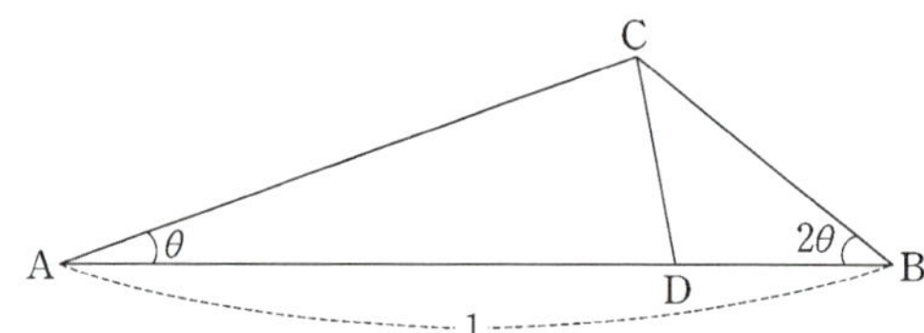

[평가원]

연습지

삼각형 ABC 에서 $\angle\text{C} = \pi - 3\theta$ 이므로 사인법칙에 의해 $\overline{\text{AC}} = 1 \times \dfrac{\sin 2\theta}{\sin(\pi - 3\theta)} = \dfrac{\sin 2\theta}{\sin 3\theta}$ 이다.

또한, $\angle\text{ACD} = 2\angle\text{BCD}$ 이므로 $\angle\text{ACD} = \dfrac{2}{3} \times (\pi - 3\theta) = \dfrac{2}{3}\pi - 2\theta$ 이다.

삼각형 ACD 에서 $\angle\text{CDA} = \dfrac{1}{3}\pi + \theta$ 이므로 사인법칙에 의해

$$\overline{\text{CD}} = \overline{\text{AC}} \times \frac{\sin\theta}{\sin\left(\dfrac{1}{3}\pi + \theta\right)} = \frac{\sin 2\theta \sin\theta}{\sin 3\theta \sin\left(\dfrac{1}{3}\pi + \theta\right)} \quad \text{이다.}$$

$\displaystyle\lim_{\theta \to 0+} \dfrac{\sin\theta}{\theta} = 1$ 을 이용하면

$$\lim_{\theta \to 0+} \frac{\overline{\text{CD}}}{\theta} = \lim_{\theta \to 0+} \frac{\sin 2\theta \sin\theta}{\theta \sin 3\theta \sin\left(\dfrac{1}{3}\pi + \theta\right)} = \frac{2 \times 1}{1 \times 3 \times \dfrac{\sqrt{3}}{2}} = \frac{4\sqrt{3}}{9} \quad \text{이다.}$$

따라서 $a = \dfrac{4\sqrt{3}}{9}$ 이므로 $27a^2 = 16$

> **∨ TIP**
>
> 사인법칙으로 길이를 나타내야할 때, 항상 위의 비례식을 세워 계산하기보다
>
> 길이를 대각의 sin 값 만큼 확대/축소
>
> 한다고 생각하는 것이 좋다. 결국 비례식은 확대/축소의 개념으로 바라볼 수 있기 때문이다. 즉,
>
> $$(\text{구하는 길이}) = (\text{알고 있는 길이}) \times \frac{\sin(\text{대각}_2)}{\sin(\text{대각}_1)}$$

| 삼각형의 넓이 기본공식

우리가 잘 알고 있듯이, 삼각형 ABC의 넓이 S는 일반적으로

$$S = \frac{1}{2}ab\sin C \ \cdots\cdots \ \text{ⓑ}$$

로 표현된다.

| 외접원을 이용한 넓이 구하기

삼각형 ABC 의 외접원의 반지름을 R라 하면 $\sin C = \dfrac{c}{2R}$이고, 이 식을 ⓑ에 대입하면

$$S = \frac{abc}{4R}$$

임을 알 수 있다.

이번엔 $a = 2R\sin A$, $b = 2R\sin B$, $c = 2R\sin C$를 ⓑ에 대입해보면

$$S = \frac{1}{2}ab\sin C = 2R^2\sin A \sin B \sin C$$

로도 표현됨을 알 수 있다.

| 내심원을 이용한 넓이 구하기

삼각형 ABC의 내접원의 반지름을 r라 하면 $S = \dfrac{1}{2}r \times (a+b+c)$이고, 이 식에 ⓐ를 대입하면

$$S = rR \times (\sin A + \sin B + \sin C)$$

라는 식을 알 수 있다. 수능에선 잘 쓰이지 않지만, 수리논술에서 활용될 수 있으니 알아두도록 하자.

| 내각의 이등분선 정리

삼각형 ABC의 변 BC 위의 점 D에 대하여 선분 AD가 내각 A를 이등분할 때,

$$\overline{AB} : \overline{AC} = \overline{BD} : \overline{DC}$$

를 만족시킨다.

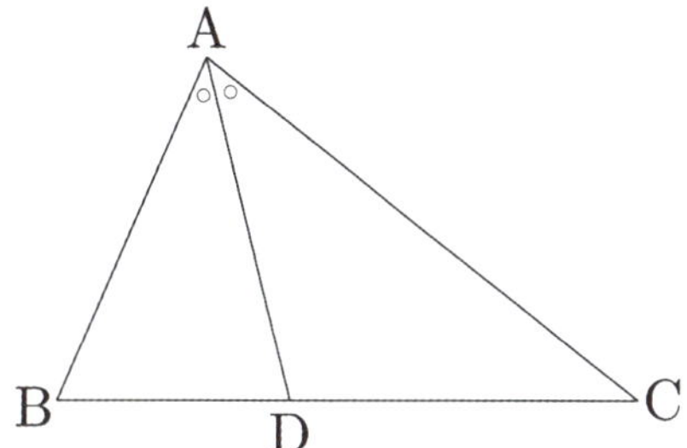

닮음을 이용한 증명 등 다양한 증명이 있지만, 사인법칙으로 증명을 한번 해보는 것도 좋겠다.

증명

$\angle ADB = \theta$라 하면 $\angle ADC = \pi - \theta$ 이고 $\sin\theta = \sin(\pi - \theta)$ 이다.

삼각형 ABD에서 사인법칙에 의하여 $\dfrac{\overline{BD}}{\sin\bigcirc} = \dfrac{\overline{AB}}{\sin\theta}$ 이고

삼각형 ACD에서 사인법칙에 의하여 $\dfrac{\overline{CD}}{\sin\bigcirc} = \dfrac{\overline{AC}}{\sin(\pi-\theta)}$ 이므로 두 식을 나누면 $\dfrac{\overline{BD}}{\overline{CD}} = \dfrac{\overline{AB}}{\overline{AC}}$ 이다.

이를 비례식으로 나타내면 $\overline{AB} : \overline{AC} = \overline{BD} : \overline{DC}$ 임을 알 수 있다.

삼각형 ABC의 변 BC의 연장선 위의 점 E에 대하여 선분 AE가 외각 A를 이등분할 때,

$$\overline{AB} : \overline{AC} = \overline{BE} : \overline{EC}$$

를 만족시킨다.

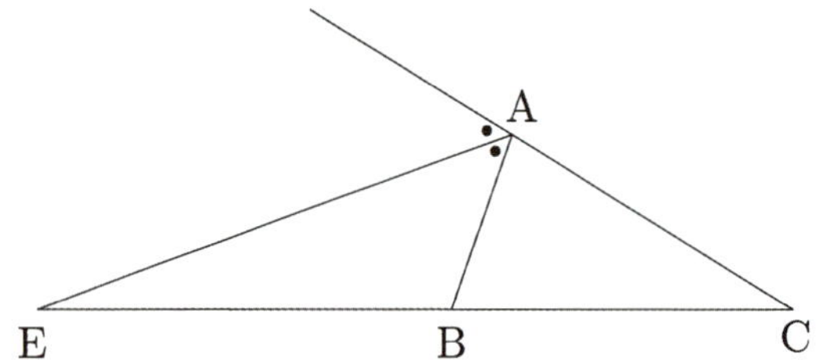

외각의 이등분선 정리는 사실 잘 쓰이지 않으므로 간단히 리뷰만 하고 증명은 Pass 한다.

| 두 이등분선 정리의 결합

내각과 외각의 두 이등분선을 조합하면 다음과 같은 상황을 상상할 수 있다.
$\overline{AB} : \overline{AC} = m : n$인 삼각형 ABC에 대하여 선분 BC의 $m : n$ 내분점과 $m : n$ 외분점을 각각 D, E라 하면 $\angle DAE = 90\,°$이다. (=점 A는 지름이 DE인 원 위에 있다.)

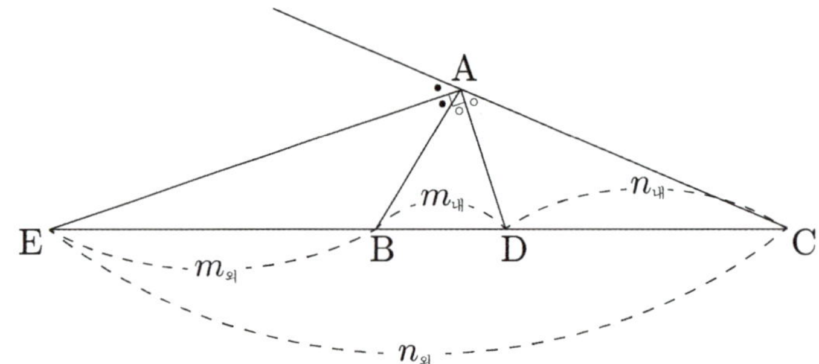

증명

외각과 내각의 합은 $180\,°$이고, 각각을 이등분하는 선 사이의 각은 $\dfrac{180\,°}{2} = 90\,°$인 것은 자명하다.

다음과 같은 삼각형 ABC에 대하여 $na^2 + mb^2 = (m+n)(p^2 + mn)$이 성립한다.

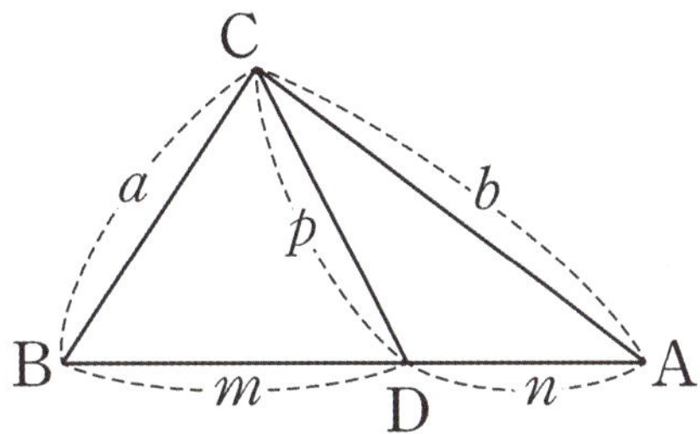

증명

$\angle\mathrm{BDC} = \theta$라 하면 $\angle\mathrm{ADC} = \pi - \theta$ 이다.

왼쪽 삼각형 BDC에서 코사인법칙에 의하여 $\cos\theta = \dfrac{p^2 + m^2 - a^2}{2pm}$ ······ ① 이고

오른쪽 삼각형 ADC에서 코사인법칙에 의하여 $\cos(\pi - \theta) = \dfrac{p^2 + n^2 - b^2}{2pn}$ ······ ② 이므로

①, ② 에 의하여 $\dfrac{p^2 + m^2 - a^2}{2pm} = -\dfrac{p^2 + n^2 - b^2}{2pn}$ 이다. ($\because \cos(\pi - \theta) = -\cos\theta$)

이를 정리하면 $na^2 + mb^2 = (m+n)(p^2 + mn)$임을 알 수 있다.

| 중선 정리

삼각형 ABC의 변 AB의 중점 M에 대하여 $p = \overline{\mathrm{CM}}$, $m = \overline{\mathrm{AM}}$라 할 때, $a^2 + b^2 = 2(p^2 + m^2)$ 이다.

증명

위의 그림에서 점 D가 선분 AB의 중점인 경우이므로, 스튜어트 정리[41]에 $m = n$을 대입하면
$a^2 + b^2 = 2(p^2 + m^2)$임을 알 수 있다.

---

41) 증명과정이 중복이라 본 책에서 이렇게 넘어갔을 뿐, 실전 답안에서는 스튜어트 정리와 같은 증명 과정을 적어줘야 한다.

내각의 이등분선 AD에 대하여

$$\overline{\mathrm{AD}} = \sqrt{\overline{\mathrm{AB}} \times \overline{\mathrm{AC}} - \overline{\mathrm{BD}} \times \overline{\mathrm{CD}}}$$

를 만족시킨다.

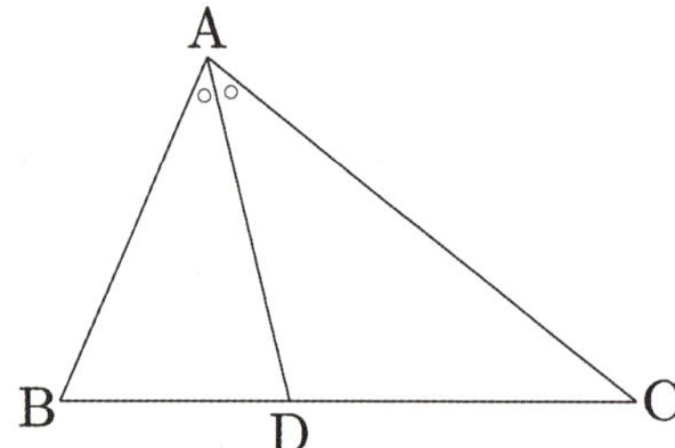

증명

내각의 이등분선 정리에 의해 $\overline{\mathrm{AB}} = a$, $\overline{\mathrm{AC}} = b$, $\overline{\mathrm{BD}} = ak$, $\overline{\mathrm{CD}} = bk$ (비례상수 k)로 둘 수 있다.

이 값들을 스튜어트 정리에 대입하여 정리해주면 $\overline{\mathrm{AD}} = \sqrt{\overline{\mathrm{AB}} \times \overline{\mathrm{AC}} - \overline{\mathrm{BD}} \times \overline{\mathrm{CD}}}$ 임을 알 수 있다.

5. 헤론의 공식

세 변의 길이가 a, b, c인 삼각형의 넓이 S를 다음과 같이 표현할 수 있다.

$$S = \sqrt{p(p-a)(p-b)(p-c)} \ \left(\text{단, } p = \frac{a+b+c}{2}\right)$$

증명

$$S = \frac{1}{2}bc\sin A$$

$$= \frac{1}{2}bc\sqrt{1-\cos^2 A} \quad (\sin^2 A + \cos^2 A = 1, \ \sin A \text{는 양수이므로})$$

$$= \frac{1}{2}bc\sqrt{1-\left(\frac{b^2+c^2-a^2}{2bc}\right)^2} \quad (\text{코사인법칙 활용})$$

$$= \frac{1}{2}\sqrt{(bc)^2-\left(\frac{b^2+c^2-a^2}{2}\right)^2}$$

$$= \frac{1}{2}\sqrt{\left(bc-\frac{b^2+c^2-a^2}{2}\right)\left(bc+\frac{b^2+c^2-a^2}{2}\right)} \quad (\text{합차공식 활용}: x^2-y^2 = (x-y)(x+y))$$

$$= \frac{1}{4}\sqrt{(a^2-(b-c)^2)((b+c)^2-a^2)}$$

$$= \sqrt{p(p-a)(p-b)(p-c)} \ \left(p = \frac{a+b+c}{2}\right)$$

오른쪽 그림과 같이 네 변의 길이가 $a,\ b,\ c,\ d$ 이고 원에 내접하는
사각형 ABCD 의 넓이 S를 다음과 같이 표현할 수 있다.

$$S= \sqrt{(p-a)(p-b)(p-c)(p-d)}$$
$$\left(\text{단},\ p= \frac{a+b+c+d}{2}\right)$$

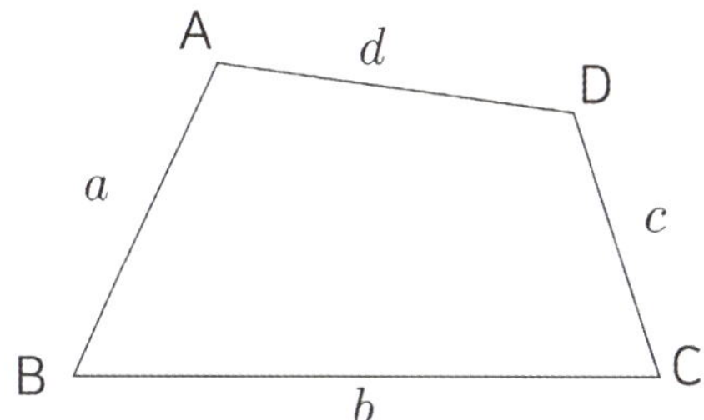

증명

$\angle\mathrm{A}$ 와 $\angle\mathrm{C}$ 의 크기를 각각 A 와 C 라 하면, $A+C=180^\circ$ 이다.
그러므로 $\cos A = \cos(180^\circ - C) = -\cos C$ 이다. 또한 두 삼각형 $\mathrm{ABD},\ \mathrm{CBD}$ 에서 선분 BD 의 길이를
코사인법칙으로 나타내면 다음 등식을 얻는다.

$$\overline{\mathrm{BD}}^2 = a^2 + d^2 - 2ad\cos A = b^2 + c^2 - 2bc\cos C = b^2 + c^2 + 2bc\cos A$$

이를 정리하면 $2(ad+bc)\cos A = a^2 + d^2 - b^2 - c^2,\ \cos A = \dfrac{a^2 + d^2 - b^2 - c^2}{2(ad+bc)}$ $\cdots\cdots$ ① 이다.

한편 $\square\mathrm{ABCD}$ 의 넓이 S는

$$S = \triangle\mathrm{ABD}+ \triangle\mathrm{BCD}= \frac{1}{2}ad\sin A + \frac{1}{2}bc\sin C$$

$$= \frac{1}{2}ad\sin A + \frac{1}{2}bc\sin(180^\circ - A) = \frac{1}{2}ad\sin A + \frac{1}{2}bc\sin A$$

$$= \frac{1}{2}(ad+bc)\sin A \text{ 이고 } \sin A = \sqrt{1-\cos^2 A} \text{ 이므로, 이 모든 사실을 종합하여 정리하면 다음과 같다.}$$

$$S = \frac{1}{2}(ad+bc)\sqrt{1-\cos^2 A}$$

$$= \frac{1}{2}(ad+bc)\sqrt{(1-\cos A)(1+\cos A)}$$

$$= \frac{1}{2}(ad+bc)\sqrt{\frac{(2ad+2bc-a^2-d^2+b^2+c^2)}{2(ad+bc)}\frac{(2ad+2bc+a^2+d^2-b^2-c^2)}{2(ad+bc)}} \quad (\because ①)$$

$$= \frac{1}{2}\sqrt{\frac{\{(b+c)^2-(a-d)^2\}}{2}\frac{\{(a+d)^2-(b-c)^2\}}{2}}$$

$$= \sqrt{\frac{(b+c-a+d)}{2}\frac{(b+c+a-d)}{2}\frac{(a+d-b+c)}{2}\frac{(a+d+b-c)}{2}}$$

$$= \sqrt{\frac{(2p-2a)}{2}\frac{(2p-2d)}{2}\frac{(2p-2b)}{2}\frac{(2p-2c)}{2}}$$

$$= \sqrt{(p-a)(p-b)(p-c)(p-d)}$$

3-6 실전 논제 풀어보기

논제 1 ★★★☆☆ 힌양대 모의

[1] 임의의 실수 t 에 대해,

$$\sin(t)\sin\left(\frac{\pi}{3}-t\right)=a\cos(bt+c)+d$$

를 만족시키는 상수 a, b, c, d 들의 집합 $\{a, b, c, d\}$ 를 하나 구하시오.

[2] 한 변의 길이가 1 인 정삼각형 ABC 가 있다. $0 \leq t \leq \frac{\pi}{3}$ 인 t 에 대해,

선분 AB 를 점 A 를 중심으로 t 만큼 회전시켜 얻어진 선분을 l,
선분 BC 를 점 B 를 중심으로 t 만큼 회전시켜 얻어진 선분을 m,
선분 CA 를 점 C 를 중심으로 t 만큼 회전시켜 얻어진 선분을 n 라 하자.
그림과 같이 선분 l 과 m 의 교점을 P , 선분 m 과 n 의 교점을 Q ,
선분 n 과 l 의 교점을 R 이라 하고, 삼각형 PQR 의 넓이를 $S(t)$ 라 할 때,

$\displaystyle\int_0^{\frac{\pi}{3}} S(t)dt$ 의 값을 구하시오.

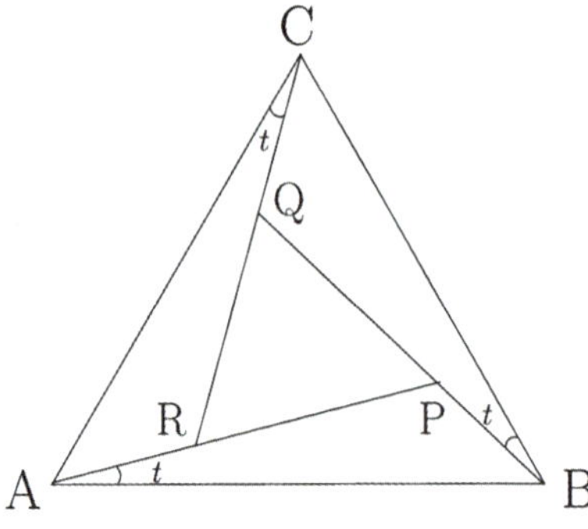

연습지

제시문

(가) 오른쪽 그림과 같이 좌표평면 위에 중심이 원점 O 이고 반지름이 1 인 원 위에 점 $P_0(0, 1)$ 을 잡는다. 선분 OP_0 을 원점을 중심으로 하여 시계방향으로 $\dfrac{\pi}{4}$ 만큼 회전시킨 선분 위에, 점 P_0 으로부터 내린 수선의 발을 점 P_1 이라고 한다. 다시 선분 OP_1 을 원점을 중심으로 하여 시계방향으로 $\dfrac{\pi}{8}$ 만큼 회전시킨 선분 위에, 점 P_1 에서 내린 수선의 발을 점 P_2 라고 한다. 위의 과정을 n 번 반복하였을 때 생기는 점을 P_n 이라고 한다.

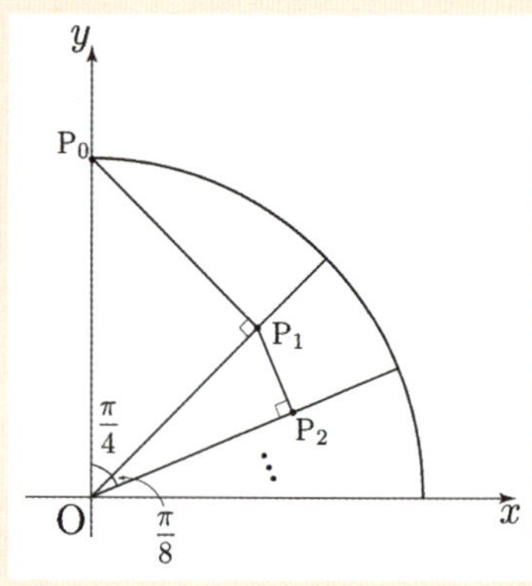

즉, 선분 OP_{n-1} 을 원점을 중심으로 하여 시계방향으로 $\dfrac{\pi}{2^{n+1}}$ 만큼 회전시킨 선분 위에, 점 P_{n-1} 에서 내린 수선의 발을 점 P_n 이라고 한다. 이때, 점 P_n 의 좌표는 (x_n, y_n) 이라고 한다.

(나) $\displaystyle\lim_{x \to 0} \dfrac{\sin x}{x}$ 의 값은 1 이다. (단, x 의 단위는 라디안)

[1] 점 P_1 의 좌표 (x_1, y_1) 을 구하고, 그 이유를 논하시오.

[2] $\displaystyle\sum_{n=0}^{\infty} y_n$ 의 값을 구하고, 그 이유를 논하시오.

[3] $\displaystyle\lim_{n \to \infty} x_n$ 의 값을 구하고, 그 이유를 논하시오.

연습지

답안지

제시문

(가) 모든 실수 x 에 대하여 다음이 성립한다.

$$\cos\left(x+\frac{\pi}{2}\right) = -\sin x$$
$$\cos(x+\pi) = -\cos x$$
$$\cos\left(x+\frac{3\pi}{2}\right) = \sin x$$
$$\cos(x+2\pi) = \cos x$$

(나) 모든 실수 x 에 대하여 다음이 성립한다.

$$\cos^2 x + \sin^2 x = 1$$

[1] 방정식 $4\cos\left(x+\dfrac{n\pi}{2}\right) = 1$ 이 $0 < x < \dfrac{\pi}{4}$ 에서 해를 갖도록 하는 2023 이하의 자연수 n 의 개수를 구하고 그 이유를 논하시오.

[2] 방정식 $6\cos^2\left(x+\dfrac{m\pi}{2}\right) + \cos\left(x+\dfrac{n\pi}{2}\right) = 5$ 가 $0 < x < \dfrac{\pi}{4}$ 에서 해를 갖도록 하는 순서쌍 $(m,\ n)$ 의 개수를 구하고 그 이유를 논하시오. (단, $m,\ n$ 은 23 이하인 자연수이다.)

[3] 방정식 $8\cos^4\left(x+\dfrac{\pi}{2}\right) - 7\cos^2\left(x+\dfrac{\pi}{2}\right) + 3\cos\left(x+\dfrac{\pi}{2}\right) = 1$ 가 $0 < x < \dfrac{\pi}{4}$ 에서 해를 갖도록 하는 2023 이하의 자연수 n 의 개수를 구하고 그 이유를 논하시오.

연습지

답안지

제시문

(가) 삼각형 ABC 의 외접원의 반지름의 길이가 R 라고 하면 다음이 성립한다.

$$\frac{a}{\sin A} = \frac{b}{\sin B} = \frac{c}{\sin C} = 2R$$

$$a^2 = b^2 + c^2 - 2bc\cos A$$

(나) 그림에서 점 D , E , F 는 각각 변 BC , AB , AC 위의 점으로 직선 DE 는 변 AC 에 평행하고 직선 DF 는 변 AB 에 평행하다. 점 O , O_1 , O_2 는 각각 삼각형 ABC , BDE , DCF 의 외접원의 중심이다.

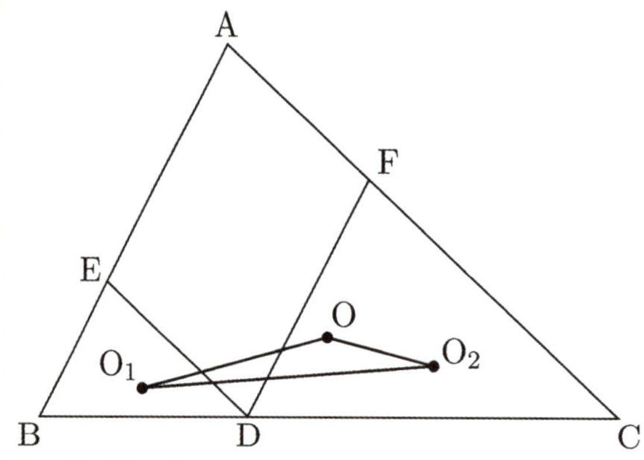

(나)에서 $\overline{AB} = 4$, $\overline{AC} = 5$, $\overline{BC} = 6$ 이고, $\overline{BD} : \overline{DC} = 1 : 2$ 일 때 삼각형 OO_1O_2 의 넓이를 구하고 풀이과정을 쓰시오.

연습지

제시문

(가) 사인법칙을 이용하면 삼각형의 넓이를 외접원의 반지름의 길이와 세 내각의 크기를 이용해서 나타낼 수 있다.

(나) 함수 $f(x)$ 가 $x = a$ 에서 미분가능하고 $x = a$ 에서 극값을 가지면 $f'(a) = 0$ 이다.

(다) [그림 1]은 반지름의 길이가 1 인 원에 내접하는 오각형 ABCDE 를 나타낸 것으로, 그림에서 $\angle \mathrm{BEC} = 29°$, $\angle \mathrm{DBE} = 30°$, $\angle \mathrm{CAD} = 31°$ 이고 대각선 AD 와 BE 는 점 F 에서 만난다.

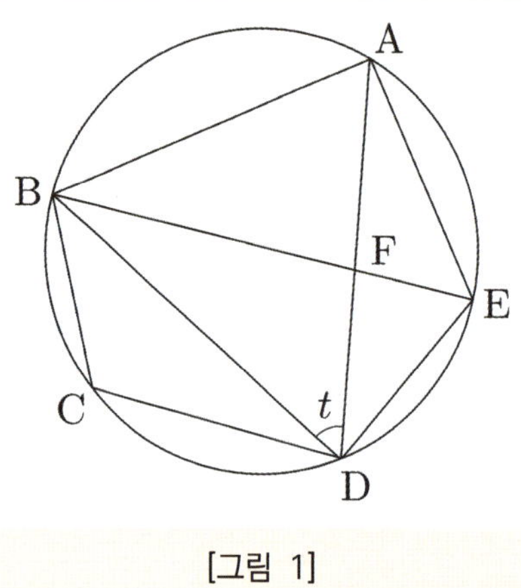

[그림 1]

[1] $\angle \mathrm{ADB} = t$ 일 때, 삼각형 ABD 의 넓이를 t 에 대한 식으로 표시하고 최댓값을 구하되 풀이 과정을 쓰시오.

[2] 제시문 (다)에서 오각형 ABCDE 의 외접원의 중심을 O 라 할 때, $\overline{\mathrm{OF}} = \dfrac{1}{3}$ 이다. $\angle \mathrm{ADB}$ 의 크기 t 가 $30°$ 보다 클 때, $\tan t$ 의 값을 구하고 풀이 과정을 쓰시오.

연습지

중심이 원점 O 이고 반지름의 길이가 2 인 원을 나타낸 것이다. 원 위에 점 $A(-\sqrt{2},\ \sqrt{2})$ 와 $B(\sqrt{2},\ \sqrt{2})$ 가 있다. 원 밖의 점 P 에 대하여 선분 AP 와 원의 교점이 C, 선분 BP 와 원의 교점이 D 이다.

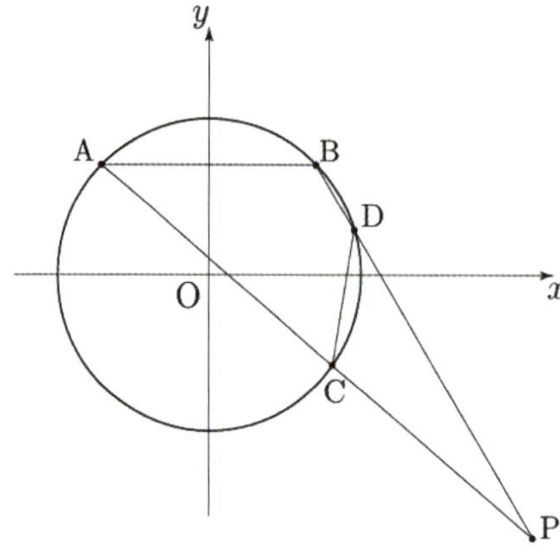

$\overline{CD}=2$ 일 때, $\overline{AP}$ 의 값 중 가장 큰 것을 구하고 풀이 과정을 쓰시오. (단, $\sin15° = \dfrac{\sqrt{6}-\sqrt{2}}{4}$)

연습지

답안지

제시문

(가) 좌표평면 위에서 x축의 양의 방향을 시초선으로 잡았을 때, 일반각 θ를 나타내는 동경과 원점 O를 중심으로 하고 반지름의 길이가 r인 원의 교점을 $\mathrm{P}(x,\ y)$라 하면 $\dfrac{y}{r}$, $\dfrac{x}{r}$, $\dfrac{y}{x}$ $(x \neq 0)$의 값은 r의 값과 관계없이 θ의 값에 따라 각각 하나로 정해진다. 이 함수를 차례로 θ에 대한 사인함수, 코사인함수, 탄젠트함수라 하고, 기호를 각각 $\sin\theta = \dfrac{y}{r}$, $\cos\theta = \dfrac{x}{r}$, $\tan\theta = \dfrac{y}{x}$ $(x \neq 0)$로 정의하고, 이 함수들을 통틀어 θ에 대한 삼각함수라 한다.

(나) 그림에서 도형 A 는 네 점 $(0,\ 0)$, $(1,\ 0)$, $(1,\ 1)$, $(0,\ 1)$이 꼭짓점인 정사각형이다. 점 P는 제2사분면의 점으로 중심이 원점이고 반지름이 3인 원 위에 있다. α는 점 P 에서 A 를 바라본 각의 크기이다.

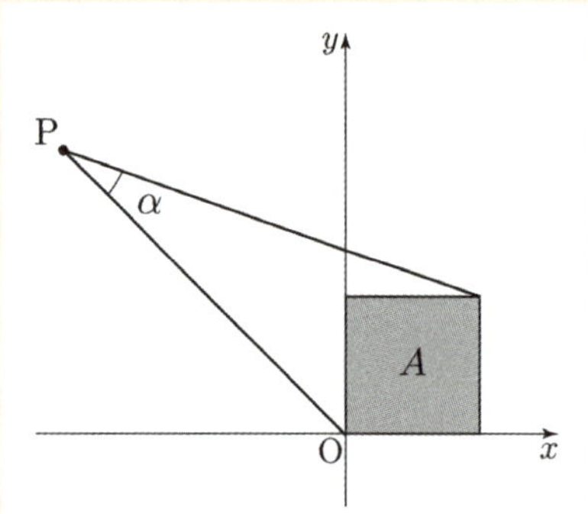

(나)에서 $\cos\alpha$가 최소가 될 때의 점 P 의 좌표와 $\cos\alpha$를 구하고 풀이 과정을 쓰시오.

연습지

답안지

제시문

한 변의 길이가 1 인 정사각형 ABCD 가 있다.

(가) 삼각형 APQ 의 두 꼭짓점 P 와 Q 는 각각 변 BC 와 CD
위에 있고, $\angle PAQ = \dfrac{\pi}{4}$ 이다. 선분 AD 와 AQ 가 이루는
각의 크기를 t 라 하자. (단, $0 \le t \le \dfrac{\pi}{4}$)

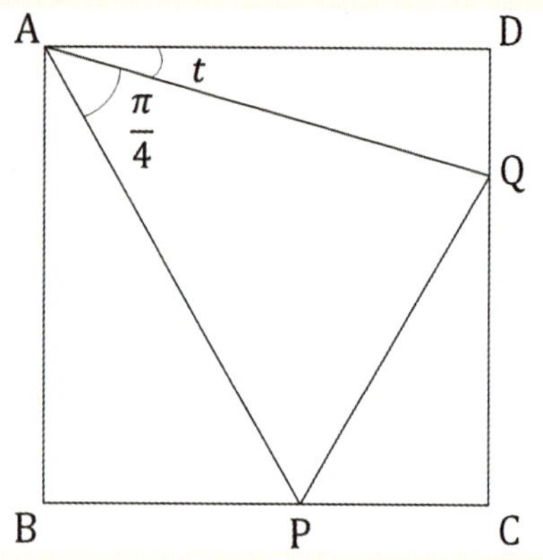

(나) 삼각형 RST 의 세 꼭짓점 R, S, T 는 각각 변
AB, CD, AD 위에 있다.
선분 AD 와 TS 가 이루는 각의 크기를 s 라 하자.
(단, $0 \le s \le \dfrac{\pi}{2}$)

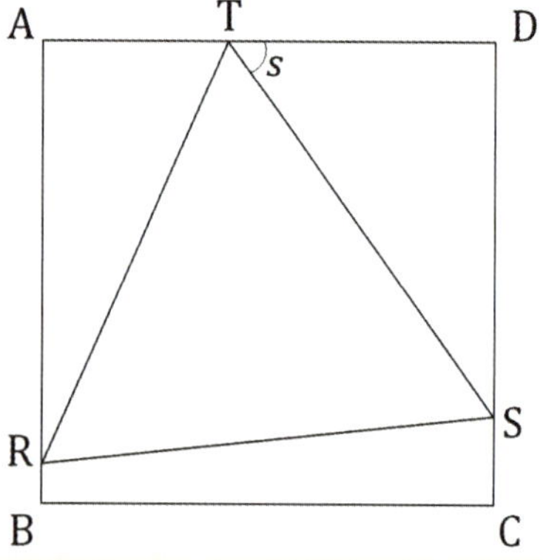

[1] 제시문 (가)에서 주어진 삼각형 APQ 의 꼭짓점 A 에서 변 PQ 에 내린 수선의 발을 H 라 할 때, 각의 크기
$t \left(0 \le t \le \dfrac{\pi}{4} \right)$가 변함에 따라 점 H 가 이루는 곡선의 길이를 구하시오.

[2] 제시문 (가)에서 주어진 삼각형 APQ 의 넓이를 t 에 대한 식 $f(t)$ 로 나타낼 때, $\displaystyle\int_0^{\frac{\pi}{4}} f(t)\,dt$ 의 값을 구하시오.

[3] 제시문 (나)에서 주어진 삼각형 RST 가 정삼각형이 되기 위한 s 의 최솟값을 s_0, 최댓값을 s_1 이라 하자.
정삼각형 RST 의 넓이를 s 에 대한 식 $g(s)$ 로 나타낼 때, $\displaystyle\int_{s_0}^{s_1} g(s)\,ds$ 의 값을 구하시오.

답안지

제시문 일부

(가) 사인법칙과 코사인법칙을 활용하여 삼각형을 포함한 여러 가지 도형의 문제를 해결할 수 있다.

(다) [그림 1]에서 점 P 는 삼각형 ABD 의 외접원 위에 있고 점 Q 는 삼각형 BCD 의 외접원 위에 있다.

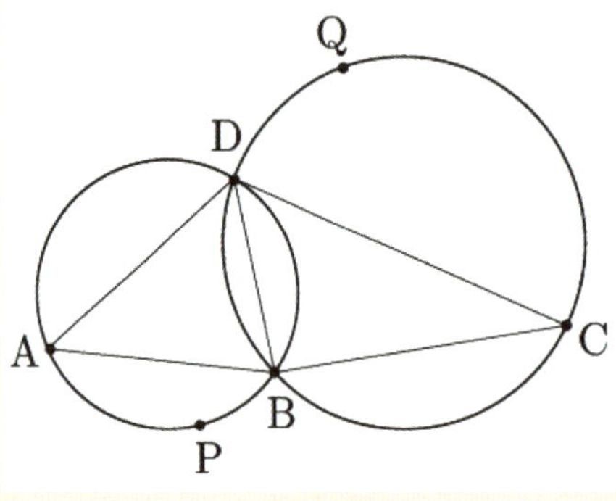

[그림 1]

제시문 (다)에서 $\overline{BD}=2$, $\sin\angle BAD=\dfrac{1}{2}$, $\sin\angle BCD=\dfrac{1}{3}$ 일 때 $\overline{PQ}$ 의 값 중 가장 큰 것을 구하고 풀이과정을 쓰시오.

연습지

답안지

Show
and
Prove

기대T 수리논술 수업 상세안내

정규반	수업 상세 안내 (지난 수업 영상수강 가능)
정규반 – Set 1 **(1주차~4주차)**	– 수리논술만의 특징인 '답안작성 능력'과 '증명 능력'을 향상시키는 수업 – 수능/내신 공부와 다른 수리논술 공부의 결 & 방향성을 잡아주는 수업 – 수험생은 물론 강사조차 가지고 있는 '오개념'을 타파시키는 수학 전공자의 수업 – 무언가가 어려우면 쉽게 포기하는 성향을 가진 학생의 경우, 　문제풀이가 위주인 Set 2부터 학습한 후 Set 1 학습 추천 (단순 난이도 : Set 1 〉 Set 2)
정규반 – Set 2 **(5주차~8주차)**	– 만만해 보이는 과목인 수학 1이 수리논술에서 어떻게 나오는지 배워보는 강의 – 삼각함수 & 수열의 콜라보 등 수학1의 논술형 발전성을 체감해볼 수 있는 실전 내용 수업 – 다른 Set에 비하여 난이도가 쉬운 편 : 수리논술에 입문하기 좋은 강의 Set
정규반 – Set 3 **(9주차~12주차)**	– 수리논술에서 50% 이상의 비중을 차지하는 수리논술용 미적분을 집중 해석하는 수업 – 수리논술에도 존재하는 행동 영역을 통해 고난도 문제의 체감 난이도를 낮춰주는 수업 – 대학의 모범답안을 보고도 '이런 아이디어를 내가 어떻게 생각해내지?' 　라는 생각이 드는 학생들도, 납득 가능하고 감탄할 만한 문제 접근법을 제시해주는 수업
정규반 – Set 4 **(13주차~16주차)**	– 상위권 대학의 합격 당락을 가르는 고난도 주제들을 총정리하는 수업 – 출제 난이도가 높은 학교의 수리논술 합격을 바라는 학생이라면 강추
첨삭 및 자료	– 수강 형태 (현장 vs 온라인) / 상관없이, 모든 학생들에게 첨삭 제공 – 복습 시트, 손글씨 답안, 다채로운 자료 등등 오른쪽 QR코드에서 확인 가능

실전반 & Final	수업 상세 안내 (지난 수업 영상수강 가능)
실전반 – Set 1 **(1주차~5주차)**	– 수리논술 전용 확통/기하 Theme에 대하여 학습하는 강의 – 수능/내신의 빈출 Point와의 괴리감이 제일 큰 두 과목인 확통/기하의 내용을 　철저히 수리논술 빈출 Point에 맞게 제단된 내용만을 다루는 Compact 강의
실전반 – Set 2 **(6주차~10주차)**	– 상위권 학교 지원자들은 꼭 알아야 하는 필수내용만 다루는 강의 – 본인에게 유리한 출제 스타일인 학교를 탐색하여 원서 지원부터 이기고 들어갈 수 있도록 하는, 　대학별 출제경향 파악 수업 (모든 대학을 A그룹~D그룹으로 분류 후 분석) – 최신기출 (작년 기출+올해 모의) 중 주요 문항 선별 통해 주요대학 최근 출제 경향 파악
Semi Final **고/서/성/경 반** **(수능전 & 직후)**	– 수능 직후 시험 보는 학교들을 중점적으로 미리 공부해두기 위한 수업 – 전형적인 고난도 문제부터, 창의적인 신유형 문제까지 다양하게 만나볼 수 있는 수업 – 수능 끝나고, 주력으로 준비할 학교 선택하면 해당 학교 모의고사 1~2회분 및 해설강의 당일 제공
학교별 Final **(수능전 / 수능후)**	– 학교별 고유 출제 스타일에 맞는 문제들만 정조준하여 분석해주는 Final 수업 – 빈출 주제 특강 + 예상 문제 모의고사 응시 후 해설 & 첨삭 – 고승률 문제접근 Tip을 파악하기 쉽도록 기출 선별 자료집 제공 (학교별 교재 상이)

수열 & 시그마의 활용

논술용 수열 & 시그마 문제 풀이를 위한 마인드를 연습해보자.
일부 파트에서는 수능과 달리 '어떤 영롱한 아이디어'가 필요로 하므로,
여러 기출들을 풀어보면서 이런 아이디어들을 집중 흡수하도록 하자.

4-1

수열의 대하는 태도와 점화식

1. 수열의 귀납적 정의와 낯선 수열을 대하는 태도

수능을 통해 잘 단련된 수열 문제풀이 태도는, 논술에서도 같은 유형으로 출제되기도 한다.

(수열의 진행성 예측) → 대입 후 나열 with Case 분류 → 수열 관찰 → (규칙성 찾기)

수능과 문제의 느낌이 크게 다르지 않고, '수리논술 전용' 개념이 따로 존재하는 것은 아니므로
아래의 예제를 풀며 '수리논술에서도 이런 느낌으로 출제하는구나~'를 느껴보는 것으로 충분하겠다.

예제

제시문

(가) $a_n < 10$이면 $a_{n+1} = 2a_n$

(나) $a_n \geq 10$이고 a_n이 짝수이면 $a_{n+1} = \dfrac{a_n}{2} + n + 1$

(다) $a_n \geq 10$이고 a_n이 홀수이면 $a_{n+1} = \dfrac{a_n + 1}{2}$

[1] a_2가 홀수인 경우 a_2의 최솟값을 구하고, 이때 가능한 a_1의 값을 모두 구하시오.

[2] a_2와 a_3이 모두 10 이하의 짝수인 경우 a_1의 최댓값을 구하시오.

[3] $a_6 = 12$인 경우 a_4의 최솟값과 최댓값을 각각 구하시오.

[세종대]

연습지

[1]

a_1 을 수열의 규칙에 맞게 Case분류하자.

(i) a_1 가 $a_1 < 10$ 인 경우

수열의 규칙에 의하여 $a_2 = 2a_1$ 이므로, a_2 는 홀수라는 조건에 위배된다.

(ii) a_1 가 $a_1 \geq 10$ 인 짝수인 경우

수열의 규칙에 의하여 $a_2 = \dfrac{a_1}{2} + 1 + 1 \geq 7$ 이고 a_2 가 홀수여야 하므로,

$a_1 = 10$ 일 때 a_2 는 최솟값 7 을 갖는다.

(iii) a_1 가 $a_1 \geq 10$ 인 홀수인 경우

수열의 규칙에 의하여 $a_2 = \dfrac{a_1 + 1}{2} \geq 6$ 이고 a_2 가 홀수여야 하므로,

$a_1 = 13$ 일 때 a_2 는 최솟값 7 을 갖는다.

따라서 a_1 의 값으로 가능한 것은 10 , 13 이다.

[2]

a_2 가 2 , 4 , 6 , 8 , 10 인 경우로 Case분류 후, 수열의 규칙을 통해 (a_2 , a_3) 을 나열하면 다음과 같다.

$$(2 , 4) , (4 , 8) , (6 , 12) , (8 , 16) , (10 , 8)$$

a_3 가 10 이하의 짝수여야 하므로, $a_2 = 2 , 4 , 10$ 이다.

위에서 구한 a_2 의 값을 바탕으로 a_1 을 Case분류 후, 수열의 규칙을 통해 (a_1 , a_2) 를 나열하면 다음과 같다.

$$(1 , 2) , (2 , 4) , (5 , 10) , (16 , 10) , (19 , 10)$$

따라서 a_1 의 최댓값은 19 이다.

[3]

수열의 규칙에 의하여 $a_5 = 6 , 12 , 23$ 이다. **[2]**에서와 같이 a_5 의 값을 바탕으로 a_4 를 Case분류 후,
수열의 규칙을 통해 (a_4 , a_5) 를 나열하면 다음과 같다.

$$(11 , 6) , (6 , 12) , (14 , 12) , (23 , 12) , (36 , 23) , (45 , 23)$$

따라서 a_4 의 최솟값과 최댓값은 각각 6 과 45 이다.

점화식이란?

어떤 수열의 각 항 사이의 관계를 수식으로 쓴 것을 점화식이라 한다.
예를 들어, 일반항이 $a_n = 2n$인 수열을 나타내는 점화식은

$$a_1 = 2 \text{이고 } a_{n+1} = a_n + 2$$
$$a_1 = 2 \text{이고 } a_{n+1}a_n = 4n(n+1)$$

등등이 되는 것이다.

수능과의 차이점

현 교육과정에서의 수열 문제에서 점화식이 나오면

값을 대입하며 수열의 규칙을 발견적으로 추론하기

라는 학습 목표에 따라 문제를 푼다. (대한민국 교육과정 홈페이지에서 제시하고 있는 오피셜임)
그럼에도 불구하고, 수리논술에서는 여전히 구 교육과정의 학습목표였던 '점화식으로부터 일반항 a_n 구하기' 문제를 심심찮게 볼 수 있다.

하지만 이러한 출제가 교육과정을 지키지 않은, 못된 짓으로 판단될 필요는 없다. 점화식을 직접적으로 풀어내는 문제가 아닌 삼각함수의 내용이나 수학적 귀납법 같은 증명 문제 등 여러 부분과 결합하여 물어볼 수 있기 때문에, 이 파트는 여전히 수리논술에서 매력적인 출제 포인트가 될 수 있다. 따라서 수리논술을 준비하는 우리는 충분히 공부해 둘 필요가 있겠다.

$a_{n+1} = a_n + f(n)$ 꼴 점화식

$n = 1, 2, 3, \cdots, n$을 차례대로 대입한 후 모든 변을 더하면 $a_n = a_1 + \displaystyle\sum_{k=1}^{n-1} f(k)$ 로 유도된다.

이때 $f(n)$이 상수라면 수열 $\{a_n\}$은 등차수열이다.

> **예제**
>
> 수열 $\{a_n\}$이 $a_1 = 1$, $a_{n+1} = a_n + 2^n$ 을 만족시킬 때, 수열 $\{a_n\}$의 일반항을 구하시오.

> **연습지**
>
>

$a_{n+1} = a_n + 2^n$ 에 $n = 1, 2, 3, \cdots, n$ 을 차례대로 대입하면

$$a_2 = a_1 + 2$$
$$a_3 = a_2 + 2^2$$
$$\vdots$$
$$a_{n+1} = a_n + 2^n$$

이고, 양변을 변변 더하면

$a_2 + \cdots + a_{n+1} = a_1 + a_2 + \cdots + a_n + 2 + 2^2 + 2^3 + 2^4 + \cdots + 2^n$ 이므로

$a_{n+1} = a_1 + 2 + 2^2 + 2^3 + 2^4 + \cdots + 2^n = 1 + \dfrac{2(2^n - 1)}{2 - 1} = 2^{n+1} - 1$ 이다.

따라서, 수열 $\{a_n\}$ 의 일반항은 $a_n = 2^n - 1$ 이다.

| $a_{n+1} = f(n) \times a_n$ 꼴 점화식

$n = 1, 2, 3, \cdots, n$을 차례대로 대입한 후 모든 변을 곱하면 $a_n = a_1 \times \displaystyle\prod_{k=1}^{n-1} f(k)$으로 유도된다.

$\prod$는 $\displaystyle\prod_{k=1}^{n} f(k) = f(1) \times f(2) \times \cdots \times f(n)$을 의미하는 기호이며, 이때 $f(n)$이 상수라면 수열 $\{a_n\}$은 등비수열이다.

예제

수열 $\{a_n\}$이 $a_1 = \dfrac{1}{2}$, $a_{n+1} = \dfrac{n}{n+2} a_n$ 을 만족시킬 때, 수열 $\{a_n\}$의 일반항을 구하시오.

연습지

$a_{n+1} = \dfrac{n}{n+2}a_n$ 에 $n = 1, 2, 3, \cdots, n$ 을 차례대로 대입하면

$$a_2 = \frac{1}{3}a_1$$

$$a_3 = \frac{2}{4}a_2$$

$$\vdots$$

$$a_{n+1} = \frac{n}{n+2}a_n$$

이고, 양변을 변변 곱하면

$a_2 \times a_3 \times a_4 \times \cdots \times a_{n+1} = \dfrac{1}{3} \times \dfrac{2}{4} \times \dfrac{3}{5} \times \cdots \times \dfrac{n}{n+2} \times a_1 \times a_2 \times \cdots \times a_n$ 이므로,

$a_{n+1} = \dfrac{1}{3} \times \dfrac{2}{4} \times \dfrac{3}{5} \times \cdots \times \dfrac{n}{n+2} \times a_1 = \dfrac{1 \times 2 \times 3 \times \cdots \times n}{3 \times 4 \times 5 \times \cdots \times (n+2)} \times a_1$ 이다.

따라서, 수열 $\{a_n\}$ 의 일반항은 $a_n = \dfrac{1}{n(n+1)}$ 이다.

[Comment]

$a_{n+1} = \dfrac{n}{n+2}a_n \Leftrightarrow (n+1)(n+2)a_{n+1} = n(n+1)a_n$ 에서 $n(n+1)a_n = b_n$ 이라 하면

$b_{n+1} = b_n$ 이므로, $b_n = b_1 = 1$ 이다. 따라서, $a_n = \dfrac{1}{n(n+1)}$ 이다.

위와 같이 양변에 $(n+1)(n+2)$ 를 곱해서 푸는 방법도 존재한다.
하지만 이렇게 테크니컬한 방법을 익히고 사용하기 전에, 기본부터 충실히 학습할 것을 권한다.
안 그래도 어려운 수리논술인데, 굳이 더 하드코어로 풀 필요가 없다!

| $a_{n+1} = pa_n + q$ (단, $p \neq 0$, 1 이고 $q \neq 0$)꼴 점화식

양변에 적당한 조작을 해서 $a_{n+1} - \alpha = p(a_n - \alpha)$ (단, α는 상수) 꼴로 정리하자.

이때 상수 α를 결정하는 팁은, 수열 자리에 냅다 α를 대입하는 것이다.

그러면 $\alpha = p\alpha + q$ 이므로 $\alpha = \dfrac{q}{1-p}$ 가 나오고, 이 상수를 이용하여 식을 변형하면 된다.

식 $a_{n+1} - \alpha = p(a_n - \alpha)$에서 $a_n - \alpha = b_n$ 으로 치환하면 $b_{n+1} = p \times b_n$, 즉 등비수열의 점화식이 나온다.

따라서 $b_n = p^{n-1} \times b_1$ 이므로 $a_n = b_n + \alpha = p^{n-1} \times (a_1 - \alpha) + \alpha$ 임을 알 수 있다.

비록 이런 점화식 해법이 현 교육과정에서 빠진 내용이지만, 교과외 지식이 아닌 단순 식 조작만으로 교육과정 (등비수열 b_n 일반항 구하기) 까지 갈 수 있기 때문에 수록한다.

이는, 결과만 외우는 것은 도움이 안된다는 말과 동치이다.

교과외 과정인 결과만 갖고 출제하는 문제는 교과외 문제로 치부될 것이며,
교과내 과정인 식 조작을 묻는 문제여야만 교과내 문제로 인정받을 수 있기 때문에,
우리가 시험장에서 만날 문제들은 이 식 조작에 대한 문제일 것이다. 따라서, 반드시 이 과정을 체화하도록 하자.

예제

> 수열 $\{a_n\}$이 $a_1 = 8$, $a_{n+1} = 3a_n - 4$ 을 만족시킬 때, 수열 $\{a_n\}$의 일반항을 구하시오.

연습지

예제 해설

$a_{n+1} = 3a_n - 4 = 3(a_n - 2) + 2$를 정리하면 $a_{n+1} - 2 = 3(a_n - 2)$이다.

$b_n = a_n - 2$로 두면 $b_{n+1} = 3b_n$이므로 수열 $\{b_n\}$은 첫번째 항이 $8 - 2 = 6$이고 공비가 3인 등비수열이다.

따라서, $b_n = 6 \times 3^{n-1}$이고 $a_n = 6 \times 3^{n-1} + 2 = 2 \times 3^n + 2$이다.

❙ **점화식의 n자리에 적당한 식을 대입한 후, 그 식들을 연립함으로써 유의미한 결과가 도출되는 경우**

앞의 내용에 말했던 '점화식으로부터 일반항 a_n 구하기' 유형에는 속하지 않지만, 일부 점화식 문제에서 은은하게
쓰이는 '배우지 않으면 찾기 어려운 논리'가 한 가지 있어 소개하려고 한다.

우리는 $S_n = \sum_{k=1}^{n} a_n$ 가 포함된 점화식을 만났을 때, S_{n+1} 에서 S_n 을 뺌으로서 관계식 $S_{n+1} - S_n = a_{n+1}$ 을
적용하여 문제를 푼다. 그러면 점화식엔 S_n 없어지고 a_n 만 남아서 간단해지니까.

이와 비슷한 아이디어이다. 예시와 함께 알아보자.
점화식 $a_n + a_{n+2} = 2$ 이 제시된 문제가 있다면 $a_n + a_{n+2} = 2$ 의 n 자리에 $n+2$ 을 대입한 식인
$a_{n+2} + a_{n+4} = 2$ 에서 $a_n + a_{n+2} = 2$ 을 빼면 $\underline{a_{n+4} - a_n = 0}$ (단, $a_1 + a_3 = 2$)을 얻을 수 있다.

이 예시를 보면 알 수 있듯이, '점화식의 결과를 최대한 단순화 시키기'에 초점을 두고 점화식을 연립하면, 꽤 유의미한 결과물
이 나오게 된다. (그래서 $a_n + a_{n+2} = 2$ 의 n 자리에 $n+1$ 이 아닌 $n+2$ 을 대입하여 정리한 것이다. 공통적으로 나오는
a_{n+2} 를 제거되기 때문에!)

이러한 과정을 네 줄로 정리하면 다음과 같다.

    ① 점화식은 모든 자연수 n 에 대한 항등식이다.
    ② 따라서, 점화식의 n 자리에 $n+k$ 을 대입한 점화식 또한 항등식이다.
    ③ 위의 두 점화식을 연립[42]하면 새로운 의미의 점화식이 등장한다. (항등식)
    ④ 이때, 문제에서 처음으로 주어진 점화식에 $n = 1$ 을 대입해 얻은 정보를 옆에 적어둔다.[43]

예제

수열 $\{a_n\}$ 이 $a_1 - a_2 = 2$, $a_n - a_{n+1} + a_{n+2} = n$ 을 만족시킬 때, $\sum_{n=1}^{18} a_n$ 의 값을 구하시오.

연습지

---

42) 보통 두 개의 점화식을 서로 더하고 빼는 경우가 많다. '두 점화식을 연립 = 두 점화식을 사칙연산 시키기'
43) $n = 1$ 일 때를 적어두는 것은 선택이 아닌 필수다. $S_{n+1} - S_n$ 이용했을 때 $S_1 = a_1$ 적어두는 것과 동일한 이치

주어진 점화식의 n 자리에 $n+1$ 을 대입한 식과 주어진 점화식을 더하여 정리하면 다음과 같다.

$$a_{n+3} + a_n = 2n+1 \ (단, \ a_1 - a_2 + a_3 = 1) \ \cdots\cdots \ \text{㉠}$$

$a_1 = a$ 라 두면, 위의 항등식과 문제의 조건에 의하여 다음과 같다.

$$a_1 = a$$
$$a_2 = a - 2$$
$$a_3 = -1$$
$$a_4 = 3 - a$$
$$a_5 = 7 - a$$
$$a_6 = 8$$

㉠의 n 자리에 $n+3$ 을 대입한 식에서 ㉠을 빼서 정리하면 다음과 같다.

$$a_{n+6} = a_n + 6 \ (단, \ a_1 + a_4 = 3) \ \cdots\cdots \ \text{㉡}$$

이때, $a_1 + a_2 + a_3 + a_4 + a_5 + a_6 = \{a + (a-2) + (-1) + (3-a) + (7-a) + 8\} = 15$ 이므로, ㉡에 의해

$$\sum_{n=1}^{18} a_n = 15 + (15 + 6 \times 6) + (15 + 6 \times 6 + 6 \times 6)$$
$$= 153$$

[Comment 1]

'점화식 단순화 시키기'에 초점을 두고 풀었다면, $n+1$ 이 아닌 $n+3$ 을 대입하는 것이 합리적인 것은 자명하다.

[Comment 2]

간혹 문제에서 a_n 과 S_n 이 섞인 항등식을 제시하는 경우가 존재한다. 이때는 일반항과 부분합의 관계인

$$S_{n+1} - S_n = a_{n+1}$$

을 이용하여, 주어진 항등식을 a_n 과 S_n 중 한 가지로 정리 후 문제를 풀어나가면 되겠다.

자연수 전체의 집합에서 정의된 함수 f가 모든 자연수 n에 대해 다음을 만족한다고 하자.
(단, 함수 f의 공역은 자연수 전체의 집합이다.)

$$f(n) + f(n+1) = f(n+2)f(n+3) - 2025$$

모든 자연수 n에 대해 부등식 $f(n) \leq f(n+2)$가 성립함을 보이시오.

[연세대]

연습지

문제의 준식 $f(n) + f(n+1) = f(n+2)f(n+3) - 2025$이 모든 자연수 n에 대하여 성립하므로,
n자리에 $n+1$을 대입한 식인 $f(n+1) + f(n+2) = f(n+3)f(n+4) - 2025$ 역시 모든 자연수 n에 대하여
성립한다.

이 두 식을 빼면

$$f(n+2) - f(n) = f(n+3)\{f(n+4) - f(n+2)\}$$

이고, 이 역시 모든 자연수 n에 대하여 성립한다.

한편, $f(n+3)$은 자연수, 즉 양수이므로

$$f(n) \leq f(n+2) \leq f(n+4)$$

이거나

$$f(n) > f(n+2) > f(n+4)$$

임을 알 수 있다.

만약 모든 자연수 n에 대하여 $f(n) > f(n+2) > f(n+4)$이면

$$f(n) > f(n+2) > f(n+4) > \cdots > 0 > \cdots > f(n+2m)$$

인 어떤 자연수 m이 반드시 존재한다. 이는 함수 f의 공역이 자연수라는 조건에 모순이다.

따라서 $f(n) \leq f(n+2) \leq f(n+4)$이다.

즉, 모든 자연수 n에 대하여 $f(n) \leq f(n+2)$가 성립함을 알 수 있다.

| 수학적 귀납법을 이용하여 구하는 점화식

추후 수학적 귀납법 단원에서 다시 보게될 내용이다. 점화식에 $n = 1,\ 2,\ 3,\ \cdots$ 을 대입해가며 일반항을 추론 후, 수학적 귀납법으로 이를 최종 증명한다. 수능 점화식 문제를 수학적 귀납법으로 마무리하는 느낌으로 받아들이자.

예제

수열 $\{a_n\}$이 $a_1 = 1$, $a_{n+1} + a_n = (-1)^n$ 을 만족시킬 때, 수열 $\{a_n\}$의 일반항을 구하시오.

연습지

예제 해설

$a_2 + a_1 = -1$ 로부터 $a_2 = -2$ 를, $a_3 + a_2 = 1$ 로부터 $a_3 = 3$ 를, $a_4 + a_3 = -1$ 로부터 $a_4 = -4$ 를 알 수 있으므로, 모든 자연수 n에 대하여 $a_n = n \times (-1)^{n+1}$ 라고 유추할 수 있다.

수능에서는 여기서 문풀을 끝내고 정답을 고르려고 했겠지만, 수리논술에서는 증명까지 마무리해줘야 한다. 이를 수학적 귀납법으로 증명하도록 하자.

(ⅰ) $n = 1$ 일 때, $a_1 = (-1)^2 \times 1 = 1$ 이므로 준식이 잘 성립한다.

(ⅱ) $n = m$ 일 때 $a_m = m \times (-1)^{m+1}$ 이라 가정하자.
$a_{m+1} + a_m = (-1)^m$ 에 $a_m = m \times (-1)^{m+1}$ 을 대입하면

$$
\begin{aligned}
a_{m+1} &= (-1)^m - m \times (-1)^{m+1} \\
&= (-1)^{m+2} + m \times (-1)^{m+2} \\
&= (m+1) \times (-1)^{m+2}
\end{aligned}
$$

이므로 $n = m+1$ 일 때도 준식이 성립한다.

따라서, 수학적 귀납법에 의해 모든 자연수 n에 대하여 $a_n = n \times (-1)^{n+1}$ 이 항상 성립한다.

바로 앞에서 배운 수학적 귀납법에 삼각함수 덧셈정리가 결합된 유형이다.
수능만 공부한 우리에겐 매우 낯선 유형이므로, 이번을 기회 삼아 잘 학습해두도록 하자.

점화식의 모양이 삼각함수 덧셈정리의 모양과 닮아있음을 알아차리는 것이 실전에서의 포인트![44]

예제

수열 $\{a_n\}$이 $a_1 = 0$, $a_{n+1} = \sqrt{\dfrac{1+a_n}{2}}$ $(n = 1,\ 2,\ 3,\ \cdots)$을 만족시킬 때, 수열 $\{a_n\}$의 일반항을 구하시오.

[한양대, 인하대 등등]

연습지

---

44) 삼각함수 덧셈정리 공식들... 이제는 정말 다 외워야겠지..?

점화식에 $n = 1,\ 2,\ 3,\ \cdots$ 을 대입해보면

$$a_1 = 0 = \cos\frac{\pi}{2}, \quad a_2 = \sqrt{\frac{1+0}{2}} = \frac{\sqrt{2}}{2} = \cos\frac{\pi}{4}, \ a_3 = \sqrt{\frac{1+\frac{\sqrt{2}}{2}}{2}} = \sqrt{\frac{2+\sqrt{2}}{4}} = \cos\frac{\pi}{8}$$

로부터 $a_n = \cos\dfrac{\pi}{2^n}$ 로 추측할 수 있다. 이를 수학적 귀납법으로 증명하자.

(i) $n = 1$일 때, $a_1 = \cos\dfrac{\pi}{2} = 0$이므로, 준식이 성립한다.

(ii) $n = m$일 때 준식이 성립한다고 가정하자.

$$\begin{aligned}
a_{m+1} &= \sqrt{\frac{1+a_m}{2}} = \sqrt{\frac{1+\cos\dfrac{\pi}{2^m}}{2}} \\[2mm]
&= \sqrt{\frac{1+\cos\left(2\times\dfrac{\pi}{2^{m+1}}\right)}{2}} \\[2mm]
&= \sqrt{\frac{1+\cos^2\dfrac{\pi}{2^{m+1}}-\sin^2\dfrac{\pi}{2^{m+1}}}{2}} \quad (\cos 2x = \cos^2 x - \sin^2 x \ 활용)\\[2mm]
&= \cos\frac{\pi}{2^{m+1}}\ 이므로,\ n = m+1일\ 때도\ 준식이\ 성립한다.
\end{aligned}$$

따라서, 수학적 귀납법에 의하여 모든 자연수 n에 대하여 $a_n = \cos\dfrac{\pi}{2^n}$ 이 성립한다.

사실은, $n = 1,\ 2,\ \cdots$ 을 대입하지 않고도, 점화식이 삼각함수 덧셈정리와 닮아있음을 바로 눈치채는 것이 베스트이다.

앞의 예제의 점화식 $a_{n+1} = \sqrt{\dfrac{1+a_n}{2}}$ 을 코사인 반각 공식인 $\cos\dfrac{x}{2} = \sqrt{\dfrac{1+\cos x}{2}}$ 와 비교해보자.

$a_{n+1} = \cos\dfrac{x}{2}$, $a_n = \cos x$에 대응 해본다면 n이 1 커지면 $\cos$ 안의 식이 $\dfrac{1}{2}$배가 된다는 것을 발견할 수 있다.

아! 공비가 0.5 인 등비수열과의 관련성이 있겠구나! $x = \dfrac{\theta}{2^n}$ 꼴 이겠네!

라는 식으로도 a_n을 추측할 수 있다.[45] 위의 해설에서는 대입을 통해 일반항을 유추했지만, 이 문제를 경험한 우리 독자들은 앞으로 위와 같이 접근할 수 있도록 하자.

---

[45] 수능 100점도 따로 공부하지 않으면 절대 알 수 없는 수리논술용 아이디어이므로 어려운게 맞다.

전혀 그렇지 않으니, 걱정하지 않아도 좋다.

앞의 예제는 힌트 없이 출제했지만, 실전 논제에서는 앞 소문제나 제시문을 통해 저 Idea를 떠올릴 Hint를 제공하거나,
바로 다음에 볼 예제처럼 유추할 필요 없이 수학적 귀납법 증명 과정에 삼각함수 덧셈정리가 쓰이는 경우가 대부분이니까
걱정하지 말 것. 아래의 예제를 풀며 안심하도록 하자.

출제됐을 때 이를 공부하지 않은 학생들과의 초격차를 벌리기 위해 미리 경험해두는 것이다.
수능 국어에서 공부했던 문학작품이 나오면, 문제가 달라도 심적 안정이 되는 것과 비슷한 맥락.

예제

첫째항이 1인 수열 $\{a_n\}$이 모든 자연수 n에 대하여

$$a_{n+1} = \left(\cos\frac{\pi}{2^{n+1}}\right)a_n$$

일 때, $a_n = \dfrac{1}{2^{n-1}\sin\dfrac{\pi}{2^n}}$ 임을 보이고 $\lim_{n\to\infty} a_n$의 값을 구하여라.

[이화여대]

연습지

$a_n = \dfrac{1}{2^{n-1}\sin\dfrac{\pi}{2^n}}$ 임을 수학적 귀납법으로 보이자.

(i) $n = 1$일 때 $a_1 = \dfrac{1}{\sin\dfrac{\pi}{2}} = 1$이므로, $n = 1$일 때 준식이 잘 성립한다.

(ii) $n = m$일 때 $a_m = \dfrac{1}{2^{m-1}\sin\dfrac{\pi}{2^m}}$ 라 가정하면,

$$a_{m+1} = \left(\cos\dfrac{\pi}{2^{m+1}}\right)\dfrac{1}{2^{m-1}\times\sin\dfrac{\pi}{2^m}} = \dfrac{\cos\dfrac{\pi}{2^{m+1}}}{2^{m-1}\times 2\sin\dfrac{\pi}{2^{m+1}}\cos\dfrac{\pi}{2^{m+1}}} = \dfrac{1}{2^m\times\sin\dfrac{\pi}{2^{m+1}}}$$

이므로, $n = m+1$일 때에도 주어진 식이 잘 성립한다.

따라서 수학적 귀납법에 의하여 모든 자연수 n에 대하여 준식이 항상 성립한다.

이제 $\displaystyle\lim_{n\to\infty} a_n = \lim_{n\to\infty}\dfrac{1}{2^{n-1}\sin\dfrac{\pi}{2^n}}$ 을 구하자.

$\displaystyle\lim_{n\to\infty}\dfrac{1}{2^{n-1}\sin\dfrac{\pi}{2^n}}$ 에서 $\dfrac{1}{2^n} = t$로 치환하면, $\displaystyle\lim_{n\to\infty}\dfrac{1}{2^{n-1}\sin\dfrac{\pi}{2^n}} = \lim_{t\to 0+}\dfrac{2t}{\sin\pi t}$ 이고,

$\displaystyle\lim_{t\to 0+}\dfrac{\sin t}{t} = 1$이므로 $\displaystyle\lim_{t\to 0+}\dfrac{2t}{\sin\pi t} = \dfrac{2}{\pi}$ 이다.

수열의 최대/최소 판별법

1. 미분을 활용한 수열의 최대최소 판별

수열은 '자연수 집합을 정의역으로 하고 실수 집합을 공역으로 하는 함수'다.
함수에서 최대최소 판별은 일반적으로 미분을 활용하기 때문에, 함수의 일종인 수열의 최대최소 역시 미분을 활용하는
방법이 일감으로 떠오르는게 당연하지만, 이따금 한계에 부딪치기도 한다.

예를 들어 수열 $a_n = n^4 - 3n^3 + 9$의 최솟값을 찾는 문제가 있다고 하자.

$f(x) = x^4 - 3x^3 + 9$을 미분하면 $4x^3 - 9x^2 = 0$, $x = \dfrac{9}{4}$에서 유일한 극소이므로 최소!! 라고 하고 싶은데, 수열에서의

n은 자연수라는 점이 문제가 된다. 수열의 정의역 때문에 $a_{\frac{9}{4}}$ or a_0가 최솟값이라고 주장할 수 없기 때문이다.

물론 해결법은 있다. $x = \dfrac{9}{4}$ 주변의 자연수 $x = 2, 3$에서의 수열값을 계산한 후 제일 작은 것을 정답으로 채택하면 된다.

위 문제에선 극소가 $x = \dfrac{9}{4}$에서만 극소이기 때문에 a_2, a_3만 비교하면 되지만, 극소가 여럿 존재하는 문제라면 조사해야하는
자연수의 개수가 2 배씩 증가하고, 이것이 미분으로 수열의 최대최소를 찾는 풀이의 최대 약점이다.

| 흔히 저지르는 오개념에 대하여

이번 Part에서 생길 수 있는 오개념에 대해 알아보자.
어떤 수열 $a_n = f(n)$의 최솟값을 묻는 문제이고, 함수 $y = f(x)$의 그래프는 다음과 같다고 하자.

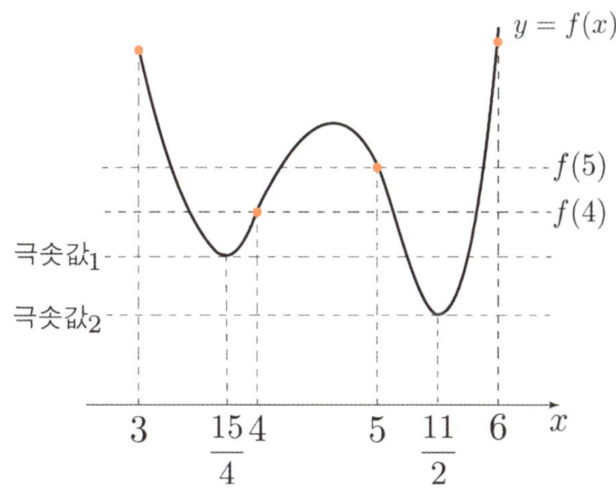

극솟값이 두 개가 있고 극소가 되는 x가 $\dfrac{15}{4}$, $\dfrac{11}{2}$로 자연수가 아니므로 두 수의 주변에 있는 자연수인 3과 4,

그리고 5와 6에 대한 a_n 값을 조사해줘야 수열의 최솟값을 구할 수 있는데,[46] 이 4 개 값의 비교가 귀찮은 어떤 학생이
다음과 같은 질문을 한다.

---

[46] 이번엔 $2 \times 2 = 4$개의 수열값을 비교해야 되므로, 이 문제 역시 미분풀이의 단점이 부각된다.

Q. a_n의 최솟값을 찾는 문제니까, 다 조사할 필요 없이 극솟값 중 제일 작은 극솟값을 갖는 수 주변의 자연수만 조사해도 충분하지 않을까요??

A. 그러면 안된다. 그 논리에 의하면 a_5, a_6 중에 최솟값이 있어야 할 것 같지만 그래프에서 볼 수 있듯이 a_4가 제일 작은 값이다. 즉, 아무리 잔꾀를 굴려봐도 결국 최종적으로 수열값을 조사해야하는 n의 개수는 '2×극솟점 개수'로 고정이고, 이게 미분 풀이의 단점 (=다수의 연산 동반)이다.

2. 부등식을 활용한 최대최소 판별

이러한 미분 풀이를 대체[47]하는 풀이는 일명 '전국 1등은 전교 1등 중에 있다.' 풀이이다. (?!)

수열의 최댓값을 찾는 문제가 있을 때, a_n이 최대가 되는 n은 두 부등식 $a_{n-1} \leq a_n$ 과 $a_{n+1} \leq a_n$ 을 우선 만족시켜야 한다.
주변에 있는 a_{n-1}, a_{n+1} 보다 작으면서 어떻게 전체 1등인 값이 될 수 있겠는가?
즉, 저 두 부등식을 풀어 n을 얻어내는 것은 전교 1등들을 우선적으로 고르는 작업에 해당한다.

이렇게 얻어낸 n 을 a_n 에 대입한 후 그 중 제일 큰 값을 찾으면, 그게 a_n 의 최댓값이 된다.[48]
전교 1등들 중 전국 1등을 찾는 과정인 것이다.

반대로 a_n이 최소가 되는 n은 두 부등식 $a_{n-1} \geq a_n$과 $a_{n+1} \geq a_n$을 우선 만족시켜야 한다.
이전 그래프의 예로 본다면 이 부등식의 해는 $n = 4$로 유일함을 알 수 있다.[49]

단순히 생각하면 해야 할 연산이 미분 풀이보다 4 배나 줄어든 것이다!

물론 저 부등식을 만족시키는 n 역시 여러 개가 있을 수 있지만, 미분 풀이 때보다 그 개수가 덜 나온다는 것이 Fact.
따라서 미분 풀이와 부등식 풀이 모두 숙지해 두도록 하자.

⌄ TIP

| 부등식 풀이의 구조

부등식 풀이를 너무 어렵게 생각하지 말자. 부등식 풀이는 단순히

a_n 과 a_{n+1} 의 비교(= 부등식의 작성 = a_n 의 증감을 파악) → 최대/최소 후보 찾기 → 최대/최소 최종결정

임을 기억하면 된다.
미분 풀이와 계산 방법만 다를 뿐, 'a_n 의 증감을 파악하여 최대/최소를 구한다'는 방향성은 같다!

---

47) 수열의 일반항이 미분 불가능한 식이 나올 때도 있다. 미분불능이 아니고 그냥 미분하기가 까다로운 식.
　　이번 챕터의 논제에서 곧 구경할 예정이다.
48) 부등식을 만족시키는 n 은 최대/최소 지점이 아닌, 최대/최소 후보지점임을 꼭 기억하자.
49) 부등식 풀이는 그래프 전부를 보는 것이 아닌 수열값이 찍힌 점(색점) 들만 비교하면 된다.

자연수 n 에 대하여 한 변의 길이가 $n^2 - 12n + 37$ 인 정사각형의 넓이를 a_n , 한 변의 길이가 $2n + 1$ 인 정사각형의 넓이를 b_n 이라고 하자. $\dfrac{a_n}{b_n}$ 이 최소가 되는 n 을 구하고, 이때 $\dfrac{a_n}{b_n}$ 의 값을 구하시오.

[한양대]

연습지

[미분 풀이] – 대학 제공 해설

$\dfrac{a_n}{b_n} = \dfrac{(n^2 - 12n + 37)^2}{(2n+1)^2} = \left(\dfrac{n^2 - 12n + 37}{2n+1}\right)^2$ 이므로 $\dfrac{a_n}{b_n}$ 이 최소가 되려면 $\dfrac{n^2 - 12n + 37}{2n+1}$ 이 최소가 되어야 한다.

$f(x) = \dfrac{x^2 - 12x + 37}{2x+1}$ 라 하면 $f'(x) = \dfrac{(2x-12)(2x+1) - (x^2 - 12x + 37) \times 2}{(2x+1)^2} = \dfrac{2(x^2 + x - 43)}{(2x+1)^2}$

$x^2 + x - 43 = 0$ 의 $x > 0$ 에서의 근을 구하면 $x = \dfrac{-1 + \sqrt{173}}{2}$ 이다.

$0 < x < \dfrac{-1 + \sqrt{173}}{2}$ 일 때 $f'(x) < 0$ 이고, $x > \dfrac{-1 + \sqrt{173}}{2}$ 일 때 $f'(x) > 0$ 이므로 $x = \dfrac{-1 + \sqrt{173}}{2}$

에서 $f(x)$ 가 최소가 되는 것을 알 수 있다.

한편, $13 < \sqrt{173} < 14$ 를 이용하면 $6 < \dfrac{-1 + \sqrt{173}}{2} < \dfrac{13}{2} < 7$ 임을 알 수 있다.

따라서, $n = 6$ 또는 $n = 7$ 인 경우 $\dfrac{a_n}{b_n}$ 가 최소가 된다.

$\dfrac{a_6}{b_6} = \dfrac{1}{13^2} < \dfrac{4}{15^2} = \dfrac{a_7}{b_7}$ 이므로 $n = 6$ 일 때 최솟값 $\dfrac{a_6}{b_6} = \dfrac{1}{13^2}$ 을 갖는다.

[부등식 풀이] – SaP 추천 풀이

$c_n = \dfrac{n^2 - 12n + 37}{2n+1}$ 로 두자. c_n 이 최솟값이 되기 위해서는 먼저 부등식 $c_{n-1} \geq c_n$ 을 만족시켜야 한다.

$c_{n-1} = \dfrac{n^2 - 14n + 50}{2n-1}$ 이므로 부등식 $\dfrac{n^2 - 14n + 50}{2n-1} \geq \dfrac{n^2 - 12n + 37}{2n+1}$ 을 풀면,

$$(n^2 - 14n + 50)(2n+1) \geq (n^2 - 12n + 37)(2n-1)$$
$$\Leftrightarrow 2n^3 - 27n^2 + 86n + 50 \geq 2n^3 - 25n^2 + 86n - 37$$

이고, 이를 정리하면 $2n^2 \leq 87$이므로 이 부등식을 만족시키는 자연수 n은 $1 \leq n \leq 6$ 이다.

한편, c_n 이 최솟값이 되기 위해서는 부등식 $c_n \leq c_{n+1}$ 또한 만족시켜야 한다. 위와 같은 방법으로 부등식을 정리하면, $2(n+1)^2 \geq 87$이므로 이 부등식을 만족시키는 자연수 n은 $n \geq 6$이다.

따라서, 두 부등식을 동시에 만족시키는 자연수 n은 6 뿐이므로 c_n 이 최소가 되는 n의 후보 역시 6 뿐이다.
따라서 $n = 6$ 일 때 최소이다.
(만약 두 부등식을 동시에 만족시키는 n 이 여러 개 있다면, 미분 풀이 때처럼 일일이 대입해서 확인해줘야 한다.)

Chapter 4. 수열 & 시그마의 활용

시그마의 여러 가지 활용법

1. 텔레스코핑

텔레스코핑의 기본

$\displaystyle\sum_{k=1}^{n} \frac{1}{k(k+2)}$ 와 같은 시그마를 계산해보면

$$\sum_{k=1}^{n} \frac{1}{k(k+2)} = \frac{1}{2} \sum_{k=1}^{n} \left(\frac{1}{k} - \frac{1}{k+2} \right) = \frac{1}{2} \left\{ \left(\frac{1}{1} - \frac{1}{3} \right) + \left(\frac{1}{2} - \frac{1}{4} \right) + \cdots + \left(\frac{1}{n} - \frac{1}{n+2} \right) \right\}$$

$$= \frac{1}{2} \left(\frac{1}{1} + \frac{1}{2} - \frac{1}{n+1} - \frac{1}{n+2} \right)$$

이다.

즉, 시그마 내부 식을 $a_k - a_{k+1}$ 혹은 $a_k - a_{k+2}$ (위의 예시에선 $a_k = \dfrac{1}{k}$) 형태로 만들어서 상쇄되는 꼴을 만드는 것이 핵심이며, 이러한 기술을 텔레스코핑이라 한다.

예제

다음 식을 각각 정리하시오.

[1] $\displaystyle\sum_{k=1}^{n} \frac{1}{\sqrt{k+1} + \sqrt{k}}$

[2] $\displaystyle\sum_{k=1}^{n} \frac{1}{k(k+1)(k+2)}$

[3] $\displaystyle\sum_{k=1}^{n} \frac{1}{(k+1)\sqrt{k} + k\sqrt{k+1}}$

[4] $\displaystyle\sum_{k=1}^{n} \frac{1}{(k+1)(k-1)!}$

[5] $\displaystyle\sum_{k=1}^{n} (k \times k!)$

[6] $\displaystyle\sum_{k=1}^{n} (k^2 + 1)k!$

[7] $\displaystyle\sum_{k=1}^{n} (k^2 + k + 1)k!$

[1] $\displaystyle\sum_{k=1}^{n} \frac{1}{\sqrt{k+1} + \sqrt{k}} = \sum_{k=1}^{n} \frac{\sqrt{k+1} - \sqrt{k}}{1}$

$$= (\sqrt{2} - 1 + \sqrt{3} - \sqrt{2} + \cdots + \sqrt{n+1} - \sqrt{n}) = \sqrt{n+1} - 1$$

[2] $\displaystyle\sum_{k=1}^{n} \frac{1}{k(k+1)(k+2)} = \frac{1}{2}\sum_{k=1}^{n}\left\{\frac{1}{k(k+1)} - \frac{1}{(k+1)(k+2)}\right\}$

$$= \frac{1}{2}\left\{\left(\frac{1}{2} - \frac{1}{2\times3}\right) + \left(\frac{1}{2\times3} - \frac{1}{3\times4}\right)\cdots + \left(\frac{1}{n(n+1)} - \frac{1}{(n+1)(n+2)}\right)\right\}$$

$$= \frac{1}{2}\left\{\frac{1}{2} - \frac{1}{(n+1)(n+2)}\right\}$$

[3] $\displaystyle\sum_{k=1}^{n} \frac{1}{(k+1)\sqrt{k} + k\sqrt{k+1}} = \sum_{k=1}^{n}\left\{\frac{1}{\sqrt{k(k+1)}}\left(\frac{1}{\sqrt{k} + \sqrt{k+1}}\right)\right\}$

$$= \sum_{k=1}^{n}\left(\frac{1}{\sqrt{k}} - \frac{1}{\sqrt{k+1}}\right) = 1 - \frac{1}{\sqrt{n+1}}$$

[4] $\displaystyle\sum_{k=1}^{n} \frac{1}{(k+1)(k-1)!} = \sum_{k=1}^{n} \frac{k}{(k+1)!}$

$$= \sum_{k=1}^{n} \frac{k+1-1}{(k+1)!}$$

$$= \sum_{k=1}^{n} \left(\frac{1}{k!} - \frac{1}{(k+1)!}\right) = 1 - \frac{1}{(n+1)!}$$

[5] $\displaystyle\sum_{k=1}^{n} k \times k! = \sum_{k=1}^{n} (k+1-1)k! = \sum_{k=1}^{n} \{(k+1)! - k!\} = (n+1)! - 1!$

[6] $\displaystyle\sum_{k=1}^{n} (k^2 + 1)k! = \sum_{k=1}^{n} \{k(k+1) - (k-1)\}k!$

$$= \sum_{k=1}^{n} \{k(k+1)! - (k-1)k!\} = n(n+1)!$$

[7] $\displaystyle\sum_{k=1}^{n} (k^2 + k + 1)k! = \sum_{k=1}^{n} \{(k+1)^2 - k\}k!$

$$= \sum_{k=1}^{n} \{(k+1) \times (k+1)! - k \times k!\} = (n+1)(n+1)! - 1$$

[Comment]

대부분의 텔레스코핑 문제들은 전부 위의 예제들로부터 파생된다. 따라서 위의 계산 방법만큼은 필수라 생각하고 잘 숙지하고 있어야 한다.

| 자연수 거듭제곱의 합 공식 유도과정

$\displaystyle\sum_{k=1}^{n} k^2$은 다음과 같이 구할 수 있다.

항등식 $(k+1)^3 - k^3 = 3k^2 + 3k + 1$에 $k = 1,\, 2,\, 3,\, \cdots,\, n$을 차례대로 대입하면 다음과 같다.

$$
\begin{aligned}
&k = 1 \text{ 일 때},\ 2^3 - 1^3 = 3 \times 1^2 + 3 \times 1 + 1 \\
&k = 2 \text{ 일 때},\ 3^3 - 2^3 = 3 \times 2^2 + 3 \times 2 + 1 \\
&\qquad\qquad \vdots \\
&k = n \text{ 일 때},\ (n+1)^3 - n^3 = 3 \times n^2 + 3 \times n + 1
\end{aligned}
$$

이 n개의 등식을 변변 더하면

$(n+1)^3 - 1 = 3\displaystyle\sum_{k=1}^{n} k^2 + 3 \sum_{k=1}^{n} k + \sum_{k=1}^{n} 1$ 이고, 정리하면

$$
\sum_{k=1}^{n} k^2 = \frac{n(n+1)(2n+1)}{6}
$$

유사하게, $\displaystyle\sum_{k=1}^{n} k^3$은 다음과 같이 구할 수 있다.

항등식 $(k+1)^4 - k^4 = 4k^3 + 6k^2 + 4k + 1$ $k = 1,\, 2,\, 3,\, \cdots,\, n$을 차례대로 대입하면 다음과 같다.

$$
\begin{aligned}
&k = 1 \text{ 일 때},\ 2^4 - 1^4 = 4 \times 1^3 + 6 \times 1^2 + 4 \times 1 + 1 \\
&k = 2 \text{ 일 때},\ 3^4 - 2^4 = 4 \times 2^3 + 6 \times 2^2 + 4 \times 2 + 1 \\
&\qquad\qquad \vdots \\
&k = n \text{ 일 때},\ (n+1)^4 - n^4 = 4 \times n^3 + 6 \times n^2 + 4 \times n + 1
\end{aligned}
$$

이 n개의 등식을 변변 더하면

$(n+1)^4 - 1 = 4\displaystyle\sum_{k=1}^{n} k^3 + 6 \sum_{k=1}^{n} k^2 + 4 \sum_{k=1}^{n} k + \sum_{k=1}^{n} 1$ 이고, 정리하면

$$
\sum_{k=1}^{n} k^3 = \left\{ \frac{n(n+1)}{2} \right\}^2
$$

⌄ TIP

우리가 외워야 하는 건 결과가 아닌 '이 결과가 나올 수 있었던 Idea' 이다.
고난도 시그마를 정리하는 근본 텔레스코핑이다.

앞서 배운 아이디어를 이용하여, $\displaystyle\sum_{k=1}^{n} k^4$ 를 n에 대한 다항식으로 표현하시오.

(단, $(k+1)^5 = k^5 + 5k^4 + 10k^3 + 10k^2 + 5k + 1$ 이다.)

위의 아이디어와 유사하게, 항등식 $(k+1)^5 - k^5 = 5k^4 + 10k^3 + 10k^2 + 5k + 1$을 잡고
여기에 $k = 1,\ 2,\ 3,\ \cdots,\ m$을 차례대로 대입하면 다음과 같다.

$$k = 1 \text{ 일 때, } 2^5 - 1^5 = 5 \times 1^4 + 10 \times 1^3 + 10 \times 1^2 + 5 \times 1 + 1$$
$$k = 2 \text{ 일 때, } 3^5 - 2^5 = 5 \times 2^4 + 10 \times 2^3 + 10 \times 2^2 + 5 \times 2 + 1$$
$$\vdots$$
$$k = n \text{ 일 때, } (n+1)^5 - n^5 = 5 \times n^4 + 10 \times n^3 + 10 \times n^2 + 5 \times n + 1$$

이 n개의 등식을 변변 더하면,

$$(n+1)^5 - 1 = \sum_{k=1}^{n} 5k^4 + \sum_{k=1}^{n} 10k^3 + \sum_{k=1}^{n} 10k^2 + \sum_{k=1}^{n} 5k + \sum_{k=1}^{n} 1 \text{에서,}$$

$$n^5 + 5n^4 + 10n^3 + 10n^2 + 5n = 5 \times \sum_{k=1}^{n} k^4 + 10 \times \left\{ \frac{n(n+1)}{2} \right\}^2 + \frac{10n(n+1)(2n+1)}{6} + \frac{5n(n+1)}{2} + n$$

이므로, 이를 정리하면 $\displaystyle\sum_{k=1}^{n} k^4 = \dfrac{n(n+1)(2n+1)(3n^2+3n-1)}{30}$을 얻는다.

| 실전에서 텔레스코핑을 대하는 태도

실전에서 복잡하고 교과서 공식에 해당하지 않는 시그마를 계산하는 문제를 만났다면, 대부분[50] 텔레스코핑이 되는 시그마임을 인지하면 된다. 아래 TIP에 있는 텔레스코핑 기본 구조만 잘 이해한다면, 텔레스코핑임을 인지한 순간 문제 풀이가 끝난다! 왜? 이미 어떻게 풀어야 할지 풀이 방향은 전부 알고 있으니까~

> ⌄ **TIP**
>
> **| 텔레스코핑의 기본 구조**
>
> 교과서 공식으로 처리 불가능 → 근접한 항의 차 형태가 등장하도록 시그마 내부 식 조작 → $\sum$ 하면 상쇄

아래는 실제로 대학에서 출제했던 텔레스코핑 문제들이다. 실전에서 아래의 문제를 만났다 생각하고 '근접한 항의 차 형태가 등장하도록 시그마 내부 식 조작' 혹은 '나열 후 상쇄 구조 찾기'에 집중하여 문제를 풀어보자.

예제

[1] $\displaystyle\sum_{n=1}^{2022} \frac{n+2}{n! + (n+1)! + (n+2)!}$ 의 값을 구하시오.

[광운대]

[2] $\displaystyle\sum_{n=1}^{13} \frac{\ln(n+1) - \ln n}{\ln\left(\dfrac{n}{15}\right)\ln\left(\dfrac{n+1}{15}\right)}$ 의 값을 구하시오.

[중앙대]

※ 양의 정수 n 에 대하여 $a_n = \dfrac{2n+1}{n^2(n+1)^2}$ 이라 하자.

[3-1] 부분합 $\displaystyle\sum_{k=1}^{n} a_k$ 의 합을 구하시오.

[3-2] 급수 $\displaystyle\sum_{k=1}^{\infty} a_k$ 의 합을 구하시오.

[인하대]

---

50) '대부분'이라는 워딩에 대한 이유는 바로 다다음 페이지에서 소개하겠다.

✓ TIP

| ??? : 저는 아무리 시그마 내부 식 조작을 해도 텔레스코핑 모양이 안 보여요 ㅠㅠ

물론 시그마 내부 식 조작을 성공해서 텔레스코핑 모양을 처음부터 파악하는 것이 무조건 좋긴 하지만,
문제를 반드시 그렇게 풀어야만 하는 것은 절대 아니다!

본인이 시그마 내부 식을 아무리 조작해도 텔레스코핑 모양이 보이지 않는다면...
시그마를 쭉 풀어 작성한 후, 이 풀어 쓴 식에서 텔레스코핑 모양(= 상쇄 구조)를 뒤늦게 발견해도 좋다!

예제 해설

[1]
$$\frac{n+2}{n!+(n+1)!+(n+2)!} = \frac{n+2}{n!\{1+(n+1)+(n+2)(n+1)\}}$$

$$= \frac{n+2}{n!(n^2+4n+4)} = \frac{n+2}{n!(n+2)^2} = \frac{1}{n!(n+2)}$$

$$= \frac{n+1}{n!(n+1)(n+2)} = \frac{n+1}{(n+2)!} \quad \cdots\cdots (①)$$

위의 ($①$)에 의해 각 자연수 n에 대해 다음이 성립한다.

$$\frac{n+2}{n!+(n+1)!+(n+2)!} = \frac{n+1}{(n+2)!} = \frac{1}{(n+1)!} - \frac{1}{(n+2)!}$$

따라서

$$\sum_{n=1}^{2022} \frac{n+2}{n!+(n+1)!+(n+2)!} = \sum_{n=1}^{2022}\left\{\frac{1}{(n+1)!} - \frac{1}{(n+2)!}\right\}$$

$$= \left(\frac{1}{2!} - \frac{1}{3!}\right) + \left(\frac{1}{3!} - \frac{1}{4!}\right) + \cdots + \left(\frac{1}{2023!} - \frac{1}{2024!}\right)$$

$$= \frac{1}{2!} - \frac{1}{2024!}$$

이다.

[2]
$$\sum_{n=1}^{13} \frac{\ln(n+1)-\ln(n)}{\ln\left(\frac{n}{15}\right)\ln\left(\frac{n+1}{15}\right)} = \sum_{n=1}^{13} \frac{\ln\left(\frac{n+1}{15}\right)-\ln\left(\frac{n}{15}\right)}{\ln\left(\frac{n}{15}\right)\ln\left(\frac{n+1}{15}\right)} = \sum_{n=1}^{13}\left\{\frac{1}{\ln\frac{n}{15}} - \frac{1}{\ln\frac{n+1}{15}}\right\} = \left(\frac{1}{\ln\frac{1}{15}} - \frac{1}{\ln\frac{14}{15}}\right)$$

$$= \left(\frac{1}{\ln\frac{15}{14}} - \frac{1}{\ln 15}\right)$$

[3-1] $a_n = \dfrac{2n+1}{n^2(n+1)^2} = \dfrac{1}{n^2} - \dfrac{1}{(n+1)^2}$ 이므로, $\displaystyle\sum_{k=1}^{n} a_k = \sum_{k=1}^{n}\left\{\frac{1}{k^2} - \frac{1}{(k+1)^2}\right\} = 1 - \frac{1}{(n+1)^2}$

[3-2] $\displaystyle\sum_{k=1}^{\infty} a_k = \lim_{n\to\infty}\sum_{k=1}^{n}\left\{\frac{1}{k^2} - \frac{1}{(k+1)^2}\right\} = \lim_{n\to\infty}\left\{1 - \frac{1}{(n+1)^2}\right\} = 1$

4. 시그마 문제의 출제유형 분류와 풀이법의 선택 (Preview)

지금까지 시그마 문제의 여러 출제유형들을 학습해 보았다. 마지막으로 지금까지 배웠던 것들은 정리하면서 이 문제 풀이 유형들을 언제 어떻게 사용해야 하는지 정리해보는 시간을 갖자. 다음은 시그마 문제의 모든 출제유형을 정리한 표이다.

$\sum$ 문제	수능빈출 (= 교과서 공식)	자연수 거듭제곱	
		등차 / 등비 / 이항정리 등 기본적인 부분합	
		정적분과 급수의 관계	
	수리논술 빈출	간단한	텔레스코핑
		복잡한	
		적분에 대응시키기[51]	
		더블카운팅[52]	
합을 표현하기 위해 $\sum$를 단순히 사용하는 상황은 표에서 제외하였습니다!			

이제, 위의 표를 기반으로 언제 어떤 유형을 선택하여 문제를 풀어야 하는지 정리하면 다음과 같다.

TIP

│ 시그마 문제의 풀이법 선택

① 수능빈출 유형으로 시그마가 정리되는지 확인하기 (이미 우리에게 익숙한 유형들)

② 수능빈출 유형으로 정리가 안 될 때, 텔레스코핑부터 시도하기 (수능과 논술 동시에 걸쳐있는 유일한 영역)

③ 텔레스코핑 모양이 등장하지 않는다면, ㉠ 실력 이슈 → 텔레스코핑이 나올 것이라 믿고 재도전
        ㉡ 아무리 봐도 텔레스코핑 모양이 아님 → 나머지 유형 선택

④ 나머지 유형을 선택할 때, ㉠ 시그마 안의 식의 그래프 관찰 → 증감/볼록성이 일정함 → 적분판정법 선택
        (적분판정법은 시그마가 특정한 식이 아닌, 부등식으로 정리됨을 기억하자.)
        ㉡ 그 외[53] → 더블카운팅

사실상 대부분의 시그마 문제가 교과서 공식이 아니라면 텔레스코핑으로 출제되기에...
적분판정법과 더블카운팅의 개념을 아직 모른다면, 지금 당장은 TIP의

② 수능빈출 유형으로 정리가 안 될 때, 텔레스코핑 시도하기

까지만 기억해도 충분하다. 나머지 주제에 대한 학습은 [Show and Prove] 후속편에서 해도 늦지 않는다.

---

51) 추후 더블카운팅과 함께 [Show and Prove 3편]에서 학습할 내용이다.
52) 가끔씩 시그마와 결합되서 출제되기에 표에 수록했다.
53) 더블카운팅이 시그마와 함께 출제된다면, 문제에서 대부분 시그마와 관련된 변수가 두 개 이상 등장한다.

다음은 한양대 의예과 문제로 출제되었던 예제이다. 아래의 예제를 풀 수 있는 지점까지 풀어본 후, 예제의 해설을 읽으며
옆의 TIP이 잘 사용되었는지 확인해보는 시간을 갖자.

[주의]
계산 마지막부분에서, 아직 배우지 않은 발상인 '적분판정법'이 쓰이는 문제이다. 적당히 풀다가, 풀이가 막힌다면 바로
예제 해설로 넘어가 '시그마를 보고 어떤 풀이법을 무슨 근거로 선택하는지'에 집중하며 해설을 읽어나가면 되겠다.

수리논술을 충분히 학습한 후에는, 이 모든 것들이 자연스럽게 이해가 되는 때가 자연스럽게 올 것이다.

예제

자연수 n 에 대하여 $b_n = \sum_{k=1}^{n+1} \dfrac{1}{k}$ 일 때, 극한값 $\displaystyle\lim_{n \to \infty} \sum_{k=1}^{n} \dfrac{b_k}{k(k+1)}$ 을 구하시오.

[한양대 메디컬]

연습지

$b_n = \sum\limits_{k=1}^{n+1} \dfrac{1}{k}$ 를 정리하면 $\sum\limits_{k=1}^{n} \dfrac{b_k}{k(k+1)}$ 또한 자연스럽게 정리될테니, $b_n = \sum\limits_{k=1}^{n+1} \dfrac{1}{k}$ 를 먼저 관찰해보자.

$b_n = \sum\limits_{k=1}^{n+1} \dfrac{1}{k}$ 를 교과서 공식으로 정리할 수 있는가? No... 그렇다면 텔레스코핑은? 이것도 No...

그러면, 이제 적분에 대응시켜보자.

이때, 다음 부등식

$$\ln(n+1) = \int_{1}^{n+1} \dfrac{1}{x}\,dx \leq b_n = \sum\limits_{k=1}^{n+1} \dfrac{1}{k} \leq 1 + \int_{1}^{n+1} \dfrac{1}{x}\,dx = 1 + \ln(x+1)\ {}^{54)}$$

이 성립한다. ($y = \dfrac{1}{x}$ 그래프를 참고하면 되며, 추후 배우게 될 것)

이제 $\sum\limits_{k=1}^{n} \dfrac{b_k}{k(k+1)}$ 를 관찰해보자.

$\sum\limits_{k=1}^{n} \dfrac{b_k}{k(k+1)} = \sum\limits_{k=1}^{n} \left(\dfrac{b_k}{k} - \dfrac{b_k}{k+1} \right)$ 를 교과서 공식으로 정리하는 건 불가능! 따라서 텔레스코핑을 시도해보자.

수열의 합인 $b_n = \sum\limits_{k=1}^{n+1} \dfrac{1}{k}$ 과 시그마 안의 일반항 $\dfrac{1}{k}$ 사이의 관계${}^{55)}$를 이용하여 관찰해보면,

$$b_k - b_{k-1} = \dfrac{1}{k+1}\ (k \geq 2) \Rightarrow \dfrac{b_k}{k} = \dfrac{b_{k-1}}{k} + \dfrac{1}{k(k+1)}\ (k \geq 2)$$

$$\Rightarrow \left(\dfrac{b_k}{k} - \dfrac{b_k}{k+1} \right) = \left(\dfrac{b_{k-1}}{k} - \dfrac{b_k}{k+1} \right) + \left(\dfrac{1}{k} - \dfrac{1}{k+1} \right)\ (k \geq 2)$$

임을 확인할 수 있다. 즉, 우변에 비로소 텔레스코핑이 가능한 형태들이 등장함을 확인할 수 있다.

$$\therefore \sum\limits_{k=1}^{n} \dfrac{b_k}{k(k+1)} = \dfrac{b_1}{2} + \left(\dfrac{b_1}{2} - \dfrac{b_n}{n+1} \right) + \left(\dfrac{1}{2} - \dfrac{1}{n+1} \right) = 2 - \dfrac{1}{n+1} - \dfrac{b_n}{n+1}$$

여기서 $\lim\limits_{n \to \infty} \dfrac{b_n}{n+1}$ 의 값만 구하면 문제 끝이다! 이때, $\lim\limits_{n \to \infty} \dfrac{b_n}{n+1}$ 의 값은 위에서 구했던 부등식에 샌드위치 정리를 적용하면 쉽게 구할 수 있겠다. 전부 정리하면 문제의 정답은 2 임을 알 수 있다!

---

54) 아직 제대로 배우지 않은 내용이나, [Show and Prove] 후속편에서 완벽하게 정리해줄 예정이다.
　　수리논술에서는 매우 빈출되는 방법 중 하나이므로, 지금 당장 벽 느끼며 기죽을 필요가 없다.
55) 이건 수열의 합이 제시될 때 가져야 할 기본적인 태도이죠? 인정해 안해

4–4

실전 논제 풀어보기

논제 1 ★★★☆☆ 세종대

모든 항이 자연수인 수열 $\{a_n\}$이 다음 조건을 만족시킨다.

> (가) $a_5 = 4$이고 $a_2 < 200$
>
> (나) 모든 자연수 n에 대하여 $a_{n+2} = \begin{cases} 2a_n & (a_{n+1} \le 80) \\ a_{n+1} - 80 & (a_{n+1} > 80) \end{cases}$

[1] a_2의 최댓값을 구하시오.

[2] a_1이 될 수 있는 서로 다른 모든 수의 합을 구하시오.

[3] $a_8 \le 90$일 때, a_9가 될 수 있는 서로 다른 모든 수의 합을 구하시오.

연습지

수열 $\{a_k\}$ 는 모든 자연수 k 에 대하여 다음을 만족시킨다.

> (가) $a_1 = 2021$
>
> (나) $a_{2k} = (a_k - 2020)^{2021} + 2020$
>
> (다) $a_{2k+1} = (a_k - 2022)^{2020} + 2018$

[1] a_{36} 의 값을 구하시오.

[2] $a_k < 2^{2020}$ 이고 $k \leq 2^{100}$ 인 자연수 k 의 개수를 구하시오.

[3] a_1, a_2, a_3, $\cdots$ 중 가장 작은 수를 α 라 하자. $n > 2$ 인 자연수 n 에 대하여 $a_k = \alpha$ 이고 $k \leq 2^n$ 인 자연수 k 의 개수를 c_n 이라 하자. $S_n = \displaystyle\sum_{t=1}^{n} \frac{2(n-1)}{2c_n + t(n-1)}$ 이라 할 때, $\displaystyle\lim_{n \to \infty} S_n$ 의 값을 구하시오.

연습지

[1] 아래 그림을 이용하여 $0 \le t \le \dfrac{\pi}{4}$ 일 때, $\cos t = f(\cos 2t)$를 만족하는 함수 $y = f(x)$, $0 \le x \le 1$ 를 구하시오. (단, 그림에서 $\overline{\mathrm{AD}} = \overline{\mathrm{BD}}$ 이다.)

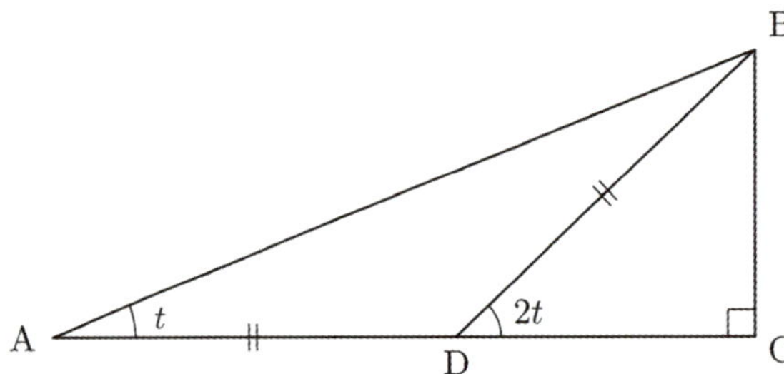

[2] 위 문제에서 구한 함수 $y = f(x)$를 이용해서, 아래와 같이 주어진 수열 $\{a_n\}$ 의 수렴, 발산 여부를 판정하시오. 발산하면 그 이유를 설명하고 수렴하면 극한값 $\displaystyle\lim_{n \to \infty} a_n$ 을 구하시오.

$$a_1 = \sqrt{2}\ ,\ a_2 = \sqrt{2 + \sqrt{2}}\ ,\ a_3 = \sqrt{2 + \sqrt{2 + \sqrt{2}}}\ ,\ a_4 = \sqrt{2 + \sqrt{2 + \sqrt{2 + \sqrt{2}}}}\ ,\ \cdots$$

연습지

수열 $\{a_n\}$ 이 다음 점화식을 만족한다.

$$\text{모든 자연수 } n \text{ 에 대하여 } a_{n+1} = \frac{a_n + a_{n-1}}{2}$$

$a_0 = 5$, $a_1 = 20$ 일 때, 극한값 $\displaystyle\lim_{n \to \infty} a_n$ 을 구하시오.

연습지

답안지

제시문

세 함수 $p(x)$, $q(x)$, $r(x)$ 가 모든 실수 x 에 대하여

$p(x) \leq q(x) \leq r(x)$ 이고, $\displaystyle\lim_{x \to a} p(x) = \lim_{x \to a} r(x) = \alpha$ 이면 $\displaystyle\lim_{x \to a} g(x) = \alpha$ 이다. (단, α 는 실수이다.)

---

[1] 실수 전체의 집합에서 정의된 함수 $f(x)$ 가 $f(1) = k$ 이고, $\displaystyle\lim_{n \to \infty} f\left(\frac{1}{2^n}\right) = f(0)$ 을 만족시킨다.

모든 자연수 n 에 대하여 $f\left(\dfrac{1}{2^n}\right) = \left(1 - \dfrac{1}{(n+1)^2}\right) \times f\left(\dfrac{1}{2^{n-1}}\right)$ 일 때, $f(0)$ 의 값을 구하시오. (단, k 는 상수)

[2] 모든 실수 x 에 대하여 $g(x) \geq 0$ 인 함수 $g(x)$ 가 다음 두 조건을 만족시킨다.

(가) 모든 실수 x_1, x_2 에 대하여 $x_1 < x_2$ 이면 $g(x_1) \leq g(x_2)$ 이다.

(나) 모든 자연수 n 에 대하여 $g\left(\dfrac{1}{2^n}\right) \leq \dfrac{n}{2(n+1)} \times g\left(\dfrac{1}{2^{n-1}}\right)$ 이다.

이때, $g(0)$ 의 값을 구하시오.

연습지

답안지

모든 항이 0 보다 크거나 같은 수열 $\{a_n\}$ 이 $a_1 < 1$ 이고 다음 점화식을 만족할 때 아래 물음에 답하시오.

$$\text{모든 자연수 } n \text{ 에 대하여 } (a_{n+1})^2 = \frac{1 + a_n}{2}$$

[1] 모든 자연수 n 에 대하여 $a_n < 1$ 임을 보이시오.

[2] 모든 자연수 n 에 대하여 $a_n < a_{n+1}$ 임을 보이시오.

[3] $a_1 = \cos\theta \left(0 \leq \theta \leq \dfrac{\pi}{2}\right)$ 를 만족할 때 일반항 a_n 을 θ 로 나타내시오.

[4] 수열 $\{a_n\}$ 이 수렴함을 보이고, 그 극한값을 구하시오.

답안지

제시문 일부

(나) n이 자연수일 때, 다음 식이 성립한다.

$$(a+b)^n = {}_nC_0a^n + {}_nC_1a^{n-1}b^1 + {}_nC_2a^{n-2}b^2 + \cdots + {}_nC_ka^{n-k}b^k + \cdots + {}_nC_nb^n$$

(라) $(5+2x)^{60}$ 을 전개했을 때 x^k의 계수를 a_k라 하자. 즉,

$$(5+2x)^{60} = a_0 + a_1x + a_2x^2 + \cdots + a_kx^k + \cdots + a_{60}x^{60}$$

제시문 (라)에서 계수 $a_k\,(0 \leq k \leq 60)$ 중 가장 큰 것을 a_p, 두 번째로 큰 것을 a_q라 하자.
제시문 (나)를 이용하여 p와 q를 구하고 풀이 과정을 쓰시오.

연습지

100 명의 학생 중 k 명을 선정하여, 두 명을 회장, 다른 다섯 명을 부회장, 나머지는 위원으로 임명하는 경우의 수가 최대가 되도록 하는 모든 k 의 값을 구하시오. (단, $10 \leq k \leq 100$)

연습지

답안지

제시문

(가) 함수 $f(x)$ 가 닫힌구간 $[a, b]$ 에서 연속일 때,

$$\lim_{n \to \infty} \sum_{k=1}^{n} f(x_k) \triangle x = \int_{a}^{b} f(x)\, dx \ \left(\text{단, } \triangle x = \frac{b-a}{n}, \ x_k = a + k\triangle x\right)$$

가 성립한다.

(나) 다음과 같이 부분합 내부 식을 서로 이웃한 항으로 이루어진 형태로 만들어서 상쇄되는 꼴

$$\sum_{k=1}^{n} (a_{k+1} - a_k) = a_{n+1} - a_1$$

을 만드는 것을 텔레스코핑이라 한다.

(다) 다음은 연속함수 $y = f(x)$ 의 그래프이다. 함수 $f(x)$ 는 구간 $[0, 1]$ 에서 함수 $f(x)$ 의 역함수 $g(x)$ 가 존재한다.

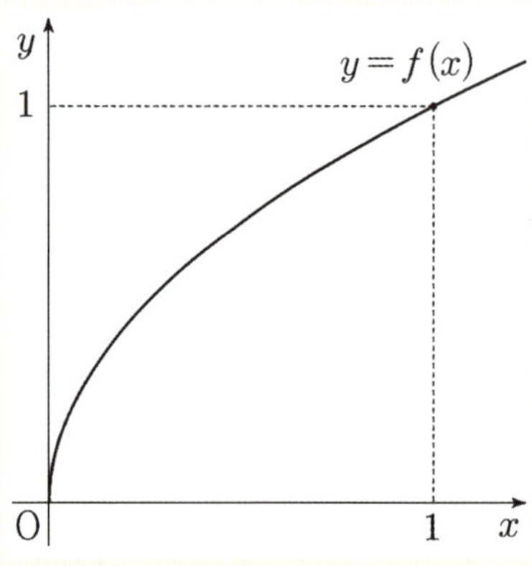

(라) 제시문 (다)의 함수 $g(x)$ 에 대하여 수열 $\{a_n\}$ 의 일반항은 다음과 같다.

$$a_n = \sum_{k=1}^{n} \left\{ g\left(\frac{k}{n}\right) - g\left(\frac{k-1}{n}\right) \right\} \frac{k}{n}$$

[1] 제시문 (가)를 이용하여 $\lim\limits_{n \to \infty} a_n$ 의 값을 가장 간단하게 나타내고 그 과정을 서술하시오.

[2] 제시문 (나)를 이용하여 $\lim\limits_{n \to \infty} a_n$ 의 값을 가장 간단하게 나타내고 그 과정을 서술하시오.

제시문

다음과 같이 부분합 내부 식을 서로 이웃한 항으로 이루어진 형태로 만들어서 상쇄되는 꼴

$$\sum_{k=1}^{n}\left(a_{k+1}-a_{k}\right)=a_{n+1}-a_{1}$$

을 만드는 것을 텔레스코핑이라 한다.

[1] 다음 식의 값을 구하시오.

$$\frac{4}{1+2^2+2^4}+\frac{6}{1+3^2+3^4}+\frac{8}{1+4^2+4^4}+\cdots+\frac{20}{1+10^2+10^4}$$

[2] 다음과 같이 귀납적으로 정의된 수열 $\{a_n\}$을 생각하자.

$$a_1=2,\ a_{n+1}=a_n+(n^2+2n+2)\times(n+1)!\quad(n=1,\,2,\,3,\,\cdots)$$

제시문을 이용하여 수열 $\{a_n\}$의 일반항을 구하시오.

연습지

답안지

Show **a**nd **P**rove

기대T 수리논술 수업 상세안내

정규반	수업 상세 안내 (지난 수업 영상수강 가능)
정규반 – Set 1 **(1주차~4주차)**	– 수리논술만의 특징인 '답안작성 능력'과 '증명 능력'을 향상시키는 수업 – 수능/내신 공부와 다른 수리논술 공부의 결 & 방향성을 잡아주는 수업 – 수험생은 물론 강사조차 가지고 있는 '오개념'을 타파시키는 수학 전공자의 수업 – 무언가가 어려우면 쉽게 포기하는 성향을 가진 학생의 경우, 　문제풀이가 위주인 Set 2부터 학습한 후 Set 1 학습 추천 (단순 난이도 : Set 1 〉 Set 2)
정규반 – Set 2 **(5주차~8주차)**	– 만만해 보이는 과목인 수학 1이 수리논술에서 어떻게 나오는지 배워보는 강의 – 삼각함수 & 수열의 콜라보 등 수학1의 논술형 발전성을 체감해볼 수 있는 실전 내용 수업 – 다른 Set에 비하여 난이도가 쉬운 편 : 수리논술에 입문하기 좋은 강의 Set
정규반 – Set 3 **(9주차~12주차)**	– 수리논술에서 50% 이상의 비중을 차지하는 수리논술용 미적분을 집중 해석하는 수업 – 수리논술에도 존재하는 행동 영역을 통해 고난도 문제의 체감 난이도를 낮춰주는 수업 – 대학의 모범답안을 보고도 '이런 아이디어를 내가 어떻게 생각해내지?' 　라는 생각이 드는 학생들도, 납득 가능하고 감탄할 만한 문제 접근법을 제시해주는 수업
정규반 – Set 4 **(13주차~16주차)**	– 상위권 대학의 합격 당락을 가르는 고난도 주제들을 총정리하는 수업 – 출제 난이도가 높은 학교의 수리논술 합격을 바라는 학생이라면 강추
첨삭 및 자료	– 수강 형태 (현장 vs 온라인) / 상관없이, 모든 학생들에게 첨삭 제공 – 복습 시트, 손글씨 답안, 다채로운 자료 등등 오른쪽 QR코드에서 확인 가능

실전반 & Final	수업 상세 안내 (지난 수업 영상수강 가능)
실전반 – Set 1 **(1주차~5주차)**	– 수리논술 전용 확통/기하 Theme에 대하여 학습하는 강의 – 수능/내신의 빈출 Point와의 괴리감이 제일 큰 두 과목인 확통/기하의 내용을 　철저히 수리논술 빈출 Point에 맞게 제단된 내용만을 다루는 Compact 강의
실전반 – Set 2 **(6주차~10주차)**	– 상위권 학교 지원자들은 꼭 알아야 하는 필수내용만 다루는 강의 – 본인에게 유리한 출제 스타일인 학교를 탐색하여 원서 지원부터 이기고 들어갈 수 있도록 하는, 　대학별 출제경향 파악 수업 (모든 대학을 A그룹~D그룹으로 분류 후 분석) – 최신기출 (작년 기출+올해 모의) 중 주요 문항 선별 통해 주요대학 최근 출제 경향 파악
Semi Final **고/서/성/경 반** **(수능전 & 직후)**	– 수능 직후 시험 보는 학교들을 중점적으로 미리 공부해두기 위한 수업 – 전형적인 고난도 문제부터, 창의적인 신유형 문제까지 다양하게 만나볼 수 있는 수업 – 수능 끝나고, 주력으로 준비할 학교 선택하면 해당 학교 모의고사 1~2회분 및 해설강의 당일 제공
학교별 Final **(수능전 / 수능후)**	– 학교별 고유 출제 스타일에 맞는 문제들만 정조준하여 분석해주는 Final 수업 – 빈출 주제 특강 + 예상 문제 모의고사 응시 후 해설 & 첨삭 – 고승률 문제접근 Tip을 파악하기 쉽도록 기출 선별 자료집 제공 (학교별 교재 상이)

CHAPTER 5

여러 가지 증명법

수리논술에서 자주 등장하는 수학적 귀납법, 귀류법, 대우법에
대해서 알아보자. 수능에서 자주 쓰이지 않는 증명법 파트인 만큼
각 증명법의 구조와 특징을 알아보는 것에 집중해보자.

5-1

Chapter 5. 여러 가지 증명법

직접증명법과 간접증명법

1. 직접증명법

| 직접증명법이란?

문제에서 주어진 조건들과 초 중 고 수학 지식으로부터 시작하여 (p)

체계적인 논리를 통해 (~이면)

보여야할 결론 혹은 구해야 할 정답을 이끌어내는 직접적인 논증의 방식 (q 이다.)

을 직접증명법이라고 한다. 지금까지 풀었던 [Chapter. 1 ~ 4]의 증명 문제처럼

'~ 라는 조건과 ~ 라는 사실을 요리조리[56] 잘 사용했더니, 문제에서 증명해야 하는 ~ 가 참이에요.'

와 같은 풀이 방법을 직접증명법이라 생각하면 쉽다.

예제

모든 실수 x 에 대하여 $f'(x) > 0$ 일 때, 함수 $f(x)$ 가 증가함수임을 보이시오.

연습지

예제 해설

서로 다른 임의의 두 실수 a, b 에 대하여 일반성을 잃지 않고 $b > a$ 라 하자. …… ①

평균값 정리에 의하여 $\dfrac{f(b) - f(a)}{b - a} = f'(c)$ 인 c 가 열린구간 (a, b) 사이에 항상 존재하는데,

문제의 조건에 의해 $f'(c) > 0$ 이므로 ①일 때 $f(b) > f(a)$ 임을 알 수 있다.

따라서 모든 실수 x 에 대하여 $f'(x) > 0$ 일 때, 함수 $f(x)$ 는 증가함수[57]이다.

---

56) 위에서 말한 '체계적인 논리'와 같은 의미이다.

57) [Show and Prove 2편]에서 다시 말하겠지만, 증가의 정의를 도함수가 양수라는 조건으로 잘못 알고 있는 경우가 있다. 증가의 정의는 $b > a$ 일 때 $f(b) > f(a)$ 이어야 한다는 것이다. 미분과 상관이 없음 유의!

2. 간접증명법

| 수리논술에서의 간접증명법

그렇다면 이런 직접증명법으로 모든 증명 문제를 해결할 수 있을까? 당연히 대답은 No!이다.

물론 수능에서야 직접증명법으로 대부분의 문제들이 풀리지만, 수리논술에서는 그렇지 못한 문제들이 자주 등장한다.
이 경우 간접적으로 증명하는 간접증명법이 문제 해결의 돌파구가 되는데, 수리논술의 대표적인 간접증명법에는
수학적 귀납법, 귀류법, 대우법이 있다.

각각의 증명법의 특징에 따라 간접증명법의 Signal을 정리하면 다음과 같다.

> **TIP**
>
> ### | 간접증명법의 Signal
>
> ① 너무나 당연하게도, 직접증명법이 먹히지 않을 때 (아래 세 종류의 간접증명법 모두 해당)
> ② 자연수 n 에 대한 명제가 제시되었을 때 (수학적 귀납법)
> ③ 양자택일의 상황이 제시되었을 때 (귀류법)
> ④ 문제의 조건을 그대로 사용하기 어려워, 조건에 변화를 주고 싶을 때 (대우법)

아직 위의 TIP이 잘 와닿지 않아도 괜찮다. 바로 다음 페이지부터 각각의 간접증명법을 차례대로 잘 설명해줄 것이다.
지금은 머리 속에 다음과 같은 문장 한 줄만 남기면 되겠다.

'직접증명법으로 해결이 불가능하다고 판단했을 때, 간접증명법을 떠올려야 하는구나!'

그럼 간접증명법의 대표주자인 수학적 귀납법부터 알아보자.

5-2

Chapter 5. 여러 가지 증명법

수학적 귀납법의 기본과 주의사항

1. 수학적 귀납법의 비유

수학적 귀납법은 흔히 도미노에 비유된다. 모든 도미노를 쓰러뜨리기 위해선 다음 두 조건이 충족돼야 한다.

> [조건 1] 시작점의 도미노가 쓰러진다.
> [조건 2] 앞 도미노가 쓰러지면 뒤도 같이 쓰러진다.

이 두 조건이 잘 충족되는 도미노는 도미노의 개수와 관계없이 모든 도미노가 잘 쓰러질 거라 확신할 수 있다.

수학적 귀납법도 마찬가지이다. 첫 번째 명제가 잘 성립함을 보인 후, m 번째 명제인 $p(m)$ 과 공리들을 이용하여 $(m+1)$ 번째 명제인 $p(m+1)$ 의 성립을 보인다면 연쇄작용에 의해 모든 자연수 n 에 대하여 명제 $p(n)$ 이 항상 성립함을 보일 수 있을 것이다.

성공적인 수학적 귀납법이 완성되기 위해 만족시켜야 하는 두 조건을 표로 정리하면 다음과 같다.

	도미노	수학적 귀납법
[조건 1]	시작점의 도미노가 쓰러진다.	명제 $p(1)$ 이 성립한다.
[조건 2]	앞 도미노가 쓰러지면 뒤 도미노도 같이 쓰러진다.	명제 $p(m)$ 이 성립하면 명제 $p(m+1)$ 도 성립한다.

> **TIP**
>
> **| 수학적 귀납법의 문법**
>
> ① [조건 1]의 증명 ($n=1$ 증명)
>   ↳ 작은 자연수에 대한 증명이기 때문에, 이 경우를 보이는 건 매우 쉽다. 직접 대입해서 증명하면 끝.[58]
>
> ② [조건 2]의 증명 ($n=m$ 일 때 성립을 가정한 후, $n=m+1$ 증명)
>   ↳ $n=m$ 일 때 명제 $p(m)$ 이 성립함을 가정하고, 이것과 기존의 공리들을 이용하여 $p(m+1)$ 이 성립함을 증명한다.
>
> ③ 증명 마무리
>   ↳ '따라서 수학적 귀납법에 의해 모든 자연수 n 에 대하여 $p(n)$ 이 성립한다.' 라는 문장으로 답안 마무리
>
> 이 세 요소를 답안에 적용시키는 것을 '수학적 귀납법의 기본 문법을 지킨다.' 라고 표현하겠다.

---

58) 명제가 $n \geq 3$ 일 때 성립한다고 하면, ①의 시작은 $n=3$ 일 때로 해야할 거란 융통성은 있죠? 노파심에...

| 수학적 귀납법의 주의사항 1

$p(m)$ 이 성립한다는 '우리에게 없던 조건'이 추가로 부여된 것이 수학적 귀납법의 제일 큰 이점이다.

그렇기 때문에 $n = m$ 일 때의 식이 성립함을 따로 보일 필요가 없다. 무조건 맞는 식, 즉 무적이라고 여기면 된다.

> **TIP**
>
> | 수학적 귀납법의 기본 구조
>
> $n = 1$ 증명   → $n = m$ 성립 가정   → $n = m + 1$ 성립
> 매우 쉬움   나는 무적이다.   증명 대상

| 수학적 귀납법의 주의사항 2

$n = m + 1$ 일 때의 결과식을 先적용하여 증명하는 답안을 작성하는 경우가 있는데, 이는 잘못된 방법이다.[59]

우리가 조건으로 쓸 수 있는 건 $n = m$ 일 때의 식뿐임을 명심하자.

그런데 역설적이게도, 기대T의 수업에서는 $n = m + 1$ 일 때의 식을 연습장에 먼저 적어보라고 한다.
이것은, $n = m$ 일 때의 식에 어떤 조작을 해야할지 감을 잡기 위해서 적는 것에 목적이 있다.

이것은 $n = m + 1$ 일 때의 결과식을 先적용하여 증명하는 것과는 전혀 다른 것임을 다시 한번 상기시키자.

> **예제**
>
> 모든 자연수 n 에 대하여 등식
>
> $$\sum_{k=1}^{n} \frac{k}{(k+2)!} \times 2^k = 1 - \frac{2^{n+1}}{(n+2)!}$$
>
> 이 성립함을 수학적 귀납법으로 증명하라.

> **연습지**

---

[59] 필요충분조건 단원에서 얘기한 것처럼, 문제에서 보이려하는 것을 미리 사용하는 것은 필요충분조건을 활용하는 상황이 아닌 이상 금기된다.

수학적 귀납법을 이용하여 주어진 등식이 성립함을 보이자.

(i) $n = 1$ 일 때,

$$\sum_{k=1}^{1} \frac{k}{(k+2)!} \times 2^k = \frac{1}{3}, \ \ 1 - \frac{2^{1+1}}{(1+2)!} = \frac{1}{3}$$ 이므로 준식은 성립한다.

(ii) $n = m$ 일 때, 문제의 준식이 성립한다고 가정하자.

양변에 $\dfrac{m+1}{(m+3)!} \times 2^{m+1}$ 을 더하면, (좌변) $= \displaystyle\sum_{k=1}^{m+1} \frac{k}{(k+2)!} \times 2^k$, (우변) $= 1 - \dfrac{2^{m+2}}{(m+3)!}$ 이므로

문제의 준식이 $n = m+1$ 일 때도 성립한다.

따라서, 수학적 귀납법에 의하여 모든 자연수 n 에 대하여 준식이 항상 성립한다.

앞서 배웠던 수학적 귀납법의 문법과 구조가 위의 해설에서도 잘 지켜졌는지 확인해보자.

TIP

(ii)에서 (우변)은 $1 - \dfrac{2^{m+1}}{(m+2)!} + \dfrac{m+1}{(m+3)!} \times 2^{m+1}$ 을 연산하여 나온 결과인데

1 뒤의 두 분수 $- \dfrac{2^{m+1}}{(m+2)!} + \dfrac{m+1}{(m+3)!} \times 2^{m+1}$ 를 계산하는 건 단순 통분 연산이기 때문에,

그 과정을 답안에서 생략하여도 큰 상관이 없다. 하지만 답안을 작성할 시간이 남는다면, 그 통분 과정도
보여줌으로써 일말의 감점 여지를 없앨 수 있긴 하겠다.

<u>수학적 귀납법은 자연수 명제</u>에 대해 유용한 <u>증명수단</u>이기 때문에 많이 강추하는 증명법이지만,
다음 예제는 '자연수 명제의 최고 해법이 항상 수학적 귀납법인 것은 아니다.' 라는 교훈을 주는 문제이다.

즉, 수학적 귀납법에 너무 의존적인 스탠스를 취하지 않는 것이 좋다.
앞에서도 말 했듯이, 모든 문제를 꼭 간접증명법으로만 풀어야 하는 것은 아니다. 직접 증명법이 해결책일 수도 있다!

예제

자연수 1부터 n까지의 합은 $\displaystyle\sum_{k=1}^{n} k = \dfrac{n(n+1)}{2}$ 이다. 자연수 m에 대하여 다음 물음에 답하시오.

[1] $\displaystyle\sum_{k=1}^{n} k(k+1)$ 을 위와 같이 가장 간단한 모양으로 나타내시오.

[2] $\displaystyle\sum_{k=1}^{n} k(k+1)(k+2)\cdots(k+m)$ 의 가장 간단한 모양을 추론하고 이를 증명하시오.

[연세대]

연습지

[1] 해설 생략

[2]

$$\sum_{k=1}^{n} k(k+1)(k+2)\cdots(k+m+1) = \sum_{k=0}^{n} k(k+1)(k+2)\cdots(k+m)(k+m+1)$$

$$= \sum_{k=1}^{n+1} (k-1)k(k+1)\cdots(k+m-1)(k+m)$$

$$= n(n+1)\cdots(n+m+1) + \sum_{k=1}^{n} (k-1)k\cdots(k+m-1)(k+m)$$

$$= n(n+1)\cdots(n+m+1) + \sum_{k=1}^{n} k(k+1)\cdots(k+m)(k+m+1)$$

$$- (m+2)\sum_{k=1}^{n} k(k+1)\cdots(k+m)$$

이므로, 마지막 등호에 의해 양변에서 $\sum_{k=1}^{n} k(k+1)(k+2)\cdots(k+m+1)$ 을 소거해주면

$$\sum_{k=1}^{n} k(k+1)(k+2)\cdots(k+m) = \frac{n(n+1)(n+2)\cdots(n+m+1)}{m+2}$$ 임을 알 수 있다.

본 문제는 마지막 문제의 '모양을 추론하고 이를 증명하시오.' 라고 한 부분이 수학적 귀납법을 의도한 뉘앙스를 다분히 보여주는 것은 사실이다. 또한, 대학 오피셜 답안도 수학적 귀납법이다.

하지만 수학적 귀납법으로 증명하기에는 매우 까다로운 문제이다.

반면 시그마 내부식의 구성 및 위끝과 아래끝을 조작해서 푸는 텔레스코핑 방식은 우리에게 낯설지만, 수학적 귀납법 대비 확연히 간단한 풀이를 보여준다.

이렇듯 수학적 귀납법이 항상 신인 것은 아니다. 다양한 증명 방법 / 문풀 방법을 본 교재 시리즈를 통해 배워가 보자.

> **TIP**
>
> 참고로 이 문제에서 굳이, 굳이, 굳이 출제자의 의도를 살려 수학적 귀납법을 쓰고 싶다면
> n이 아닌 m에 대한 수학적 귀납법으로 해야 정확한 증명이다. 이 문제에서 말이다.
>
> 시그마 내부식에 곱해지는 항의 변화가 n이 아닌 변수 m에 의해 일어나는 상황을 통해, 계산값을 유추한 것을 바탕으로 일반화된 것을 증명하라는 문제 흐름이기 때문이다.
>
> 여타 문제들처럼 시그마의 위끝인 n의 변화에 따른 일반항 추측 후 증명을 하는 문제가 아님을 명심하자.
>
> '반박시 님 말이 맞음~' 이 아니고, 본 교재의 주장이 맞다.
> 연세대 입학처에 업로드 되어있는 연세대 교수님의 해설강의도 역시 n이 아닌 m으로 증명하고 있다.

Chapter 5. 여러 가지 증명법

수학적 귀납법의 활용

1. 수학적 귀납법의 기본 활용 – 등식의 증명

등식에 대한 증명은 그리 어렵지 않다. 수학적 귀납법의 문법과 구조 그리고 자연수 명제를 증명할 때 수학적 귀납법이 유용하게 쓰인다는 사실을 간단히 Remind 한 후, 바로 예제를 풀어보자.

예제

모든 자연수 n 에 대하여 등식

$$\sum_{k=1}^{n} \frac{k}{2^k} \times (k+1)! = \frac{(n+2)!}{2^n} - 2$$

이 성립함을 수학적 귀납법으로 증명하라.

연습지

예제 해설

수학적 귀납법을 이용하여 주어진 등식이 성립함을 보이자.

(i) $n = 1$ 일 때,

$$\sum_{k=1}^{1} \frac{k}{2^k} \times (k+1)! = 1 , \quad \frac{(1+2)!}{2^1} - 2 = 1$$ 이므로 준식은 성립한다.

(ii) $n = m$ 일 때, 준식이 성립한다고 가정하자.

양변에 $\dfrac{m+1}{2^{m+1}} \times (m+2)!$ 을 더하면, (좌변) $= \displaystyle\sum_{k=1}^{m+1} \frac{k}{2^k} \times (k+1)!$, (우변) $= \dfrac{(m+3)!}{2^{m+1}} - 2$ 이므로

문제의 준식이 $n = m+1$ 일 때도 성립한다.

따라서, 수학적 귀납법에 의하여 모든 자연수 n 에 대하여 준식이 항상 성립한다.

다음 예제의 우변에는 이전 문제들과 다르게 $\sum$ 위끝 뿐만 아니라 안에 있는 식에도 n 이 개입되어있기 때문에, $n = m$ 인 식에서 $n = m + 1$ 인 식으로 넘어가는 과정에서의 식 조작을 주의해야 한다.

예제

모든 자연수 n 에 대하여 등식

$$\sum_{k=1}^{n} \frac{1}{(2k-1)2k} = \sum_{k=1}^{n} \frac{1}{n+k}$$

이 성립함을 보이시오.

[가톨릭대 메디컬]

연습지

[간접증명법] – 수학적 귀납법

수학적 귀납법을 이용하여 주어진 등식이 성립함을 보이자.

(i) $n = 1$ 일 때,

$$\sum_{k=1}^{1} \frac{1}{(2k-1)2k} = \frac{1}{1 \times 2} \text{ 이고, } \sum_{k=1}^{1} \frac{1}{1+k} = \frac{1}{2} \text{ 이므로, 준식은 성립한다.}$$

(ii) $n = m$ 일 때, 문제의 준식이 성립한다고 가정하자.

양변에 $\dfrac{1}{(2m+1)(2m+2)}$ 을 더하면, (좌변) $= \displaystyle\sum_{k=1}^{m+1} \frac{1}{(2k-1)(2k)}$, (우변) $= \displaystyle\sum_{k=1}^{m+1} \frac{1}{m+1+k}$ 이므로

문제의 준식이 $n = m+1$ 일 때도 성립한다.

따라서 수학적 귀납법에 의하여 모든 자연수 n 에 대하여 준식이 항상 성립한다.

[Comment]

(우변) 계산을 직접 해봐야만 주의할 점을 체감할 수 있다.

[직접증명법] – 텔레스코핑

$$\sum_{k=1}^{n} \frac{1}{(2k-1)2k} = \sum_{k=1}^{n} \left(\frac{1}{2k-1} - \frac{1}{2k} \right)$$

$$= \left(1 + \frac{1}{3} + \frac{1}{5} + \frac{1}{7} + \cdots + \frac{1}{2n-1} \right) - \left(\frac{1}{2} + \frac{1}{4} + \frac{1}{6} + \cdots + \frac{1}{2n} \right)$$

$$= \left(1 + \frac{1}{3} + \cdots + \frac{1}{2n-1} \right) + \left(\frac{1}{2} + \frac{1}{4} + + \cdots + \frac{1}{2n} \right) - \left(\frac{1}{2} + \frac{1}{4} + + \cdots + \frac{1}{2n} \right) \times 2$$

$$= \left(1 + \frac{1}{3} + \cdots + \frac{1}{2n-1} \right) + \left(\frac{1}{2} + \frac{1}{4} + \cdots + \frac{1}{2n} \right) - \left(\frac{1}{1} + \frac{1}{2} + \cdots + \frac{1}{n} \right)$$

$$= \left(1 + \frac{1}{2} + \frac{1}{3} + \frac{1}{4} + \cdots + \frac{1}{2n} \right) - \left(\frac{1}{1} + \frac{1}{2} + \frac{1}{3} + \cdots + \frac{1}{n} \right)$$

$$= \frac{1}{n+1} + \frac{1}{n+2} + \cdots + \frac{1}{2n} = \sum_{k=1}^{n} \frac{1}{n+k}$$

Spoiler

이 문제는 나중에 이렇게 발전됩니다.

$$1 - \frac{1}{2} + \frac{1}{3} - \frac{1}{4} + \cdots = \ln 2 \text{ 임을 보이시오.}$$

우리가 보여야 하는 결론이 문제에 제시될 수도, 제시되지 않을 수도 있다.
이런 경우 가정할 만한 명제가 없어서 수학적 귀납법 문제가 아닌 줄 알고 다른 방법을 시도하는 경우가 대부분이지만,
가정할 명제를 문제 정보로부터 추측한 후 수학적 귀납법으로 증명하는 문제들도 있다.

이런 경우엔 보이려는 명제를 직접 문제에서 파악 또는 예측해야 한다.

| 예측한 내용을 '반드시' 증명해야 한다.

$1, 3, 5, ★, 9$ 일 때 ★의 값을 묻는 넌센스 문제를 예로 들어보자.
대부분은 $★ = 7$ 이라 할 것이다. 이 사람들은 $a_n = 2n - 1$ 로 추측한 것이다.
하지만 출제자가 의도한 수열이 $a_n = (n-1)(n-2)(n-3)(n-5) + 2n - 1$ 이었다면? $★ = 1$ 이 된다.

즉, 간단한 대입만으로 추측한 정답은 반드시 그것이 정답인지 확인하는 과정이 필요하다.

$a_n = 2n - 1$ 이라고 추측했다면, 이를 수학적 귀납법으로 증명까지 해야 문제를 온전히 푼 것이 된다.
다음 예제에서 이를 연습해보자.

예제

$a_1 = \dfrac{3}{1}$ 인 수열 $\{a_n\}$ 이 모든 자연수 n 에 대하여

$$a_{n+1} + \frac{2}{a_n} = 3$$

를 만족시킬 때, 수열 $\{a_n\}$ 의 일반항을 구하시오.

[한양대]

연습지

$a_1 = \dfrac{3}{1}$ 이고, $a_{n+1} + \dfrac{2}{a_n} = 3$ 에서 $a_2 + \dfrac{2}{3} = 3$, $a_2 = \dfrac{7}{3}$

$n = 2, 3$ 을 대입하며 반복해서 구해보면 $a_3 + \dfrac{6}{7} = 3$, $a_3 = \dfrac{15}{7}$ 이고 $a_4 + \dfrac{14}{15} = 3$, $a_4 = \dfrac{31}{15}$ 이다.

위 결과를 통해 규칙을 추측해 보면 $a_n = \dfrac{2^{n+1} - 1}{2^n - 1}$ 로 추론할 수 있다.[60] (추측하는 과정)

우리가 추론한 수열 $\{a_n\}$ 의 일반항이 $a_n = \dfrac{2^{n+1} - 1}{2^n - 1}$ 인 것을 수학적 귀납법으로 증명해 보도록 하자.

(i) $n = 1$ 일 때,

$a_1 = \dfrac{2^{1+1} - 1}{2^1 - 1} = \dfrac{3}{1}$ 이므로, 준식은 성립한다.

(ii) $n = m$ 일 때, 문제의 준식이 성립한다고 가정하자.

$a_{m+1} + \dfrac{2}{a_m} = 3$ 이고 $a_m = \dfrac{2^{m+1} - 1}{2^m - 1}$ 이므로 $a_{m+1} + 2 \times \dfrac{2^m - 1}{2^{m+1} - 1} = 3$ 이고, 이를 정리하면

$a_{m+1} = 3 - 2 \times \dfrac{2^m - 1}{2^{m+1} - 1} = \dfrac{2 \times 2^{m+1} - 1}{2^{m+1} - 1} = \dfrac{2^{m+2} - 1}{2^{m+1} - 1}$ 이다.

따라서 문제의 준식이 $n = m + 1$ 일 때도 성립한다.

따라서 수학적 귀납법에 의하여 모든 자연수 n에 대하여 $a_n = \dfrac{2^{n+1} - 1}{2^n - 1}$ 이다.

[Comment 1]
이처럼 '무언가 추측'하는 과정과 그 추측의 결과를 발상적이라 생각하지 말자. 이는 굉장히 합리적인 추측이다.
이것이 발상적이라 느꼈다면 아직 수학 문제 풀이량이 부족한 것! 수학 실력은 언제나 많은 경험치들이 쌓이고 쌓여 만들어지는 것!

[Comment 2]
이 내용도 이미 [Chapter. 4]에서 더 어렵게 다뤘던 내용이라, 벽을 많이 느끼진 않았을 것이다.
이미 두 번이나 배우고 있는 내용이므로, 여기서 마무리 짓는 다는 생각으로 학습하자!

---

[60] 1 , 3 , 7 15 , 31 등과 같은 수는 2^k (단, k는 자연수)에서 1 을 뺀 값이니까

수학적 귀납법의 핵심은

$$p(m) \text{과 } p(m+1) \text{ 사이의 적절한 연결고리를 찾고, 이를 적용시키는 것이다.}$$

이다. 등식의 증명에서는 이 '**연결고리**의 발견과 적용'이 그리 어렵지 않았다. 왜?
그냥 가정식 $p(m)$과 목표식 $p(m+1)$을 연습장에 잘 써두고, '음... 얘네 둘의 차이[61]가 뭘까...' 만 곰곰이 생각하면
끝이었기 때문이다. (애초에 대부분의 문제가 위의 두 식을 단순히 빼기만 해도 '차이'가 바로 보인다.)

이 '차이'라는 것을 찾기만 하면 답안 쓰는 것 또한 어렵지 않다.
계산 안 해봐도 가정식 $p(m)$에 '차이'를 더해주고 식을 잘 정리하면 목표식 $p(m+1)$가 될 것이 뻔하기 때문이다.

하지만 부등식의 증명에서는 이게 잘 안된다. 왜? 가정식 $f(n) \leq g(n)$과 목표식 $f(n+1) \leq g(n+1)$을 바라보면,

$$f(n) \text{과 } f(n+1) \text{의 연결고리(= 차이)와 } g(n) \text{과 } g(n+1) \text{의 연결고리(= 차이)가 다르기 때문이다.}$$

즉, 부등식의 좌변을 맞추면 우변의 모양을, 우변을 맞추면 좌변의 모양을 맞추기 힘들어지는 문제점이 있는 것이다.
(= 한번에 다이렉트로 양변을 동시에 맞추기 힘듦) 그렇다면 이 어려움으로부터 이런 생각을 할 수 있지 않을까?

$$\text{어차피 } f(n) \text{과 } g(n) \text{ 둘 중 하나의 연결고리를 발견하고 적용시키는 것은 쉬우니[62]}$$
$$\text{일단 한 쪽의 연결고리를 맞춘 후, 남은 쪽에서 부등식이 성립하도록 잘 식조작 하면 끝 아닐까?}$$

그냥... 문제점을 있는 그대로 수용하는(?) 마인드이다. 하지만, 이게 곧 부등식의 증명의 핵심 Idea이다.
지금까지 말이 길었는데, 이 칼럼에서 말하고 싶었던 핵심 주제를 소개하면 다음과 같다.

$$\text{부등식을 한번에 맞추려 하지 말고, 계속해서 새로운 비교대상을 도입해가며}$$
$$\text{남은 쪽의 부등식이 활용 / 증명되기 쉽도록 만들어나간다.}$$

이때, 당연히 '새로운 비교대상'은 남은 쪽 부등식과 더욱 쉽게 비교 가능한 식으로 설정하면 되겠다.
또한, 비교대상을 도입했을 때 부등식의 순서가 잘 맞지 않는다면, 비교대상을 좀 더 타이트하게 조정할 필요가 있다.

$$f(n+1) \leq \begin{array}{l} h_1(m) \\ \quad h_1(m) \leq h_2(m) \\ \qquad\quad h_2(m) \leq h_3(m) \\ \qquad\qquad\quad h_3(m) \end{array} \leq g(n+1)$$

새로운 비교대상 도입

항상 위와 같은 태도가 부등식의 증명에서의 기본 태도임을 기억하자. 한번에 부등식을 보이는 것이 어려우니,
계속해서 비교대상을 도입해가며 관찰하는 대상을 쉽게 바꿔나가는 것!

---

[61] 위에서 언급한 연결고리와 같은 개념이겠다.
[62] $f(n)$과 $g(n)$ 둘 중 하나의 연결고리를 발견하고 적용시키는 것은 두 식 중 하나를 '등식의 증명' 관점에서 연결고리를 발견하고 적용
시키는 것과 똑같기 때문이다.

여기까지 읽었으면 'ㅋㅋ 이 방법만 알고 있으면 나는 그냥 무적임!' 이라고 생각할 수 있는데 이는 큰 착각이다.
아마 부등식의 증명 문제를 풀기 시작하면, 5분도 채 안되서 '선생님 이거 어떻게 적용해요..?' 라는 생각이 들 것이다.

왜냐면, 애초에 새로운 비교대상을 도입 하는 것 자체가 벽이 높기 때문이다. (본인의 수학 실력과 경험치에 달려있음)
따라서 앞으로의 학습 방향을 정해주겠다. 크게 세 가지로 나뉘는데, 이는 다음과 같다.

    ① 본인이 스스로 풀 수 있는 지점까지 풀어본다. 이때, 어떻게든 새로운 비교대상을 도입하려고 노력한다.
    ② 더 이상 풀이가 진행이 안된다면, 해설을 펼치고 '어떤 테크닉으로 새로운 비교대상을 도입했는지' 확인한다.
    ③ 항상 말 했듯이, 이런 테크닉과 발상들은 하나하나 수집(암기)한다.

일부 학생들은 이걸 읽고 '그냥 문제 많이 풀고, 해설 많이 읽으라고 하는거 아닌가요? 이게 뭐에요...' 라 생각할 수 있다. 너무 기운 빠지지 말자. 이 파트의 경우, 방법론이 정말 수도 없이 많다. 따라서, 이를 사전에 미리 공부하겠다는건 애초에 잘못된 접근 방식이다.

그러니 우리는 항상 방법론 보다[63]는 '일관된 태도의 정립'에 더욱 초점을 두고 연습해야 한다.
문제를 푸는 태도를 잘 정립해둬야 본인이 수집한 테크닉과 발상을 적재적소에 사용할 수 있고, 새로운 테크닉을 만나도 뚫어 낼 수 있는 '사고력'을 갖게 된다.[64]

---

[63] 방법론도 중요하긴 하다. 다만, 문제를 푸는 태도를 정립시키는 것이 훨~씬 중요할 뿐이다.
[64] 항상 '하다보면 언젠가 될거야~' 식으로 말해서 미안하다. 하지만 이건 수학을 잘하는 모든 사람들이 전부 겪었던 경험이다. 그러니 꼭 참고 본 교재 시리즈와 대학 기출 문제들까지만 공부해보자. 달라진 나를 만날 수 있을 것이다.

2 이상의 자연수 n 에 대하여 부등식

$$\frac{1}{\sqrt{1}} + \frac{1}{\sqrt{2}} + \frac{1}{\sqrt{3}} + \cdots + \frac{1}{\sqrt{n}} > \sqrt{n}$$

이 성립함을 증명하시오.

연습지

수학적 귀납법으로 $\displaystyle\sum_{k=1}^{n}\frac{1}{\sqrt{k}} > \sqrt{n}$ 이 성립함을 보이자.

(i) $n=2$일 때,

$$\sum_{k=1}^{2}\frac{1}{\sqrt{k}} = 1 + \frac{\sqrt{2}}{2} > \sqrt{2}$$ 가 잘 성립한다.

(ii) $n=m$일 때, 준식이 성립한다 가정하자.

좌변을 쉽게 맞춰주면, $\displaystyle\sum_{k=1}^{m+1}\frac{1}{\sqrt{k}} = \sum_{k=1}^{m}\frac{1}{\sqrt{k}} + \frac{1}{\sqrt{m+1}} > \sqrt{m} + \frac{1}{\sqrt{m+1}}$ 이다.

그렇다면 비교대상은 $\sqrt{m} + \dfrac{1}{\sqrt{m+1}}$ 과 $\sqrt{m+1}$ 이겠다! 둘을 빼서 비교하면

$$\sqrt{m+1} - \sqrt{m} - \frac{1}{\sqrt{m+1}} = \frac{m}{\sqrt{m+1}} - \sqrt{m}$$
$$= \frac{m - \sqrt{m^2+1}}{\sqrt{m+1}}$$

이고,

$$m - \sqrt{m^2+1} = \sqrt{m^2} - \sqrt{m^2+1} < 0$$

이므로, $\dfrac{m - \sqrt{m^2+1}}{\sqrt{m+1}} < 0$이다.

따라서, $\sqrt{m} + \dfrac{1}{\sqrt{m+1}} > \sqrt{m+1}$ 이므로, $\displaystyle\sum_{k=1}^{m+1}\frac{1}{\sqrt{k}} = \sqrt{m} + \frac{1}{\sqrt{m+1}} > \sqrt{m+1}$ 이다.

즉, $n=m+1$일 때도 준 식이 잘 성립한다.

따라서, 수학적 귀납법에 의해 $\displaystyle\sum_{k=1}^{n}\frac{1}{\sqrt{k}} > \sqrt{n}$ 이다.

[Comment 1]

'그렇다면 비교대상은~' 이 부분은, 여러분의 이해를 돕기 위하여 저자가 쓴 구어체이므로, 이를 답안에서는 자연스럽게 포장해주면 되겠다.

[Comment 2]

좌변을 쉽게 맞춰줄지, 우변을 쉽게 맞춰줄지는 본인이 편한 대로 선택하면 된다.
위의 해설에서는 좌변을 쉽게 맞춘 후 풀었으니, 다시 푼다면 우변을 맞추는 방법으로 풀어볼 것!

2 이상의 자연수 n에 대하여 부등식

$$\left(1+\frac{1}{1^3}\right)\left(1+\frac{1}{2^3}\right)\left(1+\frac{1}{3^3}\right)\cdots\left(1+\frac{1}{n^3}\right) < 3 - \frac{1}{n}$$

이 성립함을 증명하시오.

연습지

수학적 귀납법으로 $\left(1+\dfrac{1}{1^3}\right)\left(1+\dfrac{1}{2^3}\right)\left(1+\dfrac{1}{3^3}\right)\cdots\left(1+\dfrac{1}{n^3}\right)<3-\dfrac{1}{n}$ 이 성립함을 보이자.

(i) $n=2$ 일 때,

$$\left(1+\dfrac{1}{1^3}\right)\left(1+\dfrac{1}{2^3}\right)=\dfrac{9}{4},\ 3-\dfrac{1}{2}=\dfrac{5}{2}$$ 이므로 준식은 성립한다.

(ii) $n=m$ 일 때, 준 식이 성립한다고 가정하자.

좌변을 쉽게 맞추기 위해, 양변에 $1+\dfrac{1}{(m+1)^3}$ 을 곱하면

(좌변) $=\left(1+\dfrac{1}{1^3}\right)\left(1+\dfrac{1}{2^3}\right)\left(1+\dfrac{1}{3^3}\right)\cdots\left(1+\dfrac{1}{(n+1)^3}\right)$, (우변) $=\left(3-\dfrac{1}{m}\right)\left(1+\dfrac{1}{(m+1)^3}\right)$ 이다.

그렇다면 비교대상은 $\left(3-\dfrac{1}{m}\right)\left(1+\dfrac{1}{(m+1)^3}\right)$ 과 $3-\dfrac{1}{m+1}$ 이겠다! 둘을 빼서 비교하면

$$3-\dfrac{1}{n+1}-\left(3-\dfrac{1}{n}\right)\left(1+\dfrac{1}{(n+1)^3}\right)=\dfrac{3n+(n+1)^2+1}{n(n+1)^3}>0\ \ (\because n\geq 2)$$

이므로

$$3-\dfrac{1}{n+1}>\left(3-\dfrac{1}{n}\right)\left(1+\dfrac{1}{(n+1)^3}\right)$$

이다.

따라서, 문제에서 준식이 $n=m+1$ 일 때도 잘 성립한다.

따라서 수학적 귀납법에 의하여 2 이상의 자연수 n 에 대하여 준식이 항상 성립한다.

[Comment 3]
보통 $\sum$ 가 포함된 쪽을 쉽게 맞추는 것이 비교적 난이도가 낮다. (등식에서도 그랬던 것처럼)

귀류법의 기본과 주의사항

1. 귀류법의 기본사항

명제의 결론을 부정하여 모순을 이끌어냄으로써 원래 명제의 결론이 참임을 보이는 방법을 귀류법이라 한다.
(이미 과학탐구[65]나 수능 수학의 Case분류에서 무의식적으로 쓰고 있는, 그 귀류법이 맞다.)

대부분의 학생들이 귀류법을 단순히 '~ 라 가정하고, 증명 중에 이것이 틀렸으면 ~ 가 거짓!' 정도로 알고 있을 것이다.
물론 틀린 말은 아니지만... 적어도 수리논술을 공부하는 학생이라면, 이렇게 얼렁뚱땅 넘어가면 안된다.

귀류법의 핵심 Point와 정확한 적용법(= 구조)을 완벽히 알고 있어야 풀이의 방향이 더욱 명확해지기 때문이다.
우선, 귀류법의 핵심 Point를 정리하면 다음과 같다.

| 귀류법의 Point. 1

귀류법은 결론이 양자택일 or 이분법적 명제에서 위력을 발휘한다. **(귀류법의 Signal)**
$\quad\quad$ Ex 1 : A 이면 자연수 n 은 짝수이다.　(짝수 or 홀수 둘 중 하나니까)
$\quad\quad$ Ex 2 : B 이면 C 가 존재한다.　　(존재 O or 존재 X 둘 중 하나니까)

| 귀류법의 Point. 2

우리가 보여야 하는 결론을 부정한 후 모순을 보이는 것이 핵심이다.

| 귀류법의 Point. 3

결론을 부정한 후 시작하기 때문에, 이 부정된 결론을 문제 조건처럼 써먹을 수 있는 만큼 유리하다.[66]

위의 세 가지 핵심 Point들을 바탕으로 귀류법의 적용법을 소개하면 다음과 같다.

⌄ TIP

| 귀류법의 적용법 (= 구조)

① 보이려는 명제 $p \rightarrow q$ 에서 결론 q 에서 귀류법의 Signal이 보이는지 판단 후, 명제 $p \Rightarrow \sim q$ 를 가정하자.
② 보이려는 명제 $p \Rightarrow \sim q$ 를 p , $\sim q$, 기존의 공리들 이 세 가지를 이용하여 증명 시도한다.
③ 이 증명에서 모순을 찾아내면, 귀류법에 의해 명제 $p \Rightarrow q$ 가 참임을 알 수 있다.
$\quad$ (모순을 보이는 것이 = 'p 이면 $\sim q$ 가 아니다.'를 보이는 것 = 'p 이면 q 이다.'를 보이는 것[67])

[주의]
이때, 조건 p 는 절대로 건들지 않는다. p 는 문제에서 주어진 것이므로, 이를 바꿔버리면 본인 맘대로 시험문제를 바꿔버리는 셈이 된다!!

---

65) 독자 중 사회탐구 선택자가 있다면... 공감하지 못 할 텍스트를 적은 것에 사과하겠다...
66) 수학적 귀납법에서 $n = k$일 때의 상황을 가정한 후 그 식을 사용한 만큼 유리하다는 것과 일맥상통
67) ①에 의하여

본격적으로 귀류법 예제를 풀기 전, 고1 때 배웠던 '부정'에 대한 내용들을 먼저 정리하고 넘어가자.

독자 중 일부는 '에이 선생님~ 명제의 부정을 만드는걸 누가 못해요~'라고 생각하겠지만, '모든' 혹은 '어떤'이 들어가 있는 명제의 부정은 특히 주의할 필요가 있다.[68] 바로 아래의 TIP을 통해 알아보자.

> **TIP**
>
> '모든 x 에 대하여 p 이다.' 의 부정 : '어떤 x 에 대하여 $\sim p$ 이다.'
> '어떤 x 에 대하여 p 이다.' 의 부정 : '모든 x 에 대하여 $\sim p$ 이다.'

예제

다음 명제와 조건의 부정을 구하시오.

[1] 모든 정삼각형은 이등변삼각형이다.

[2] 어떤 자연수 x 에 대하여 x^2 은 홀수이다.

[3] 임의의 실수 x 에 대하여 $x > 1$ 또는 $x < 1$ 이다.

[4] $x \geq 1$ 이고 $x^2 \geq 1$ 인 어떤 실수 x 가 존재한다.

연습지

예제 해설

[1] 어떤 정삼각형은 이등변삼각형이 아니다.

[2] 모든 자연수 x 에 대하여 x^2 은 홀수가 아니다. (= 짝수이다.)

[3] 어떤 실수 x 에 대하여 $x \leq 1$ 이고 $x \geq 1$ 이다.

[4] 모든 실수 x 에 대하여 $x < 1$ 이거나 $x^2 < 1$ 이다.

---

[68] 제대로 알지 못 한다면 아예 다른 의미의 부정을 만드는 경우가 많기 때문이다.

다음은 여러 학교들에서 출제되었던 귀류법 문제들이다. 시중 개념서에 나오는 쉬운 귀류법 문제는 누구나 어렵지 않게 풀 수 있을테니, 우리는 실제 기출 문제에서 귀류법이 어떻게 등장하고 사용되는지 예제를 통해 알아보자.

[1] 귀류법을 이용하여 $\log_3 4$ 가 무리수임을 증명하시오.

[광운대]

[2] m, n 이 서로소인 자연수이면 mn 과 $m^2 + n^2$ 이 서로소임을 보여라.

[서강대]

[3] 삼차함수 $f(x)$ 에 대하여 방정식 $f(x) = 0$ 의 서로 다른 실근이 세 개라고 하자. $g(x) = e^x f(x)$ 로 놓았을 때, $f''(0) = g''(0) = 0$ 이면 0 이 방정식 $f(x) = 0$ 의 근이 될 수 있는지 없는지 설명하시오.

[서울과기대]

[4] 두 방정식 $\cos x = 0$ 과 $\sin x = 0$ 의 모든 해는 번갈아 나와야 함을 평균값의 정리를 이용하여 보이시오. (즉, 한 방정식의 임의의 두 근 사이에 다른 방정식의 근이 적어도 하나가 있음을 보이시오.)

[고려대 신입생고사]

[1]

$\log_3 4$는 유리수라고 가정하자. $\log_3 4 > 0$이므로 $\log_3 4 = \dfrac{q}{p}$인 자연수 p, q가 존재한다.

$\log_3 4 = \dfrac{q}{p} \Leftrightarrow 3^{\frac{q}{p}} = 4$로부터 $3^q = 4^p$을 얻는다. 이때, 3^q은 홀수이고 4^p은 짝수이므로 모순이다.
따라서, 귀류법에 의해 $\log_3 4$는 무리수이다.

[2]

mn, $m^2 + n^2$ 이 서로소가 아니라고 가정하자. 그러면 mn, $m^2 + n^2$ 의 소수인 공약수 p 가 존재한다. mn 이 p 의 배수이고, p 는 소수이므로 m, n 중 적어도 하나는 p 의 배수이다.

일반성을 잃지 않고 m 이 p 의 배수라고 하자. $m^2 + n^2$ 도 p 의 배수이고, m^2 도 p 의 배수이므로 n^2 도 p 의 배수이다. 따라서 p 가 소수이므로 n 도 p 의 배수가 되는데, 이는 m, n 이 서로소라는 가정에 모순이다. 따라서, 귀류법에 의해 mn 과 $m^2 + n^2$ 은 서로소이다.

[3]

함수 $g(x)$를 두 번 미분하면 $g''(x) = e^x\{f(x) + 2f'(x) + f''(x)\}$인데, $g''(0) = 0$이고, $f''(0) = 0$ 이므로
$0 = f(0) + 2f'(0)$이다. 만약 $f(0) = 0$이면 $f'(0) = 0$이다.
그러면 $x = 0$은 방정식 $f(x) = 0$의 중근이 되는데, 이는 삼차방정식 $f(x) = 0$의 서로 다른 실근이 세 개라는 조건에 모순이 된다.

[4]

$\sin x = 0$을 만족하는 연속된 두 근을 x_1, x_2 $(x_1 < x_2)$라 할 때,
열린구간 (x_1, x_2)에서 방정식 $\cos x = 0$의 근이 존재하지 않는다고 가정하자. $\cdots$ ①
함수 $y = \sin x$는 실수 전체의 집합에서 미분가능하고 연속이므로, 롤의 정리에 의해
$$\frac{\sin x_1 - \sin x_2}{x_1 - x_2} = 0 = \cos c \ (x_1 < c < x_2)$$인 c가 열린구간 (x_1, x_2)사이에 적어도 하나 존재한다.

이는 ①과 모순이므로, $\sin x = 0$을 만족하는 연속된 두 근 x_1, x_2에 대하여
열린구간 (x_1, x_2)에서 방정식 $\cos x = 0$의 근이 적어도 하나 존재한다.

$\cos x = 0$을 만족하는 연속된 두 근을 x_3, x_4라 한 후 마찬가지 방식으로 논리를 전개한다면, 최종적으로
두 방정식 $\cos x = 0$과 $\sin x = 0$의 모든 해는 번갈아 나와야 함을 알 수 있다.

이처럼 문제에서 직접적으로 '귀류법을 이용하여 증명하시오.'라는 텍스트를 사용하지 않더라도, 증명 문제가 나왔을 때 '내가 아는 증명법 중 어떤걸 사용할까? 이 문제의 명제 p 가 이분법적 판단이 쉬우므로, 귀류법이 괜찮겠는데?' 라는 생각을 통해 귀류법을 떠올려야 한다.

| 모순의 발생 원인을 분명히 판별할 것

명제 $p \rightarrow q$ (p 이면 q 이다.) 를 귀류법으로 증명하고 싶다면

    ① 초 중 고 교과서에 있는 공리들 (Ex : $1 + 1 = 2$, x 를 미분하면 1 , 확률의 총합은 1 등등)
    ② 문제의 조건 p
    ③ 결론을 부정한 $\sim q$ 라는 가정

을 활용하여 모순을 이끌어내야 한다.

이때, '귀류법으로 증명하고 있는 세계관 내'에서 ③은 절대적 지위를 가진 조건이다.
③을 ①, ② 만큼 강력한 팩트라 믿고 증명을 이끌어가고 있는 상황이므로, ③과 모순인 상황은 거의 없다.[69]
대부분의 모순이 ①, ②와 일어남을 인지한다면, 귀류법 답안 작성에서의 많은 실수를 미연에 방지할 수 있다.

실제로 본인도 이런 옳지 않은 답안을 무의식적으로 작성하고 있는지 확인할 수 있도록 예제 하나를 준비했다.
아래 예제를 실전이라 생각하고 최대한 감점이 없도록 답안까지 작성하며 풀어본 후, [실제 첨삭 내용 중 일부]와
본인의 답안을 비교하며 [실제 첨삭 내용 중 일부]의 문제점을 확인해보자.

예제

$\tan(\alpha + \beta) = \dfrac{\tan \alpha + \tan \beta}{1 - \tan \alpha \tan \beta}$ 임을 이용하여 $\sin 1°$, $\cos 1°$ 중 적어도 하나는 무리수임을 보여라.

[일본 본고사]

연습지

---

[69] 답안을 작성할 때 무지성으로 '③과 모순이야!' 하지 말고, 모순이 등장하는 포인트가 무엇인지 정확히 파악하자.

$\sin 1^\circ$, $\cos 1^\circ$ 가 모두 유리수라고 가정하면 $\tan 1^\circ = \dfrac{\sin 1^\circ}{\cos 1^\circ}$ 도 유리수이다.

따라서 $\tan 2^\circ = \tan(1+1)^\circ = \dfrac{\tan 1^\circ + \tan 1^\circ}{1 - \tan 1^\circ \tan 1^\circ}$ 역시 유리수이다.

마찬가지 방법으로,

$\tan 4^\circ = \tan(2^\circ + 2^\circ) = \dfrac{\tan 2^\circ + \tan 2^\circ}{1 - \tan 2^\circ \tan 2^\circ}$ 도 유리수,

$\tan 8^\circ = \tan(4^\circ + 4^\circ) = \dfrac{\tan 4^\circ + \tan 4^\circ}{1 - \tan 4^\circ \tan 4^\circ}$ 도 유리수,

$\tan 16^\circ = \tan(8^\circ + 8^\circ) = \dfrac{\tan 8^\circ + \tan 8^\circ}{1 - \tan 8^\circ \tan 8^\circ}$ 도 유리수,

$\tan 32^\circ = \tan(16^\circ + 16^\circ) = \dfrac{\tan 16^\circ + \tan 16^\circ}{1 - \tan 16^\circ \tan 16^\circ}$ 도 유리수,

$\tan 30^\circ = \tan(32^\circ + (-2^\circ)) = \dfrac{\tan 32^\circ - \tan 2^\circ}{1 + \tan 32^\circ \tan 2^\circ}$ 도 유리수인데 $\tan 30^\circ = \dfrac{1}{\sqrt{3}}$ 이므로

무리수이고, 이는 모순이다.

따라서 귀류법에 의하여 $\sin 1^\circ$, $\cos 1^\circ$ 중 적어도 하나는 무리수이다.

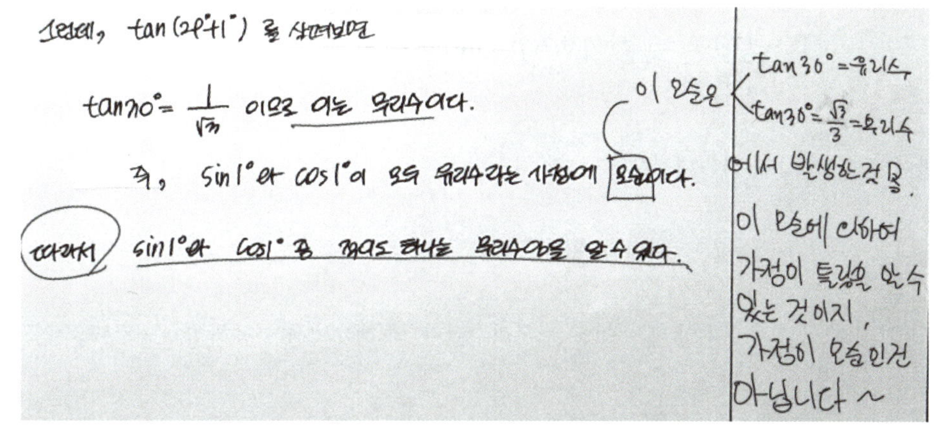

[실제 첨삭 내용 중 일부] – 잘못된 두 답안 참고

5-5

대우법의 기본

1. 대우법의 기본사항

'p 이면 q 이다.'란 명제의 참 – 거짓과 대우 명제 '$\sim q$ 이면 $\sim p$ 이다.'의 참 – 거짓이 일치함을 이용하는 증명법이다.
원래의 명제보다 대우 명제가 증명하기 쉬울 때, 즉

'문제의 주어진 p 가 활용하기 어려운 조건이고, $\sim q$ 가 활용하기 편한 조건'

일 때 대우법이 빛을 발한다.

나름 간접증명법에서 출제 비중이 낮은 편에 속하기에, 다른 간접증명법과 다르게 잘 떠올리지 못 하는 경우가 많다. 수학적
귀납법이나 귀류법의 Signal이 보이지 않을 때, 한발짝 더 나아가 대우법의 Signal을 떠올릴 수 있어야 한다.

예제

[1] 대우법을 이용하여 명제 '자연수 n 에 대하여 n^2 이 짝수이면 n 도 짝수이다.'가 참임을 보이시오.

[2] $a < 4$ 인 실수 a 에 대하여 최고차항의 계수가 1 인 삼차함수 $f(x)$ 는 다음 조건을 만족시킨다.

(가) $f(a+x) \neq 0$ 이면 $f(a+x)f(a-x) < 0$ 이다.
(나) $f(4) = 0$

a 를 이용하여 함수 $f(x)$ 를 나타내시오.

[경북대]

[3] 참인 명제 'x 가 0 이 아닌 유리수일 때, $\tan x$ 는 무리수이다.'와 대우법을 이용하여 π 가 무리수임을 보여라.

[경희대]

연습지

[1]

주어진 명제의 대우 명제는 '자연수 n 에 대하여 n 이 홀수이면, n^2 이 홀수이다.' 이다.

위의 대우 명제가 참임을 보이자. $n = 2k-1$ (단, k는 자연수) 로 두면, $n^2 = 4k^2 - 4k + 1 = 2(2k^2 - 2k) + 1$

이므로, n^2은 홀수이다. 따라서, 대우명제가 참이므로 본 명제도 참이다.

[2]

$f(a) \neq 0$ 이라 가정하면, 조건 (가)에서 $x = 0$ 을 대입할 수 있는데 $\{f(a)\}^2 < 0$ 이 나오므로 모순이다.

따라서, 귀류법에 의하여 $f(a) = 0$ 이다.[70]

한편, 조건 (가)의 대우 명제는 '$f(a+x)f(a-x) \geq 0$ 이면 $f(a+x) = 0$' 이며 이 역시 참이다.

이 명제에 $x = a-4$ 를 대입했을 때 $f(a+x)f(a-x) \geq 0$ 를 만족하므로 $f(a+a-4) = f(2a-4) = 0$ 이다.

따라서, $f(a) = 0$, $f(4) = 0$, $f(2a-4) = 0$ 이므로 $f(x) = \{x - (2a-4)\}(x-a)(x-4)$ 이다.

[3]

주어진 명제의 대우 명제 '$\tan x$ 가 유리수일 때, x 는 0 이거나 무리수이다.' 가 참임을 이용하면, $\tan \pi = 0$ 이므로 π 는 0 또는 무리수이다. 그런데 $\pi \neq 0$ 이다. 따라서, π는 무리수이다.

지금까지 수학적 귀납법, 귀류법, 대우법의 예제들을 풀어봤으니, 다음 사실 정도는 이미 충분히 인지하고 있을 것이다.

각각의 증명법 특징의 이해도 중요하지만, 결국 '수학적 논리'가 잘 뒷받침돼야 하는구나.

그렇다. 간접증명법은 각각의 '핵심 Point[71]'만 있을 뿐, '이 개념을 알면 풀기 쉬워진다.' 라는 건 따로 존재하지 않는다. 간접증명법 문제를 잘 풀기 위해서는 결국 '본질적인 수학 실력'을 키우는 수밖에 없는 것이다.

따라서, 이번 Chapter의 실전 논제도 이 점을 꼭 기억하며 학습하면 되겠다. 증명법의 경우 많은 학생들이 벽을 느끼는 단원이기에, 실전 논제를 풀고 본인 또한 '나는 왜 이 정도 수준 밖에 안될까 ㅠㅠ' 하지 말라는 것이다..!
아직 수학 실력이 완벽하게 만들어진 것도 아닌데[72], '증명법'이라는 어려운 주제의 문제를 어떻게 모두 맞추겠는가...

차차 문제 풀이량을 쌓으며 수학 실력을 늘려가다보면, 어느샌가 '내가 이걸 옛날에 왜 이리 어려워 했을까?' 하는 자신을 발견하게 될 것이다.[73] 그러니 앞으로 최대한 많은 문제들을 풀어가며 벽도 느껴보고 뿌듯함도 느껴가며 '문제 풀이량'을 늘려나가보도록 하자!

(쓰다보니 말이 길어졌는데, 그냥 실전 논제 포기하지 말고 열심히 풀어보라는 저자의 푸념이었다.)

---

[70] 이렇듯 귀류법은 다양한 곳에서 자연스럽게 활용된다.

[71] 예를 들어, 수학적 귀납법에서는 $n = k$ 인 상황과 $n = k+1$ 인 상황의 연결고리를 찾는다.' 가 있겠다.

[72] 목표는 시험 전 날까지 합격 실력을 만드는 것! (참고로 저자는 수학 실력이 시험 전날까지도 오른다고 생각한다.)

[73] 제발 저자를 한 번만 믿어보자. 증명법 파트에서 수리논술을 포기하기 학생들이 많아, 안타까운 마음에 말한다.

5-6   Chapter 5. 여러 가지 증명법

실전 논제 풀어보기

논제 1   ★★★☆☆   서강대

양수 a, b와 모든 자연수 n에 대하여 $\dfrac{a^n + b^n}{2} \geq \left(\dfrac{a+b}{2}\right)^n$임을 보이시오.

연습지

자연수 n 에 대한 명제 $p(n)$ 은 다음과 같다.

$$\text{모든 자연수 } m \text{ 에 대하여} \int_0^1 x^m (1-x)^n \, dx = \frac{m!n!}{(m+n+1)!} \text{ 이다.}$$

명제 $p(n)$ 이 모든 자연수 n 에 대하여 성립함을 수학적 귀납법으로 증명하시오.

연습지

답안지

[1] 다항식 $f(x)$를 $x^2 - x + 1$로 나눈 나머지는 $x - 1$이고, $x + 1$로 나눈 나머지는 -1일 때,
다항식 $f(x)$를 $x^3 + 1$로 나눈 나머지를 구하시오.

[2] 다항식 $g(x) = x^4 + x - 1$에 대하여 다음 명제 p가 성립함을 수학적 귀납법을 사용하여 증명하시오.
(단, $g^1(x) = g(x)$이고 $g^{n+1}(x) = g(g^n(x))$이다. 지수 표현이 아닌 합성함수 표현임에 유의할 것.)

> p : 모든 자연수 n에 대하여 $g^n(x)$를 $x^2 - x + 1$으로 나눈 나머지는 항상 일정하다.

연습지

제시문

(가) 양의 실수 a 에 대하여 $a + \dfrac{1}{a} \geq 2$ 이다.

(나) 자연수 n 에 대한 명제 $p(n)$ 이 모든 자연수 n 에 대하여 성립함을 증명하려면 다음 두 가지를 보이면 된다.

    (i) $n = 1$ 일 때 명제 $p(n)$ 이 성립한다.

    (ii) $n = k$ 일 때 명제 $p(n)$ 이 성립한다고 가정하면 $n = k + 1$ 일 때 명제 $p(n)$ 이 성립한다.

※ 모든 항이 양수인 수열 $\{a_n\}$ 이 다음 부등식을 만족한다.

$$a_{n+1} \geq \frac{n\,a_n}{a_n{}^2 + n - 1} \quad (n = 1,\ 2,\ 3,\ \cdots)$$

[1] 모든 자연수 n 에 대하여 다음 부등식이 성립함을 보이시오.

$$\frac{n}{a_{n+1}} - \frac{n-1}{a_n} \leq a_n$$

[2] 자연수 n 에 대하여 다음 부등식이 성립함을 보이시오.

$$a_1 + a_2 + \cdots + a_n \geq \frac{n}{a_{n+1}}$$

[3] 수학적 귀납법을 이용하여, 모든 자연수 $n \geq 2$ 에 대하여 다음 부등식이 성립함을 보이시오.

$$a_1 + a_2 + \cdots + a_n \geq n$$

연습지

상수 $p\,(1 < p < 2)$ 에 대하여 함수 $f(x) = x^3 - px^2 + px$ 가 있다. 수열 $\{a_n\}$ 이 모든 자연수 n 에 대하여 $a_{n+1} = f(a_n)$ 을 만족시킨다. $0 < a_1 < 1$ 일 때, 아래 물음에 답하시오.

[1] $0 < x < \beta$ 에서 부등식 $f(x) > x$ 가 성립하고, $\beta < x < 1$ 에서 부등식 $f(x) < x$ 가 성립하는 β 를 구하시오.

[2] 모든 자연수 n 에 대하여 부등식 $0 < a_n < 1$ 이 성립함을 수학적 귀납법을 이용하여 보이시오.

[3] 문항 **[1]**에서 정해진 β 에 대하여 $a_1 \neq \beta$ 일 때, 모든 자연수 n 에 대하여 부등식 $0 < a_n < \beta$ 가 성립하거나, 모든 자연수 n 에 대하여 부등식 $\beta < a_n < 1$ 이 성립함을 수학적 귀납법을 이용하여 보이시오.

[4] 문항 **[1]**에서 정해진 β 에 대하여 $a_1 \neq \beta$ 일 때, 모든 자연수 n 에 대하여 부등식 $a_{n+1} > a_n$ 이 성립하거나, 모든 자연수 n 에 대하여 부등식 $a_{n+1} < a_n$ 이 성립함을 보이시오.

연습지

다항식 $g(x) = x^4 + x^3 + x^2 + x + 1$ 에 대하여 다음 물음에 답하시오.

[1] x^5 을 $g(x)$ 로 나눈 나머지를 구하시오.

[2] 자연수 n 에 대하여 $f_n(x) = (x^3 + x^2 + 3)^n$ 이라 하자. $f_n(x)$ 를 $g(x)$ 로 나눈 나머지를

$$r_n(x) = a_n x^3 + b_n x^2 + c_n x + d_n \quad (\text{단, } a_n,\ b_n,\ c_n,\ d_n \text{은 정수})$$

라고 쓰자. 모든 $n \geq 1$ 에 대하여 $a_n = b_n,\ c_n = 0$ 임을 보이시오.

[3] 모든 $n \geq 1$ 에 대하여 $a_n^2 + a_n d_n - d_n^2$ 의 값을 구하시오.

연습지

수열 $\{a_n\}$ 의 귀납적 정의가

$$a_1 = 5, \ a_{n+1} = \frac{3}{4}a_n + \frac{2}{\sqrt{a_n}} \quad (n = 1, \ 2, \ 3, \ \cdots)$$

일 때, 다음 부등식이 성립함을 수학적 귀납법을 이용하여 보여라.

$$4 < a_n \leq \left(\frac{3}{4}\right)^{n-1} + 4 \ (n = 1, \ 2, \ 3, \ \cdots)$$

연습지

답안지

아래 그림의 사각형 ABCD에서 $\overline{AB}=\overline{BC}=\overline{CD}=2$ 이고 $\angle CDA = 75°$ 이며 $\angle DAB = 135°$ 이다.
다음 물음에 답하시오.

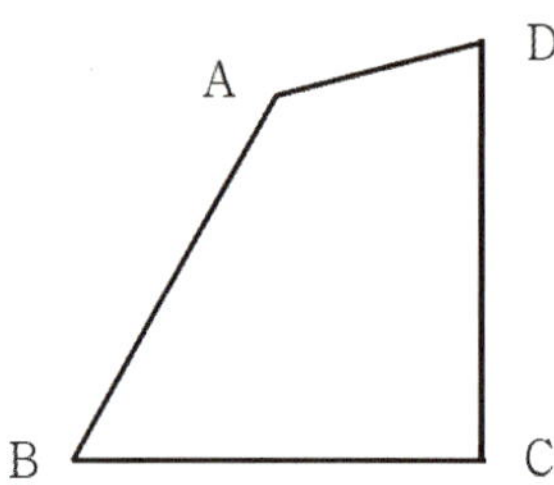

[1] 귀류법을 이용하여 $\overline{AC}=2$임을 증명하시오.

[2] $\overline{AD}$의 길이를 구하시오.

[1] 실수 전체의 집합의 공집합이 아닌 부분집합 X를 정의역으로 하는 함수 $f : X \to X$가 일대일 대응일 때, 함수 f에 대한 다음 명제 p의 참 또는 거짓을 판정하고 대우를 이용하여 증명하시오.

> $(f \circ f)(a) \neq a$인 $a \in X$가 존재하면 $(f^{-1} \circ f^{-1})(c) \neq c$인 $c \in X$가 존재한다.

[2] 자연수 n에 대하여 집합 A_n이 $A_n = \{k \mid 1 \leq k \leq n,\ k$는 자연수$\}$이다. 다음 조건 p를 만족시키는 함수의 개수를 a_n이라고 할 때, 조건 p를 만족시키는 함수 f는 일대일함수임을 보이시오.

> $p : A_n$에서 A_n으로의 함수 f에 대하여 합성함수 $f \circ f$가 집합 A_n에서의 항등함수이다.

제시문

자연수들로 이루어진 수열 $x_1, x_2, \cdots, x_n, \cdots$ 과 다항식 $p(x)$ 는 다음 조건들을 모두 만족한다.

(가) $p(0) = 0$

(나) $p(x_1) = 1$ 이며 모든 자연수 n 에 대해서 $p(x_n)$ 는 자연수이다.

(다) 모든 자연수 n 에 대해서 $\dfrac{1}{p(x_{n+1})} + \displaystyle\sum_{k=1}^{n} \dfrac{1}{x_k} = 1$ 을 만족시킨다.

[1] $x_m = x_{m+l}$ 을 만족시키는 서로 다른 자연수 m 과 l 이 존재하는지 논하시오.

[2] 수열 $p(x_1), p(x_2), \cdots, p(x_n), \cdots$ 의 수렴, 발산 여부를 판정하시오. 발산하면 그 이유를 설명하고 수렴하면 극한값 $\displaystyle\lim_{n \to \infty} p(x_n)$ 을 구하시오.

연습지

Show **a**nd **P**rove

기대T 수리논술 수업 상세안내

정규반	수업 상세 안내 (지난 수업 영상수강 가능)
정규반 - Set 1 (1주차~4주차)	– 수리논술만의 특징인 '답안작성 능력'과 '증명 능력'을 향상시키는 수업 – 수능/내신 공부와 다른 수리논술 공부의 결 & 방향성을 잡아주는 수업 – 수험생은 물론 강사조차 가지고 있는 '오개념'을 타파시키는 수학 전공자의 수업 – 무언가가 어려우면 쉽게 포기하는 성향을 가진 학생의 경우, 　문제풀이가 위주인 Set 2부터 학습한 후 Set 1 학습 추천 (단순 난이도 : Set 1 〉 Set 2)
정규반 - Set 2 (5주차~8주차)	– 만만해 보이는 과목인 수학 1이 수리논술에서 어떻게 나오는지 배워보는 강의 – 삼각함수 & 수열의 콜라보 등 수학1의 논술형 발전성을 체감해볼 수 있는 실전 내용 수업 – 다른 Set에 비하여 난이도가 쉬운 편 : 수리논술에 입문하기 좋은 강의 Set
정규반 - Set 3 (9주차~12주차)	– 수리논술에서 50% 이상의 비중을 차지하는 수리논술용 미적분을 집중 해석하는 수업 – 수리논술에도 존재하는 행동 영역을 통해 고난도 문제의 체감 난이도를 낮춰주는 수업 – 대학의 모범답안을 보고도 '이런 아이디어를 내가 어떻게 생각해내지?' 　라는 생각이 드는 학생들도, 납득 가능하고 감탄할 만한 문제 접근법을 제시해주는 수업
정규반 - Set 4 (13주차~16주차)	– 상위권 대학의 합격 당락을 가르는 고난도 주제들을 총정리하는 수업 – 출제 난이도가 높은 학교의 수리논술 합격을 바라는 학생이라면 강추
첨삭 및 자료	– 수강 형태 (현장 vs 온라인) / 상관없이, 모든 학생들에게 첨삭 제공 – 복습 시트, 손글씨 답안, 다채로운 자료 등등 오른쪽 QR코드에서 확인 가능

실전반 & Final	수업 상세 안내 (지난 수업 영상수강 가능)
실전반 - Set 1 (1주차~5주차)	– 수리논술 전용 확통/기하 Theme에 대하여 학습하는 강의 – 수능/내신의 빈출 Point와의 괴리감이 제일 큰 두 과목인 확통/기하의 내용을 　철저히 수리논술 빈출 Point에 맞게 제단된 내용만을 다루는 Compact 강의
실전반 - Set 2 (6주차~10주차)	– 상위권 학교 지원자들은 꼭 알아야 하는 필수내용만 다루는 강의 – 본인에게 유리한 출제 스타일인 학교를 탐색하여 원서 지원부터 이기고 들어갈 수 있도록 하는, 　대학별 출제경향 파악 수업 (모든 대학을 A그룹~D그룹으로 분류 후 분석) – 최신기출 (작년 기출+올해 모의) 중 주요 문항 선별 통해 주요대학 최근 출제 경향 파악
Semi Final **고/서/성/경 반** (수능전 & 직후)	– 수능 직후 시험 보는 학교들을 중점적으로 미리 공부해두기 위한 수업 – 전형적인 고난도 문제부터, 창의적인 신유형 문제까지 다양하게 만나볼 수 있는 수업 – 수능 끝나고, 주력으로 준비할 학교 선택하면 해당 학교 모의고사 1~2회분 및 해설강의 당일 제공
학교별 Final (수능전 / 수능후)	– 학교별 고유 출제 스타일에 맞는 문제들만 정조준하여 분석해주는 Final 수업 – 빈출 주제 특강 + 예상 문제 모의고사 응시 후 해설 & 첨삭 – 고승률 문제접근 Tip을 파악하기 쉽도록 기출 선별 자료집 제공 (학교별 교재 상이)

고난도 추가 논제

지금까지 학습했던 모든 CHAPTER의 내용에 대한 고난도 추가 논제입니다.
저자진이 본 교재에서 공을 제일 많이 들인 것이 바로 본 챕터의 해설 파트입니다.
문제가 어렵더라도 해설을 참고하여 학습하신다면
수리논술 실력이 엄청나게 스텝-업할 것이라 확신합니다.

고난도 추가 논제 가이드

1. 논제 선정 기준과 해설 구성

추가 논제 8문항은 다음 두 가지를 기준으로 삼고 수록하였습니다.

1. 문제에서 배워야할 중요한 학습 Point가 대학 제공 해설에서 파악하기 힘든가?

그리고

2. 문제 자체의 발상이 어렵거나 난이도가 높은 문항, 또는 풀이 여부보다 도전과 배움 자체에 의의를 둔 문항인가?

위 두 기준의 특성상, 앞의 논제들[74] 과는 다른 해설 구성이 필요하다고 생각하여

대학 제공 해설 ⊕ Show and Prove's 해설 ⊕ Comment ⊕ 최종답안

로 해설을 구성하였습니다.

① 대학 제공 해설 : 오피셜 답안입니다. 정답, 구체적인 계산 과정 확인 등 단순 참고만 하면 되겠습니다.

② Show and Prove's 해설 : 문제를 완벽하게 이해할 수 있도록 저자가 직접 작성한 해설입니다.
추가 논제의 학습에서 Main을 담당하는 파트이니, 정답 여부에 상관없이 꼭 읽어보시길 바랍니다.

③ Comment : 문제를 마무리하며 읽어봤으면 하는 것들을 적어두었습니다.
이 또한 정답 여부에 상관없이 꼭 읽어보시길 바랍니다.

④ 최종답안 : 모든 Tip, 해설, Comment를 총망라한 완벽한 답안으로써, 지향하셔야할 미래의 실전 답안입니다.
다수의 문제를 손글씨 답안으로 구성하여 리얼함을 강조하였습니다.

---

74) 앞의 논제들은 대학 제공 해설만으로도 90% 이상의 학습이 가능하다고 판단한 문항들입니다.
나머지 10%에 대한 학습은 해설편을 보면 알 수 있다시피, 간단한 [Comment]를 수록하여 학습의 공백을 채웠습니다.

아래의 과정을 논제 1개 단위로 반복하며 학습하면 좋습니다.

① 지금까지 배웠던 내용들을 떠올리며 시간 제약 없이 문제를 푼다.

② 문제를 완전히 못 풀었더라도, 충분히 시간을 투자했다는 생각이 들었을 때 해설편을 펼친다.

③ 정답 여부와 관계 없이, [Show and Prove's 해설]과 [Comment]를 정독한다.

6-2

고난도 추가 논제 풀어보기

논제 1 ★★★★☆ 서울시립대 모의

모든 자연수 n에 대하여 다음 부등식이 성립함을 보이시오.

$$\frac{n^n \times n!}{(2n)!} \leq \left(\frac{1}{\sqrt{2}}\right)^n$$

연습지

제시문

(가) 실수 a, b, c에 대하여 $b \leq c$이면 $a+b \leq a+c$이다.

(나) $a > 0$, $b > 0$일 때,

$$a > b \Leftrightarrow a^2 > b^2$$

이다.

(다) 임의의 자연수 n에 대하여 부등식

$$k^2 \leq n < (k+1)^2$$

을 만족하는 자연수 k가 유일하게 존재한다.

※ 자연수 n에 대하여 k를 $k^2 \leq n < (k+1)^2$을 만족하는 자연수라 하고, $r = n - k^2$이라 하자.

[1] 부등식

$$\sqrt{n} \leq k + \frac{r}{2k} \leq \sqrt{n+1}$$

이 성립함을 보이시오.

[2] 부등식

$$\sqrt{n} \leq k + \frac{r+1}{2(k+1)} \leq \sqrt{n+1}$$

이 성립함을 보이시오.

[3] 임의의 자연수 n에 대하여 다음 부등식을 만족하는 자연수 p, q가 존재함을 보이시오.

$$\sqrt{n} \leq \frac{p}{q} \leq \sqrt{n+1} \quad (\text{단},\ q \leq \sqrt{n}+1)$$

수열 $\{a_n\}$ 이 $a_1 = \dfrac{3}{2}$ 이고 다음의 점화식을 만족할 때 아래 물음에 답하시오.

$$모든\ 자연수\ n\ 에\ 대하여\quad a_{n+1} = \frac{2a_n + 3}{2 - 3a_n}$$

[1] $\tan\theta = \dfrac{3}{2}\left(0 < \theta < \dfrac{\pi}{2}\right)$ 일 때, 일반항 a_n 을 θ 로 나타내시오.

[2] 모든 자연수 n 에 대하여 a_n 이 0이 아닌 유리수임을 수학적 귀납법과 귀류법을 이용하여 보이시오.

(Hint : n 이 홀수인 경우를 먼저 증명한 후, 이를 이용하여 짝수인 경우도 증명하시오.)

[3] 서로 다른 자연수 n 과 m 에 대하여 $a_n \neq a_m$ 임을 보이시오.

연습지

답안지

제시문

(가) 수열 $\{a_n\}$ 은 다음 조건을 만족시킨다.

> (ㄱ) $a_1 = 0$
>
> (ㄴ) 모든 자연수 n 에 대하여 $a_n < a_{n+1}$ 이다.
>
> (ㄷ) 실수 x 가 $a_n < x < a_{n+1}$ 일 때, 집합
>
> $$\left\{ \frac{1}{k} \ln \frac{k}{x} \;\middle|\; 1 \le k \le 5n,\, k \text{ 는 자연수} \right\}$$
>
> 의 원소 중 최댓값은 $\dfrac{1}{n} \ln \dfrac{n}{x}$ 이다.

(나) 제시문 (가)의 수열 $\{a_n\}$ 에 대하여 급수의 값 S 를 다음과 같이 정의한다.

$$S = \sum_{n=1}^{\infty} \left\{ \left(\frac{a_{n+1}}{n} \right)^{\frac{1}{n}} - \left(\frac{a_n}{n} \right)^{\frac{1}{n}} \right\}$$

제시문 (나)의 S 의 값을 구하고 그 근거를 논술하시오.

연습지

제시문

(가) 닫힌구간 $\left[0, \dfrac{\pi}{4}\right]$ 에서 정의된 함수 $f(x)$는 다음과 같다.

$$f(x) = 2\int_0^x \tan\theta \sec^2\theta \, d\theta + 1$$

(나) 제시문 (가)의 함수 $f(x)$에 대하여 수열 $\{a_n\}$의 일반항은 다음과 같다.

$$a_n = \frac{1}{4^n} f\!\left(\frac{\pi}{2^{n+2}}\right)$$

(다) 제시문 (나)의 수열 $\{a_n\}$에 대하여 S는 다음과 같다.

$$S = \sum_{n=1}^{\infty} a_n$$

(라) 사인함수의 덧셈정리

$$(\text{i}) \ \sin(\alpha+\beta) = \sin\alpha\cos\beta + \cos\alpha\sin\beta$$
$$(\text{ii}) \ \alpha = \beta \text{일 때}, \ \sin 2\alpha = 2\sin\alpha\cos\alpha$$

제시문 (다)의 S의 값을 구하고 그 근거를 논술하시오.

연습지

답안지

제시문

(가) 자연수 $n\,(1 \le n \le 500)$에 대하여 a_n은 다음과 같다.

$$a_n = \sum_{k=1}^{100} \sin\left(\frac{n+k}{100}\right)$$

(나) 제시문 (가)의 n과 a_n에 대하여 a_n의 값이 최대가 되도록 하는 n의 값을 m이라고 하자.

(다) 제시문 (나)의 자연수 m에 대하여 실수 b는 다음과 같다.

$$b = \sum_{k=1}^{100} \cos\left(\frac{m+k}{100}\right)$$

(라) 제시문 (다)의 실수 b에 대하여 집합 A는 다음과 같다.

$$A = \{k \,|\, 2b - k > 0, \ k\text{는 정수}\}$$

(마) 삼각함수의 덧셈정리

$$(\,\mathrm{i}\,)\ \sin\left(\frac{\pi}{2}+x\right) = \sin\left(\frac{\pi}{2}-x\right),\ \cos\left(\frac{\pi}{2}+x\right) = -\cos\left(\frac{\pi}{2}-x\right)$$

$(\,\mathrm{ii}\,)$ 원주율 π의 값은 $\pi = 3.141592\cdots$임이 알려져 있고, $1.570 < \dfrac{\pi}{2} < 1.571$이다.

제시문 (마)를 이용하여 제시문 (라)의 집합 A의 원소 중 가장 큰 값을 구하고 그 근거를 논술하시오.

연습지

답안지

제시문

모든 자연수 n에 대하여 다음과 같은 다항식이 주어진다.

$$f_1(x) = 1 + x$$

$$f_2(x) = 1 + x + \frac{x^2}{2!}$$

$$f_3(x) = 1 + x + \frac{x^2}{2!} + \frac{x^3}{3!}$$

$$\cdots$$

$$f_n(x) = 1 + x + \frac{x^2}{2!} + \cdots + \frac{x^n}{n!}$$

(단, $n!$은 1부터 n까지의 모든 자연수의 곱이다.)

[1] 세 방정식 $f_1(x) = 0$, $f_2(x) = 0$, $f_3(x) = 0$의 실근의 개수를 각각 구하시오.

[2] 두 방정식 $f_{2025}(x) = 0$과 $f_{2026}(x) = 0$의 실근의 개수를 각각 구하여라.

연습지

답안지

제시문

(가) 자연수 n에 대한 명제 $p(n)$이 모든 자연수 n에 대하여 성립함을 증명하려면 다음 두 가지를 보이면 된다.

(i) $n = 1$일 때 명제 $p(n)$이 성립한다.

(ii) $n = k$일 때 명제 $p(n)$이 성립한다고 가정하면 $n = k+1$일 때 명제 $p(n)$이 성립한다.

(나) 어떤 명제가 참임을 증명할 때, 명제의 결론을 부정하여 가정한 사실 또는 이미 알려진 사실에 모순이 생김을 보이면 된다. 이처럼 증명하는 방법을 귀류법이라 한다.

※ $a_1 = a_2 = 0$이고, 각 항이 0또는 1인 수열 $\{a_n\}$이 $n \geq 2$일 때 다음 조건을 만족한다.

> (i) 집합 $\left\{k \mid k\text{는 자연수}, \ k \leq \dfrac{n}{2} \text{이고 } a_k = 0\right\}$의 원소의 개수가 짝수이면 $a_{n+1} = a_n$이다.
>
> (ii) 집합 $\left\{k \mid k\text{는 자연수}, \ k \leq \dfrac{n}{2} \text{이고 } a_k = 0\right\}$의 원소의 개수가 홀수이면 $a_{n+1} \neq a_n$이다.

예를 들어 $a_3 = 1, \ a_4 = 0$이다.

[1] $a_9, \ a_{10}$의 값을 구하시오.

[2-1] 모든 자연수 n에 대하여 $a_{2n} = 0$임을 보이시오.

[2-2] 다음 조건을 만족하는 자연수 m은 존재하지 않음을 보이시오.

> $n \geq m$인 모든 자연수 n에 대하여 $a_{n+1} = a_n$이다.

[3] 집합 $\{k \mid k\text{는 자연수}, \ k \leq 2025 \text{이고 } a_k = 0\}$의 원소의 개수를 구하시오.

연습지

답안지

Show **a**nd **P**rove

기대T 수리논술 수업 상세안내

정규반	수업 상세 안내 (지난 수업 영상수강 가능)
정규반 – Set 1 **(1주차~4주차)**	– 수리논술만의 특징인 '답안작성 능력'과 '증명 능력'을 향상시키는 수업 – 수능/내신 공부와 다른 수리논술 공부의 결 & 방향성을 잡아주는 수업 – 수험생은 물론 강사조차 가지고 있는 '오개념'을 타파시키는 수학 전공자의 수업 – 무언가가 어려우면 쉽게 포기하는 성향을 가진 학생의 경우, 문제풀이가 위주인 Set 2부터 학습한 후 Set 1 학습 추천 (단순 난이도 : Set 1 〉 Set 2)
정규반 – Set 2 **(5주차~8주차)**	– 만만해 보이는 과목인 수학 1이 수리논술에서 어떻게 나오는지 배워보는 강의 – 삼각함수 & 수열의 콜라보 등 수학1의 논술형 발전성을 체감해볼 수 있는 실전 내용 수업 – 다른 Set에 비하여 난이도가 쉬운 편 : 수리논술에 입문하기 좋은 강의 Set
정규반 – Set 3 **(9주차~12주차)**	– 수리논술에서 50% 이상의 비중을 차지하는 수리논술용 미적분을 집중 해석하는 수업 – 수리논술에도 존재하는 행동 영역을 통해 고난도 문제의 체감 난이도를 낮춰주는 수업 – 대학의 모범답안을 보고도 '이런 아이디어를 내가 어떻게 생각해내지?' 라는 생각이 드는 학생들도, 납득 가능하고 감탄할 만한 문제 접근법을 제시해주는 수업
정규반 – Set 4 **(13주차~16주차)**	– 상위권 대학의 합격 당락을 가르는 고난도 주제들을 총정리하는 수업 – 출제 난이도가 높은 학교의 수리논술 합격을 바라는 학생이라면 강추
첨삭 및 자료	– 수강 형태 (현장 vs 온라인) / 상관없이, 모든 학생들에게 첨삭 제공 – 복습 시트, 손글씨 답안, 다채로운 자료 등등 오른쪽 QR코드에서 확인 가능

실전반 & Final	수업 상세 안내 (지난 수업 영상수강 가능)
실전반 – Set 1 **(1주차~5주차)**	– 수리논술 전용 확통/기하 Theme에 대하여 학습하는 강의 – 수능/내신의 빈출 Point와의 괴리감이 제일 큰 두 과목인 확통/기하의 내용을 철저히 수리논술 빈출 Point에 맞게 제단된 내용만을 다루는 Compact 강의
실전반 – Set 2 **(6주차~10주차)**	– 상위권 학교 지원자들은 꼭 알아야 하는 필수내용만 다루는 강의 – 본인에게 유리한 출제 스타일인 학교를 탐색하여 원서 지원부터 이기고 들어갈 수 있도록 하는, 대학별 출제경향 파악 수업 (모든 대학을 A그룹~D그룹으로 분류 후 분석) – 최신기출 (작년 기출+올해 모의) 중 주요 문항 선별 통해 주요대학 최근 출제 경향 파악
Semi Final **고/서/성/경 반** **(수능전 & 직후)**	– 수능 직후 시험 보는 학교들을 중점적으로 미리 공부해두기 위한 수업 – 전형적인 고난도 문제부터, 창의적인 신유형 문제까지 다양하게 만나볼 수 있는 수업 – 수능 끝나고, 주력으로 준비할 학교 선택하면 해당 학교 모의고사 1~2회분 및 해설강의 당일 제공
학교별 Final **(수능전 / 수능후)**	– 학교별 고유 출제 스타일에 맞는 문제들만 정조준하여 분석해주는 Final 수업 – 빈출 주제 특강 + 예상 문제 모의고사 응시 후 해설 & 첨삭 – 고승률 문제접근 Tip을 파악하기 쉽도록 기출 선별 자료집 제공 (학교별 교재 상이)

최신 기출 갈무리

최신 기출 논제 풀어보기

제시문

좌표평면 위의 세 점 B, C, D를 다음과 같이 정의하자.

(가) 점 B와 C의 좌표는 각각 $(-4, 0)$과 $(0, 0)$이다.
(나) 점 D의 y좌표는 양수이고, 선분 CD의 길이는 3이다.

점 C에서 직선 BC와 접하고, 점 D를 지나는 원을 생각하자. 직선 BD가 점 D를 제외하고 이 원과 다시 만나는 점을 점 A라 하자. $\angle BCD = \theta$라 할 때, 함수 $f(\theta)$를 선분 AD의 길이로 정의하자. 단, 원이 점 D에서 직선 BD와 접할 경우에는, 점 A를 점 D로 정의하고 그때의 θ의 값을 α라고 하며 $f(\alpha) = 0$으로 정의한다. $0 < \theta < \alpha$일 때, 제시된 상황을 그림으로 나타내면 아래와 같다.

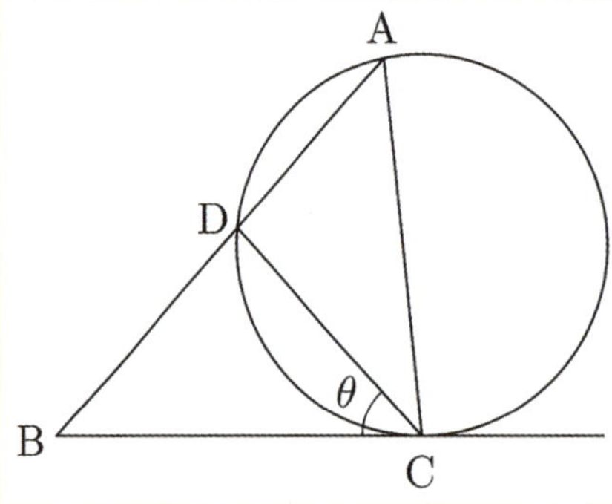

[1] 제시문에 주어진 원의 반지름을 θ에 관한 식으로 표현하고, 그 이유를 논하시오.

[2] 제시문에 주어진 α와 원에 대하여 $\cos \alpha$의 값과 원의 반지름을 각각 구하고, 그 이유를 논하시오.

[3] 제시문에 주어진 함수 $f(\theta)$에 대하여, $f\left(\dfrac{\pi}{3}\right)$와 $f\left(\dfrac{\pi}{2}\right)$의 값을 각각 구하고 그 이유를 논하시오.

[4] 제시문에 주어진 함수 $f(\theta)$의 값이 선분 AC의 길이와 같을 때, $\cos \theta$의 값을 모두 구하고 그 이유를 논하시오.

함수 $f(a) = -\dfrac{2a}{\sqrt{1+a^2}}$ 에 대하여, $\left| f\left(2\sin\left(\dfrac{\pi}{2}a\right)\right)\right| = \sqrt{3}$ 이 되는 모든 양수 a를 작은 것부터 크기 순서대로 나열한 것을 수열 $\{a_n\}$으로 정의하자. 이때 부등식 $\displaystyle\sum_{k=1}^{m} a_k > 2025$ 를 만족하는 가장 작은 자연수 m을 구하고, 그 이유를 논하시오.

연습지

세 변 AB, BC, CA 의 길이가 각각 3, 4, 5 인 삼각형 ABC 가 있다. 삼각형 PQR 은 다음 조건을 만족시킨다.

> (가) 꼭짓점 P, Q, R 은 각각 선분 AB, BC, CA 위에 있다.
>
> (나) 두 선분 PQ 와 QR 은 서로 수직이고 $\overline{PQ} = \overline{QR}$ 이다.

$\overline{BP} = x\,(0 \le x \le 3)$라 할 때, 삼각형 PQR의 넓이를 x에 대한 식으로 나타내고, 삼각형 PQR의 넓이가 최소가 되게 하는 x의 값을 구하시오.

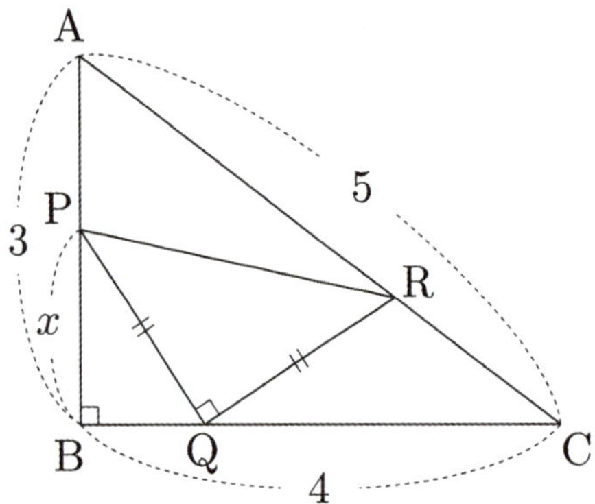

답안지

점 A$(-2, 0)$과 두 원 $C_1 : x^2 + y^2 = 1$, 원 $C_2 : (x+1)^2 + y^2 = 1$에 대하여 점 Q가 다음 조건을 만족시킨다.
(단, 점 Q의 x좌표는 점 A의 x좌표보다 크다.)

> (i) $\overline{\mathrm{AP}}$, $\overline{\mathrm{AQ}}$ 는 서로 평행하다.
>
> (ii) $\overline{\mathrm{AP}} \times \overline{\mathrm{AQ}} = 9$

다음 물음에 답하시오.

[1] 점 P가 원 C_1 위를 움직일 때, 점 Q가 그리는 도형의 방정식을 구하시오.

[2] 두 원 C_1, C_2로 둘러싸인 공통영역의 경계 위 (아래 그림에서 음영 부분의 경계 위)를 점 P가 움직일 때, 점 Q가 그리는 도형의 길이를 구하시오.

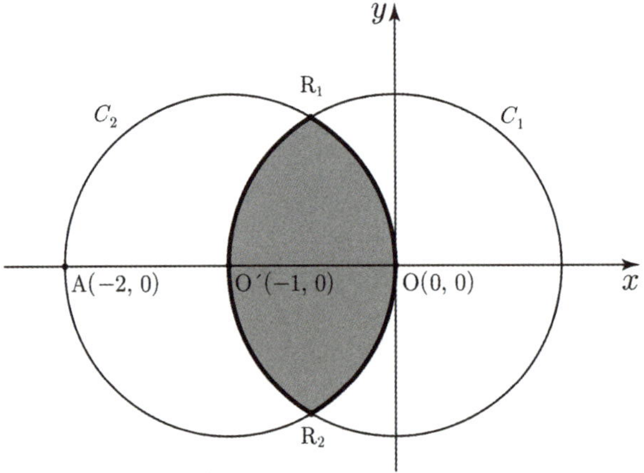

연습지

답안지

제시문 일부

(가) 수열 $\{a_n\}$의 첫째항부터 제n항까지의 합을 S_n이라고 하면 일반항과 수열의 합의 관계는 다음과 같다.

$$a_1 = S_1, \ a_n = S_n - S_{n-1} \ (n \geq 2)$$

수열 $\{a_n\}$의 첫째항부터 제n항까지의 합 S_n이 다음을 만족시킬 때, a_1을 구하시오.

(가) $S_n = \begin{cases} \dfrac{1}{2}a_n - 2 & (n\text{이 짝수인 경우}) \\ 2a_n + 3 & (n\text{이 } 3 \text{ 이상인 홀수인 경우}) \end{cases}$

(나) $S_8 = 2025$

연습지

제시문 일부

(나) 모든 실수 α, β에 대하여 다음 식이 성립한다.

$$\sin(\alpha + \beta) = \sin\alpha\cos\beta + \cos\alpha\sin\beta$$
$$\cos(\alpha + \beta) = \cos\alpha\cos\beta - \sin\alpha\sin\beta$$

(다) 미분가능한 함수 $g(x)$의 도함수 $g'(x)$가 닫힌구간 $[a,\ b]$를 포함하는 열린구간에서 연속이고, $g(a) = \alpha$, $g(b) = \beta$에 대하여 함수 $f(x)$가 α와 β를 양끝으로 하는 닫힌구간에서 연속일 때 다음 식이 성립한다.

$$\int_a^b f(g(x))g'(x)dx = \int_\alpha^\beta f(t)dt$$

$\overline{AB} = 2$, $\overline{AC} = 1$ 이고 $\angle BAC = 3x$ 인 삼각형 ABC가 있다. 선분 BC 위의 점 D 를 $\angle BAD = x$ 가 되도록 잡자. 선분 AD 의 길이를 $f(x)$ 라 할 때, 정적분 $\displaystyle\int_{\frac{\pi}{6}}^{\frac{\pi}{4}} f(x)\sin^3 x\, dx$ 의 값을 구하시오.

연습지

답안지

제시문 일부

(아) 자연수 n에 대한 명제 $p(n)$이 모든 자연수 n에 대하여 성립함을 증명할 때, 다음 두 가지를 증명하면 된다.

(i) $n=1$일 때, 명제 $p(n)$이 성립한다.
(ii) $n=k$일 때, 명제 $p(n)$이 성립한다고 가정하면 $n=k+1$일 때도 명제 $p(n)$이 성립한다.

자연수에 대한 어떤 명제가 참임을 증명하는 이와 같은 방법을 수학적 귀납법이라고 한다.

모든 자연수 n에 대하여 다음 부등식이 성립함을 제시문 (아)의 수학적 귀납법으로 증명하시오.

$$\sum_{m=1}^{n^2} \frac{1}{\sqrt{2m-1}} \geq n$$

연습지

제시문 일부

(라) 삼각형 ABC에서 외접원의 반지름의 길이를 R라고 하면

$$\frac{a}{\sin A}=\frac{b}{\sin B}=\frac{c}{\sin C}=2R$$

(마) 등비급수 $\displaystyle\sum_{n=1}^{\infty} ar^{n-1}\ (a\neq 0)$은

① $|r|<1$일 때, 수렴하고 그 합은 $\dfrac{a}{1-r}$이다.

② $|r|\geq 1$일 때, 발산한다.

(바) 사인함수와 코사인함수의 덧셈정리

① $\sin(\alpha+\beta)=\sin\alpha\cos\beta+\cos\alpha\sin\beta$, $\sin(\alpha-\beta)=\sin\alpha\cos\beta-\cos\alpha\sin\beta$

② $\cos(\alpha+\beta)=\cos\alpha\cos\beta-\sin\alpha\sin\beta$, $\cos(\alpha-\beta)=\cos\alpha\cos\beta+\sin\alpha\sin\beta$

(사) 함수 $f(x)$가 어떤 구간에서 미분가능하고, 이 구간의 모든 x에 대하여

① $f'(x)>0$이면 $f(x)$는 이 구간에서 증가한다.

② $f'(x)<0$이면 $f(x)$는 이 구간에서 감소한다.

[그림 2]와 같이 좌표평면 위에 원점 O를 지나고 기울기가 양수인 직선 l과 기울기가 음수인 직선 m이 있다.

(단, $0<\alpha<\dfrac{\pi}{2}$, $0<\beta<\dfrac{\pi}{2}$) 점 $P_1(1,\ 0)$에서 시작하여 제1사분면에서 $\angle P_1P_2O=\dfrac{\pi}{3}$인 직선 l 위의 점 P_2를 찾는다. 점 P_2에서 y축에 내린 수선의 발을 P_3, 제2사분면에서 $\angle P_3P_4O=\dfrac{\pi}{3}$인 직선 m 위의 점 P_4를 찾는다. 점 P_4에서 x축에 내린 수선의 발을 P_5라 하자. 이와 같은 방법으로 하여, 시계 반대 방향으로 점 P_6, P_7, P_8, P_9, $\cdots$를 한없이 만들어 나갈 때, 다음 페이지의 물음에 답하시오.

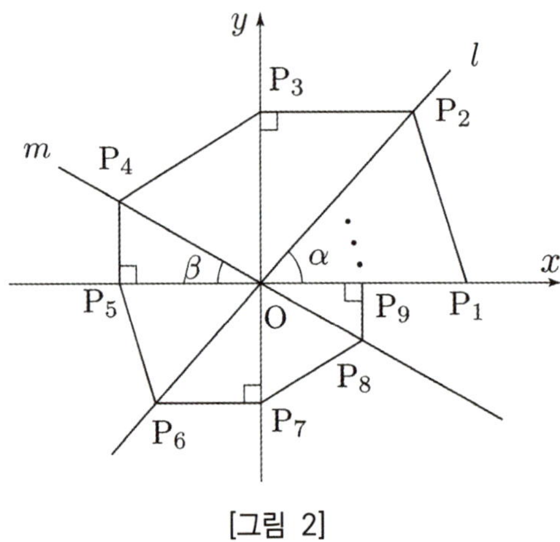

[그림 2]

[1] $\overline{OP_5}$를 α와 β에 대한 식으로 정리하면

$$\overline{OP_5} = A\sin(\alpha + B)\sin\alpha\cos(\beta + C)\cos\beta$$

일 때, 상수 A, B, C의 값을 각각 구하고 그 근거를 논술하시오. (단, $0 < B < \dfrac{\pi}{2}$, $-\dfrac{\pi}{2} < C < 0$)

[2] $\beta = \dfrac{\pi}{6}$일 때, x축 위의 점 P_1, P_5, P_9, $\cdots$에 대하여, $\overline{OP_1} + \overline{OP_5} + \overline{OP_9} + \cdots$의 합을 α에 대한 식으로 구하고, 이를 $f(\alpha)$라 하자. 이때, $f(\alpha)$의 증가와 감소의 표를 구하시오.

또한 이를 이용하여 $f(\alpha)$가 최대가 되는 α의 값과, 그때의 최댓값을 구하고 그 근거를 논술하시오.

답안지

제시문

(가) 두 각 α, β의 삼각함수를 이용하여 $\alpha+\beta$, $\alpha-\beta$의 코사인함수를 나타내면 다음과 같고, 이를 코사인함수의 덧셈정리라고 한다.

$$\cos(\alpha+\beta)=\cos\alpha\cos\beta-\sin\alpha\sin\beta$$
$$\cos(\alpha-\beta)=\cos\alpha\cos\beta+\sin\alpha\sin\beta$$

(나) 좌표평면 위에서 점 A는 중심이 원점 O이고 반지름의 길이가 3인 원 C를 따라 움직이고, 점 B는 중심이 $(7,\ 0)$이고 반지름이 1인 원을 따라 움직인다. 점 A의 시각 t에서의 위치 $(x,\ y)$가

$$x=3\cos t,\ y=3\sin t$$

이고, 점 B의 시각 t에서의 위치 $(x,\ y)$가

$$x=7+\cos 3t,\ y=\sin 3t$$

이다.

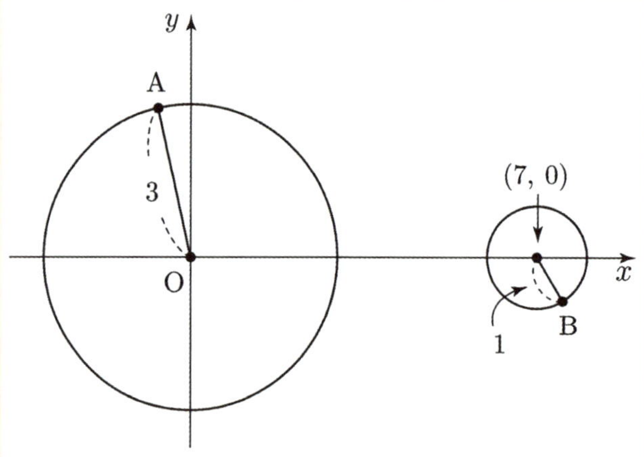

(나)에서 $t=0$부터 $t=2\pi$까지 점 A와 B가 움직이는 동안 선분 AB와 원 C가 서로 다른 두 점에서 만나는 t의 범위를 구하고 풀이과정을 쓰시오.

연습지

제시문

(가) 원의 중심과 직선 사이의 거리를 d, 원의 반지름의 길이를 r 라고 하면 원과 직선의 위치 관계는 다음과 같다.

  (ⅰ) $d < r$ 이면 서로 다른 두 점에서 만난다.
  (ⅱ) $d = r$ 이면 한 점에서 만난다. (접한다.)
  (ⅲ) $d > r$ 이면 만나지 않는다.

(나) 그림에서 원 T 는 반지름이 1 이고 선분 AB와 점 P 에서 접한다. $\overline{\mathrm{AB}} = 4$ 이고 $\overline{\mathrm{AP}} = t$ 이다.

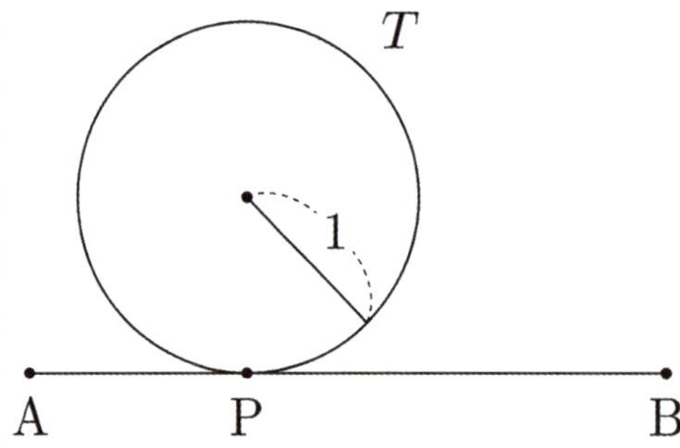

[1] (나)에서 $t = \dfrac{1}{2}$ 일 때 원 T 가 내접원인 삼각형 ABC 의 넓이를 구하고 풀이과정을 쓰시오.

[2] (나)에서 원 T 가 내접원인 삼각형 ABC 가 존재할 t 의 범위를 구하고 풀이과정을 쓰시오.

연습지

답안지

제시문

(가) 처음 몇 개의 항과 이웃하는 여러 항 사이의 관계식으로 수열을 정의하는 것을 수열의 귀납적 정의라 한다.

(나) 모든 실수 α에 대하여 $\cos\alpha = \sin\left(\dfrac{\pi}{2} - \alpha\right) = \sin\left(\dfrac{\pi}{2} + \alpha\right)$이다.

※ 수열 $\{a_n\}$은 다음 조건을 만족한다. (단, $0 \le a_1 < 2\pi$이다.)

> 자연수 n에 대하여 a_{n+1}은 방정식 $\sin\left(2x - \dfrac{3}{2}a_n\right) = \cos\left(x - \dfrac{3}{2}a_n\right)$을 만족하는 양의 실수 x의 값을 작은 것부터 나열했을 때 $(n+1)$번째 값이다.

[1] $a_1 = 0$일 때, a_2, a_3의 값을 구하시오.

[2] $a_2 = a_1 + \dfrac{\pi}{6}$가 되기 위한 첫째항 a_1의 조건을 구하시오.

[3] $a_2 = a_1 + \dfrac{\pi}{6} \le \dfrac{2\pi}{3}$일 때, 집합 $\{\sin a_n \mid n = 1,\ 2,\ 3,\ \cdots\}$의 원소의 개수가 될 수 있는 값을 모두 구하시오.

연습지

Show and Prove 1

수리논술을 위한 Basic Logic & 수학 1

실전 논제 해설 모음

수리논술의 기본기

[1] $n \geq 4$일 때,

$$
\begin{aligned}
\alpha(n, 4) &= \frac{1}{4}\,{}_{2n-4}C_3 \\
&= \frac{(2n-4)(2n-5)(2n-6)}{4 \times 3 \times 2 \times 1} \\
&= \frac{(n-2)(2n-5)(n-3)}{3 \times 2} \\
&= \frac{1}{6}(n-3)\{(n-3)+1\}\{2(n-3)+1\} \\
&= 1^2 + 2^2 + 3^2 + \dots + (n-3)^2 \quad (\because \text{제시문 } 1^2 + 2^2 + 3^2 + \dots + n^2 = \frac{n(n+1)(2n+1)}{6} \text{ 공식})
\end{aligned}
$$

이므로, $\alpha(n,4)$는 자연수이다.

[2] $n \geq 4$일 때,

$$
\begin{aligned}
5 \times \alpha(n, n-2) &= \frac{5}{n-2}\,{}_{n+2}C_{n-3} \\
&= \frac{5}{n-2}\,{}_{n+2}C_5 = \frac{5}{n-2} \times \frac{(n+2)(n+1)n(n-1)(n-2)}{5!} \\
&= \frac{(n+2)(n+1)n(n-1)}{4!} = {}_{n+2}C_4
\end{aligned}
$$

이다. ${}_{n+2}C_4$는 자연수이므로, $5 \times \alpha(n,n-2)$는 자연수이다. 또한,

$$
\alpha(100,67) = \frac{1}{67}\,{}_{133}C_{66} = \frac{133 \times 132 \times \dots \times 68}{67!} \quad \dots\dots \ \text{①}
$$

이다. 유리수 $\alpha(100,67)$이 자연수라고 가정하면, ①의 우변의 분모인 $67!$이 소수 67의 배수이므로, 분자 $133 \times 132 \times \dots \times 68$ 은 소수 67의 배수여야 한다. $\dots\dots$ ②
그런데 소수 67의 배수인 134보다 1씩 작아지는 연속된 66개의 자연수 $133, 132, \dots, 68$의 곱이므로 소수 67의 배수가 아니다. 따라서 ②는 모순이다.
그러므로 $\alpha(100,67)$은 자연수가 아니다.

[1]

$n = p^k$이면 양의 약수의 총합은 $1 + p + p^2 + \cdots + p^k = \dfrac{p^{k+1} - 1}{p - 1}$이다.

n이 완전수라 가정하면 $\dfrac{p^{k+1} - 1}{p - 1} = 2n = 2p^k$이다.

따라서, $p^{k+1} - 1 = 2p^{k+1} - 2p^k$, 즉 $p^k(p - 2) = -1$이다.

이때, $p = 2$이면 $0 = -1$이므로 모순이고,

$p > 2$이면 k는 자연수이므로 좌변은 p의 배수이나 우변은 p의 배수가 아니므로 모순이다.

따라서, n은 완전수가 될 수 없다.

[2]

m이 홀수이므로 n의 양의 약수들은 m의 양의 약수를 1배, 2배, 4배, 8배한 수이다.

따라서, m의 양의 약수의 총합을 $f(m)$이라 하면

n의 양의 약수의 총합은 $(1 + 2 + 4 + 8)f(m) = 15f(m)$이다.

따라서, n이 완전수라면 $15f(m) = 16m$을 만족시킨다. 그러므로 m은 15의 배수이다.

$m = 15k$로 두면 $f(m) = 16k$이다.

여기서 $k \geq 1$이므로

$k,\ 3k,\ 5k,\ 15k$가 모두 서로 다른 m의 양의 약수이고 $f(m) \geq k + 3k + 5k + 15k$가 되어 모순이다.

따라서, n은 완전수가 아니다.

[1]

먼저 $f(x) > b$이면, $f(x) > b > a$ 이므로, $h(f(x) - a) + a = a$이고, $h(f(x) - b) + b = b$이다.
따라서 부등식이 성립한다.

이제 $a < f(x) \leq b$이면, $h(f(x) - a) + a = a$이고, $h(f(x) - b) + b = f(x) - b + b = f(x)$이다.
따라서 부등식은 성립한다.

마지막으로 $f(x) \leq a$이면, $f(x) \leq a < b$이므로 $h(f(x) - a) + a = f(x) - a + a = f(x)$이고,
$h(f(x) - b) = b = f(x) - b + b = f(x)$이다. 따라서 부등식은 성립한다.

[2]

（ⅰ）명제 : '함수 $f(x)$가 모든 실수 x에 대하여 $h(f(x) - 7) + 7 \leq h(f(x) - 5) + 5$이면
  $f(x) \leq 5$' 임을 귀류법을 이용하여 보이자.

  결론을 부정하여 어떤 실수 c에 대하여 $f(c) > 5$라고 가정하자. 그러면 $h(f(c) - 5) + 5 = 5$이다.
  한편, $5 < f(c) \leq 7$일 때 $h(f(c) - 7) + 7 = f(c)$이고 $f(c) > 7$일 때, $h(f(c) - 7) + 7 = 7$ 인데
  $f(c)$, 7 모두 5보다 큰 수이므로 $h(f(c) - 7) + 7 > h(f(c) - 5) + 5$ 임을 알 수 있다.
  이는 위 명제의 전제에 $x = c$를 대입한 식 $h(f(c) - 7) + 7 \leq h(f(c) - 5) + 5$ 과 모순이므로,
  귀류법에 의하여 위 명제를 증명할 수 있었다.

（ⅱ）명제 : '함수 $f(x)$가 모든 실수 x에 대하여 $f(x) \leq 5$이면 $h(f(x) - 7) + 7 \leq h(f(x) - 5) + 5$'
  임을 보이자.

  $f(x) \leq 5 < 7$이므로, 모든 실수 x에 대하여 $h(f(x) - 7) + 7 = f(x) = h(f(x) - 5) + 5$가 성립한다.
  따라서 모든 실수 x에 대하여 $f(x) \leq 5$일 때 $h(f(x) - 7) + 7 \leq h(f(x) - 5) + 5$가 성립한다.

（ⅰ）, （ⅱ）에 의하여 '모든 실수 x에 대하여 $h(f(x) - 7) + 7 \leq h(f(x) - 5) + 5$'와 '모든 실수 x에 대하여
$f(x) \leq 5$'가 서로 필요충분조건임을 보였다.

> **✅ TIP**
>
> 〈논제3〉은 제시문과 해설을 비교해서 읽어보면 완벽히 제시문과 문제접근방식이 판박이인 문제임을 알 수 있다.[1]
> 이렇게 친절한 제시문이 나왔을 경우는 무작정 문제에 머리부터 박지 말고
>
> '이걸 어떻게 활용해서 문제를 풀까?'
>
> 란 고민을 꼭 해보기 바란다.

---

[1] 물론, 제시문처럼 보이는 것보단 해설답안처럼 보이는 것이 더 증명문법에 어울리는 답안이긴 하다. 둘의 차이를 느껴보면 좋을 듯 :)

$\alpha = 0$이면, $0 = \displaystyle\int_0^\alpha |f(x)|\,dx = \dfrac{50}{3}$이므로 모순이다.

$\alpha < 0$이면, $\displaystyle\int_0^\alpha |f(x)|\,dx = -\int_\alpha^0 |f(x)|\,dx$이고 $\displaystyle\int_\alpha^0 |f(x)|\,dx$은 곡선 $y = |f(x)|$과 x축 및

두 직선 $x = \alpha$, $x = 0$으로 둘러싸인 부분의 넓이이므로 양수이다.

$\dfrac{50}{3} = \displaystyle\int_0^\alpha |f(x)|\,dx < 0$이므로 모순이다.

따라서, $0 < \alpha < \beta$이고 $f(x) = x^2 + px + q$라 하면 $q = \alpha\beta > 0$이다.

$y = h(x)$를 곡선 $y = |f(x)|$ 위의 점 $(6,\ |f(6)|)$에서의 접선의 방정식이라 하자. $f(6) > 0$이라 하면,

$$h(x) = f'(6)(x - 6) + f(6) = (12 + p)(x - 6) + (36 + 6p + q)$$
$$h(0) = -6(12 + p) + (36 + 6p + q) = q - 36$$

제시문에 의해 $h(0) = |f(0)| = q$이므로 $q - 36 = q$이지만, 이를 만족시키는 q는 없으므로 $f(6) > 0$이 될 수 없다.
또한, 함수 $|f(x)|$가 $x = 6$에서 미분가능하므로 $f(6) \neq 0$이다. 따라서 $f(6) < 0$이고,

$$h(x) = -f'(6)(x - 6) + f(6) = -(12 + p)(x - 6) - (36 + 6p + q)$$
$$h(0) = 6(12 + p) - (36 + 6p + q) = 36 - q = q \ \text{즉,}\ q = 18$$

한편, 이차방정식의 근과 계수의 관계로부터 $p = -(\alpha + \beta)$, $18 = q = \alpha\beta$이다.

따라서, $p = -\left(\alpha + \dfrac{18}{\alpha}\right)$이고 $\alpha^2 < \alpha\beta = 18$, 즉, $0 < \alpha < 3\sqrt{2}$

또한, $f(6) < 0$ 이므로 $0 < \alpha < 6 < \beta$이고 구간 $[0,\ \alpha)$에서 $|f(x)| = f(x) > 0$

$$\int_0^\alpha |f(x)| = \int_0^\alpha f(x)\,dx = \left[\frac{1}{3}x^3 + \frac{1}{2}px^2 + qx\right]_0^\alpha = \frac{1}{3}\alpha^3 + \frac{1}{2}p\alpha^2 + q\alpha = \frac{50}{3} \ \cdots\cdots \ \text{㉠}$$

㉠의 양변에 6을 곱하면 $2\alpha^3 + 3p\alpha^2 + 6q\alpha = 100$

$q = 18$, $p = -\left(\alpha + \dfrac{18}{\alpha}\right)$이므로 $2\alpha^3 - 3\alpha^2\left(\alpha + \dfrac{18}{\alpha}\right) + 108\alpha = 2\alpha^3 - 3\alpha^3 - 54\alpha + 108\alpha = -\alpha^3 + 54\alpha = 100$

이를 정리하면 $\alpha^3 - 54\alpha + 100 = (\alpha - 2)(\alpha^2 + 2\alpha - 50) = 0$이다.

따라서 $\alpha = 2,\ -1 - \sqrt{51},\ -1 + \sqrt{51}$

그런데 $-1 - \sqrt{51} < 0$이고 $-1 + \sqrt{51} > 3\sqrt{2}$ 이므로 $\alpha = 2$이다.

그러므로 $\alpha = 2$, $\beta = 9$이고 $p = -(2 + 9) = -11$ 이다.

즉, $f(x) = x^2 - 11x + 18$ 이므로 $f(10) = 8$ 이다.

$$\lim_{n \to \infty} \sqrt{n}\, a_n = \lim_{n \to \infty} \left(1 + \frac{1}{n}\right)^{-\frac{n}{2}} = \frac{1}{\sqrt{e}}$$ 이므로 수열의 극한의 성질 (=샌드위치 정리)에 의해

$$\lim_{n \to \infty} \sqrt{n}\, b_n = \frac{1}{\sqrt{e}} \ \cdots\cdots\ ① \ , \ \lim_{n \to \infty} b_n = 0 \ \text{이므로} \ \lim_{n \to \infty} \frac{\ln(1 + b_n)}{b_n} = 1 \ \cdots\cdots\ ② \ \text{이다.}$$

따라서 $$\lim_{n \to \infty} \sqrt{n}\, \ln(1 + b_n) = \lim_{n \to \infty} \left(\sqrt{n}\, b_n \times \frac{\ln(1 + b_n)}{b_n}\right) = \frac{1}{\sqrt{e}} \ (\because ①, ②)\text{이다.}$$

[Comment 1]

위의 답안대로 풀면, 부족한 답안이다.

$a_{n+1} < b_n < a_n$ 을 활용하기 위해선 부등식 $1 + \dfrac{1}{(a_n)^2} \leq \dfrac{1}{(a_{n+1})^2}$ 이 만족하는지 확인할 필요가 있다.

따라서 아래 과정을 답안 맨 위에 추가해줘야 한다.

문제에서 주어진 $\{a_n\}$ 을 식조작하면 다음과 같은 결과를 얻을 수 있다.

$$1 + \frac{1}{(a_n)^2} = 1 + n\left(1 + \frac{1}{n}\right)^n \leq 1 + n\left(1 + \frac{1}{n+1}\right)^{n+1}$$

$$= 1 + (n+1)\left(1 + \frac{1}{n+1}\right)^{n+1} - \left(1 + \frac{1}{n+1}\right)^{n+1}$$

$$= 1 + \frac{1}{(a_{n+1})^2} - \left(1 + \frac{1}{n+1}\right)^{n+1} < \frac{1}{(a_{n+1})^2}$$

따라서 수열 $\{a_n\}$ 은 $1 + \dfrac{1}{(a_n)^2} \leq \dfrac{1}{(a_{n+1})^2}$ 만족한다. 그러므로 $a_{n+1} < b_n < a_n$ 이다. (이후 기존 답안대로 증명완료)

[Comment 2]

해설의 마지막 줄에서 $\displaystyle\lim_{n \to \infty} \left(\sqrt{n}\, b_n \times \frac{\ln(1 + b_n)}{b_n}\right)$ 을 $\displaystyle\lim_{n \to \infty} \sqrt{n}\, b_n \times \lim_{n \to \infty} \frac{\ln(1 + b_n)}{b_n}$ 으로 표현하는 것은

두 극한 $\displaystyle\lim_{n \to \infty} \sqrt{n}\, b_n , \ \lim_{n \to \infty} \frac{\ln(1 + b_n)}{b_n}$ 이 각각 수렴할 때만 가능하다고 교과서에 명시돼있기 때문에 ①, ②의 극한이

수렴함을 미리 구해놔야 함을 확인하자.

보통 마지막 결과값을 구하는 과정을 매끈하게 설명하기 위해 ①, ②의 극한값 같은 것들을 미리 구해놓는 센스는 필수가 아닌 선택의 영역이지만, 이 문제에서 이러한 센스는 선택이 아닌 **필수**이다.

> **TIP**
>
> 문제를 푸는 당시에는 미리 구해놔야 하는 값들과 정보가 무엇이 있는지 모르는 것이 당연하다. 하지만 문제를 다 푼 상태에서 답안을 쓸 때, 내 답안이 매끄럽게 읽히는 것뿐만 아니라 논리적 하자가 없는 답안이 되기 위해서 미리 작성해 놔야 하는 필요 정보들이 무엇이 있는지 파악 후 답안을 작성하는 것을 잘하는 학생이 논술을 잘하는 학생이다.
> 이는 선천적인 수학적 머리보다 후천적인 노력에 달린 영역에 해당한다고 생각한다.
> 따라서 독자들은 수리논술 공부와 답안 첨삭을 꾸준히 하며 실력을 증진시키도록 하자.

[1]

$\angle\,\mathrm{ADB}$ 와 $\angle\,\mathrm{CDE}$ 는 맞꼭지각으로 서로 같고, 주어진 조건에 의해
$\overline{\mathrm{AB}}=\overline{\mathrm{CE}}=1$ 이다.
$\triangle\,\mathrm{CDE}$ 의 외접원의 반지름의 길이를 R 라 하면 사인법칙에 의해

$$\frac{\overline{\mathrm{CE}}}{\sin(\angle\,\mathrm{CDE})}=\frac{\overline{\mathrm{AB}}}{\sin(\angle\,\mathrm{ADB})}=2R$$

이므로 $\triangle\,\mathrm{ADB}$ 의 외접원의 반지름의 길이도 R 이다.

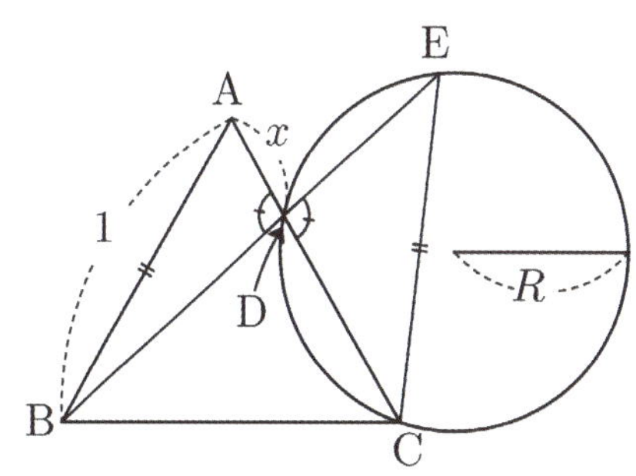

또한 $\overline{\mathrm{AD}}=x\,(0<x<1)$ 라 하면 $\triangle\,\mathrm{ABD}$ 에서 코사인법칙에 의해
$\overline{\mathrm{BD}}^2=x^2+1^2-2x\cos\dfrac{\pi}{3}=x^2-x+1$ 이다. 즉, $\overline{\mathrm{BD}}=\sqrt{x^2-x+1}$ 이다.

$\triangle\,\mathrm{ABD}$ 에서 사인법칙에 의해
$$\frac{\overline{\mathrm{BD}}}{\sin(\angle\,\mathrm{BAD})}=\frac{\overline{\mathrm{BD}}}{\sin\dfrac{\pi}{3}}=\frac{\sqrt{x^2-x+1}}{\dfrac{\sqrt{3}}{2}}=2R$$ 이므로 $R=\sqrt{\dfrac{x^2-x+1}{3}}$ 이다.

[2]

$\overline{\mathrm{CB}}=\overline{\mathrm{CA}}=\overline{\mathrm{CE}}=1$ 이므로 점 A, 점 B, 점 E 는 모두 점 C 를 중심으로 하는
반지름의 길이가 1 인 원 위의 점이다.
직선 AC 가 이 원과 만나는 점 중 A 가 아닌 점을 F 라 하자.

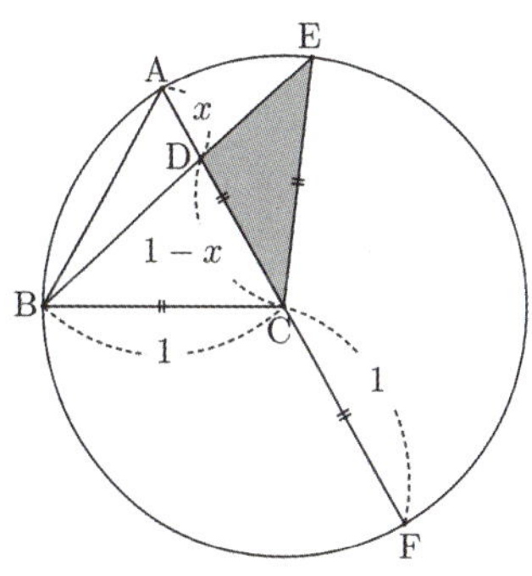

$\overline{\mathrm{AD}}=x\,(0<x<1)$ 라 하면 $\overline{\mathrm{CD}}=1-x$ 이므로 $\overline{\mathrm{DF}}=2-x$ 이다.
따라서 할선 정리에 의한 $\overline{\mathrm{AD}}\times\overline{\mathrm{DF}}=\overline{\mathrm{BD}}\times\overline{\mathrm{DE}}$ 과 **[1]**에 의하여
$\overline{\mathrm{DE}}=\dfrac{x(2-x)}{\sqrt{x^2-x+1}}$ 이다.

또한 $\triangle\,\mathrm{CDE}$ 에서 사인법칙에 의하여 $\dfrac{\overline{\mathrm{CE}}}{\sin(\angle\,\mathrm{CDE})}=2R$ 이므로

$\sin(\angle\,\mathrm{CDE})=\dfrac{\overline{\mathrm{CE}}}{2R}=\dfrac{1}{2}\sqrt{\dfrac{3}{x^2-x+1}}$ 이다.

이때, $\triangle \mathrm{CDE}$의 넓이를 S라 하면

$$S = \frac{1}{2}\overline{\mathrm{DE}} \times \overline{\mathrm{CD}} \times \sin(\angle \mathrm{CDE}) = \frac{1}{2} \times \frac{x(2-x)}{\sqrt{x^2-x+1}} \times (1-x) \times \frac{1}{2}\sqrt{\frac{3}{x^2-x+1}}$$

$$= \frac{\sqrt{3}\,x(1-x)(2-x)}{4(x^2-x+1)}$$

그러므로 $S \times \overline{\mathrm{BD}}^2 = \dfrac{\sqrt{3}}{4}x(1-x)(2-x)$이다.

$f(x) = \dfrac{\sqrt{3}}{4}x(1-x)(2-x)$라 하면, $f'(x) = \dfrac{\sqrt{3}}{4}(3x^2-6x+2)$이고, $f'(x)=0$에서 $x = \dfrac{3 \pm \sqrt{3}}{3}$ 이다.

이때 점 D는 선분 AC 위의 양 끝점이 아닌 임의의 점이므로 $0 < x < 1$이다.

따라서 열린구간 $(0, 1)$에서 함수 $f(x)$의 증가와 감소를 표로 나타내고 $y = f(x)$의 그래프를 그리면 다음과 같다.

x	0	$\cdots$	$1-\dfrac{\sqrt{3}}{3}$	$\cdots$	1
$f'(x)$		$+$	0	$-$	
$f(x)$	0	$\nearrow$	$\dfrac{1}{6}$	$\searrow$	0

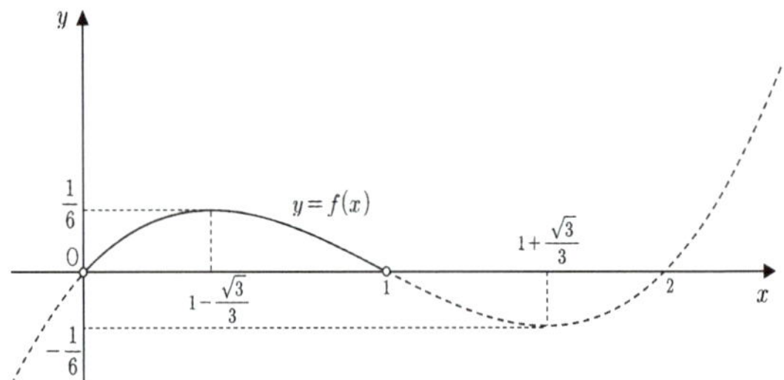

즉 함수 $f(x)$는 $x = 1 - \dfrac{\sqrt{3}}{3}$에서 극대이면서 최대이다.

따라서 $S \times \overline{\mathrm{BD}}^2$가 최대가 되도록 하는 선분 AD의 길이는 $1 - \dfrac{\sqrt{3}}{3}$이다.

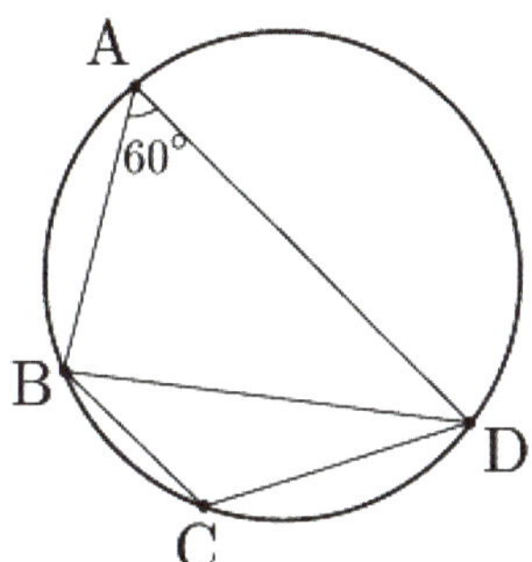

$a = \overline{\text{AB}}$, $b = \overline{\text{AD}}$, $c = \overline{\text{CB}}$, $d = \overline{\text{CD}}$ 라고 하자.

사각형 ABCD가 원에 내접하므로 제시문 (라)에 의해 $\angle \text{C} = 120^\circ$ 이고, 제시문 (가)의 코사인 법칙에 의해 $a^2 + b^2 - ab = 64$, $c^2 + d^2 + cd = 64$이다.

ab, cd를 각각 $a+b$와 $c+d$에 대한 식으로 변형하면

$$ab = \frac{(a+b)^2 - 64}{3}, \; cd = (c+d)^2 - 64$$

이다. 네 변의 길이의 합이 22이므로, $c+d = x$라고 하면

$$ab = \frac{(22-x)^2 - 64}{3}, \; cd = x^2 - 64$$

로 표현할 수 있다.

a, b가 양수이므로

$$a+b = 22-x > 0, \; ab = \frac{(22-x)^2 - 64}{3} > 0, \; (a+b)^2 - 4ab = \frac{-(22-x)^2 + 256}{3} \geq 0$$

이고 이를 만족시키는 x의 범위는 $6 \leq x < 14$이다.
마찬가지로 두 양수 c, d가 존재하기 위한 조건은

$$c+d = x > 0, \; cd = x^2 - 64 > 0, \; (c+d)^2 - 4cd = -3x^2 + 256 \geq 0$$

이므로, x의 범위는 $8 < x \leq \frac{16}{3}\sqrt{3}$ 이다. 따라서, 위의 두 결과를 종합하면 x의 범위는 $8 < x \leq \frac{16}{3}\sqrt{3}$ 이다.

한편 사각형 $ABCD$의 넓이 S는 삼각형 ABD와 삼각형 CBD의 넓이의 합이므로 제시문 [나]에 의해

$$S = \frac{1}{2}ab\sin A + \frac{1}{2}cd\sin C = \frac{\sqrt{3}}{4}(ab+cd)$$

이다. ab, cd를 x로 표현한 식을 대입해서 정리하면,

$$S = \frac{\sqrt{3}}{4}\left(\frac{(22-x)^2-64}{3}+x^2-64\right) = \frac{\sqrt{3}}{3}(x^2-11x+57) = \frac{\sqrt{3}}{3}\left(x-\frac{11}{2}\right)^2 + \frac{107}{12}\sqrt{3}$$

이다. 따라서 사각형의 면적이 최대가 될 때, $x = \overline{CB} + \overline{CD}$의 값은 제시문 (다)에 의해 $\frac{16}{3}\sqrt{3}$이다.

[1]

삼각형의 세 변의 길이 $a,\ b,\ c$ 가 $a \leq b \leq c$ 를 만족한다고 가정하자.

이 세 수가 공차가 $d \geq 0$ 인 등차수열의 연속하는 세 항이라고 하면, $b = a + d$ 와 $c = a + 2d$ 이다.

삼각형의 세 변이 만족해야 하는 부등식 $a + b > c$ 로부터 $a + (a + d) > a + 2d$ 이고, $a,\ d$ 가 자연수이므로

$$2a + d \geq a + 2d + 1 \quad \cdots\cdots ①$$

이다. 또한, 문제의 조건 $c = a + 2d \leq 100$ 로부터

$$a \leq 100 - 2d \quad \cdots\cdots ②$$

이다. 따라서 ①, ②로부터

$$d + 1 \leq a \leq 100 - 2d \quad \cdots\cdots ③$$

을 얻을 수 있고 $d + 1 \leq 100 - 2d$ 가 성립하여 $0 \leq d \leq 33$ 을 얻는다.

이를 만족하는 각각의 d 에 대해, ③을 만족하는 a 값의 개수는 $(100 - 2d) - d = 100 - 3d$ 이다.

띠라서, 구하고자 하는 삼각형의 개수는 $\displaystyle\sum_{d=0}^{33} (100 - 3d) = 100 \times 34 - \dfrac{3 \times 34 \times 33}{2} = 1717$ 이다.

[2]

삼각형의 세 변의 길이 a, b, c 가 $a \leq b \leq c$ 라고 가정하자.

이 세 수가 공비가 $r \geq 1$ 인 등비수열의 연속하는 세 항이라고 하면, $b = ar$ 와 $c = ar^2$ 이다.

삼각형의 세 변이 만족해야 하는 부등식 $a + b > c$ 로부터 $a + ar > ar^2$ 이므로

이를 정리하면 $r^2 - r - 1 < 0$ 을 얻는다.

따라서, r 의 범위 $1 \leq r < \dfrac{1 + \sqrt{5}}{2}$ 를 얻을 수 있다. 여기서 $\dfrac{1 + \sqrt{5}}{2} = 1.618\cdots$ 이다.

$(\,\mathrm{i}\,)$ 먼저 $r = 1$ 일 때, $a = b = c$ 는 등비수열을 이루므로, $1 \leq a = b = c \leq 100$ 의 총 100 가지 경우가 존재한다.

$(\,\mathrm{ii}\,)$ 이제 $r \neq 1$, 즉 $1 < r < \dfrac{1 + \sqrt{5}}{2}$ 이라고 가정하자.

자연수 a 에 대하여 ar 도 자연수이므로, a 의 1이 아닌 약수 p 에 대해 $r = \dfrac{q}{p}$ 라고 둘 수 있다.

(여기서 p 와 q 는 $2 \leq p < q$ 를 만족하는 서로소인 자연수)

또, $ar^2 = \dfrac{aq^2}{p^2}$ 도 자연수이므로, 어떤 자연수 A 에 대해 $a = p^2 A$ 임을 알 수 있다.

이때, 문제의 조건으로부터 $p^2 \leq p^2 A = a \leq 100$ 를 얻게 되고 $p \leq 10$, $1 \leq A$ 를 얻을 수 있다.

$p = 10$ 인 경우, $a = 100$ 이 되고 $b = ar > 100$ 이 되어 가능하지 않다. 따라서 $2 \leq p \leq 9$ 를 만족한다.

그러한 각각의 p 에 대해 $r = \dfrac{q}{p} < \dfrac{1+\sqrt{5}}{2}$ 를 만족하고 $ar^2 = Aq^2 \leq 100$ 이 되는 q 의 값을 구하면

각각의 순서쌍 (p,q) 에 대해 자연수 A 는 $1 \leq A \leq \dfrac{100}{q^2}$ 를 만족한다.

이러한 A 의 개수를 구하면 다음과 같다.

(p,q)	$(2,3)$	$(3,4)$	$(4,5)$	$(5,6)$	$(5,7)$	$(5,8)$
가능한 A 의 개수	11	6	4	2	2	1
(p,q)	$(6,7)$	$(7,8)$	$(7,9)$	$(7,10)$	$(8,9)$	$(9,10)$
가능한 A 의 개수	2	1	1	1	1	1

따라서, 문제에서 구하고자 하는 삼각형의 개수는 $100 + 33 = 133$ 가지이다.

[3]

자연수 a, b, c 가 이 순서대로 등차수열의 연속하는 세 항이라고 하면, $2b = a + c$ 가 성립한다.
이 세 수를 일렬로 나열하는 방법은 다음과 같이 6 가지가 존재한다.

$$abc, acb, bac, bca, cab, cba$$

이 순서대로 등비수열의 연속하는 세 항이 되는 조건을 고려하자.

만약, abc 가 등비수열을 이룬다면 cba 도 등비수열을 이룬다.
마찬가지로 acb 가 등비수열을 이룬다면 bca 도 등비수열을 이루고, cab 가 등비수열을 이룬다면 bac 도 등비수열을 이룬다. 따라서, abc, acb, cab 가 등비수열을 이루는 경우만 고려하면 된다.

(i) abc 순서대로 등비수열을 이룬다면, $b^2 = ac$ 이다.
　　이로부터 $4ac = 4b^2 = (a+c)^2$ 을 얻게 되고, $(a-c)^2 = 0$ 을 얻게 된다.
　　따라서, $a = b = c$ 이고, 이 경우의 가짓수는 200 가지이다.

(ii) acb 순서대로 등비수열을 이룬다면, $c^2 = ab$ 이다. 이로부터 $2c^2 = a(a+c)$ 를 얻게 되고,
　　$a^2 + ac - 2c^2 = (a-c)(a+2c) = 0$ 이 되어, $a = c$ 또는 $a = -2c$ 이다.
　　$a = c$ 인 경우는 $a = b = c$ 를 얻게 되어 (i)에서 이미 고려된 부분이다.
　　$a = -2c$ 인 경우, $c = -2b$ 가 되어 $a : b : c = 4 : 1 : -2$ 가 된다.
　　이 경우의 가짓수는 $2 \times \dfrac{100}{4} = 50$ 가지이다.

(iii) cab 순서대로 등비수열을 이룬다고 가정하자.
　　abc 가 등차수열을 이루므로, cba 도 등차수열을 이룬다.
　　따라서, (ii)와 같은 방식으로 $c : b : a = 4 : 1 : -2$ 가 된다.
　　즉, $a : b : c = -2 : 1 : 4$ 가 되어, 이 경우의 가짓수도 마찬가지로 50 가지이다.

따라서 (i), (ii), (iii)의 세 경우를 모두 합하면, 300 개의 순서쌍이 존재함을 알 수 있다.

[1]

사인법칙에 의해서

$$\frac{\sqrt{3}\,a}{\sin A} = 2a$$

이므로 $\sin A = \dfrac{\sqrt{3}}{2}$ 이다. 따라서 $\angle A = \dfrac{\pi}{3}$ 이다.

[2]

편의상 $x = \overline{\mathrm{AB}}\,,\, y = \overline{\mathrm{AC}}$ 라 두자.

정삼각형일 때 $x = y = 10\sqrt{3}$ 이고, (나)의 (iii)에 의해 $y \leq x$ 이므로 $x \geq 10\sqrt{3}$ 임을 알 수 있다.

또한 x 는 지름보다 클 수 없으므로 $x \leq 20$ 이므로 $10\sqrt{3} \leq x \leq 20$ 이다.

양변을 제곱하면, $300 \leq x^2 \leq 400$ 에서 이를 만족하는 양의 정수는

$$x = 18\,,\, 19,\, 20 \quad \cdots\cdots \; ①$$

한편 A 는 예각이므로 [1]에 의해 $\cos A = \dfrac{1}{2}$ 을 만족하므로 코사인법칙을 이용하면

$$x^2 + y^2 - xy = 300 \quad \cdots\cdots \; ②$$

이다. ①, ②로부터 다음의 세 가지 경우를 생각할 수 있다.

(i) $x = 18$ 일 때 $y^2 - 18y + 24 = 0$ 이고 18 보다 작은 양수 해는 $y = 9 \pm \sqrt{57}$

(ii) $x = 19$ 일 때 $y^2 - 19y + 61 = 0$ 이고 19 보다 작은 양수 해는 $y = \dfrac{19 \pm 3\sqrt{13}}{2}$

(iii) $x = 20$ 일 때 $y^2 - 20y + 100 = 0$ 이므로 $y = 10$

따라서 조건을 만족하는 $\overline{\mathrm{AB}},\ \overline{\mathrm{AC}}$ 의 값은 $\overline{\mathrm{AB}} = 20,\ \overline{\mathrm{AC}} = 10$ 이다.

[3]

편의상 $x = \overline{\text{AB}}\,,\ y = \overline{\text{AC}}$ 라 두자.

두 변의 합은 나머지 한 변보다 커야 하므로 $M = x + y > \overline{\text{BC}} = \sqrt{30}$

또한 $x\,,\ y$ 가 지름보다 클 수는 없으므로 $M = x + y \le 2\sqrt{10} + 2\sqrt{10} = 4\sqrt{10}$

따라서 M의 범위가 $\sqrt{30} < M \le 4\sqrt{10}$ 이므로 $M = 6, 7, 8, 9, 10, 11, 12$ 만 고려하면 된다.

코사인법칙에 의해 $x^2 + y^2 - xy = 30$ 가 성립한다.

（ i ）$M = 6$ 일 때, $x + y = 6$ 를 코사인법칙에 대입하여 한 문자를 소거하면

$x^2 - 6x + 2 = 0$ 혹은 $y^2 - 6y + 2 = 0$ 이므로 $x\,,\ y$ 는 $X^2 - 6X + 2 = 0$ 의 두 근이다.

이를 풀면 $x = 3 + \sqrt{7}\,,\ y = 3 - \sqrt{7}$ 를 얻는다. 마찬가지로 계산하면

（ ii ）$M = 7$ 일 때 $3X^2 - 21X + 19 = 0$ 이고 해는 $x = \dfrac{21 + \sqrt{213}}{6}\,,\ y = \dfrac{21 - \sqrt{213}}{6}$

（ iii ）$M = 8$ 일 때 $3X^2 - 24X + 34 = 0$ 이고 해는 $x = \dfrac{12 + \sqrt{42}}{3}\,,\ y = \dfrac{12 - \sqrt{42}}{3}$

（ iv ）$M = 9$ 일 때 $X^2 - 9X + 17 = 0$ 이고 해는 $x = \dfrac{9 + \sqrt{13}}{2}\,,\ y = \dfrac{9 - \sqrt{13}}{2}$

（ v ）$M = 10$ 일 때 $3X^2 - 30X + 70 = 0$ 이고 해는 $x = \dfrac{15 + \sqrt{15}}{3}\,,\ y = \dfrac{15 - \sqrt{15}}{3}$

（ vi ）$M = 11$ 일 때 $3X^2 - 33X + 91 = 0$ 이고 실근을 가지지 않는다.

（ vii ）$M = 12$ 일 때 $X^2 - 12X + 38 = 0$ 이고 실근을 가지지 않는다.

따라서 가능한 값은 $M = 6, 7, 8, 9, 10$ 이고 구하는 값은 $6 + 7 + 8 + 9 + 10 = 40$

[4]

편의상 $x = \overline{AB}$, $y = \overline{AC}$ 라 두자.

x, y 가 지름보다 클 수는 없으므로 $xy \leq 2\sqrt{2} \times 2\sqrt{2} = 8$ 이다.

따라서 $N = 1, 2, \cdots, 8$ 만 고려하면 된다.

코사인법칙에 의해 $x^2 + y^2 - xy = 6$ 가 성립한다.

(i) $N = 1$ 일 때 $xy = 1$ 를 코사인법칙에 대입하여 한 문자를 소거하면

$x^4 - 7x^2 + 1 = 0$ 혹은 $y^4 - 7y^2 + 1 = 0$ 이므로 x^2, y^2 는 $X^2 - 7X + 1 = 0$ 의 두 근이다.

이를 풀면 $x^2 = \dfrac{7 + 3\sqrt{5}}{2}$, $y^2 = \dfrac{7 - 3\sqrt{5}}{2}$ 를 얻는다. 마찬가지로 계산하면

(ii) $N = 2$ 일 때 $X^2 - 8X + 4 = 0$ 이고 그 해는 $x^2 = 4 + 2\sqrt{3}$, $y^2 = 4 - 2\sqrt{3}$

(iii) $N = 3$ 일 때 $X^2 - 9X + 9 = 0$ 이고 그 해는 $x^2 = \dfrac{9 + 3\sqrt{5}}{2}$, $y^2 = \dfrac{9 - 3\sqrt{5}}{2}$

(iv) $N = 4$ 일 때 $X^2 - 10X + 16 = 0$ 이고 그 해는 $x^2 = 8$, $y^2 = 2$

(v) $N = 5$ 일 때 $X^2 - 11X + 25 = 0$ 이고 그 해는 $x^2 = \dfrac{11 + \sqrt{21}}{2}$, $y^2 = \dfrac{11 - \sqrt{21}}{2}$

(vi) $N = 6$ 일 때 $X^2 - 12X + 36 = 0$ 이고 그 해는 $x^2 = 6$, $y^2 = 6$

(vii) $N = 7$ 일 때 $X^2 - 13X + 39 = 0$ 이고 이 방정식은 실근을 가지지 않는다.

(viii) $N = 8$ 일 때 $X^2 - 14X + 64 = 0$ 이고 이 방정식은 실근을 가지지 않는다.

따라서 문제의 조건을 만족하는 $N = 1, 2, 3, 5$ 이고 구하는 값은 $1 + 2 + 3 + 5 = 11$ 이다.

원의 중심 O를 원점으로 하여 좌표평면 위에 원의 방정식을 $x^2 + y^2 = 1$,
두 직선 l_1, l_2의 방정식을 $l_1 : y = 2$, $l_2 : y = -2$, 점 A_n의 좌표를 $A_n(n,\ 2)$로 설정하자.

점 A_n을 지나는 직선 $y = k(x-n)+2$ 과 원 $x^2 + y^2 = 1$ 이 접하므로

$$\frac{|nk-2|}{\sqrt{k^2+1}} = 1,\ \ \text{즉}\ \ (n^2-1)k^2 - 4nk + 3 = 0$$

을 얻는다. $n > 1$일 때 이차방정식의 두 근을 k_1, k_2 라 하면 근과 계수 사이의 관계에 의해

$$k_1 + k_2 = \frac{4n}{n^2-1},\ \ k_1 k_2 = \frac{3}{n^2-1}$$

이므로 다음이 성립한다.

$$\left(k_1 - k_2\right)^2 = \left(k_1 + k_2\right)^2 - 4k_1 k_2 = \frac{4n^2 + 12}{\left(n^2-1\right)^2}$$

직선 $y = k(x-n)+2$ 이 $l_2 : y = -2$ 와 만나는 점의 x 좌표는 $x = n - \dfrac{4}{k}$ 이므로

$$d_n = \left| \left(n - \frac{4}{k_1}\right) - \left(n - \frac{4}{k_2}\right) \right| = 4 \left| \frac{k_1 - k_2}{k_1 k_2} \right| = \frac{4}{3}\sqrt{4n^2 + 12}$$

따라서 $\displaystyle \lim_{n \to \infty} \frac{d_n}{n} = \frac{8}{3}$

논제
6

[1]

(ⅰ) 선분 I의 양 끝 점을 두 점 A , B로 각각 선택하고, $\theta = \dfrac{\pi}{6}$ 가 되도록

y 축의 점 $P(0, \pm m)$ $(m > 0)$을 잡으면 m 은 밑변의 길이가 10 이고

두 밑각의 크기가 $\dfrac{5\pi}{12}$ 인 이등변삼각형의 높이이다.

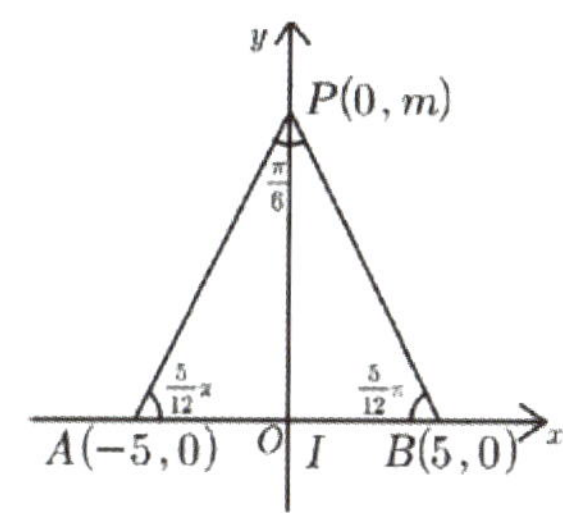

따라서 꼭짓점 $(0, m)$ 은 $\tan\dfrac{5\pi}{12} = \dfrac{m}{5}$ 을 만족하므로 삼각함수의 덧셈정리에 따라

$$m = 5\tan\frac{5\pi}{12} = 5\tan\left(\frac{\pi}{4} + \frac{\pi}{6}\right) = 5\,\frac{\tan\dfrac{\pi}{4} + \tan\dfrac{\pi}{6}}{1 - \tan\dfrac{\pi}{4}\tan\dfrac{\pi}{6}} = 5\left(\frac{\sqrt{3}+1}{\sqrt{3}-1}\right)$$

(ⅱ) y 축의 점 $P\left(0, a\right)\left(|a| > 5\left(\dfrac{\sqrt{3}+1}{\sqrt{3}-1}\right)\right)$을 선택하면 선분 I의 양 끝 점을 두 점 A , B로 각각 선택하였을 때 θ 의

크기가 가장 크다. 이때 $\triangle PAB$는 두 밑각의 크기가 $\dfrac{5\pi}{12}$ 보다 큰 이등변삼각형이므로 $\theta < \dfrac{\pi}{6}$ 이다.

따라서 이때 점 P 는 집합 J의 원소가 아니다.

(ⅲ) y 축의 점 $P\left(0, a\right)\left(0 < |a| < 5\left(\dfrac{\sqrt{3}+1}{\sqrt{3}-1}\right)\right)$을 선택하면 닮은꼴의 성질을 활용하여

$\triangle PAB$가 높이가 $|a|$ 이고 두 밑각의 크기가 $\dfrac{5\pi}{12}$ 인 이등변삼각형이 되도록

선분 I의 두 점 A , B를 잡을 수 있다.

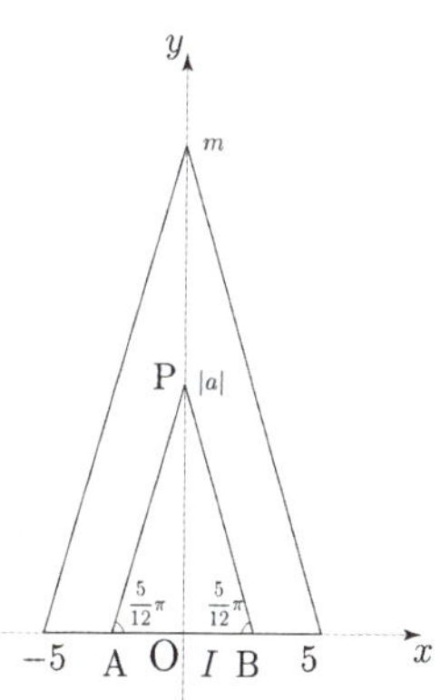

$5 : 5\left(\dfrac{\sqrt{3}+1}{\sqrt{3}-1}\right) = x : |a|$ 에서 $x = \dfrac{|a|\left(\sqrt{3}-1\right)}{\sqrt{3}+1}$ 이므로 두 점 A , B 의 좌표는 각각

$$A\left(\frac{-|a|\left(\sqrt{3}-1\right)}{\sqrt{3}+1}, 0\right), \; B\left(\frac{|a|\left(\sqrt{3}-1\right)}{\sqrt{3}+1}, 0\right)$$

이다. 따라서 구하는 집합 J는 $J = \left\{(0, y)\,\middle|\, 0 < |y| \le 5\left(\dfrac{\sqrt{3}+1}{\sqrt{3}-1}\right)\right\}$

(ⅰ) ~ (ⅲ)에서 집합 $J \cup \{(0, 0)\}$ 은 $J = \left\{(0, y)\,\middle|\, |y| \le 5\left(\dfrac{\sqrt{3}+1}{\sqrt{3}-1}\right)\right\}$ 이 되고,

이것이 나타내는 그림의 길이는 $10\left(\dfrac{\sqrt{3}+1}{\sqrt{3}-1}\right)$ 이다.

[2]

선분 I의 양 끝점을 선택하여 $\theta = \dfrac{\pi}{6}$ 가 되도록 하는 좌표평면의 점들을 찾으면

이 점들은 원주각의 성질에 의하여 선분 I를 현으로 하고 원주각이 $\dfrac{\pi}{6}$ 가 되는 원위의 점들이다.

이때 원의 중심은 $\left(0, \pm 5\sqrt{3}\right)$ 이고, 반지름의 길이는 10 이므로 구하는 점 P 의 집합은

$$S = \left\{(x,y)\,|\,x^2 + \left(y - 5\sqrt{3}\right)^2 = 10^2, \, y > 0\right\} \cup \left\{(x,y)\,|\,x^2 + \left(y + 5\sqrt{3}\right)^2 = 10^2, \, y < 0\right\}$$

따라서 집합 $S \cup \{(-5, 0), (5, 0)\}$ 이 나타내는 그림은 반지름의 길이가 10 이고

중심각이 $\dfrac{5\pi}{3}$ 인 호 두 개가 붙어 있는 형태이므로 구하는 길이는 $2\left(10\dfrac{5\pi}{3}\right) = \dfrac{100\pi}{3}$ 이다.

[3]

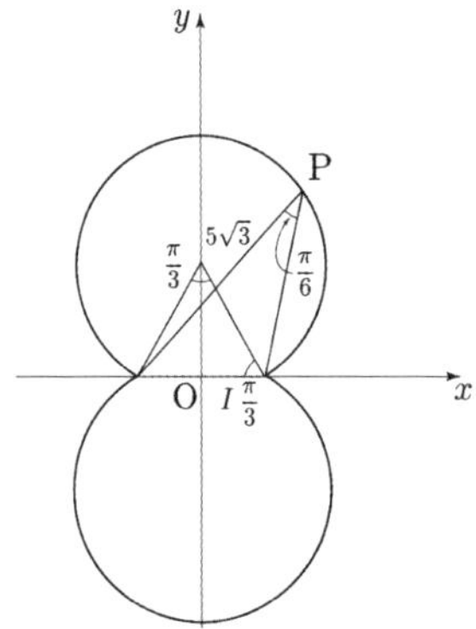

문제 **[2]**에서 구한 $S \cup \{(-5, 0), (5, 0)\}$ 의 내부 중 선분 I 밖에 있는 점들의 집합은

$$B = \left\{(x,y)\,|\,x^2 + \left(y - 5\sqrt{3}\right)^2 < 10^2, \, y > 0\right\} \cup \left\{(x,y)\,|\,x^2 + \left(y + 5\sqrt{3}\right)^2 < 10^2, \, y < 0\right\}$$

이다.

(i) 집합 $S \cup \{(-5, 0), (5, 0)\}$ 외부의 점 P 를 잡으면 선분 I 의 양 끝점을 두 점 A , B 로 잡을 때 θ 의 크기가 가장 크다.

이때 점 P 는 집합 $S \cup \{(-5, 0), (5, 0)\}$ 의 밖에 있으므로

원주각의 성질에 따라 $\theta < \dfrac{\pi}{6}$ 이다.

따라서 이들 점 P 는 집합 V 의 원소가 아니다.

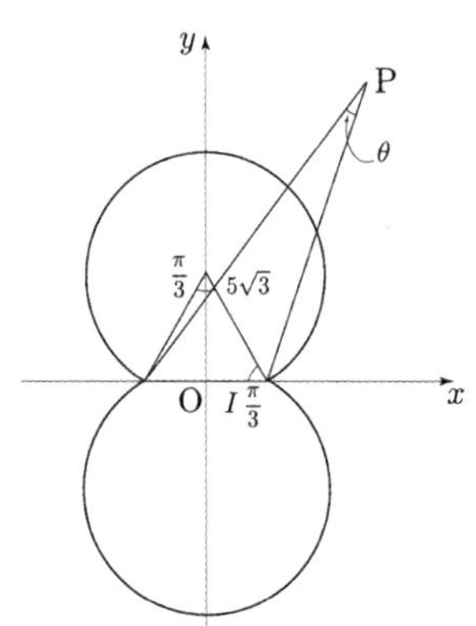

(ⅱ) 이제 집합 B의 임의의 한 점 $\mathrm{P}(\alpha,\beta)$, $(\beta>0)$가 집합 V의 원소인 것을 다음과
같이 보인다. 문제 **[2]**와 닮음꼴의 성질을 활용하면
이 점이 반지름의 길이가 $10l$이고 중심이 $\left(0,5\sqrt{3}\,l\right)$인 원위의 점이고,
선분 I의 두 점 $(-5l,0)$, $(5l,0)$을 현의 끝점으로 할 때
원주각이 $\dfrac{\pi}{6}$가 됨을 알 수 있다.

주어진 조건의 l이 $0<l<1$인 것을 확인하기 위하여 원의 방정식
$\alpha^2+\left(\beta-5\sqrt{3}\,l\right)^2=(10l)^2$을 정리하면

$$25l^2+10\sqrt{3}\,\beta l-\left(\alpha^2+\beta^2\right)=0$$

이다.
$f(l)=25l^2+10\sqrt{3}\,\beta l-\left(\alpha^2+\beta^2\right)$으로 두고 방정식 $f(l)$이 $0<l<1$인 근을 가지는 것을 보이기로 한다.
$f(0)=-\left(\alpha^2+\beta^2\right)<0$이고 $(\alpha,\beta)\,(\beta>0)$이 집합 B의 원소이므로

$$f(1)=25+10\sqrt{3}\,\beta-\left(\alpha^2+\beta^2\right)=10^2-\alpha^2-\left(\beta-5\sqrt{3}\right)^2>0$$

이다.

따라서 사잇값 정리에 의하여 $0<l<1$인 근이 존재한다.
같은 이유로 B의 점 $(\alpha,\beta)\,(\beta<0)$도 V의 원소이다.

따라서 구하는 집합 V는 집합 $B\cup S$이고 $V\cup I$는 오른쪽 그림처럼 나타나며
반지름의 길이가 10이고 원주각 $\dfrac{5\pi}{3}$인 부채꼴 두 개와 한 변의 길이가
10인 정삼각형이 두 개 있는 모양으로 분해할 수 있다.

따라서 $2\left(\dfrac{1}{2}\times10^2\times\dfrac{5\pi}{3}+\dfrac{1}{2}\times\dfrac{\sqrt{3}}{2}\times10^2\right)=100\left(\dfrac{5\pi}{3}+\dfrac{\sqrt{3}}{2}\right)$이다.

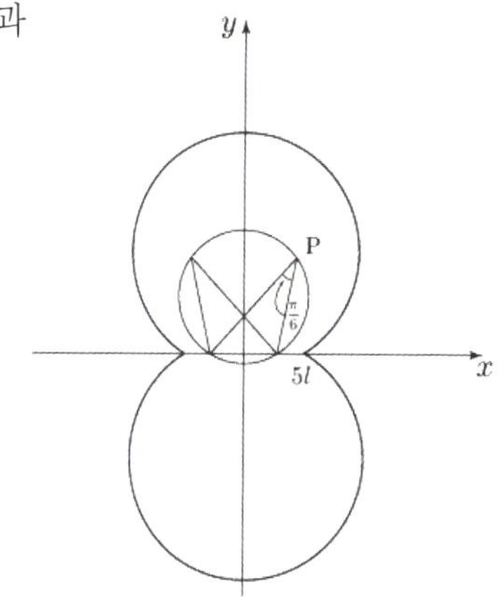

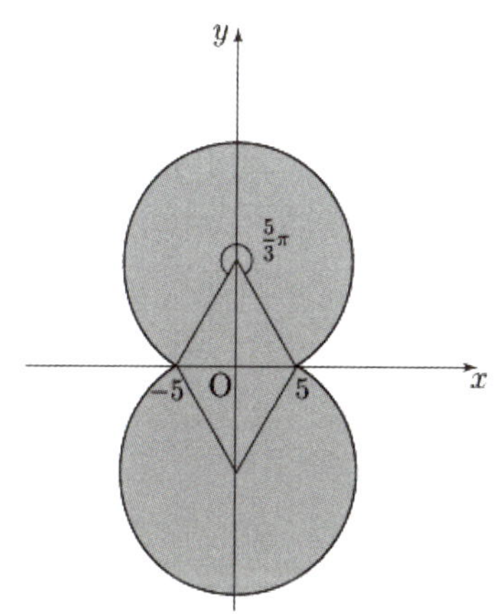

[1]

평면 α 위에서 $\angle APB = \dfrac{\pi}{4}$ 를 만족하는 점 P 는 선분 AB 가 현이 되는 평면 α 위의 두 개의 원 위에 있고,

각각의 원에서 현 AB 의 중심각은 $\dfrac{\pi}{2}$ 이고, 점 P 는 원주각 $\angle APB = \dfrac{\pi}{4}$ 인 점이다.

오른쪽 그림에서 구하는 영역의 넓이는

$$2\left\{\pi\left(\frac{1}{\sqrt{2}}\right)^2 \times \frac{3}{4} + \frac{1}{2} \times \frac{1}{\sqrt{2}} \times \frac{1}{\sqrt{2}}\right\} = \frac{3}{4}\pi + \frac{1}{2}$$

이다.

[2]

먼저 점 A 와 B 를 포함하는 한 평면 α 위에 있고,

$\angle APB = \dfrac{\pi}{12}$ 인 점 P 는 **[1]**에서와 마찬가지로 선분 AB 가 현이 되는 평면 α 위의 두 개의 원 위에 있고,

각각의 원에서 현 AB 의 중심각은 $\dfrac{\pi}{6}$ 이고, 점 P 는 원주각 $\angle APB = \dfrac{\pi}{12}$ 인 점이다.

평면 α 위에서 $\overline{AP}$ 가 최대인 점 P 는 A 와 각각의 원의 중심을
지나는 직선 위에 있다.(오른쪽 그림에서 P 와 P $'$)

한편, 점 A , B 를 포함하는 임의의 다른 평면에서도 점 P 들이
이루는 곡선은 평면 α 에서의 곡선과 동일한 모양을 가진다.
따라서 각각의 평면에서 $\overline{AP}$ 의 최댓값은 동일하며
그 값은 평면 위의 두 원의 지름인

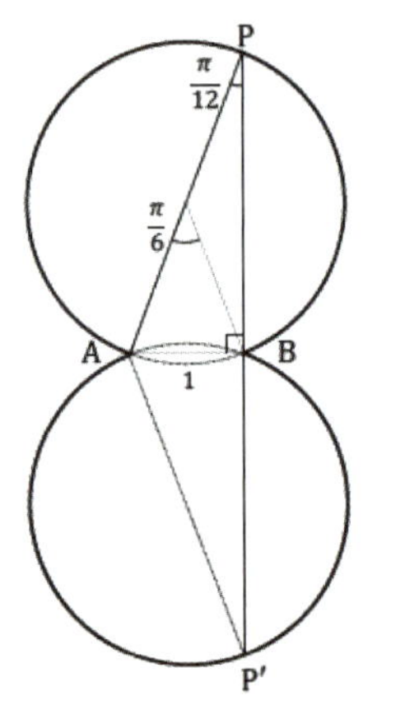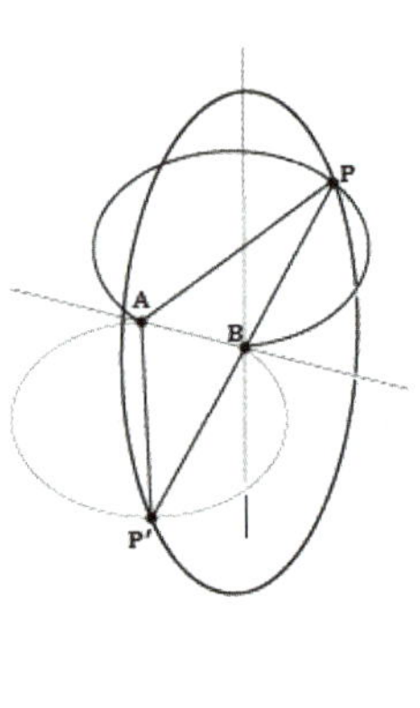

$$2 \times \frac{1}{2\sin\frac{\pi}{12}} = \frac{2\sqrt{2}}{\sqrt{3}-1} = \sqrt{6} + \sqrt{2}$$

이다.

또한 위의 관찰로부터 공간에서 $\overline{AP}$ 를 최대로 하는 점 P 들이 이루는 곡선은 위 그림에서와 같이 중심이
B , 반지름이 $\overline{BP}$ 인 원이다. (이 원을 포함하는 평면은 점 A , B 를 지나는 직선에 수직이다.)

따라서 구하는 곡선의 길이의 제곱은

$$l^2 = \left(2\pi\,\overline{BP}\right)^2 = 4\pi^2\left\{\left(\sqrt{6}+\sqrt{2}\right)^2 - 1^2\right\} = 4\pi^2(7 + 2\sqrt{12}) = (28 + 16\sqrt{3})\pi^2$$

이다.

명제 p의 모든 조건을 하나씩 분석해보자.

먼저, $\vec{a} + \vec{b} = \vec{v}$의 의미는 아래 [그림 1]처럼 간략히 표현해보면, 이해하기 어렵지 않다.

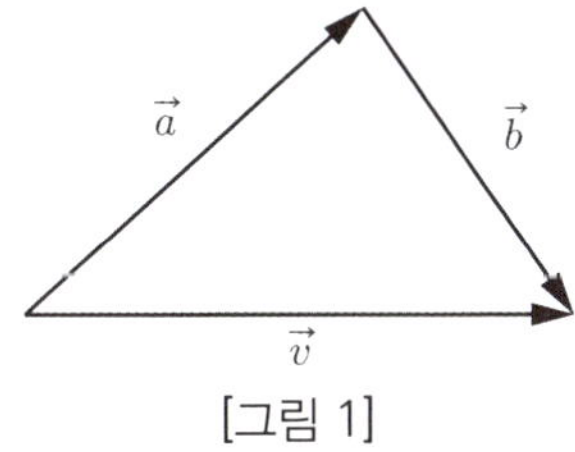

[그림 1]

$|\vec{a}| = r$의 의미는 벡터 $\vec{a}$의 크기가 r로 고정이라는 의미이므로, 벡터 $\vec{a}$의 시점인 점 A에 대하여
벡터 $\vec{a}$의 종점의 집합은 중심이 A이고 반지름의 길이가 r인 원 위의 점이 된다. … ①

$|\vec{b}| = R$의 의미는 벡터 $\vec{b}$의 크기가 R로 고정이라는 의미이므로, 벡터 $\vec{b}$의 종점인 점 B에 대하여
벡터 $\vec{b}$의 시점의 집합은 중심이 B이고 반지름의 길이가 R인 원 위의 점이 된다. … ②

[그림 1]에 의하면

벡터 $\vec{a}$의 종점과 벡터 $\vec{b}$의 시점이 어떤 점으로 일치

하기 때문에, 명제 p를 만족시키는 벡터 $\vec{b}$가 존재하려면 ①, ②의 두 원의 교점이 존재해야 한다.
(두 원의 교점이 바로 그 어떤 점(=벡터 $\vec{a}$의 종점과 벡터 $\vec{b}$의 시점이 일치하는 점)이 되는 것)

또한 집합 S의 원소의 개수가 2가 되기 위해선 이 두 원의 교점이 2개여야함을 알 수 있다.
따라서 $R - r < |\overrightarrow{AB}| < R + r$ 에서 $\vec{v} = \overrightarrow{AB}$ 이므로 $R - r < |\vec{v}| < R + r$임을 알 수 있다.

[Comment 1]

이 두 원의 교점 둘을 각각 C, D라 하면, 가능한 벡터 순서쌍 $(\vec{a}, \vec{b})$는 $(\overrightarrow{AC}, \overrightarrow{CB}), (\overrightarrow{AD}, \overrightarrow{DB})$ 이므로
벡터 $\vec{a}$로 될 수 있는 벡터는 $\overrightarrow{AC}, \overrightarrow{AD}$이다. 즉, 두 원의 교점의 개수가 2이면 집합 S의 원소의 개수도 2가 되는 것이다.

[Comment 2]

두 원 사이의 교점이 1개일 때에는, 아래 두 그림에 의하면 집합 S의 원소가 1개뿐임을 알 수 있다.

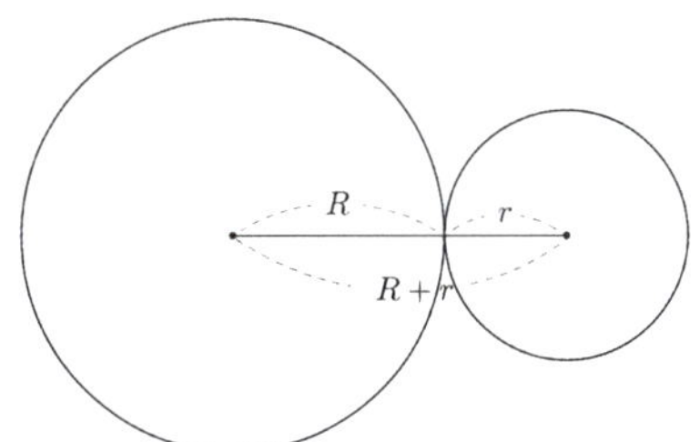

[그림 2 : $|\vec{v}| = R + r$]

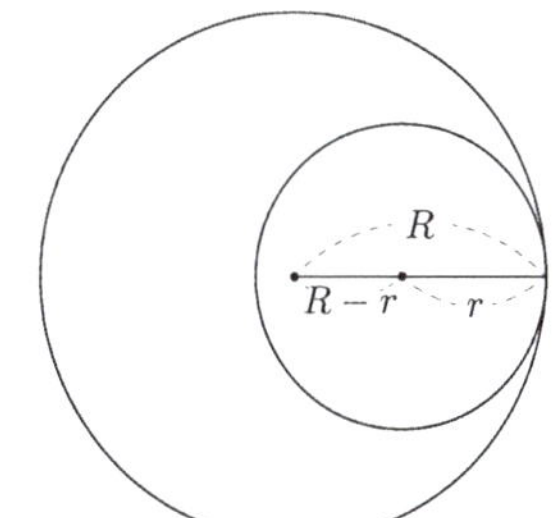

[그림 3 : $|\vec{v}| = R - r$]

(두 그림의 접점을 모두 E라 하면, 가능한 벡터 순서쌍 $(\vec{a}, \vec{b})$는 $(\overrightarrow{AE}, \overrightarrow{EB})$ 뿐)

하려면 이차방정식 $(x-t)^2 + (\sqrt{3}\,x)^2 = 1$을 풀어야 하며, 그 결과로

$$x_1 = \frac{1}{4}(t - \sqrt{4-3t^2}),\ x_2 = \frac{1}{4}(t + \sqrt{4-3t^2})$$

를 얻는다. 그러므로

$$y_1 = 1 + \frac{\sqrt{3}}{4}(t - \sqrt{4-3t^2}),\ y_2 = 1 - \frac{\sqrt{3}}{4}(t + \sqrt{4-3t^2})$$

임을 알 수 있다. 이제 선분 PQ의 길이를 계산해보면

$$\sqrt{(x_1-x_2)^2 + (y_1-y_2)^2} = \sqrt{\left(\frac{\sqrt{4-3t^2}}{2}\right)^2 + \left(\frac{\sqrt{3}\,t}{2}\right)^2} = 1$$

이 되므로, 호 PQ와 현 PQ 사이 영역의 넓이는 t와 관계없이 일정하다. 삼각형 APQ의 넓이는

$$\frac{1}{2}\,\overline{AP} \times \overline{AQ} \times \sin(\angle PAQ) = \frac{\sqrt{3}}{4}\,\overline{AP} \times \overline{AQ}$$

로 주어지는데,

$$\overline{AP}^2 = x_1^2 + (y_1-1)^2 = \frac{1}{4}(t - \sqrt{4-3t^2})^2,\ \ \overline{AQ}^2 = x_2^2 + (y_2-1)^2 = \frac{1}{4}(t + \sqrt{4-3t^2})^2$$

이므로

$$\overline{AP} \times \overline{AQ} = -\frac{1}{4}(t - \sqrt{4-3t^2})(t + \sqrt{4-3t^2}) = 1 - t^2$$

이 된다. 따라서 $f(t) = \dfrac{\sqrt{3}}{4}(1-t^2) + C$ ($\because$ 호 PQ와 현 PQ 사이 영역의 넓이 C는 t와 관계없이 일정)이고, $f'(t) = -\dfrac{\sqrt{3}}{2}t$ 를 얻는다.

직선 l 에 접하는 두 원의 반지름의 길이를 a , b 라고 할 때,
이 두 원에 접하고 l 에 접하는 원의 반지름의 길이 r 를 구하자.
먼저, 그림에서 제일 큰 사다리꼴에서부터

$$(a+b)^2 = (a-b)^2 + d^2$$

이므로 $d = 2\sqrt{ab}$ 이고, 마찬가지로 왼쪽 사다리꼴과
오른쪽 사다리꼴에서 같은 방법으로 선분들을 구하면

$$d = \sqrt{(a+r)^2 - (a-r)^2} + \sqrt{(b+r)^2 - (b-r)^2} = 2\sqrt{ab}$$ 임을 알 수 있다. 따라서

$$\sqrt{r} = \cfrac{1}{\cfrac{1}{\sqrt{a}} + \cfrac{1}{\sqrt{b}}} \quad \cdots\cdots ①$$

(이 부분 해설을 읽는 데에 막힌다면, 해당 관련 칼럼을 다시 읽고 와야 한다.
그림이 단순할 때에는 '당연하게 이렇게 구하는 거지' 라고 하지만 지금처럼 복잡해졌을 때 그 방법이 보이지 않는 것은,
아직 체화가 되지 않은 것이다.)

이제 원 C, D 에서 시작하여 C_1, C_2, $\cdots$ 의 각각의 반지름의 길이 $r_1, r_2, \cdots$ 를 생각할 때

$c_n = \dfrac{1}{\sqrt{r_n}}$ 으로 정의하고 ①를 이용하여 c_n 을 계산하자. 원 C_n 이 직선 l 과 원 C_k, C_m 에 접하므로

$$\frac{1}{\sqrt{r_n}} = \frac{1}{\sqrt{r_k}} + \frac{1}{\sqrt{r_m}} = c_n = c_k + c_m$$

A 의 영역 중 가장 큰 원부터 채워 넣어야 하므로 c_n 이 작은 순서대로 위 계산을 반복해 주면 된다.
다음은 위에서 설명한 과정을 그림으로 나타낸 것이다.

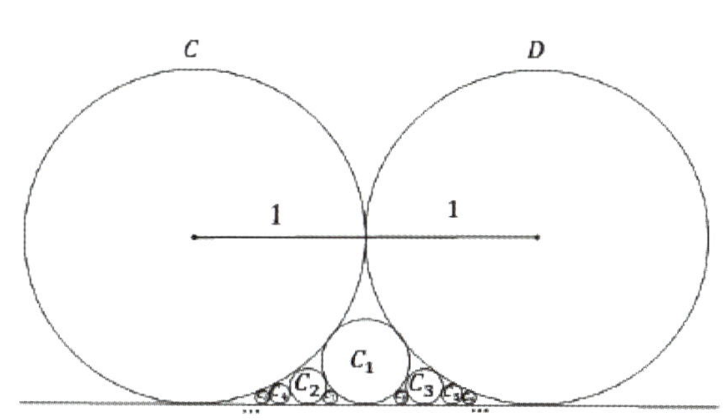

[그림 1 : 원 C_n 을 생성하는 과정]

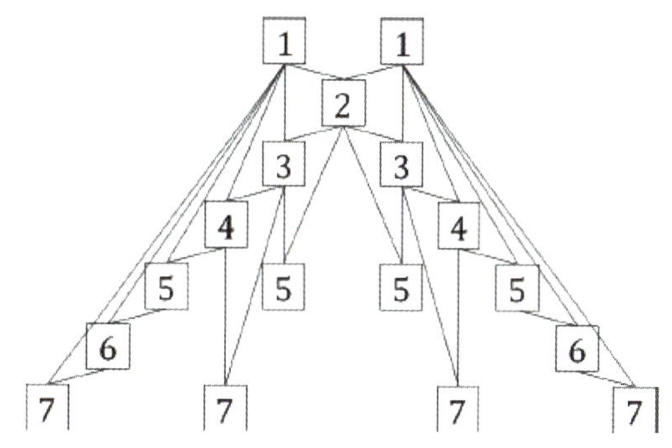

[그림 2 : c_n 을 구하는 과정]

따라서 $c_{12} = c_{13} = c_{14} = c_{15} = 7$ 이므로 $r_{12} = \left(\dfrac{1}{7}\right)^2 = \dfrac{1}{49}$ 이다.

삼각함수와 활용

[1]

$$\cos(t)\cos\left(\frac{\pi}{3}-t\right)+\sin(t)\sin\left(\frac{\pi}{3}-t\right)=\cos\left(t-\left(\frac{\pi}{3}-t\right)\right)=\cos\left(2t-\frac{\pi}{3}\right) \ \cdots\cdots \ ①$$

$$\cos(t)\cos\left(\frac{\pi}{3}-t\right)-\sin(t)\sin\left(\frac{\pi}{3}-t\right)=\cos\left(t+\left(\frac{\pi}{3}-t\right)\right)=\frac{1}{2} \ \cdots\cdots \ ②$$

①, ②를 연립하여 정리하면 $\sin(t)\sin\left(\frac{\pi}{3}-t\right)=\frac{1}{2}\cos\left(2t-\frac{\pi}{3}\right)-\frac{1}{4}$ 이다. 상수 $a,\,b,\,c,\,d$ 들의 집합 $\{a,\,b,\,c,\,d\}$ 들 중 다음과 같은 쌍 하나를 찾을 수 있다.

$$\left\{\frac{1}{2},\ 2,\ -\frac{\pi}{3},\ -\frac{1}{4}\right\}$$

[2]

먼저 삼각형 ABP 의 넓이를 구하자.

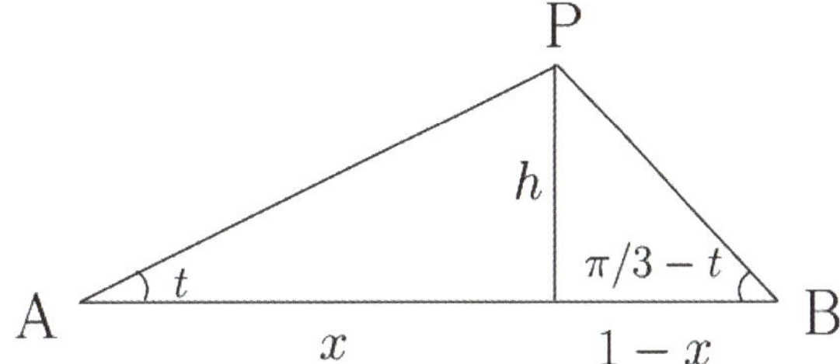

그림으로부터 $\tan(t)=\dfrac{h}{x}$, $\tan\left(\dfrac{\pi}{3}-t\right)=\dfrac{h}{1-x}$ 이고 $x=\dfrac{h}{\tan(t)}$, $1-x=\dfrac{h}{\tan\left(\dfrac{\pi}{3}-t\right)}$ 이므로

$\dfrac{h}{\tan(t)}=1-\dfrac{h}{\tan\left(\dfrac{\pi}{3}-t\right)}$ 이다. 따라서

$$h=\frac{\tan(t)\tan\left(\dfrac{\pi}{3}-t\right)}{\tan(t)+\tan\left(\dfrac{\pi}{3}-t\right)}=\frac{\sin(t)\sin\left(\dfrac{\pi}{3}-t\right)}{\sin\left(t+\left(\dfrac{\pi}{3}-t\right)\right)}=\frac{2}{\sqrt{3}}\sin(t)\sin\left(\frac{\pi}{3}-t\right)$$

이므로 삼각형 ABP 의 넓이는 $\dfrac{1}{2}\times 1\times h=\dfrac{1}{\sqrt{3}}\sin(t)\sin\left(\dfrac{\pi}{3}-t\right)$ 이다.

삼각형 PQR 의 넓이 $S(t)$ 는

(삼각형 ABC 의 넓이) - (삼각형 PQR 의 넓이) - (삼각형 BCQ 의 넓이) - (삼각형 CAR 의 넓이)

$=$ (삼각형 ABC 의 넓이)$-3\times$ (삼각형 PQR 의 넓이)

$=\dfrac{\sqrt{3}}{4}-3\times\dfrac{1}{\sqrt{3}}\sin(t)\sin\left(\dfrac{\pi}{3}-t\right)=\dfrac{\sqrt{3}}{2}\left(1-\cos\left(2t-\dfrac{\pi}{3}\right)\right)$ ($\because$ **[1]** 문제 결론)

이므로

$$\int_0^{\frac{\pi}{3}}S(t)dt=\int_0^{\frac{\pi}{3}}\frac{\sqrt{3}}{2}\left(1-\cos\left(2t-\frac{\pi}{3}\right)\right)dt$$

$$=\frac{\sqrt{3}}{2}\left[t-\frac{1}{2}\sin\left(2t-\frac{\pi}{3}\right)\right]_0^{\frac{\pi}{3}}$$

$$=\frac{\sqrt{3}}{2}\left(\frac{\pi}{3}\right)-\frac{\sqrt{3}}{2}$$

$$=\frac{\sqrt{3}}{6}\pi-\frac{3}{4}$$

이다.

[1]

선분 $\mathrm{OP_1}$ 의 길이는 $\cos\dfrac{\pi}{4}=\dfrac{\sqrt{2}}{2}$ 이고, x 축의 양의 방향과 이루는 각의 크기가 $\dfrac{\pi}{4}$ 이므로,

점 $\mathrm{P_1}$ 의 좌표는 $\dfrac{\sqrt{2}}{2}\left(\cos\dfrac{\pi}{4},\,\sin\dfrac{\pi}{4}\right)=\left(\dfrac{1}{2},\,\dfrac{1}{2}\right)$ 이다.

[2]

각 $\angle\mathrm{P_{n-1}OP_n}$ 의 크기는 $\dfrac{\pi}{2^{n+1}}$ 이므로 $\angle\mathrm{P_0OP_n}$ 의 크기는 $\pi\left(\dfrac{1}{4}+\,\cdots\,+\dfrac{1}{2^{n+1}}\right)=\dfrac{\pi}{2}-\dfrac{\pi}{2^{n+1}}$ 이다.

따라서 선분 $\mathrm{OP_n}$ 이 x 축의 양의 방향과 이루는 각의 크기는 $\dfrac{\pi}{2^{n+1}}$ 이다.

$\overline{\mathrm{OP_n}}=\overline{\mathrm{OP_{n-1}}}\times\cos\dfrac{\pi}{2^{n+1}}$ 로부터 $\overline{\mathrm{OP_n}}$ 의 값은 $\cos\dfrac{\pi}{4}\times\,\cdots\,\times\cos\left(\dfrac{\pi}{2^{n+1}}\right)$ 임을 알 수 있다.

이를 이용하여, 점 $\mathrm{P_n}$ 의 y 좌표인 y_n 의 값은 $\cos\dfrac{\pi}{4}\times\,\cdots\,\times\cos\left(\dfrac{\pi}{2^{n+1}}\right)\times\sin\left(\dfrac{\pi}{2^{n+1}}\right)$ 이 된다.

이 식에 삼각함수의 배각공식을 적용하면,

$$\cos\left(\dfrac{\pi}{2^{n+1}}\right)\times\sin\left(\dfrac{\pi}{2^{n+1}}\right)=\dfrac{1}{2}\times\sin\left(\dfrac{\pi}{2^{n}}\right)$$

$$\cos\left(\dfrac{\pi}{2^{n}}\right)\times\sin\left(\dfrac{\pi}{2^{n}}\right)=\dfrac{1}{2}\times\sin\left(\dfrac{\pi}{2^{n-1}}\right)$$

$$\vdots$$

$$\cos\dfrac{\pi}{4}\times\sin\dfrac{\pi}{4}=\dfrac{1}{2}\times\sin\dfrac{\pi}{2}$$

이고, 변변 곱하면 $y_n=\dfrac{1}{2^{n}}$ 임을 알 수 있다.

따라서 $\displaystyle\sum_{n=0}^{\infty}y_n=\sum_{n=0}^{\infty}\dfrac{1}{2^{n}}=2$ 이다.

[3]

[2]에 의하여 x_n 의 값은 $\cos\left(\dfrac{\pi}{4}\right)\times\,\cdots\,\times\cos\left(\dfrac{\pi}{2^{n+1}}\right)\times\cos\left(\dfrac{\pi}{2^{n+1}}\right)$ 이다. 양변에 $\sin\left(\dfrac{\pi}{2^{n+1}}\right)$ 을 곱하면,

$x_n\times\sin\left(\dfrac{\pi}{2^{n+1}}\right)=\dfrac{1}{2^{n}}\cos\left(\dfrac{\pi}{2^{n+1}}\right)$ 이 된다.

따라서 $\displaystyle\lim_{n\to\infty}x_n=\dfrac{2}{\pi}\times\lim_{n\to\infty}\dfrac{\dfrac{\pi}{2^{n+1}}}{\sin\left(\dfrac{\pi}{2^{n+1}}\right)}\times\cos\left(\dfrac{\pi}{2^{n+1}}\right)$ 이 되고 (나)를 이용하면 $\displaystyle\lim_{n\to\infty}x_n=\dfrac{2}{\pi}$ 을 얻을 수 있다.

[1]

(가)을 이용하여 범위에 따라 $\cos\left(x+\dfrac{n\pi}{2}\right)$를 다음과 같이 나타낼 수 있다. (단, k는 정수)

$$\cos\left(x+\frac{n\pi}{2}\right)=\begin{cases}\cos x & (n=4k)\\[4pt]\cos\left(x+\dfrac{\pi}{2}\right)=-\sin x & (n=4k+1)\\[4pt]\cos(x+\pi)=-\cos x & (n=4k+2)\\[4pt]\cos\left(x+\dfrac{3\pi}{2}\right)=\sin x & (n=4k+3)\end{cases}$$

각각의 경우에 대해 $0<x<\dfrac{\pi}{4}$ 에서의 함숫값의 범위를 구하면 아래와 같다.

$$\frac{\sqrt{2}}{2}<\cos x<1 \qquad\qquad -\frac{\sqrt{2}}{2}<-\sin x<0$$

$$-1<-\cos x<-\frac{\sqrt{2}}{2} \qquad\qquad 0<\sin x<\frac{\sqrt{2}}{2} \qquad \cdots\cdots ①$$

$\dfrac{\sqrt{2}}{2}=\dfrac{1}{\sqrt{2}}>\dfrac{1}{4}$ 이므로 주어진 식 $\cos\left(x+\dfrac{n\pi}{2}\right)=\dfrac{1}{4}$ 이 $0<x<\dfrac{\pi}{4}$ 에서 해를 가지려면

$\cos\left(x+\dfrac{n\pi}{2}\right)=\sin x$를 만족해야 한다. 즉, $n=4k+3\,(k$는 정수)꼴의 자연수이다.

따라서 조건을 만족하는 2023이하의 자연수 n의 개수는 506 개이다.

[2]

[1]의 과정에 의해 $\cos\left(x+\dfrac{m\pi}{2}\right)$와 $\cos\left(x+\dfrac{n\pi}{2}\right)$는 m과 n의 값에 관계없이 각각

$\sin x,\ -\sin x,\ \cos x,\ -\cos x$ 중 하나로 정해진다.

이때 $\left|\cos\left(x+\dfrac{m\pi}{2}\right)\right|=\left|\cos\left(x+\dfrac{n\pi}{2}\right)\right|$이라면

$t=\cos\left(x+\dfrac{n\pi}{2}\right)$ 라고 했을 때 $\cos^2\left(x+\dfrac{m\pi}{2}\right)=t^2$로 표현할 수 있고,

$\left|\cos\left(x+\dfrac{m\pi}{2}\right)\right|\neq\left|\cos\left(x+\dfrac{n\pi}{2}\right)\right|$이라면 $\sin^2 x+\cos^2 x=1$이므로

$t=\cos\left(x+\dfrac{n\pi}{2}\right)$ 라고 했을 때 $\cos^2\left(x+\dfrac{m\pi}{2}\right)=1-t^2$로 표현할 수 있다.

(i) $\cos^2\left(x+\dfrac{m\pi}{2}\right)=t^2$ 인 경우

이 경우 주어진 식 $6\cos^2\left(x+\dfrac{m\pi}{2}\right)+\cos\left(x+\dfrac{n\pi}{2}\right)-5=0$ 을 치환하면

$6t^2+t-5=(6t-5)(t+1)=0$ 이라 할 수 있고 이 식의 해를 구하면 $t=-1$ 과 $t=\dfrac{5}{6}$ 이다.

그런데 $0<x<\dfrac{\pi}{4}$ 일 때, [1]의 ①식에 의해 $t=-1$ 이 될 수 없으므로

주어진 방정식이 해를 가지려면 $t=\dfrac{5}{6}$ 이 되어야 한다.

이때 $\dfrac{\sqrt{2}}{2}<\dfrac{5}{6}<1$ 이고 ①식에 의해 $t=\cos\left(x+\dfrac{n\pi}{2}\right)=\cos x$ 가 되어야 하므로

$n=4k\,(k$ 는 정수)를 만족해야 한다.

또한 $\cos^2\left(x+\dfrac{m\pi}{2}\right)=t^2=\cos^2 x$ 이므로 $\cos\left(x+\dfrac{m\pi}{2}\right)=\pm\cos x$ 가 되어

$m=4s$ 또는 $m=4s+2\,(s$ 는 정수)를 얻는다.

따라서 이 경우에서 구할 수 있는 순서쌍 (m,n) 의 개수는 $11\times 5=55$ 이다.

(ii) $\cos^2\left(x+\dfrac{m\pi}{2}\right)=1-t^2$ 인 경우

이 경우 주어진 식 $6\cos^2\left(x+\dfrac{m\pi}{2}\right)+\cos\left(x+\dfrac{n\pi}{2}\right)-5=0$ 을 치환하면

$6(1-t^2)+t-5=-(2t-1)(3t+1)=0$ 이라 할 수 있고 이 식의 해를 구하면 $t=\dfrac{1}{2}$ 과 $t=-\dfrac{1}{3}$ 이다.

주어진 조건 $0<x<\dfrac{\pi}{4}$ 일 때 이러한 해를 가지려면 ①식에 의해

$t=\cos\left(x+\dfrac{n\pi}{2}\right)$ 는 $\sin x$ 또는 $-\sin x$ 가 되어야 한다.

따라서 $n=4k+1$ 또는 $n=4k+3\,(k$ 는 정수)를 만족해야 한다.

또한 $\cos^2\left(x+\dfrac{m\pi}{2}\right)=1-t^2=1-\sin^2 x=\cos^2 x$ 이므로

$\cos\left(x+\dfrac{m\pi}{2}\right)=\pm\cos x$ 가 되어 $m=4s$ 또는 $m=4s+2\,(s$ 는 정수)을 얻는다.

따라서 이 경우에서 구할 수 있는 순서쌍 (m,n) 의 개수는 $11\times 12=132$ 이다.

그러므로 (i), (ii)에 의해 가능한 모든 순서쌍 (m,n) 의 개수는 $55+132=187$ 이다.

[3]

$t = \cos\left(x + \dfrac{n\pi}{2}\right)$ 라 치환하여 $f(t) = 8t^4 - 7t^2 + 3t + 1$ 라 하면

t 는 $-1 \le t \le 1$ 을 만족하고 문제에 주어진 방정식을 $f(t) = 0$ 으로 표현할 수 있다.

이 방정식의 근의 존재성을 판별하기 위해 함수 $y = f(t)\ (-1 \le t \le 1)$ 의 그래프의 개형을 알아보자.

$f'(t) = 32t^3 - 14t + 3$ 에 대하여 $f'\left(\dfrac{1}{2}\right) = 4 - 7 + 3 = 0$ 이므로 $f'(t)$ 는 $2t - 1$ 로 나누어떨어진다.

따라서 다항식의 나눗셈을 이용하여

$$f'(t) = 32t^3 - 14t + 3 = (2t - 1)(16t^2 + 8t - 3) = (2t - 1)(4t + 3)(4t - 1)$$

을 얻을 수 있다. 따라서 $f'(t) = 0$ 의 근은 $t = -\dfrac{3}{4},\ \dfrac{1}{4},\ \dfrac{1}{2}$ 이고

$f(t)$ 가 최고차항의 계수가 양수인 사차함수이므로 $f(t)$ 는 구간 $\left(-\infty,\ -\dfrac{3}{4}\right]$ 에서 감소,

구간 $\left[-\dfrac{3}{4},\ \dfrac{1}{4}\right]$ 에서 증가, 구간 $\left[\dfrac{1}{4},\ \dfrac{1}{2}\right]$ 에서 감소, 구간 $\left[\dfrac{1}{2},\ \infty\right)$ 에서 증가한다.

또한, $-1 \le t \le t$ 에서 각 구간의 끝에서의 함숫값을 계산해 보면 아래와 같다.

$$f(-1) = 8 - 7 - 3 - 1 = -3 < 0, \qquad f\left(-\dfrac{3}{4}\right) = \dfrac{8 \times 3^4}{4^4} - \dfrac{7 \times 9}{16} - \dfrac{9}{4} - 1 < 0,$$

$$f\left(\dfrac{1}{4}\right) = \dfrac{8}{4^4} - \dfrac{7}{16} + \dfrac{3}{4} - 1 < 0, \qquad f\left(\dfrac{1}{2}\right) = \dfrac{1}{2} - \dfrac{7}{4} + \dfrac{3}{2} - 1 < 0,$$

$$f(1) = 8 - 7 + 3 - 1 = 3 > 0$$

따라서 함수 $y = f(t)$ 의 그래프는 오른쪽과 같이 그려진다.

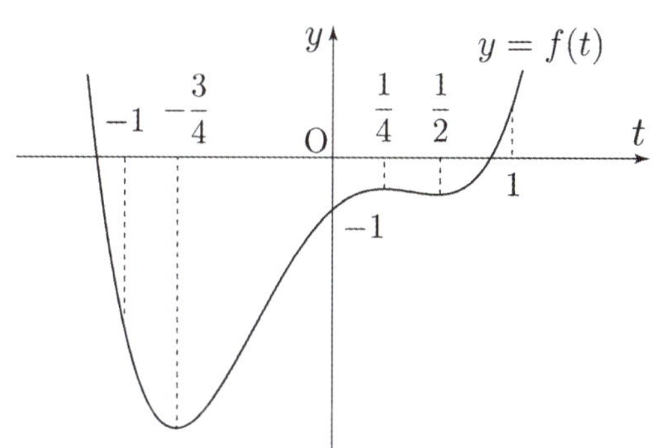

그러므로 $-1 \le t \le 1$ 일 때 $f(t) = 0$ 의 해는

구간 $\left[\dfrac{1}{2},\ 1\right]$ 에서 유일하게 존재한다.

또한 $f(t)$ 는 이 구간에서 증가하고

$$f\left(\dfrac{\sqrt{2}}{2}\right) = 2 - \dfrac{7}{2} + 3 \times \dfrac{\sqrt{2}}{2} - 1 = \dfrac{3\sqrt{2} - 5}{2} < 0$$

이므로 해는 구간 $\left(\dfrac{\sqrt{2}}{2},\ 1\right]$ 에서 존재한다. 이때 $t = \cos\left(x + \dfrac{n\pi}{2}\right)$ 이므로

[1]의 ①식에 의해 주어진 식이 해를 가지려면 $n = 4k\,(k$ 는 정수)를 만족해야 한다.

따라서 조건을 만족하는 자연수 n 의 개수는 505 이다.

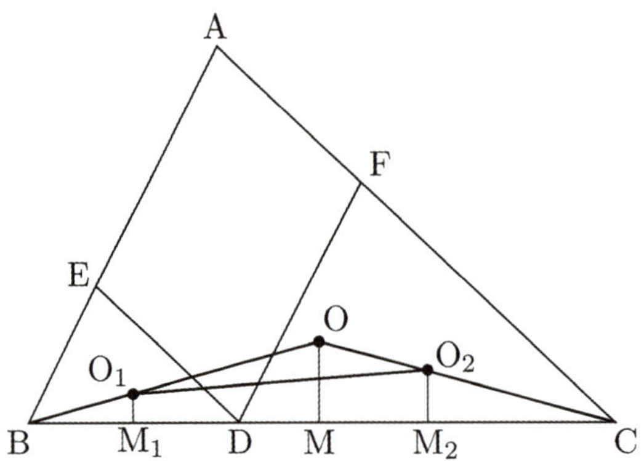

삼각형 ABC 에 코사인법칙을 적용하면

$$\cos(\angle A) = \frac{\overline{AB}^2 + \overline{AC}^2 - \overline{BC}^2}{2 \times \overline{AB} \times \overline{AC}} = \frac{4^2 + 5^2 - 6^2}{2 \times 4 \times 5} = \frac{1}{8}$$

이다. 이로부터 $\sin(\angle A) = \dfrac{3\sqrt{7}}{8}$ 이고, 사인법칙를 적용하면 $2R\sin(\angle A) = 6$, 따라서 $R = \dfrac{8}{\sqrt{7}}$

선분 BC, BD, DC 의 중점을 각각 M, M_1, M_2 라 하자.

삼각형 ABC, EBD, FDC 가 닮은 삼각형이므로 닮음비가 $3:1:2$ 이다. $\angle COM = \angle A$, $\overline{CO} = R$이므로

$$\overline{OM} = \overline{OC}\cos(\angle A) = \frac{8}{\sqrt{7}} \times \frac{1}{8} = \frac{1}{\sqrt{7}}$$

닮음비를 이용하면 $\overline{O_1M_1} = \dfrac{1}{3\sqrt{7}}$, $\overline{O_2M_2} = \dfrac{2}{3\sqrt{7}}$ 임을 알 수 있다.

사각형 OO_1M_1M, OMM_2O_2, $O_1M_1M_2O_2$ 의 넓이는 각각

$$\frac{1}{2}\left(\overline{OM} + \overline{O_1M_1}\right) \times \overline{MM_1} = \frac{1}{2}\left(\frac{1}{\sqrt{7}} + \frac{1}{3\sqrt{7}}\right) \times 2 = \frac{4}{3\sqrt{7}}$$

$$\frac{1}{2}\left(\overline{OM} + \overline{O_2M_2}\right) \times \overline{MM_2} = \frac{1}{2}\left(\frac{1}{\sqrt{7}} + \frac{2}{3\sqrt{7}}\right) \times 1 = \frac{5}{6\sqrt{7}}$$

$$\frac{1}{2}\left(\overline{O_1M_1} + \overline{O_2M_2}\right) \times \overline{M_1M_2} = \frac{1}{2}\left(\frac{1}{3\sqrt{7}} + \frac{2}{3\sqrt{7}}\right) \times 3 = \frac{3}{2\sqrt{7}}$$

그런데 삼각형 OO_1O_2 의 넓이는 사각형 OO_1M_1M 와 OMM_2O_2 의 넓이의 합에서 사각형 $O_1M_1M_2O_2$ 의 넓이를 뺀 것과 같다.

따라서 삼각형 OO_1O_2 의 넓이는 $\dfrac{2}{21}\sqrt{7}$ 이다.

[1]

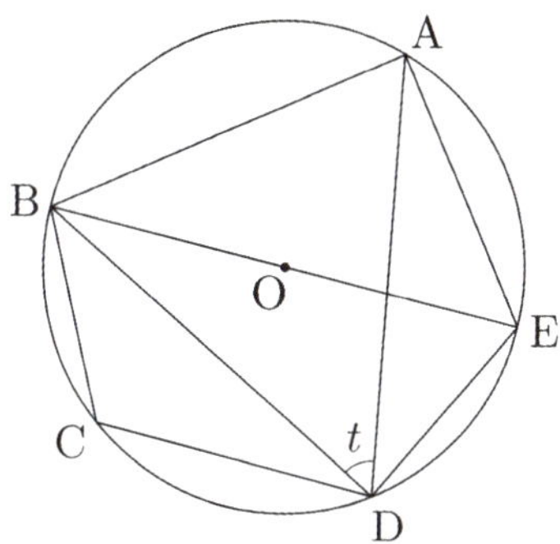

$$\angle\,\text{BOC} + \angle\,\text{COD} + \angle\,\text{DOE} = 2\,(\angle\,\text{BEC} + \angle\,\text{CAD} + \angle\,\text{DBE})$$
$$= 2\,(\angle\,\text{BAC} + \angle\,\text{CAD} + \angle\,\text{DBE}) = 180\,°$$

이므로 점 $\text{B}, \text{O}, \text{E}$는 일직선 위에 있고 선분 BE는 오각형 ABCDE의 외접원의 지름이다.

선분 BE가 외접원의 지름이므로 $0 < t < \dfrac{\pi}{2}$ 이다. 삼각형 ABD의 넓이를 $S(t)$라 하자.

$\angle\,\text{BAE} = \dfrac{\pi}{2}$ 이므로 $\angle\,\text{ABE} = \dfrac{\pi}{2} - t$ 이다.

$\angle\,\text{DBE} = \dfrac{\pi}{6}$ 이므로 $\angle\,\text{ABD} = \dfrac{2}{3}\pi - t$ 이다.

$\overline{\text{BD}} = \sqrt{3}$, $\overline{\text{AB}} = 2\sin t$ 이므로 $S(t) = \sqrt{3}\,\sin t \sin\left(\dfrac{2}{3}\pi - t\right)$ 이다.

$$S'(t) = \sqrt{3}\,\cos t \sin\left(\dfrac{2}{3}\pi - t\right) - \sqrt{3}\,\sin t \cos\left(\dfrac{2}{3}\pi - t\right) = \sqrt{3}\,\sin\left(\dfrac{2}{3}\pi - 2t\right)$$

$S'(t) = 0$ 의 해는 $t = \dfrac{\pi}{3}$ 이다.

$t < \dfrac{\pi}{3}$ 이면 $S'(t) > 0$ 이고 $t > \dfrac{\pi}{3}$ 이면 $S'(t) < 0$ 이므로 $t = \dfrac{\pi}{3}$ 일 때, $S(t)$가 최댓값을 가진다.

따라서 삼각형 ABD의 넓이의 최댓값은 $S\left(\dfrac{\pi}{3}\right) = \dfrac{3}{4}\sqrt{3}$ 이다.

[2]

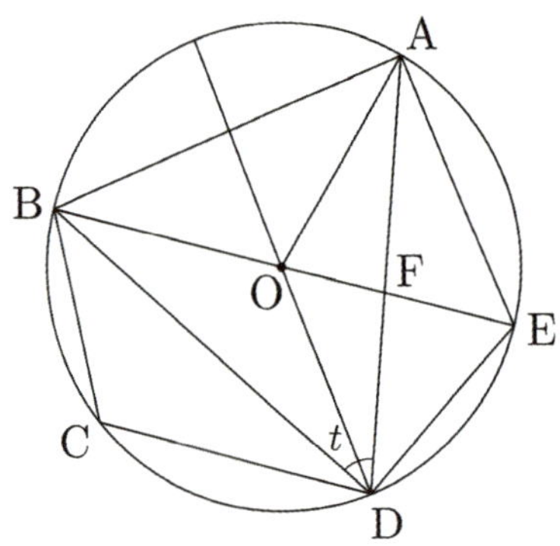

선분 BE 는 오각형 ABCDE 의 외접원의 지름이다.

$\angle \mathrm{BDO} = \angle \mathrm{DBO} = \dfrac{\pi}{6}$ 이고 $t > \dfrac{\pi}{6}$ 이므로 점 O , D , F 는 그림과 같이 위치한다.

삼각형 ODF 에서 $\angle \mathrm{DOF} = \dfrac{\pi}{3}$, $\angle \mathrm{ODF} = t - \dfrac{\pi}{6}$ 이므로 $\angle \mathrm{OFD} = \dfrac{5}{6}\pi - t$ 이다.

사인법칙을 이 삼각형에 적용하면 $\dfrac{1}{\sin\left(\dfrac{5}{6}\pi - t\right)} = \dfrac{\overline{\mathrm{OF}}}{\sin\left(t - \dfrac{\pi}{6}\right)}$ 를 얻는다.

$\overline{\mathrm{OF}} = \dfrac{1}{3}$ 이므로 $3\sin\left(t - \dfrac{\pi}{6}\right) = \sin\left(\dfrac{5}{6}\pi - t\right)$ 이다. 전개하여 정리하면 $\tan t = \dfrac{2}{\sqrt{3}}$ 이다.

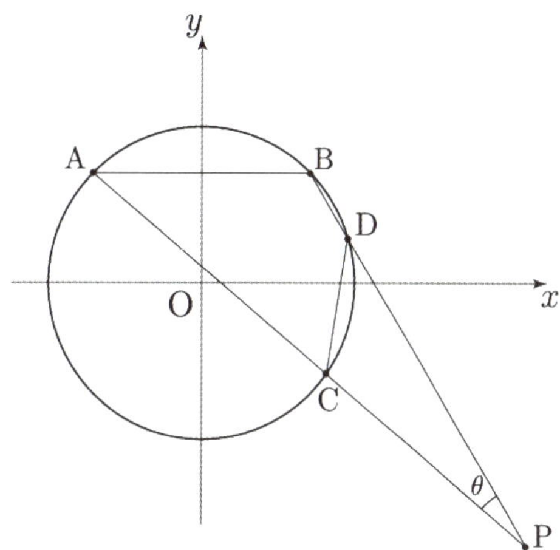

∠APB의 크기를 θ 라 하자. $\angle AOB = \dfrac{\pi}{2}$ 이므로 $\angle ACB = \dfrac{\pi}{4}$ 이다.

삼각형 BCP 에서 $\angle CBD = \dfrac{\pi}{4} - \theta$ 이므로, 따라서 $\angle COD = \dfrac{\pi}{2} - 2\theta$ 이다.

$\overline{CD} = 2$ 이고 원의 반지름 또한 2이므로 $\angle COD = \dfrac{\pi}{3}$ 이다.

따라서 $\dfrac{\pi}{2} - 2\theta = \dfrac{\pi}{3}$ 이고, $\theta = \dfrac{\pi}{12}$ 임을 알 수 있다.

$\angle APB = \dfrac{\pi}{12}$ 인 점 P 는 현 AB 에 대한 원주각이 $\dfrac{\pi}{12}$ 인 원 위에 있다.

따라서 이 원의 반지름 r 이라 하면 $\overline{AP}$ 는 이 원의 지름이 될 때 가장 큰 값을 갖는다.

점 P 의 현 AB 에 대한 원주각이 $\dfrac{\pi}{12}$ 이므로 $r \sin \dfrac{\pi}{12} = \dfrac{1}{2} \overline{AB} = \sqrt{2}$ 이다.

삼각함수의 덧셈정리를 이용하여

$$\sin \frac{\pi}{12} = \sin\left(\frac{\pi}{3} - \frac{\pi}{4}\right) = \sin \frac{\pi}{3} \cos \frac{\pi}{4} - \cos \frac{\pi}{3} \sin \frac{\pi}{4} = \frac{\sqrt{6} - \sqrt{2}}{4}$$

를 얻는다. 따라서

$$r = \sqrt{2} \times \frac{4}{\sqrt{6} - \sqrt{2}} = \sqrt{2}\left(\sqrt{2} + \sqrt{6}\right) = 2 + 2\sqrt{3}$$

이다.

따라서, $\overline{AP}$ 의 값 중 가장 큰 것은 $2r = 4 + 4\sqrt{3}$ 이다.

다음의 두 가지 경우로 나누어서 푼다.

(i) 점 P 의 y좌표가 1보다 작거나 같을 때

점 P 에서 점 $(0,\ 1)$까지의 거리를 d라 하자. (단, $d > 0$)

코사인법칙을 이용하면 $\cos\alpha = \dfrac{9+d^2-1}{6d} = \dfrac{4}{3d} + \dfrac{d}{6} \geq \dfrac{2\sqrt{2}}{3}$

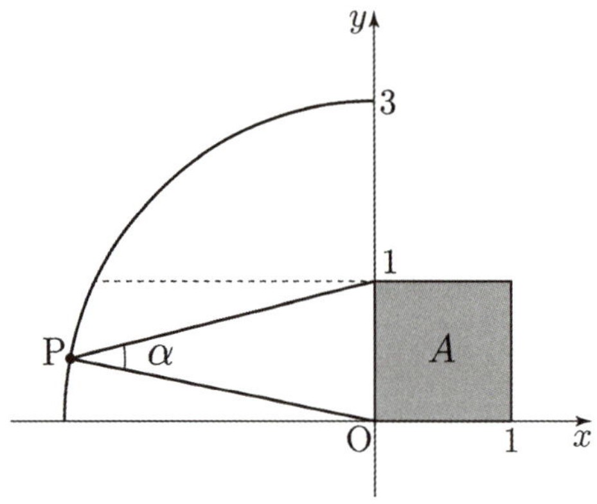

(ii) 점 P 의 y좌표가 1 보다 클 때

점 P 에서 점 $(1,\ 1)$까지의 거리를 d라 하자. (단, $d > 0$)

코사인법칙을 이용하면 $\cos\alpha = \dfrac{9+d^2-2}{6d} = \dfrac{7}{6d} + \dfrac{d}{6} \geq \dfrac{\sqrt{7}}{3}$

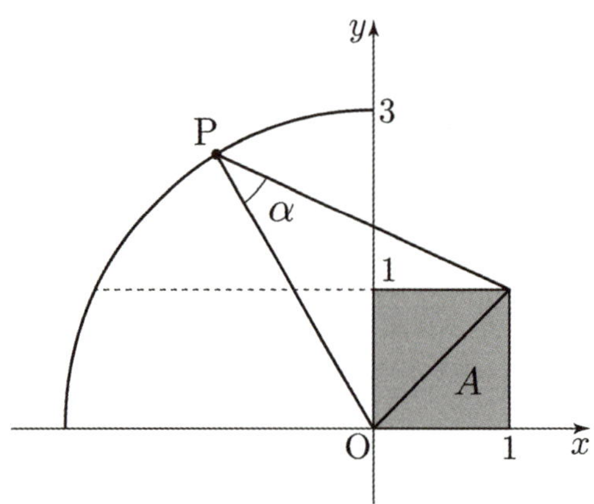

(i), (ii)에 의하여 $\cos\alpha$의 최솟값은 $\dfrac{\sqrt{7}}{3}$ 이다.

등호는 $\dfrac{7}{6d} = \dfrac{d}{6}$ 일 때 성립하고, 이때 $d = \sqrt{7}$ 이다.

점 $(1, 1)$을 Q라 하고 $d = \sqrt{7}$일 때 각 POQ의 크기를 θ라 하자.

$$\cos\theta = \frac{9 + 2 - 7}{6\sqrt{2}} = \frac{\sqrt{2}}{3} \text{이고, } 0 \leq \theta \leq \frac{\pi}{2} \text{이므로 } \sin\theta = \frac{\sqrt{7}}{3} \text{이다.}$$

점 P 의 x좌표는

$$3\cos\left(\theta + \frac{\pi}{4}\right) = 3\left(\cos\theta\cos\frac{\pi}{4} - \sin\theta\sin\frac{\pi}{4}\right) = 1 - \frac{\sqrt{14}}{2}$$

이다.

점 P 의 y좌표는

$$3\sin\left(\theta + \frac{\pi}{4}\right) = 3\left(\sin\theta\cos\frac{\pi}{4} + \cos\theta\sin\frac{\pi}{4}\right) = 1 + \frac{\sqrt{14}}{2}$$

이다.

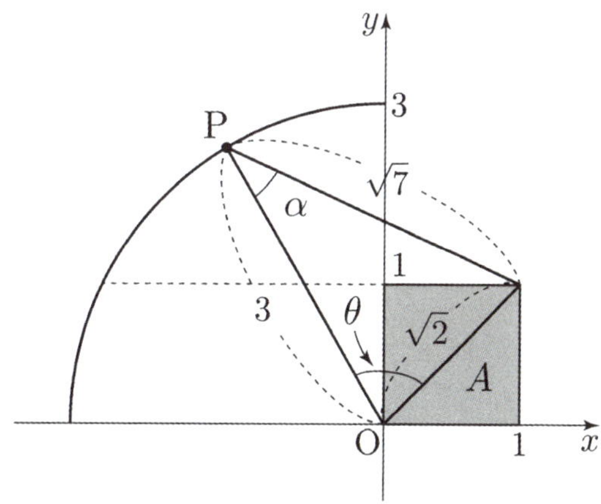

[1]

그림에서 $\angle DAQ = t$, $\angle HAQ = s$ 라 하면

$\angle BAP = \dfrac{\pi}{4} - t$, $\angle HAP = \dfrac{\pi}{4} - s$ 이다.

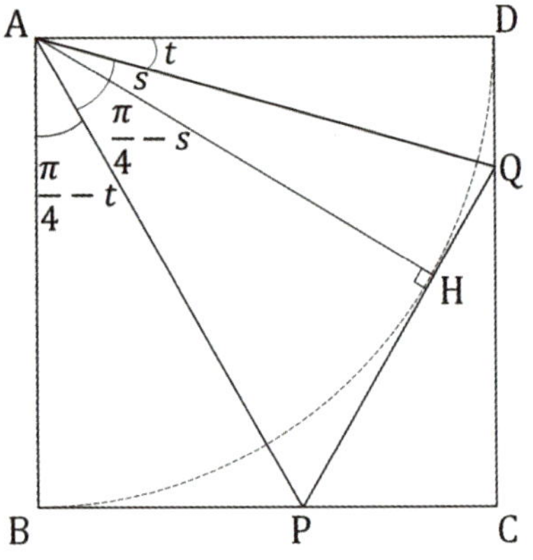

$$\frac{\cos s}{\cos t} = \overline{AH} = \frac{\cos\left(\dfrac{\pi}{4} - s\right)}{\cos\left(\dfrac{\pi}{4} - t\right)}$$

$$= \frac{\cos\dfrac{\pi}{4}\cos s + \sin\dfrac{\pi}{4}\sin s}{\cos\dfrac{\pi}{4}\cos t + \sin\dfrac{\pi}{4}\sin t} = \frac{\cos s + \sin s}{\cos t + \sin t}$$

이고, 정리하면 $\tan t = \tan s$, 즉 $t = s$ 이므로 삼각형 DAQ 와 삼각형 HAQ 는 합동이다.
따라서 $\overline{AH} = \overline{AD} = 1$ 이다.

따라서 점 H 가 이루는 곡선은 반지름의 길이가 1 인 사분원이므로 길이는 $\dfrac{\pi}{2}$ 이다.

[별해 풀이]

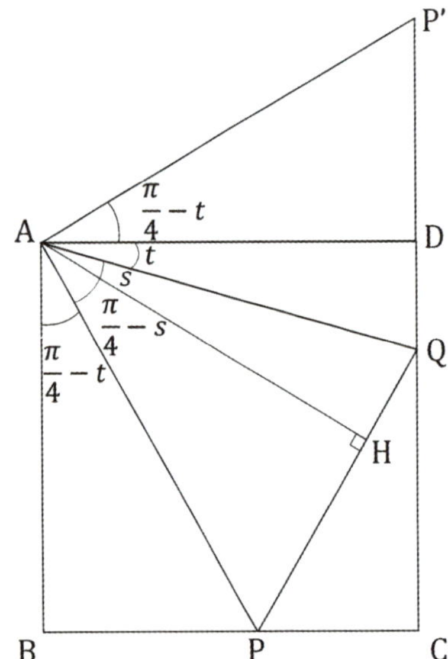

그림에서 삼각형 APQ 와 삼각형 AP′Q 은 합동이고, 따라서

$$\overline{AH} = (\text{삼각형 APQ 의 높이}) = (\text{삼각형 AP′Q 의 높이}) = \overline{AD} = 1$$

이다. 따라서 점 H 가 이루는 곡선은 반지름의 길이가 1 인 사분원이므로 길이는 $\dfrac{\pi}{2}$ 이다.

[2]

그림에서 $\overline{\mathrm{PQ}}=\sqrt{(1-\tan t)^2+\left\{1-\tan\left(\dfrac{\pi}{4}-t\right)\right\}^2}=\dfrac{1+\tan^2 t}{1+\tan t}$ 이므로

삼각형 PAQ의 넓이 $f(t)$는

$$f(t)=\frac{1}{2}\times\overline{\mathrm{AH}}\times\overline{\mathrm{PQ}}=\frac{1}{2}\times\frac{1+\tan^2 t}{1+\tan t}$$

이다.

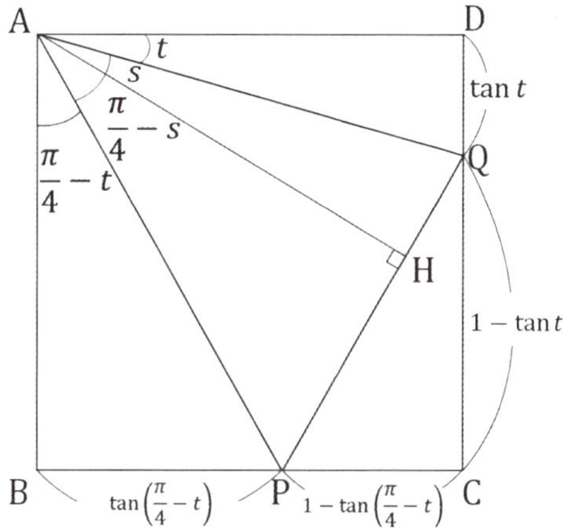

따라서 $1+\tan t=s$ 로 치환하면

$$\int_0^{\frac{\pi}{4}}f(t)dt=\frac{1}{2}\int_0^{\frac{\pi}{4}}\frac{1+\tan^2 t}{1+\tan t}dt=\frac{1}{2}\int_1^2\frac{1}{s}ds=\frac{1}{2}\ln 2=\ln\sqrt{2}$$

이다.

[별해 풀이]

삼각형 APQ의 넓이 $f(t)$는

$$f(t)=\frac{1}{2}\times\overline{\mathrm{AP}}\times\overline{\mathrm{AQ}}\times\sin\frac{\pi}{4}=\frac{1}{2}\times\frac{1}{\cos\left(\dfrac{\pi}{4}-t\right)}\times\frac{1}{\cos t}\times\frac{1}{\sqrt{2}}=\frac{1}{2}\times\frac{1}{(\cos t+\sin t)\cos t}$$

이다. 따라서

$$\int_0^{\frac{\pi}{4}}f(t)dt=\frac{1}{2}\int_0^{\frac{\pi}{4}}\frac{1}{(\cos t+\sin t)\cos t}dt=\frac{1}{2}\int_0^{\frac{\pi}{4}}\frac{1}{(1+\tan t)\cos^2 t}dt$$

$$=\frac{1}{2}\int_0^{\frac{\pi}{4}}\frac{\sec^2 t}{1+\tan t}dt=\frac{1}{2}\ln 2=\ln\sqrt{2}$$

이다.

[3]

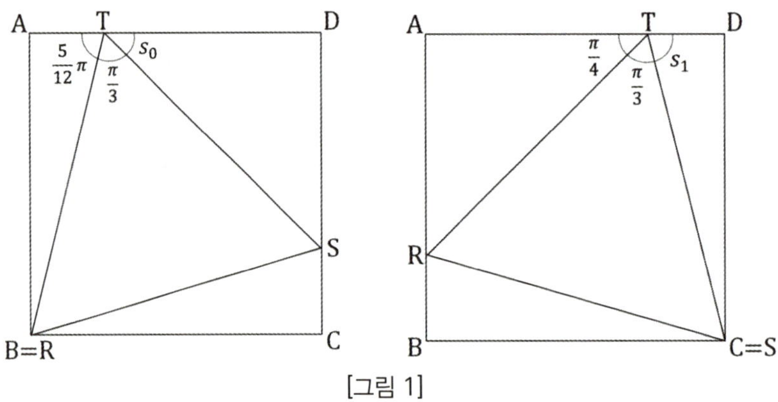

[그림 1]

[그림 1]에서 $s_0 = \dfrac{\pi}{4}(= 45°)$, $s_1 = \dfrac{5}{12}\pi(= 75°)$ 이다.

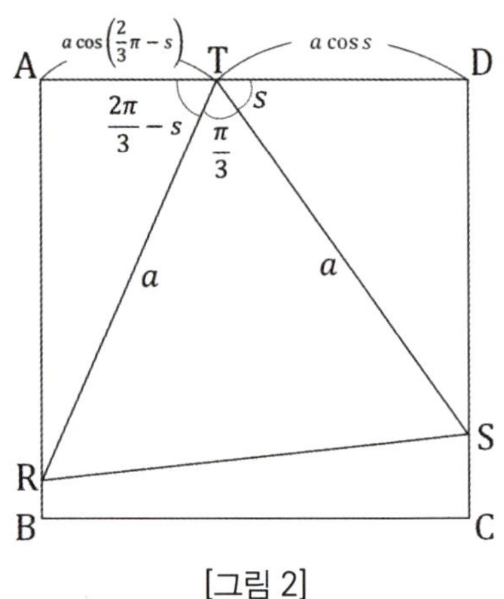

[그림 2]

$\dfrac{\pi}{4} \leq s \leq \dfrac{5\pi}{12}$ 인 s 에 대해 정삼각형 RST 의 한 변의 길이를

a 라고 하면 [그림 2]에서 $a\cos\left(\dfrac{2}{3}\pi - s\right) + a\cos s = 1$ 임을 알 수 있다.

따라서

$$a = \cfrac{1}{\cos\left(\dfrac{2}{3}\pi - s\right) + \cos s}$$

$$= \cfrac{1}{\cos\dfrac{2}{3}\pi \cos s + \sin\dfrac{2}{3}\pi \sin s + \cos s} = \cfrac{1}{\sin\left(s + \dfrac{\pi}{6}\right)}$$

이다. 정삼각형 RST 의 넓이 $g(s)$ 는

$$g(s) = \dfrac{1}{2}\left(\cfrac{1}{\sin\left(s + \dfrac{\pi}{6}\right)}\right)^2 \sin\dfrac{\pi}{3} = \dfrac{\sqrt{3}}{4}\csc^2\left(s + \dfrac{\pi}{6}\right)$$

이고

$$\int_{\frac{\pi}{4}}^{\frac{5}{12}\pi} g(s)\,ds = \dfrac{\sqrt{3}}{4}\int_{\frac{\pi}{4}}^{\frac{5}{12}\pi} \csc^2\left(s + \dfrac{\pi}{6}\right)ds \quad \left(t = s + \dfrac{\pi}{6}\right)$$

$$= \dfrac{\sqrt{3}}{4}\int_{\frac{5}{12}\pi}^{\frac{7}{12}\pi} \csc^2 t\,dt = \left[-\dfrac{\sqrt{3}}{4}\cot t\right]_{\frac{5}{12}\pi}^{\frac{7}{12}\pi}$$

$$= -\dfrac{\sqrt{3}}{4}\left(-\dfrac{\sqrt{3}-1}{\sqrt{3}+1} - \dfrac{\sqrt{3}-1}{\sqrt{3}+1}\right)$$

$$= \sqrt{3} - \dfrac{3}{2}$$

이다.

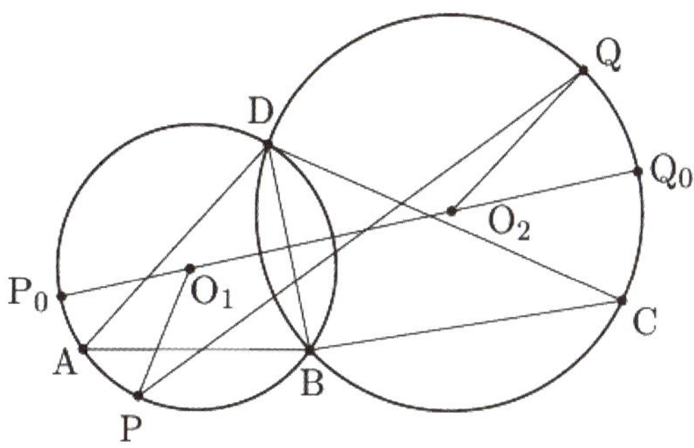

삼각형 ABD 의 외접원의 중심 O_1 과 삼각형 BCD 의 외접원의 중심 O_2 를 지나는 직선이 각 원과 만나는 점을 P_0, Q_0 라 하면, $\overline{P_0Q_0}$ 의 길이가 구하고자 하는 값임을 보이자.

원 O_1 위의 임의의 점 P 와 원 O_2 위의 임의의 점 Q 에 대하여 $\overline{PO_1} + \overline{O_1O_2} + \overline{O_2Q} = \overline{P_0Q_0}$ 이다.
그런데 $\overline{PQ} \le \overline{PO_1} + \overline{O_1O_2} + \overline{O_2Q}$ 이므로 $\overline{PQ} \le \overline{P_0Q_0}$ 이다. 따라서 $\overline{P_0Q_0}$ 가 구하고자 하는 값이다.

원 O_1 과 O_2 의 반지름을 각각 r_1 과 r_2 라 하면 $\overline{P_0Q_0} = r_1 + r_2 + \overline{O_1O_2}$ 이다.
삼각형 ABD 와 BCD 에 사인법칙을 적용하면 $2r_2\sin\angle BCD = \overline{BD}$, $2r_1\sin\angle BAD = \overline{BD}$ 가 성립한다.
이로부터 $r_1 = 2$, $r_2 = 3$ 임을 알 수 있다.

선분 O_1O_2 와 선분 BD 의 교점을 H 라 하면, $\overline{BH} = 1$ 이므로, $\overline{O_1H} = \sqrt{3}$, $\overline{O_2H} = 2\sqrt{2}$ 이다.
따라서, $\overline{O_1O_2} = \sqrt{3} + 2\sqrt{2}$ 이다.

그러므로, $\overline{P_0Q_0} = 5 + 2\sqrt{2} + \sqrt{3}$ 이다.

CHAPTER

4

수열 & 시그마의 활용

논제 1

[1]

(가) 조건에 의해 $a_5 = 4$이며, (나) 조건을 생각하면 다음과 같이 나눌 수 있다.

(ⅰ) $a_4 \leq 80$인 경우

$a_5 = 2a_3$에서 $a_3 = 2 \leq 80$이므로 $a_4 = 2a_2$이고, $a_2 = \dfrac{a_4}{2} \leq \dfrac{80}{2} \leq 40$이다.

(ⅱ) $a_4 > 80$인 경우

$a_5 = a_4 - 80$에서 $a_4 = 84$이다. 만일 $a_3 \leq 80$이면 $a_4 = 2a_2$에서 $a_2 = 42$이다.

반대로 $a_3 > 80$이면 $a_4 = a_3 - 80$에서 $a_3 = a_4 + 80 = 164$이다. 만일 $a_2 > 80$이면 $a_3 = a_2 - 80$에서

$a_2 = a_3 + 80 = 244$인데 이는 (가) 조건 $a_2 < 200$을 만족시키지 않는다. 따라서 $a_2 \leq 80$이다.

이 경우 a_2는 80 이하의 모든 자연수를 값으로 가질 수 있고, $a_1 = \dfrac{a_3}{2} = 82$이다.

실제로 $a_1 = 82$, $a_2 = 80$, $a_3 = 164$, $a_4 = 84$, $a_5 = 4$이면 문제의 주어진 조건을 모두 만족시키는 것을 확인할 수 있다. 따라서 a_2의 최댓값은 80이다.

[2]

[1]에서 $a_2 \leq 80$이므로 $a_3 = 2a_1$이 성립한다. 따라서 $a_1 = \dfrac{a_3}{2}$이다. **[1]**의 풀이 과정에서 a_3이 가질 수 있는 값은 80 이하의 짝수 또는 164이다. 이를 종합하면 다음과 같은 표를 만들 수 있고, 이때 a_1, a_2, $\cdots$, a_5가 문제의 조건을 모두 만족시킴을 확인할 수 있다.

a_1	a_2	a_3	a_4	a_5
1	1, 2, $\cdots$, 40	2	2, 4, $\cdots$, 80	
1, 2, $\cdots$, 40	42	2, 4, $\cdots$, 80	84	4
82	1, 2, $\cdots$, 80	164		

즉, a_1의 값은 40 이하의 자연수 또는 82가 될 수 있으므로, a_1이 가질 수 있는 서로 다른 모든 수의 합은 다음과 같다.

$$\sum_{k=1}^{40} k + 82 = \frac{40 \times 41}{2} + 82 = 820 + 82 = 902$$

[3]

$a_5 = 4$는 80보다 작으므로 $a_6 = 2a_4$를 만족시킨다.

(i) $a_4 \leq 40$인 경우 :

$a_6 \leq 80$이므로 $a_7 = 2a_5 = 8$이다. 따라서 $a_8 = 2a_6 = 4a_4$인데, **[2]**의 풀이에서 a_4가 짝수이므로 a_8은 8의 배수이다. 만일 $a_4 \leq 20$이면 $a_8 \leq 80$이 되어 $a_9 = 2a_7 = 16$이다. 한편, $20 < a_4 \leq 40$이면 $a_8 > 80$이고, **[3]**에서 주어진 조건 $a_8 \leq 90$을 생각하면 $a_8 = 88$이다. 이때 $a_9 = a_8 - 80 = 8$이다.

(ii) $40 < a_4 \leq 80$인 경우 :

$a_6 = 2a_4$이므로 $80 < a_6 \leq 160$이고, $a_7 = a_6 - 80$이므로 $0 < a_7 \leq 80$이다. 따라서 $a_8 = 2a_6 > 160$ 이므로 주어진 조건 $a_8 \leq 90$을 만족시키지 않는다. 따라서 이 경우는 가능하지 않다.

(iii) $a_4 > 80$인 경우 :

[1]의 풀이에서 $a_4 = 84$이고, $a_6 = 2a_4 = 168 > 80$이므로 $a_7 = a_6 - 80 = 88 > 80$, $a_8 = a_7 - 80 = 8 \leq 80$이다. 따라서 $a_9 = 2a_7 = 176$이다.

그러므로 (i), (iii)의 경우를 종합하면 다음과 같은 표를 만들 수 있고, 이때 a_1, a_2, $\cdots$, a_9가 문제의 조건을 모두 만족시킴을 확인할 수 있다.

a_1	a_2	a_3	a_4	a_5	a_6	a_7	a_8	a_9
1	1, 2, $\cdots$, 10	2	2, 4, $\cdots$, 20	4	4, 8, $\cdots$, 40	8	8, 16, $\cdots$, 80	16
1	11	2	22		44	8	88	8
1, 2, $\cdots$, 40	42	2, 4, $\cdots$, 80	84		168	88	8	176
82	1, 2, $\cdots$, 80	164						

따라서 a_9가 가질 수 있는 서로 다른 모든 수의 합은 $16 + 8 + 176 = 200$

[1]

$36 = 2^2\{2(2^2)+1\}$ 이므로

$a_2 = (a_1 - 2020)^{2021} + 2020 = 2021$

$a_4 = (a_2 - 2020)^{2021} + 2020 = 2021$

$a_9 = (a_4 - 2022)^{2020} + 2018 = 2019$

$a_{18} = (a_9 - 2020)^{2021} + 2020 = 2019$

$a_{36} = (a_{18} - 2020)^{2021} + 2020 = 2019$

이다.

[2]

수열 a_n 을 천천히 나열해보면 k 의 값에 따라 조건 $\left(a_k < 2^{2020}\right)$ 을 만족하는지 다음과 같이 확인할 수 있다.

① $k = 2^m$, $(m \geq 0)$

$a_1 = 2021$

$a_2 = (a_1 - 2020)^{2021} + 2020 = 2021$

$a_4 = (a_2 - 2020)^{2021} + 2020 = 2021$

$$\vdots$$

$a_{2^m} = (a_{2^{m-1}} - 2020)^{2021} + 2020 = 2021$

이므로 $a_k = 2021$ 이다.

② $k = 2^m + 1$, $(m \geq 1)$

$a_3 = (a_1 - 2022)^{2020} + 2018 = 2019$

$a_5 = (a_2 - 2022)^{2020} + 2018 = 2019$

$$\vdots$$

$a_{2^m + 1} = (a_{2^{m-1}} - 2022)^{2020} + 2018 = 2019$

이므로 $a_k = 2019$ 이다.

③ $k = 2^l(2^m + 1)$, $(m,\ l \geq 1)$

②의 경우를 만족하는 $a_{2^m + 1} = 2019$ 임을 알 수 있다. 또한 제시문 (나)에 의해

$a_{2(2^m + 1)} = (a_{2^m + 1} - 2020)^{2021} + 2020 = 2019$

$a_{2^2(2^m + 1)} = (a_{2(2^m + 1)} - 2020)^{2021} + 2020 = 2019$

$$\vdots$$

$a_{2^l(2^m + 1)} = (a_{2^{l-1}(2^m + 1)} - 2020)^{2021} + 2020 = 2019$

이므로 $a_k = 2019$ 이다.

④ 그 외의 경우

$a_k = 2019$ 일 때, 조건 $\left(a_k < 2^{2020}\right)$ 을 만족하려면 (나)의 규칙을 따라가야만 함을 알 수 있다.

즉, 조건 $\left(a_k < 2^{2020}\right)$ 을 만족하는 경우는 ①, ②, ③ 뿐임을 알 수 있다.

이들 중 $k \le 2^{100}$ 을 만족하는 자연수는 ①에서 101 가지 $(m = 0, \ 1, \ \cdots, \ 100)$,

②에서 99 가지 $(m = 1, \ 2, \ \cdots, \ 99)$, ③에서 $\dfrac{98 \times 99}{2} = 4851$ 가지

$((l, \ m) = (1, \ 1), \ (1, \ 2), \ \cdots, \ (1, \ 98), \ (2, \ 1), \ \cdots, \ (2, \ 97), \ (3, \ 1), \ \cdots, \ (3, \ 96), \ \cdots, \ (98,1))$

따라서 $101 + 99 + 4851 = 5051$ 이다.

[3]

$\alpha = 2019$ 이다. $a_k = 2019$ 는 **[2]**의 ②와 ③의 k 만 가능하다.

②는 $m = 1, \ 2, \ \cdots, \ n - 1$ 인 경우에만 $2^m + 1 \le 2^n$ 을 만족하므로 $n - 1$ 개가 가능하다.

③은 $l = 1, \ 2, \ \cdots, \ n - 2$ 인 경우, $m = 1, \ 2, \ \cdots, \ n - l - 1$ 인 경우에만 $2^l(2^m + 1) \le 2^n$ 를 만족하므로

$$\sum_{l=1}^{n-2}(n - l - 1) = (n-1)(n-2) - \frac{(n-2)(n-1)}{2} = \frac{(n-2)(n-1)}{2} \text{ 개가 가능하다.}$$

따라서 $c_n = \dfrac{(n-2)(n-1)}{2} + (n-1) = \dfrac{n(n-1)}{2}$ 이고

$$S_n = \sum_{t=1}^{n} \frac{2(n-1)}{2c_n + t(n-1)} = \sum_{t=1}^{n} \frac{2}{n+t} = \frac{1}{n} \sum_{t=1}^{n} \frac{2}{1 + \dfrac{t}{n}}$$

를 만족한다. 따라서 $\displaystyle \lim_{n \to \infty} S_n = \int_0^1 \frac{2}{1+x} dx = 2\ln 2$ 이다.

[1]

아래 그림에서 임의의 $0 < t < \dfrac{\pi}{4}$ 에 대해 $\cos t = \dfrac{1+\cos 2t}{\sqrt{2+2\cos 2t}} = \sqrt{\dfrac{1+\cos 2t}{2}}$ 이다.

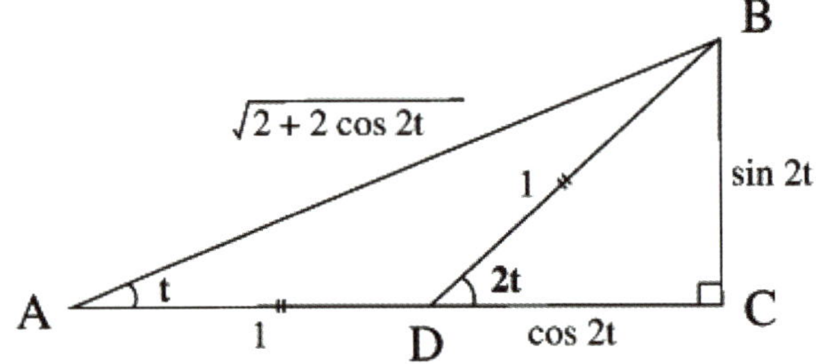

따라서 $f(x) = \sqrt{\dfrac{1+x}{2}}$ 로 할 수 있다.

이때 $f(\cos 0) = \sqrt{\dfrac{1+1}{2}} = 1 = \cos 0$, $f\left(\cos\dfrac{\pi}{2}\right) = \sqrt{\dfrac{1+0}{2}} = \dfrac{1}{\sqrt{2}} = \cos\dfrac{\pi}{4}$ 이므로 $0 \leq t \leq \dfrac{\pi}{4}$ 일 때,

$\cos t = f(\cos 2t)$ 가 성립한다.

[2]

$$a_1 = \sqrt{2} = 2\cos\dfrac{\pi}{4} = 2\cos\dfrac{\pi}{2^2}$$

$$a_2 = \sqrt{2+\sqrt{2}} = \sqrt{2+a_1} = 2\sqrt{\dfrac{1+\cos\dfrac{\pi}{4}}{2}} = 2f\left(\cos\dfrac{\pi}{4}\right) = 2\cos\dfrac{\pi}{8} = 2\cos\dfrac{\pi}{2^3}$$

$$a_3 = \sqrt{2+\sqrt{2+\sqrt{2}}} = \sqrt{2+a_2} = 2\sqrt{\dfrac{1+\cos\dfrac{\pi}{8}}{2}} = 2f\left(\cos\dfrac{\pi}{8}\right) = 2\cos\dfrac{\pi}{16} = 2\cos\dfrac{\pi}{2^4}$$

$\vdots$

로부터 $a_n = 2f\left(\cos\dfrac{\pi}{2^n}\right) = 2\cos\dfrac{\pi}{2^{n+1}}$ 임을 알 수 있다. (증명 과정은 4번 해설 참고)

따라서 극한값은 $\displaystyle\lim_{n\to\infty} a_n = \lim_{n\to\infty} 2\cos\dfrac{\pi}{2^{n+1}} = 2\times 1 = 2$ 이다.

주어진 점화식으로부터

$$a_{n+1} - a_n = -\frac{1}{2}\left(a_n - a_{n-1}\right)$$

이다. $b_n = a_n - a_{n-1}$ 로 두면,

$$b_{n+1} = -\frac{1}{2}b_n \,,\ b_1 = 15 \ (\because a_1 - a_0 = 15)$$

이다. 따라서, $b_n = 15\left(-\frac{1}{2}\right)^{n-1}$ 이다. 즉,

$$a_n = 15\left(-\frac{1}{2}\right)^{n-1} + a_{n-1}$$

이므로, n 자리에 1 부터 n 까지 대입한 식들을 변변더하면

$$a_n = \sum_{k=1}^{n} 15\left(-\frac{1}{2}\right)^{n-1} + a_0$$

이다. 따라서,

$$\lim_{n \to \infty} \{a_n\} = \frac{15}{1-\left(-\frac{1}{2}\right)} + 5 = 15$$

이다.

[1]

$$f\left(\frac{1}{2^n}\right) = \left(1 - \frac{1}{(n+1)^2}\right) \times f\left(\frac{1}{2^{n-1}}\right)$$ 이므로

$$f\left(\frac{1}{2^n}\right) = \left(1 - \frac{1}{n+1}\right)\left(1 + \frac{1}{n+1}\right) \times f\left(\frac{1}{2^{n-1}}\right),$$

$$f\left(\frac{1}{2^n}\right) = \frac{n}{n+1} \times \frac{n+2}{n+1} \times f\left(\frac{1}{2^{n-1}}\right),$$

$$\frac{n+1}{n+2} f\left(\frac{1}{2^n}\right) = \frac{n}{n+1} f\left(\frac{1}{2^{n-1}}\right)$$

이다. 그러므로 $g(n) = \dfrac{n+1}{n+2} f\left(\dfrac{1}{2^n}\right)$ 이라 두면, 모든 자연수 n 에 대하여 $g(n) = g(n-1)$ 이 성립한다.

따라서 모든 자연수 n 에 대하여

$$g(n) = g(n-1) = g(n-2) = \cdots = g(0)$$

이다. 그러므로

$$\lim_{n \to \infty} g(n) = g(0), \ \lim_{n \to \infty}\left\{\frac{n+1}{n+2} f\left(\frac{1}{2^n}\right)\right\} = \frac{1}{2} f(1), \ f(0) = \frac{k}{2}$$

이다.

[2]

$g\left(\dfrac{1}{2^n}\right) \le \dfrac{n}{2(n+1)}\, g\left(\dfrac{1}{2^{n-1}}\right)$ 이므로 $(n+1)g\left(\dfrac{1}{2^n}\right) \le \dfrac{1}{2}\, n\, g\left(\dfrac{1}{2^{n-1}}\right)$ 이다.

그러므로 $h(n) = (n+1)g\left(\dfrac{1}{2^n}\right)$ 이라 두면, 모든 자연수 n 에 대하여 $0 \le h(n) \le \dfrac{1}{2}\, h(n-1)$ 이다.

따라서

$$0 \le h(n) \le \frac{1}{2}\, h(n-1) \le \left(\frac{1}{2}\right)^2 h(n-2) \le \cdots \le \left(\frac{1}{2}\right)^n h(0)$$

이다.

그러므로

$$0 \le \lim_{n\to\infty} h(n) \le \lim_{n\to\infty}\left\{\left(\frac{1}{2}\right)^n h(0)\right\} = 0,\ \lim_{n\to\infty} h(n) = 0$$

이다.

따라서 $\displaystyle\lim_{n\to\infty} g\left(\frac{1}{2^n}\right) = \lim_{n\to\infty} \frac{1}{n+1}\, h(n) = 0$ 이다

.

한편, 모든 자연수 n 에 대하여, $0 < \dfrac{1}{2^n}$ 이므로 $0 \le g(0) \le g\left(\dfrac{1}{2^n}\right)$ 이다.

그러므로

$$0 \le g(0) = \lim_{n\to\infty} g(0) \le \lim_{n\to\infty} g\left(\frac{1}{2^n}\right) = 0$$

이다.

따라서 $g(0) = 0$ 이다.

[1]

만약 어떤 자연수 n에 대하여

$a_n = \sqrt{\dfrac{1+a_{n-1}}{2}} \geq 1$이 성립한다고 가정하면 $\dfrac{1+a_{n-1}}{2} \geq 1$이므로

$a_{n-1} \geq 1$도 성립하여, 이 과정을 반복하면 a_1도 1보다 같거나 크게 된다.

하지만 조건에 $a_1 < 1$로 주어졌으므로 위의 가정은 모순이다.

따라서 $a_n > 1$인 자연수 n은 존재할 수 없다.

[별해 풀이]

모든 자연수 n에 대하여 $a_n < 1$임을 보이기 위해 수학적 귀납법을 이용한다.

$n = 1$일 때, $0 \leq a_1 < 1$은 만족함이 주어졌고, $n = k$일 때, $a_k < 1$가 성립한다고 하자.

그러면 $1 + a_k < 1 + 1 = 2$이고 $\dfrac{1+a_k}{2} = a_{k+1}^2 < 1$이 성립하므로 $a_{k+1} = \sqrt{a_{k+1}^2} < 1$이다.

그러므로 수학적 귀납법에 의해 모든 자연수 n에 대하여 $a_n < 1$이 성립한다.

[2]

[1]에 의해 $a_n < 1$이므로 $2a_n < a_n + 1 < 2$이고 $a_n < \dfrac{a_n + 1}{2} = a_{n+1}^2 < 1$이다.

$0 < a_{n+1} < 1$이기 때문에 $a_{n+1}^2 < a_{n+1}$이 참이어서 $a_n < \dfrac{a_n + 1}{2} = a_{n+1}^2 < a_{n+1}$이 성립한다.

[3]

첫 번째 항 a_1 이 $\cos\theta$ 로 주어지면 삼각함수의 반각공식에 의해 $a_2^2 = \dfrac{1+a_1}{2} = \dfrac{1+\cos\theta}{2} = \cos^2\dfrac{\theta}{2}$ 이고

$a_2 = \pm\cos\dfrac{\theta}{2}$ 이다.

한편 $a_n \geq 0$ 이고 $\theta \in [0, \dfrac{\pi}{2}]$ 이므로 $\cos\dfrac{\theta}{2} \geq 0$ 이고 $a_2 = \cos\dfrac{\theta}{2}$ 이다.

그러므로 지금부터 $a_n = \cos\dfrac{\theta}{2^{n-1}}$ 임을 수학적 귀납법에 의해 보이자.

$n = k$ 일 때, $a_k = \cos\dfrac{\theta}{2^{k-1}}$ 가 만족한다고 하자. 그러면

$$a_{k+1}^2 = \frac{1+a_k}{2} = \frac{1+\cos\dfrac{\theta}{2^{k-1}}}{2} = \cos^2\frac{\theta}{2^k}$$

이고, $a_{k+1} \geq 0$ 이므로 $a_{k+1} = \cos\dfrac{\theta}{2^k}$ 이다.

그러므로 수학적 귀납법에 의해 모든 자연수 n 에 대하여 $a_n = \cos\dfrac{\theta}{2^{n-1}}$ 이 성립한다.

[4]

$$\lim_{n\to\infty} a_n = \lim_{n\to\infty}\cos\left(\frac{\theta}{2^{n-1}}\right) = \cos 0 = 1$$

Spoiler

본권에서 소개한 미분풀이와 부등식 풀이 중 부등식 풀이만 먹히는 문제다.

식을 전개하면 $(5+2x)^n = 5^n\left(1+\dfrac{2}{5}x\right)^n = 5^n \sum\limits_{k=0}^{n} {}_nC_k\left(\dfrac{2}{5}\right)^k x^k$ 이므로,

$a_k = 5^n\,{}_nC_k\left(\dfrac{2}{5}\right)^k$ 의 값이 최대가 되는 k 값을 구하면 된다.

$a_k \geq a_{k+1}$ 이 되는 k의 조건을 구하자.

먼저 $a_k \geq a_{k+1}$ 이 되는 필요충분조건은 $\dfrac{a_{k+1}}{a_k} \leq 1$ 이다.

$$\frac{a_{k+1}}{a_k} = \frac{5^n \times {}_nC_{k+1} \times \left(\dfrac{2}{5}\right)^{k+1}}{5^n \times {}_nC_k \times \left(\dfrac{2}{5}\right)^{k}} = \frac{2}{5} \times \frac{n-k}{k+1} \leq 1$$

이다. 따라서 $k \geq \dfrac{2n-5}{7} = \dfrac{115}{7} = 16.4\cdots$ 이면 $a_k \geq a_{k+1}$ 이다.

마찬가지 방법으로 $k \leq \dfrac{122}{7} = 17.4\cdots$ 일 때 $a_k \geq a_{k-1}$ 이므로, 계수들의 대소관계는 다음과 같다.

$$a_0 < a_1 < a_2 < \cdots < a_{16} < a_{17} > a_{18} > a_{19} > \cdots > a_{60} \quad \cdots\cdots \; ①$$

따라서 $k = 17$ 일 때, 계수 a_k가 가장 크므로 $p = 17$ 이다.

(참고로 $a_{16} < a_{17} > a_{18}$의 두 부등식에서 등호가 포함되려면, $\dfrac{a_{k+1}}{a_k} = 1$, $\dfrac{a_k}{a_{k-1}} = 1$와 같은 상황이어야 한다.)

이제 두 번째 큰 계수를 찾기 위해 식 ①에서 a_{16} 과 a_{18} 을 비교하면 된다.

$$\frac{a_{18}}{a_{16}} = \frac{5^{60} \times {}_{60}C_{18} \times \left(\dfrac{2}{5}\right)^{18}}{5^{60} \times {}_{60}C_{16} \times \left(\dfrac{2}{5}\right)^{16}} = \frac{44 \times 43}{18 \times 17} \times \frac{4}{25} = \frac{7568}{7650} < 1 \text{ 이므로, } a_{18} < a_{16} \text{ 이다.}$$

따라서 두 번째 큰 계수는 a_{16} 이고, $q = 16$ 이다.

이 경우의 수를 $f(k)$ 라 하면,

$$f(k) = {}_{100}\mathrm{C}_k \times {}_k\mathrm{C}_2 \times {}_{k-2}\mathrm{C}_5 = \frac{100!}{k!\,(100-k)!} \times \frac{k!}{2!\,(k-2)!} \times \frac{(k-2)!}{(k-7)!\,5!} = \frac{100!}{2!\,5!\,(100-k)!\,(k-7)!}$$

$f(k)$ 가 $k=n$ 에서 최대라면 $f(n+1) \leq f(n)$ 과 $f(n-1) \leq f(n)$ 을 만족한다.

$$\frac{f(n)}{f(n+1)} \geq 1 \;\Rightarrow\; \frac{n-6}{100-n} \geq 1 \;\Rightarrow\; n \geq 53$$

$$\frac{f(n-1)}{f(n)} \leq 1 \;\Rightarrow\; \frac{n-7}{101-n} \leq 1 \;\Rightarrow\; n \leq 54$$

이므로 $n = 53$, 54가 최대인 순간의 후보가 되는데 $f(53) = f(54)$ 이므로,
$f(k)$ 가 최대가 되도록 하는 모든 k 의 값은 53과 54이다.

[1]

$g(x)$ 는 함수 $f(x)$ 의 역함수이므로 $y=x$ 에 대하여 대칭이다. 이때, $\left\{ g\left(\dfrac{k}{n}\right) - g\left(\dfrac{k-1}{n}\right) \right\}\dfrac{k}{n}$ 는 다음 그림의 하나의

직사각형을 나타내는 것이므로

$$\lim_{n \to \infty} \sum_{k=1}^{n} \left\{ g\left(\frac{k}{n}\right) - g\left(\frac{k-1}{n}\right) \right\}\frac{k}{n}$$

는 어두운 부분의 넓이를 나타낸다.

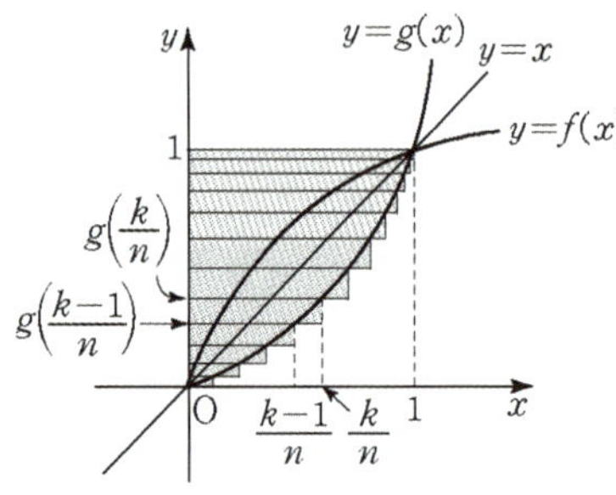
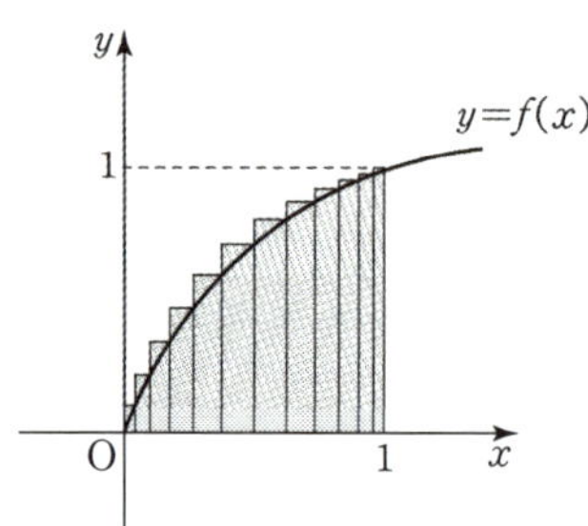

이때, $g(x)$ 는 함수 $f(x)$ 의 역함수이므로

$$\lim_{n \to \infty} a_n = \lim_{n \to \infty} \sum_{k=1}^{n} \left\{ g\left(\frac{k}{n}\right) - g\left(\frac{k-1}{n}\right) \right\}\frac{k}{n}$$

$$= \lim_{n \to \infty} \sum_{k=1}^{n} f\left(\frac{k}{n}\right)\frac{1}{n}$$

$$= \int_{0}^{1} f(x)\,dx$$

[2]

$$\sum_{k=1}^{n} \left\{ g\left(\frac{k}{n}\right) - g\left(\frac{k-1}{n}\right) \right\}\frac{k}{n} = \sum_{k=1}^{n} \left(\frac{k}{n} g\left(\frac{k}{n}\right) - \frac{k-1}{n} g\left(\frac{k-1}{n}\right) \right) - \sum_{k=1}^{n} \frac{1}{n} g\left(\frac{k-1}{n}\right)$$

$$= (g(1) - 0) - \sum_{k=1}^{n} g\left(\frac{k-1}{n}\right)\frac{1}{n}$$

$$\therefore \lim_{n \to \infty} a_n = \lim_{n \to \infty} \sum_{k=1}^{n} \left\{ g\left(\frac{k}{n}\right) - g\left(\frac{k-1}{n}\right) \right\}\frac{k}{n}$$

$$= 1 - \int_{0}^{1} g(x)\,dx$$

$$= \int_{0}^{1} f(x)\,dx$$

[1]

모든 자연수 n에 대하여

$$\frac{2n}{1+n^2+n^4}=\frac{1}{n^2-n+1}-\frac{1}{n^2+n+1}=\frac{1}{n(n-1)+1}-\frac{1}{(n+1)n+1}$$

이므로,

$$\frac{4}{1+2^2+2^4}+\frac{6}{1+3^2+3^4}+\frac{8}{1+4^2+4^4}+\cdots+\frac{20}{1+10^2+10^4}$$
$$=\left(\frac{1}{2\times1+1}-\frac{1}{3\times2+1}\right)+\left(\frac{1}{3\times2+1}-\frac{1}{4\times3+1}\right)+\cdots+\left(\frac{1}{10\times9+1}-\frac{1}{11\times10+1}\right)$$
$$=\frac{1}{2\times1+1}-\frac{1}{11\times10+1}=\frac{1}{3}-\frac{1}{111}=\frac{12}{37}$$

이다.

[2]

주어진 식을 정리하면

$$a_{n+1}-a_n=\left(n^2+2n+2\right)(n+1)!$$
$$=\left\{\left(n^2+3n+2\right)-n\right\}(n+1)!$$
$$=(n+1)(n+2)!-n(n+1)!$$

이다. 양변에 $\displaystyle\sum_{n=1}^{k}$ 을 취하면

$$a_{k+1}-a_1=(k+1)(k+2)!-2$$

즉, $a_{k+1}=(k+1)(k+2)!$ 을 얻는다.

이때, $a_1=(0+1)(0+2)!$ 이 성립하므로, $a_n=n(n+1)!$ 임을 알 수 있다.

여러 가지 증명법

$a \geq b$라고 해도 일반성을 잃지 않으므로,

$(a^k - b^k)(a-b) \geq 0$

$\Rightarrow a^{k+1} - a^k b - ab^k + b^{k+1} \geq 0$

$\Rightarrow \dfrac{a^{k+1} + b^{k+1}}{2} \geq \dfrac{a^{k+1} + a^k b + ab^k + b^{k+1}}{4}$

$\Rightarrow \dfrac{a^{k+1} + b^{k+1}}{2} \geq \dfrac{a^k + b^k}{2} \cdot \dfrac{a+b}{2}$ 임을 알 수 있다 $\cdots$ ①

이제 문제의 부등식을 수학적 귀납법을 통해 증명해보자.

i) $n=1$: $\dfrac{a+b}{2} \geq \dfrac{a+b}{2}$ ∴ 성립

ii) $n=k$ 일때 부등식이 성립한다고 가정하면,

$\dfrac{a^k + b^k}{2} \geq \left(\dfrac{a+b}{2}\right)^k$

$\Rightarrow \left(\dfrac{a^k + b^k}{2}\right) \cdot \dfrac{a+b}{2} \geq \left(\dfrac{a+b}{2}\right)^{k+1}$

$\Rightarrow \dfrac{a^{k+1} + b^{k+1}}{2} \geq \left(\dfrac{a+b}{2}\right)^{k+1}$ ($\because$ ①) 이므로 $n=k+1$ 일때도 문제의 부등식이 성립한다.

따라서 수학적 귀납법에 의해 양수 a, b와 모든 자연수 n에 대하여 부등식 $\dfrac{a^n + b^n}{2} \geq \left(\dfrac{a+b}{2}\right)^n$ 항상 성립한다.

(i) $n = 1$ 일 때,

$$\int_0^1 x^m (1-x)\, dx = \int_0^1 x^m\, dx - \int_0^1 x^{m+1}\, dx$$

$$= \frac{1}{m+1} - \frac{1}{m+2} = \frac{1}{(m+1)(m+2)} = \frac{m! \cdot 1!}{(m+2)!}$$

이므로 $p(n)$ 은 성립한다.

(ii) $n = k$ 일 때, $p(n)$ 이 성립한다고 가정하면

$$\int_0^1 x^m (1-x)^{k+1}\, dx = \int_0^1 x^m (1-x)^k (1-x)\, dx$$

$$= \int_0^1 x^m (1-x)^k\, dx - \int_0^1 x^{m+1}(1-x)^k\, dx$$

$$= \frac{m! \cdot k!}{(m+k+1)!} - \frac{(m+1)! \cdot k!}{(m+k+2)!}$$

$$= \frac{m! \cdot k!}{(m+k+2)!}(m+k+2-m-1) = \frac{m! \cdot (k+1)!}{(m+k+2)!}$$

이므로 $n = k+1$ 일 때도 $p(n)$ 이 성립한다.

따라서 수학적 귀납법에 의하여 모든 자연수 n 에 대하여 $p(n)$ 은 성립한다.

[Comment]
수학적 귀납법으로 증명했지만, 나중에는 부분적분을 이용해서 직접증명을 할 수 있어야 한다.

[1]

$f(x) = (x^3 + 1)Q(x) + ax^2 + bx + c$라 하자. (단, $Q(x)$는 다항식이고 a, b, c는 상수이다.)

이때 $x^3 + 1 = (x+1)(x^2 - x + 1)$이므로

$$f(x) = (x^2 - x + 1)(x+1)Q(x) + a(x^2 - x + 1) + (a+b)x + (-a+c)$$

$f(x)$를 $x^2 - x + 1$로 나눈 나머지는 $x - 1$이므로

$$a + b = 1 \ \cdots\cdots \ \text{①} \ , \ -a + c = -1 \ \cdots\cdots \ \text{②}$$

이다. 또한 $f(x)$를 $x + 1$로 나눈 나머지가 -1이므로

$$f(-1) = a - b + c = -1 \ \cdots\cdots \ \text{③}$$

이다. ①, ②, ③을 연립하면 $a = \dfrac{1}{3}$, $b = \dfrac{2}{3}$, $c = -\dfrac{2}{3}$

그러므로 $f(x)$를 $x^3 + 1$로 나눈 나머지는 $\dfrac{1}{3}x^2 + \dfrac{2}{3}x - \dfrac{2}{3}$이다.

[2]

(i) $n = 1$일 때,

$g^1(x) = x^4 + x - 1 = x(x+1)(x^2 - x + 1) - 1$이므로 $g^1(x)$를 $x^2 - x + 1$으로 나눈 나머지는 -1이다.

(ii) $n = k$일 때, $g^k(x)$를 $x^2 - x + 1$으로 나눈 나머지가 -1이라 가정하자.

즉, $g^k(x) = (x^2 - x + 1)Q_k(x) - 1$를 만족하는 다항식 $Q_k(x)$가 존재한다.

$$\begin{aligned}
g^{k+1}(x) &= g\big(g^k(x)\big) = g\big((x^2 - x + 1)Q_k(x) - 1\big) \\
&= \big\{(x^2 - x + 1)Q_k(x) - 1\big\}^4 + \big\{(x^2 - x + 1)Q_k(x) - 1\big\} - 1 \\
&= (x^2 - x + 1)Q_{k+1}(x) + (-1)^4 + (-1) - 1 \\
&= (x^2 - x + 1)Q_{k+1}(x) - 1
\end{aligned}$$

를 만족하는 다항식 $Q_{k+1}(x)$가 존재한다. 그러므로 $g^{k+1}(x)$를 $x^2 - x + 1$으로 나눈 나머지는 -1이다.

따라서 수학적 귀납법에 의해 모든 자연수 n에 대하여 $g^n(x)$를 $x^2 - x + 1$으로 나눈 나머지는 항상 -1로 일정하다.

[1]

부등식을 변형해보면

$$a_{n+1} \geq \frac{na_n}{a_n^2 + n - 1} \implies \frac{1}{a_{n+1}} \leq \frac{a_n^2 + n - 1}{na_n}$$

$$\implies \frac{n}{a_{n+1}} \leq a_n + \frac{n-1}{a_n}$$

$$\implies \frac{n}{a_{n+1}} - \frac{n-1}{a_n} \leq a_n \text{ 임을 알 수 있다.}$$

[2]

위의 결과를 이용하면,

$$a_1 \geq \frac{1}{a_2} - \frac{0}{a_1}$$

$$a_2 \geq \frac{2}{a_3} - \frac{1}{a_2}$$

$$\vdots$$

$$a_n \geq \frac{n}{a_{n+1}} - \frac{n-1}{a_n}$$

을 얻는다. 부등식을 모두 더해보면,

$$a_1 + a_2 + \cdots + a_n \geq \left(\frac{1}{a_2} - \frac{0}{a_1}\right) + \left(\frac{2}{a_3} - \frac{1}{a_2}\right) + \cdots + \left(\frac{n}{a_{n+1}} - \frac{n-1}{a_n}\right) = \frac{n}{a_{n+1}}$$

임을 알 수 있다.

[3]

(i) $n = 2$ 일 때,

$a_1 \geq \dfrac{1}{a_2}$ 에서 $a_2 \geq \dfrac{1}{a_1}$ 이다.

따라서 $a_1 + a_2 \geq a_1 + \dfrac{1}{a_1} \geq 2$ 이 성립한다.

(ii) $a_1 + \cdots + a_k \geq k$ 라 가정하자.

    ⓐ $a_{k+1} \geq 1$ 이면 $a_1 + a_2 + \cdots + a_k + a_{k+1} \geq k+1$ 이 성립한다.

    ⓑ $a_{k+1} < 1$ 이면

$$a_1 + a_2 + \cdots + a_k + a_{k+1} \geq \dfrac{k}{a_{k+1}} + a_{k+1}$$

$$= \dfrac{k-1}{a_{k+1}} + \left(\dfrac{1}{a_{k+1}} + a_{k+1} \right)$$

$$> k-1 + (2) = k+1$$

이 성립한다.

따라서 ⓐ, ⓑ에 의하여 $n = k+1$ 일 때에도 부등식 $a_1 + a_2 + \cdots + a_n \geq n$ 이 성립하므로,
수학적 귀납법에 의하여 문제의 부등식이 성립한다.

[1]

함수 $g(x)$ 를 $g(x) = f(x) - x$ 라고 하자.

$$g(x) = x^3 - px^2 + (p-1)x = x(x-1)(x-p+1)$$

이므로 $g(x) = 0$ 의 근은 $x = 0,\ 1,\ p-1$ 이고 $1 < p < 2$ 이므로 $0 < p-1 < 1$ 이다.

최고차항의 계수가 양수이고 삼차방정식이 서로 다른 세 근을 갖는 삼차함수의 그래프의 성질에 의해 $0 < x < p-1$ 에서 $g(x) > 0$ 이고, $p-1 < x < 1$ 에서 $g(x) < 0$ 이다.

따라서 $0 < x < p-1$ 에서 $f(x) > x$ 이고 $p-1 < x < 1$ 에서 $f(x) < x$ 이고, 구하는 β 는 $p-1$ 이다.

[2]

(i) $n = 1$ 일 때, $0 < a_1 < 1$ 이 성립한다.

(ii) $n = k$ 일 때, $0 < a_k < 1$ 을 가정하자.

$a_{k+1} = f(a_k)$ 이므로 $0 < f(a_k) < 1$ 을 보이면 $0 < a_{k+1} < 1$ 이 성립한다.

$f'(x) = 3x^2 - 2px + p$ 이고, 이차방정식 $3x^2 - 2px + p = 0$ 의 판별식 D에 대하여 $\dfrac{D}{4} = p^2 - 3p = p(p-3)$ 이

$1 < p < 2$ 에서 $\dfrac{D}{4} < 0$ 이므로 $f'(x) = 3x^2 - 2px + p > 0$ 이다.

따라서 함수 $f(x)$ 가 구간 $(-\infty,\ \infty)$ 에서 증가한다.

한편 $f(0) = 0$, $f(1) = 1$ 이므로 $0 < x < 1$ 일 때, $0 < f(x) < 1$ 인데, 가정에 의하여 $0 < a_k < 1$ 이므로 $0 < f(a_k) = a_{k+1} < 1$ 이다.

따라서 수학적 귀납법에 의해 모든 자연수 n 에 대하여 $0 < a_n < 1$ 이 성립한다.

[3]

[1]의 결과로부터 $\beta = p - 1$ 이고 $0 < a_1 < \beta$ 인 경우와 $\beta < a_1 < 1$ 인 경우로 나누어 수열의 부등식이 성립함을 보이자.

$(\mathrm{i})\ 0 < a_1 < \beta$ 인 경우

$\quad (\mathrm{i\text{-}i})\ n = 1$ 일 때, $0 < a_1 < \beta$ 가 성립한다.

$\quad (\mathrm{i\text{-}ii})\ n = k$ 일 때, $0 < a_k < \beta$ 를 가정하자.

$\qquad$ **[2]**의 풀이로부터 $f(x)$ 가 구간 $(-\infty,\ \infty)$ 에서 증가하므로 $f(0) < f(a_k) < f(\beta)$ 이다. $f(0) = 0$,

$\qquad f(\beta) = \beta$ 이므로 $0 < a_{k+1} < \beta$ 이다.

$\quad$ 따라서 수학적 귀납법에 의해 모든 자연수 n 에 대하여 $0 < a_n < \beta$ 이다.

$(\mathrm{ii})\ \beta < a_1 < 1$ 인 경우

$\quad (\mathrm{ii\text{-}i})\ n = 1$ 일 때, $\beta < a_1 < 1$ 가 성립한다.

$\quad (\mathrm{ii\text{-}ii})\ n = k$ 일 때, $\beta < a_k < 1$ 를 가정하자.

$\qquad$ **[2]**의 풀이로부터 $f(x)$ 가 구간 $(-\infty,\ \infty)$ 에서 증가하므로 $f(\beta) < f(a_k) < f(1)$ 이다.

$\qquad f(1) = 1$, $f(\beta) = \beta$ 이므로 $\beta < a_{k+1} < 1$ 이다.

$\quad$ 따라서 수학적 귀납법에 의해 모든 자연수 n 에 대하여 $\beta < a_n < 1$ 이다.

[4]

[3]과 마찬가지로 $0 < a_1 < \beta$ 인 경우와 $\beta < a_1 < 1$ 인 경우로 나누어 수열의 부등식이 성립함을 보인다.

$(\mathrm{i})\ 0 < a_1 < \beta$ 인 경우

$\quad$ **[3]**의 결과에 의해 모든 자연수 n 에 대하여 $0 < a_n < \beta$ 이다.

$\quad$ **[1]**의 결과에 의해 $0 < x < \beta$ 이면 $f(x) > x$ 이므로 $f(a_n) > a_n$ 이다.

$\quad$ 따라서 모든 자연수 n 에 대하여 $a_{n+1} = f(a_n) > a_n$ 이 성립한다.

$(\mathrm{ii})\ \beta < a_1 < 1$ 인 경우

$\quad$ **[3]**의 결과에 의해 모든 자연수 n 에 대하여 $\beta < a_n < 1$ 이다.

$\quad$ **[1]**의 결과에 의해 $\beta < x < 1$ 이면 $f(x) < x$ 이므로 $f(a_n) < a_n$ 이다.

$\quad$ 따라서 모든 자연수 n 에 대하여 $a_{n+1} = f(a_n) < a_n$ 이 성립한다.

[1]

$x^5 - 1 = (x-1)(x^4+x^3+x^2+x+1)$ 이므로 $x^5 = (x-1)(x^4+x^3+x^2+x+1)+1$ 이다.

그러므로 x^5 을 $g(x) = x^4+x^3+x^2+x+1$ 로 나눈 나머지는 1 이다.

[2]

수학적 귀납법을 이용하여 증명하자.

(i) $n = 1$ 일 때

$f_1(x) = x^3 + x^2 + 3$ 을 $g(x) = x^4+x^3+x^2+x+1$ 로 나눈 나머지는

$r_1(x) = x^3 + x^2 + 3 = a_1 x^3 + b_1 x^2 + c_1 x + d_1$ 이므로 $a_1 = b_1 = 1$, $c_1 = 0$ 이다.

(ii) $n = k$ 일 때, $a_k = b_k$, $c_k = 0$ 이 성립한다고 가정하자.

$$\begin{aligned}
f_{k+1}(x) &= \left(x^3 + x^2 + 3\right)^{k+1} \\
&= (x^3 + x^2 + 3)(x^3 + x^2 + 3)^k \qquad (f_k(x)\text{를 사용하기 위해 } (x^3 + x^2 + 3)^k \text{을 분리}) \\
&= (x^3 + x^2 + 3)\left(Q_k(x)g(x) + \left(a_k x^3 + a_k x^2 + d_k\right)\right) \\
&= g(x)(몫) + (x^3 + x^2 + 3)\left(a_k x^3 + a_k x^2 + d_k\right)
\end{aligned}$$

즉, $r_{k+1}(x)$ 는 $(x^3 + x^2 + 3)\left(a_k x^3 + a_k x^2 + d_k\right)$ 를 $g(x)$ 로 나눈 나머지임을 알 수 있다.
$(x^3 + x^2 + 3)\left(a_k x^3 + a_k x^2 + d_k\right)$ 를 열심히 전개하면 다음과 같은 식이 등장한다.

$$a_k x^6 + 2a_k x^5 + a_k x^4 + (3a_k + d_k)x^3 + (3a_k + d_k)x^2 + 3d_k \quad \cdots\cdots ①$$

이를 변형하면 다음과 같다.

$$a_k(x^6 - x) + 2a_k(x^5 - 1) + a_k x^4 + (3a_k + d_k)x^3 + (3a_k + d_k)x^2 + 3d_k + 2a_k + a_k x$$

앞의 두 항은 $g(x)$ 로 나눈 나머지가 0 이므로, 뒤의 항들을 $g(x)$ 로 나눈 나머지를 구하자.

$$\begin{aligned}
&a_k x^4 + (3a_k + d_k)x^3 + (3a_k + d_k)x^2 + 3d_k + 2a_k + a_k x \\
&\qquad\qquad = a_k g(x) + (2a_k + d_k)x^3 + (2a_k + d_k)x^2 + (a_k + 3d_k)
\end{aligned}$$

$\therefore r_{k+1}(x) = a_{k+1}x^3 + b_{k+1}x^2 + c_{k+1}x + d_{k+1} = (2a_k + d_k)x^3 + (2a_k + d_k)x^2 + (a_k + 3d_k)$

$\therefore a_{k+1} = 2a_k + d_k$, $b_{k+1} = 2a_k + d_k$, $c_{k+1} = 0$, $d_{k+1} = a_k + 3d_k$

즉, $a_{k+1} = b_{k+1}$, $c_{k+1} = 0$ 이 성립함을 알 수 있다.
따라서, 수학적 귀납법에 의해 모든 자연수 n 에 대하여 $a_n = b_n$, $c_n = 0$ 이 성립함을 알 수 있다.

[3]

[2]의 풀이에서 $a_{n+1} = 2a_n + d_n$, $d_{n+1} = a_n + 3d_n$ $(n = 1, 2, 3, \cdots)$, $a_1 = 1$, $d_1 = 3$ 임을 얻었다. 그러므로

$$a_1{}^2 + a_1 d_1 - d_1{}^2 = 1 + 3 - 9 = -5 \,,$$

$$a_2 = 2 + 3 = 5 \,, \; d_2 = 1 + 9 = 10 \,, \; a_2{}^2 + a_2 d_2 - d_2{}^2 = 5^2 + 5 \times 10 - 10^2 = -25 \,,$$

$$a_3 = 10 + 10 = 20 \,, \; d_3 = 5 + 30 = 35 \,, \; a_3{}^2 + a_3 d_3 - d_3{}^2 = 20^2 + 20 \times 35 - 35^2 = -125$$

이다. 따라서 $a_n{}^2 + a_n d_n - d_n{}^2 = -5^n$ 임을 추측할 수 있다. 이것을 증명하기 위해서는

$$a_{n+1}{}^2 + a_{n+1} d_{n+1} - d_{n+1}{}^2 = 5\left(a_n{}^2 + a_n d_n - d_n{}^2\right)$$

임을 보이기만 하면 된다.

$$
\begin{aligned}
a_{n+1}{}^2 + a_{n+1} d_{n+1} - d_{n+1}{}^2 &= a_{n+1}{}^2 + \left(a_{n+1} - d_{n+1}\right) d_{n+1} \\
&= \left(2a_n + d_n\right)^2 + \left(a_n - 2d_n\right)\left(a_n + 3d_n\right) \\
&= 4a_n^2 + 4a_n d_n + d_n^2 + a_n^2 + a_n d_n - 6d_n^2 \\
&= 5\left(a_n{}^2 + a_n d_n - d_n{}^2\right)
\end{aligned}
$$

이것과 $a_1{}^2 + a_1 d_1 - d_1{}^2 = -5$ 로부터 모든 $n \geq 1$ 에 대하여 $a_n{}^2 + a_n d_n - d_n{}^2 = -5^n$ 임을 알 수 있다.

수학적 귀납법을 이용하자.

(ⅰ) $n = 1$ 일 때

$a_1 = 5$ 이므로, 주어진 부등식이 잘 성립한다.

(ⅱ) $n = k$ 일 때

주어진 부등식 $4 < a_k \leq \left(\dfrac{3}{4}\right)^{k-1} + 4$ 이 성립한다고 가정 후, 이를 통하여 부등식 $4 < a_{k+1} \leq \left(\dfrac{3}{4}\right)^{k} + 4$ 이 성립함을 보이면 된다.

즉, a_k 의 범위가 주어졌을 때 관계식 $a_{n+1} = \dfrac{3}{4}a_n + \dfrac{2}{\sqrt{a_n}}$ 을 이용하여 a_{k+1} 의 범위를 구하면 된다.

따라서 함수 $f(x) = \dfrac{3}{4}x + \dfrac{2}{\sqrt{x}}$ 와 모든 자연수 n 에 대하여 $4 < x \leq \left(\dfrac{3}{4}\right)^{n-1} + 4$ 에서 $4 < f(x) \leq \left(\dfrac{3}{4}\right)^{n} + 4$ 임을 보이면 되겠다.

함수 $f(x)$ 를 미분해보자. $f'(x) = \dfrac{3}{4} - x^{-\frac{3}{2}}$, $f''(x) = \dfrac{3}{2}x^{-\frac{5}{2}}$ 이므로 $4 < x$ 에서 $f''(x) > 0$ 임을 쉽게 알 수 있다. 즉, $4 < x$ 에서 $f'(x)$ 가 증가하므로 $f'(x) \geq f'(4) = \dfrac{5}{8} > 0$ 임도 쉽게 알 수 있다.

따라서 $4 < x$ 에서 $f(x)$ 는 증가하므로, $4 < x \leq \left(\dfrac{3}{4}\right)^{n-1} + 4$ 으로부터 부등식

$$f(4) < f(x) \leq f\left(4 + \left(\dfrac{3}{4}\right)^{n-1}\right)$$

이 성립한다.

한편, $f\left(4 + \left(\dfrac{3}{4}\right)^{n-1}\right) = \left(\dfrac{3}{4}\right)^{n} + 3 + \dfrac{2}{\sqrt{4 + \left(\dfrac{3}{4}\right)^{n-1}}} < \left(\dfrac{3}{4}\right)^{n} + 4 \;\; \left(\because \sqrt{4 + \left(\dfrac{3}{4}\right)^{n-1}} > \sqrt{4} = 2\right)$ 이고

$f(4) = 4$ 이므로 $4 < x \leq \left(\dfrac{3}{4}\right)^{n-1} + 4$ 에서 부등식 $f(4) = 4 < f(x) \leq f\left(4 + \left(\dfrac{3}{4}\right)^{n-1}\right) < \left(\dfrac{3}{4}\right)^{n} + 4$ 가 성립함을 알 수 있다.

따라서, 수학적 귀납법에 의하여 부등식

$$4 < a_n \leq \left(\dfrac{3}{4}\right)^{n-1} + 4 \;\; (n = 1,\ 2,\ 3,\ \cdots)$$

이 성립함을 알 수 있었다.

[1]

귀류법으로 증명하기 위하여 $\overline{AC} \neq 2$라고 가정하자.

(ⅰ) $\overline{AC} > 2$라고 하자.

그러면 이등변삼각형 ABC의 세 변 중에서 $\overline{AC}$의 길이가 가장 길기 때문에 세 내각 중에서 $\angle ABC$의 크기가 가장 크다. 이에 따라 $\angle BAC < 60\,^\circ$이다.

그리고 삼각형 ACD에서 $\overline{AC} > \overline{CD}$이므로, $\angle CAD < 75\,^\circ$이다.

그러면 $\angle DAB = \angle BAC + \angle CAD < 135\,^\circ$이므로, 주어진 조건에 모순된다.

(ⅱ) $\overline{AC} < 2$라고 하자.

그러면 이등변삼각형 ABC의 세변 중에서 $\overline{AC}$의 길이가 가장 짧기 때문에 세 내각 중에서 $\angle ABC$의 크기가 가장 작다. 이에 따라 $\angle BAC > 60\,^\circ$이다.

그리고 삼각형 ACD에서 $\overline{AC} < \overline{CD}$이므로, $\angle CAD > 75\,^\circ$이다.

그러면 $\angle DAB = \angle BAC + \angle CAD > 135\,^\circ$이므로, 주어진 조건에 모순된다.

따라서, (ⅰ)과 (ⅱ)에 의해 $\overline{AC} = 2$이다.

[2]

[1]의 결과에 의하여 삼각형 ACD는 $\overline{AC} = \overline{CD} = 2$인 이등변삼각형이고, $\angle CDA = \angle CAD = 75\,^\circ$이다. 따라서 삼각함수의 덧셈정리에 따라 다음을 얻는다.

$$\overline{AD} = 2 \times 2\cos 75\,^\circ = 4\cos(45\,^\circ + 30\,^\circ) = 4\cos 45\,^\circ \cos 30\,^\circ - 4\sin 45\,^\circ \sin 30\,^\circ$$
$$= 4 \times \frac{\sqrt{2}}{2} \times \frac{\sqrt{3}}{2} - 4 \times \frac{\sqrt{2}}{2} \times \frac{1}{2} = \sqrt{6} - \sqrt{2}$$

[별해 풀이]

[1]의 결과에 의하여 삼각형 ACD는 $\overline{AC} = \overline{CD} = 2$인 이등변삼각형이고, $\angle CDA = \angle CAD = 75\,^\circ$이므로, $\angle ACD = 30\,^\circ$이다. 사인법칙에 따라 다음이 성립한다.

$$\frac{\overline{AD}}{\sin 30\,^\circ} = \frac{\overline{CD}}{\sin 75\,^\circ} = \frac{2}{\sin(30\,^\circ + 45\,^\circ)} = \frac{2}{\sin 30\,^\circ \cos 45\,^\circ + \cos 30\,^\circ \sin 45\,^\circ}$$
$$= \frac{2}{\frac{1}{2} \times \frac{\sqrt{2}}{2} + \frac{\sqrt{3}}{2} \times \frac{\sqrt{2}}{2}}$$
$$= \frac{8}{\sqrt{2} + \sqrt{6}} = 2(\sqrt{6} - \sqrt{2})$$

따라서, $\overline{AD} = \sqrt{6} - \sqrt{2}$이다.

[1]

모든 $c \in X$에 대하여 $(f^{-1} \circ f^{-1})(c) = c$가 성립하면, $f((f^{-1} \circ f^{-1})(c)) = f(c)$이다.

그런데 $f((f^{-1} \circ f^{-1})(c)) = (f \circ f^{-1})(f^{-1}(c)) = f^{-1}(c)$이므로 $f^{-1}(c) = f(c)$이다.

따라서 $c = f(f^{-1}(c)) = f(f(c))$이므로 모든 $c \in X$에 대하여 $(f \circ f)(c) = c$이다.

이는 주어진 명제의 대우이고, 이것이 참이므로 주어진 명제 역시 참이다.

[2]

조건 p를 $x_1 \neq x_2$, 조건 q를 $f(x_1) \neq f(x_2)$라 할 때, 명제 $p \rightarrow q$가 참이면 일대일함수 정의에 부합하므로, 이 명제를 증명하면 된다. 이 명제의 대우는

$$f(x_1) = f(x_2)\text{이면 } x_1 = x_2$$

이므로, 이를 증명하자.

정의역 A_n의 임의의 두 원소 $x_1, \ x_2$에 대하여 $f(x_1) = f(x_2)$라고 하면 조건 p에 의하여

$$f(f(x_1)) = f(f(x_2)) \Leftrightarrow x_1 = x_2 \ (\because \text{합성함수 } f \circ f \text{는 항등함수})$$

이므로, 대우명제

$$f(x_1) = f(x_2)\text{이면 } x_1 = x_2$$

가 증명됐다.

따라서 조건 p를 만족시키는 함수 f는 일대일함수이다.

[1]

만약 $x_m = x_{m+l}$ 인 자연수 m과 l이 존재한다면,

$$\frac{1}{p(x_m)} + \sum_{k=1}^{m-1} \frac{1}{x_k} = 1 \text{ 이고 } \frac{1}{p(x_{m+l})} + \sum_{k=1}^{m+l-1} \frac{1}{x_k} = 1$$

이므로

$$\frac{1}{p(x_m)} + \sum_{k=1}^{m-1} \frac{1}{x_k} = 1 = \frac{1}{p(x_{m+l})} + \sum_{k=1}^{m+l-1} \frac{1}{x_k}$$

$$\Rightarrow \frac{1}{p(x_m)} - \frac{1}{p(x_{m+l})} = \sum_{k=m}^{m+l-1} \frac{1}{x_k}$$

$p(x_m) = p(x_{m+l})$ 이므로 $\displaystyle\sum_{k=m}^{m+l-1} \frac{1}{x_k} = 0$ 이다. 이는 모순이다.

그러므로 $x_m = x_{m+l}$ 인 자연수 m과 l은 존재하지 않는다.

[2]

[1]에서 모든 자연수 n에 대하여 $x_m \neq x_{m+l}$ 이므로 임의의 x_n에 대하여

$$\frac{1}{p(x_n)} - \frac{1}{p(x_{n+1})} = \frac{1}{x^n} > 0$$

이므로 $p(x_n) < p(x_{n+1})$ 이다. 따라서 $p(x_n)$은 자연수의 함숫값을 갖는 n에 대한 증가함수이므로 $\displaystyle\lim_{n \to \infty} p(x_n)$은 발산한다.

Show and Prove

1

수리논술을 위한 Basic Logic & 수학 1

고난도 추가 논제 해설 모음

고난도 추가 논제

증명에서 주의할 점   # 식 관찰   # 정적분과 급수의 관계
수리논술 문제를 학습할 때의 기본 태도

❶ 대학 제공 해설

다음과 같이 $n = 2m$ 인 경우와 $n = 2m - 1$ 인 경우로 나누자.

(ⅰ) $n = 2m$ 인 경우
$n = 2m \,(m$ 은 자연수)이면,

$$\frac{n^n \times n!}{(2n)!} = \frac{n}{2n} \times \frac{n}{2n-1} \times \cdots \times \frac{n}{2n-(m-1)} \times \frac{n}{n+1+(m-1)} \times \cdots \times \frac{n}{n+2} \times \frac{n}{n+1}$$

이다. 이제

$$\frac{n}{2n} \times \frac{n}{n+1} \leq \left(\frac{1}{\sqrt{2}}\right)^2, \ \frac{n}{2n-1} \times \frac{n}{n+2} \leq \left(\frac{1}{\sqrt{2}}\right)^2, \ \cdots,$$

$$\frac{n}{2n-(m-1)} \times \frac{n}{n+1+(m-1)} \leq \left(\frac{1}{\sqrt{2}}\right)^2$$

가 성립함을 보이자. $k = 0, 1, \cdots, m-1$ 에 대하여 $n-1-k \geq 2m-1-(m-1) = m \geq 0$ 이므로

$$2n^2 + 2n + k(n-1-k) \geq 2n^2$$

이다. 즉, $k = 0, 1, \cdots, m-1$ 에 대하여 다음이 성립한다.

$$\frac{n}{2n-k} \times \frac{n}{n+1+k} = \frac{n^2}{2n^2+2n+nk-k-k^2} \leq \frac{n^2}{2n^2} \leq \left(\frac{1}{\sqrt{2}}\right)^2$$

따라서

$$\frac{n^n \times n!}{(2n)!} \leq \left(\frac{1}{\sqrt{2}}\right)^{2m} = \left(\frac{1}{\sqrt{2}}\right)^n$$

이다.
그리고 $n = 1$ 이면 위 부등식은 성립한다.

(ii) $n = 2m - 1$ 인 경우

$n = 2m - 1\,(m$ 은 2 이상의 자연수$)$이면,

$$\frac{n^n \times n!}{(2n)!} = \frac{2}{2n} \times \frac{n}{2n-1} \times \cdots \times \frac{n}{2n-(m-2)} \times \frac{n}{2n-(m-1)} \times \frac{n}{n+1+(m-2)} \times \cdots \times \frac{n}{n+2} \times \frac{n}{n+1}$$

이고 $k = 0,\, 1,\, \cdots,\, m-2$ 에 대하여 $n-1-k \geq 2m-1-1-(m-2) = m \geq 0$ 이므로

$$\frac{n}{2n-k} \times \frac{n}{n+1+k} = \frac{n^2}{2n^2+2n+nk-k-k^2} \leq \frac{n^2}{2n^2} \leq \left(\frac{1}{\sqrt{2}}\right)^2$$

이다. 또한

$$\frac{n}{2n-(m-1)} = \frac{2m-1}{3m-1} = \frac{2}{3} - \frac{1}{3} \times \frac{1}{3m-1} \leq \frac{2}{3} \leq \frac{1}{\sqrt{2}}$$

이므로,

$$\frac{n^n \times n!}{(2n)!} \leq \left(\frac{1}{\sqrt{2}}\right)^{2(m-1)} \times \left(\frac{1}{\sqrt{2}}\right) = \left(\frac{1}{\sqrt{2}}\right)^n$$

이다.

문제를 풀며 시도할 만한 풀이의 흐름을 [풀이 Case.1], [풀이 Case.2], [풀이 Case.3] 으로 정리했으니, 아래의 세 과정을 모두 거치지 않았더라도 학습을 위해 모두 읽어보길 바란다.

[풀이 Case.1] – 접근 방향은 Good! 하지만...

자연수 명제에 대한 증명 문제이다. 수리논술을 조금이라도 배웠던 학생들은 바로 '수학적 귀납법'을 시도했을 것이다. (수능에 익숙한 학생들은 생각하지 못했을 수 있다.)

하지만... 이 문제의 경우, 수학적 귀납법을 사용해도 도저히 $n = k$ 인 상황과 $n = k+1$ 인 상황의 연결고리를 찾지 못할 것이다.[2] 따라서 수학적 귀납법 풀이를 폐기 후 다른 풀이로 방향을 바꿔야겠다!

[풀이 Case.2] – 문제는 풀었지만, 잘못된 길에 빠진 경우

우선, 주어진 부등식을 정리하자.

$$\frac{n^n \times n!}{(2n)!} \leq \left(\frac{1}{\sqrt{2}}\right)^n \Leftrightarrow \frac{n^n}{(n+1)\times(n+2)\times \cdots \times(n+n)} \leq \left(\frac{1}{\sqrt{2}}\right)^n$$

이제, 이 부등식을 자세히 관찰해보자.

   ① 지수 부분에 n 에 대한 식
   ② 여러 개의 항의 곱으로 이루어진 식

으로 부등식이 이루어져 있다. 이 두 가지는 ln 을 취하라는 신호이다! 이제 ln 을 취하면...

좌변은 ln 들의 덧셈으로 표현되고, 우변의 n 은 좌변으로 옮겨져 $\frac{1}{n}$ 로 표현될 것이다.[3]

이후 양변에 극한을 보내면 우리에게 익숙한 '정적분과 급수의 관계'의 형태가 나옴을 예상할 수 있다.
오케이! 문제를 풀 실마리를 찾은 것 같으니, 주어진 부등식의 양변에 ln 을 취한 후 정리하자.

$$\frac{n^n}{(n+1)\times(n+2)\times \cdots \times(n+n)} \leq \left(\frac{1}{\sqrt{2}}\right)^n \quad \cdots\cdots \text{㉠}$$

$$\Leftrightarrow \ln\left(\frac{n}{n+1}\right) + \ln\left(\frac{n}{n+2}\right) + \cdots + \ln\left(\frac{n}{n+n}\right) \leq n\ln\left(\frac{1}{\sqrt{2}}\right)$$

$$\Leftrightarrow -\frac{1}{n}\left\{\ln\left(1+\frac{1}{n}\right) + \ln\left(1+\frac{2}{n}\right) + \cdots + \ln\left(1+\frac{n}{n}\right)\right\} \leq -\ln\sqrt{2}$$

정리한 부등식의 양변에 극한을 보내면, 정적분과 급수의 관계에 의하여 다음 부등식이 등장한다.

$$\int_0^1 -\ln(1+x)\,dx \leq -\ln\sqrt{2}$$

---

[2] 찾는다고 하더라도, 수학적 귀납법으로 풀기 어려운 이유를 수업에서도 설명하고 있다.
[3] 항상 구체적인 풀이 전, 문제의 흐름이 어떻게 될지 예측 후 풀이에 들어가는 습관을 갖자.

이때, $\int_0^1 -\ln(1+x)\,dx = \ln\dfrac{e}{4} \le -\ln\sqrt{2}$ 이므로 위의 부등식은 참이다.

따라서 ⊙의 부등식 또한 성립함을 알 수 있다.

> **여기서 잠깐!**
>
> 위의 증명이 과연 감점이 없는 100점짜리 증명일까?

No!! 이렇게 하면, 증명 내에선 구구절절 옳은 수학적 논리만 썼음에도 0점짜리 답안이 된다.

왜? 극한을 보내는 $n \to \infty$ 인 상황만의 증명은 '모든' 자연수 n 에 대한 증명이 아니기 때문이다.

문제를 풀다보면 '스스로가 문제에게 원하는 방향'에만 집중하고, 또 그렇게 풀게 된다.
이 문제의 경우 '정적분과 급수의 관계'에만 몰두했던 학생들이 이런 오답을 작성했을 가능성이 높다.

이처럼 문제를 본인 맘대로 한정지어 풀면 안된다! 우리가 공부해야 하는 수리논술은

<u>충분한 논리를 바탕</u>으로, 문제에서 원하는 것을 서술하는 시험

임을 꼭 기억하자.

그렇다면… 어떻게 증명해야 본인의 증명이 100점짜리 증명이 될 수 있을까?

[풀이 Case.3] – 올바른 풀이로의 진행

이번에도 주어진 부등식을 정리하자.

$$\frac{n^n \times n!}{(2n)!} \le \left(\frac{1}{\sqrt{2}}\right)^n \Leftrightarrow \frac{n^n}{(n+1)\times(n+2)\times \cdots \times(n+n)} \le \left(\frac{1}{\sqrt{2}}\right)^n$$

$$\Leftrightarrow \frac{n}{n+1} \times \frac{n}{n+2} \times \cdots \times \frac{n}{n+n} \le \underbrace{\left(\frac{1}{\sqrt{2}}\right) \times \cdots \times \left(\frac{1}{\sqrt{2}}\right)}_{n개}$$

'정적분과 급수의 관계'의 사용은 당연히 불가능하므로, 좌변의 식을 다른 표현으로 이해해보자.
식이 워낙 복잡하니 조금씩 뜯어서 관찰해야겠다는 생각은 충분히 가능할 것이다. (?!)

부등식의 좌변이 $\dfrac{n}{n+1}\left(\ge \dfrac{1}{\sqrt{2}}\right)$ 이하 $\dfrac{n}{n+n}\left(\le \dfrac{1}{\sqrt{2}}\right)$ 이상의 분수들의 곱으로 이루어져 있다.

각각의 분수들이 모두 $\dfrac{1}{\sqrt{2}}$ 보다 작다면 부등식을 쉽게 증명할 수 있겠지만 아쉽게도 실패했으므로…

각각의 분수들을 두 개씩 중심 대칭적으로 곱한 분수들이 모두 $\left(\dfrac{1}{\sqrt{2}}\right)^2$ 보다 작음을 보이자. (?!)

발상의 근거!

왜 굳이 각각의 분수들을 두 개씩 '중심 대칭적'으로 묶어서 관찰하는걸까? 왜냐면...

① 분수를 하나씩 관찰하는 것이 실패했으니, 두 개씩 묶어서 관찰하는 방법으로 넘어간 것

② 각각의 분수들이 $\dfrac{n}{n+1}$ 부터 $\dfrac{n}{n+n}$ 까지 증가하며 구성되기 때문

즉, ①과 ②를 종합한

'가장 큰 분수와 가장 작은 분수를 곱해 중화시켜[4] $\left(\dfrac{1}{\sqrt{2}}\right)^2$ 보다 작게 만들 수 있지 않을까?'

라는 생각에서 나온 발상인 것이다.

따라서, 자연수 k와 모든 자연수 n에 대하여 다음 부등식이 성립함을 보이자.

$$\frac{n}{(n+k)} \times \frac{n}{(2n+1-k)} \leq \left(\frac{1}{\sqrt{2}}\right)^2 \ (1 \leq k \leq n) \ \cdots\cdots \ \text{ⓛ}$$

위의 부등식을 잘 정리하면

$$\frac{n}{(n+k)} \times \frac{n}{(2n+1-k)} \leq \left(\frac{1}{\sqrt{2}}\right)^2 \Leftrightarrow 2n^2 \leq 2n^2 + (1+k)n + k - k^2$$
$$\Leftrightarrow k(k-1) \leq n(k+1)$$

이때, $1 \leq k \leq n$ 이므로 자연수 k와 모든 자연수 n에 대하여 ⓛ의 부등식이 성립한다.

이제 ⓛ의 부등식에 $k = 1,\ 2,\ \cdots,\ n$ 을 대입한 식을 변변 곱하면, 부등식

$$\frac{n}{n+1} \times \frac{n}{n+2} \times \cdots \times \frac{n}{n+n} \leq \underbrace{\left(\frac{1}{\sqrt{2}}\right) \times \cdots \times \left(\frac{1}{\sqrt{2}}\right)}_{n\text{개}}$$

이 성립함을 알 수 있다. (증명 끝!)

---

4) 큰 값에 작은 값을 곱하여 수 자체의 크기를 줄인다는 뜻이다.

[Comment 1]

본편에서 다뤘던 대로, 자연수 명제의 해법이 언제나 수학적 귀납법인 것은 아니다. 어떤 풀이로 문제가 풀리지 않을 때, 본인의 풀이를 다시 한번 점검하는 것은 물론 좋은 태도이다. 하지만 '이 문제는 무조건 이 유형일거야. 내가 모르는 무언가가 있을테니 계속 해보자.' 와 같은 태도는 좋지 않다. 문제를 대할 때는 언제나 여러 가지 방향을 채택할 필요가 있다. 어떤 풀이로 문제가 풀리지 않는다면, 충분히 풀이를 점검 후 다른 풀이로 넘어가는 용기를 갖도록 하자.

[Comment 2]

해설의 '식이 워낙 복잡하니 조금씩 뜯어서 관찰해야겠다는 생각은 충분히 가능할 것이다.' 와 같은 생각 못 했다고 기죽을 필요 없다. 본인이 처음 만나는 관찰/계산 테크닉이 있다면, 이를 수집 후 암기하여 다른 곳에서도 사용할 수 있도록 연습하는 것이 가장 중요하다. 이렇게 하나하나 수집하다보면 언젠가 남들이 '이건 말이 안돼!' 라고 하는 것들도 '이건 당연히 할 수 있는 건데?' 하는 자신을 보게 될 것이다.

[Comment 3]

수리논술의 가장 큰 벽인 발상 학습법에 대해서 알아보자. 우선, 수리논술의 발상은 크게 두 가지로 분류할 수 있다.

 ① 수리논술 개념을 공부했다면 충분히 떠올릴 수 있어야 하는 발상
 ② 본인의 순수 수학 실력만으로 떠올려야 하는, 근거가 1도 없는 뜬금포 발상

①의 경우는 단순 학습 부족이므로, 꾸준히 수리논술을 학습하면 실력이 늘어난다. 문제는 ②의 경우인데...
이런 발상들에 대한 학습은 어떻게 진행해야 할까? 이에 대한 대답은 생각보다 간단하다.

 ① 발상은 일단 암기하고[5] 나머지 부분이라도 원래 하던 대로 공부한다.
 ② 발상의 근거에 대하여 간단히[6] 생각 후, 일단 Pass 한다.

이때, 발상의 근거에는 사후적 근거도 있다. 사후적 근거란 '문제를 다 푼 시점에서야 확인할 수 있는 발상의 근거' 를 뜻한다. 즉, 문제풀이 결과값을 통해 입력값의 근거를 유추하는 것이다. 말이 어렵지 단순히 '아 이런 과정이 필요해서 이 발상을 떠올린 거구나~' 라고 가볍게 생각 후 넘어가면 된다. 왜? 이제부터 알면 되는 거니까.

'시험 보기 몇 달 전의 너는 이걸 모르고 있었으니, 아쉽지만 감점이다 닝겐.'

라고 대학이 얘기하진 않잖아...? 시험 보는 시점에서의 우리가 이것들을 알고 있으면, 그걸로 장땡이다.
발상의 사후적 근거는 이후 해설에서도 언급하며 넘어갈 것이니, 거르지 말고 전부 읽어보도록 하자.

 우리의 공부는 시험을 '대비' 하는 것임을 기억하자. 당장의 정답 여부가 중요한 것이 아니란 것이다.[7]

---

[5] 대신 이 발상을 다음에 다시 만났을 때, 또 틀리는 일은 없도록 철저히 암기하는 것이 좋겠다.
[6] 말 그대로 '뜬금포 발상' 이기에 너무 깊게 생각해보는 건 정신 건강에 해롭다. 스트레스 받지 말자.
[7] 시험 전에 미리 틀려서 럭키비키잖아~

부등식 $\dfrac{n}{n+k} \times \dfrac{n}{2n-1+k} \le \left(\dfrac{1}{\sqrt{2}}\right)^2 \ (1 \le k \le n) \cdots$ ①을 증명하자.

$\Leftrightarrow 2n^2 \le 2n^2 + (1+k)n + k - k^2$

$\Leftrightarrow k(k-1) \le n(k+1)$

이때, $k \le n$, $k-1 < k+1$ 이므로 위 부등식이 성립한다.

$$\therefore ① \text{ 성립.}$$

①의 부등식에 $k = 1, 2, \cdots, n$을 대입하면

$$\frac{n}{n+1} \times \frac{n}{2n} \le \left(\frac{1}{\sqrt{2}}\right)^2$$

$$\frac{n}{n+2} \times \frac{n}{2n-1} \le \left(\frac{1}{\sqrt{2}}\right)^2$$

$$\vdots$$

$$\frac{n}{2n} \times \frac{n}{n+1} \le \left(\frac{1}{\sqrt{2}}\right)^2 \ \text{이고,}$$

위 n개의 부등식을 모두 곱하면,

$$\left\{ \frac{n^n}{(n+1) \times (n+2) \times \cdots \times 2n} \right\}^2 \le \left(\frac{1}{\sqrt{2}}\right)^{2n}$$

$$\Rightarrow \frac{n^n}{(n+1) \times (n+2) \times \cdots \times 2n} \le \left(\frac{1}{\sqrt{2}}\right)^n$$

$$\Rightarrow \frac{n^n \times n!}{(2n)!} \le \left(\frac{1}{\sqrt{2}}\right)^n$$

$$\therefore \text{주어진 부등식이 성립한다.}$$

소문항끼리의 연관성은 언제나 의식하며 사용한다.

❶ 대학 제공 해설

[1]

$\left(k+\dfrac{r}{2k}\right)^2 = k^2 + r + \dfrac{r^2}{4k} \geq k^2 + r = n$ 이므로 제시문 (나)에 의하여 $k+\dfrac{r}{2k} \geq \sqrt{n}$ 이다.

또한 $r = n - k^2 < (k+1)^2 - k^2 = 2k+1$ 이므로 $r \leq 2k$ 이다.

따라서 $\left(k+\dfrac{r}{2k}\right)^2 = k^2 + r + \dfrac{r^2}{4k^2} \leq k^2 + r + 1 = n+1$ 이고 $k+\dfrac{r}{2k} \leq \sqrt{n+1}$ 이다.

[2]

$n = k^2 + r$ 이므로 다음을 얻는다.

$$\begin{aligned}
\left(k+\frac{r+1}{2(k+1)}\right)^2 - n &= \left(k+\frac{r+1}{2(k+1)}\right) - k^2 - r \\
&= \frac{r+1}{2(k+1)}\left(2k+\frac{r+1}{2(k+1)}\right) - r \\
&= \frac{r^2 - 2(2k+1)r + \left(4k^2 + 4k + 1\right)}{4(k+1)^2} \\
&= \frac{(r-2k-1)^2}{4(k+1)^2} \geq 0
\end{aligned}$$

따라서 제시문 (나)에 의하여 $k+\dfrac{r+1}{2(k+1)} \geq \sqrt{n}$ 이다.

또한, **[1]**에서 $r \leq 2k$ 임을 보였으므로,

$$\left(k+\frac{r+1}{2(k+1)}\right)^2 - n - 1 = \frac{(r-2k-1)^2}{4(k+1)^2} - 1 = \frac{(r-2k-3)(r+1)}{4(k+1)^2} \leq 0$$

이다.

따라서 제시문 (나)에 의하여 $k+\dfrac{r+1}{2(k+1)} \leq \sqrt{n+1}$ 이 성립한다.

[3]

주어진 자연수 n 에 대하여 r 이 짝수이면 **[2]**의 부등식에 의해

$$\sqrt{n} \leq \frac{k^2 + \dfrac{r}{2}}{k} \leq \sqrt{n+1}$$

이므로 $p = k^2 + \dfrac{r}{2}$, $q = k$ 로 잡으면 주어진 두 부등식을 만족한다.

주어진 자연수 n 에 대하여 r 이 홀수이면 **[2]**의 부등식에 의해

$$\sqrt{n} \leq \frac{k(k+1) + \dfrac{r+1}{2}}{k+1} \leq \sqrt{n+1}$$

이므로 $p = k(k+1) + \dfrac{r+1}{2}$, $q = k+1$ 로 잡으면 주어진 두 부등식을 만족한다.

[1]

누가 봐도 부등식 $\sqrt{n} \le k + \dfrac{r}{2k} \le \sqrt{n+1}$ 의 양변을 제곱하고 싶다.

(본인이 그 '누가'에 해당하지 않는다면, 제시문 (나)를 본 후에야 '누가'가 된 본인을 발견할 수 있을 것이다. Chp.1에서 얘기했다시피, 제시문은 문제풀이의 강력한 힌트임을 명심할 것.)

제곱하여 부등식을 정리하면

$$n \le k^2 + r + \frac{r^2}{4k^2} \le n+1 \iff 0 \le \frac{r^2}{4k^2} \le 1 \quad (\because k^2 + r = n)$$

$$\iff 0 \le r \le 2k \ \cdots \ \text{①}$$

이때, 부등식 $k^2 \le n < (k+1)^2$ 에서 $k^2 + r = n$ 를 이용하면

$$0 \le r < 2k+1$$

와 동치인 부등식임을 알 수 있으므로 ①의 부등식이 참임을 알 수 있다.

따라서 부등식 $\sqrt{n} \le k + \dfrac{r}{2k} \le \sqrt{n+1}$ 이 성립한다.

[2]

[1]을 푼 학생이라면 부등식 $\sqrt{n} \le k + \dfrac{r+1}{2(k+1)} \le \sqrt{n+1}$ 을 제곱하지 않을 이유가 없다.

제곱하면 다음 부등식

$$n \le k^2 + \frac{k}{k+1}(r+1) + \frac{(r+1)^2}{4(k+1)^2} \le n+1$$

이 등장한다.

[1]에서 $k^2 + r = n$ 을 이용하여 부등식을 정리했으므로, **[2]**에서도 같은 방법으로 시도해봐야겠다는 생각은 충분히 할 수 있을 것이다. (소문항끼리의 연관성)

이 부등식의 k^2 자리에 $n-r$ 을 대입하여 정리하면 부등식

$$0 \le 1 - \frac{r+1}{k+1} + \frac{(r+1)^2}{4(k+1)^2} \le 1$$

이 등장한다.

위에서 구한 부등식

$$0 \le 1 - \frac{r+1}{k+1} + \frac{(r+1)^2}{4(k+1)^2} \le 1 \Leftrightarrow 0 \le \left(1 - \frac{r+1}{2(k+1)}\right)^2 \le 1$$

의 양변을 한 번에 설명하는 건 어려우니, 왼쪽 부등식과 오른쪽 부등식을 분리하여 각각 증명하자.

왼쪽 부등식을 정리하면

$$0 \le 1 - \frac{r+1}{k+1} + \frac{(r+1)^2}{4(k+1)^2} \Leftrightarrow 0 \le \left(1 - \frac{r+1}{2(k+1)}\right)^2$$

이므로, 성립함이 당연하다.

오른쪽 부등식을 정리하면

$$1 - \frac{r+1}{k+1} + \frac{(r+1)^2}{4(k+1)^2} \le 1 \Leftrightarrow -\frac{r+1}{k+1} + \frac{(r+1)^2}{4(k+1)^2} \le 0$$
$$\Leftrightarrow -\frac{r+1}{4(k+1)}\left(4 - \frac{r+1}{k+1}\right) \le 0$$

(한 번에 관찰하기 복잡하니, 분리하여 관찰8))

이 등장한다.

이때, **[1]**의 풀이에서 사용한 부등식 $0 \le r < 2k+1$ 의 양변에 1 을 더하고 $k+1$ 을 나눠주면 (**[1]**에서의 정보 재활용)

$$\frac{r+1}{k+1} < 2 \Rightarrow \left(4 - \frac{r+1}{k+1}\right) > 0$$

임을 알 수 있다.

---

8) 논제 1번에서 사용했던 식 관찰 방법과 비슷하죠?

따라서, $-\dfrac{r+1}{4(k+1)} < 0$ 이고 $\left(4 - \dfrac{r+1}{k+1}\right) > 0$ 이므로, 부등식

$$-\frac{r+1}{4(k+1)}\left(4 - \frac{r+1}{k+1}\right) \leq 0$$

이 성립함을 알 수 있다.

즉, 우변과 좌변이 모두 성립하므로, 부등식 $\sqrt{n} \leq k + \dfrac{r+1}{2(k+1)} \leq \sqrt{n+1}$ 이 성립한다.

[3]

부등식의 양변을 당연히 제곱하기 전에.. '단' 조건이 눈에 띈다.

'단' 조건이 문제 해결의 단서가 될 것은 쉽게 알 수 있으니, '단' 조건을 먼저 해석해보자.

$k^2 \leq n < (k+1)^2$ 을 이용하여 '단' 조건을 정리하면 다음과 같다.

$$q \text{는 자연수}, \quad q \leq \sqrt{n} + 1 < k + 2 \Leftrightarrow q = 1,\, 2,\, \cdots,\, k,\, k+1$$

q 의 값으로 k 혹은 $k+1$ 을 가질 수 있다..? $q = k,\, k+1$ 을 $\dfrac{p}{q}$ 에 대입하면 되게 익숙한 모양이 등장한다.[9]

바로 **[1]**과 **[2]**의 부등식에서의 $\dfrac{r}{2k}$ 와 $\dfrac{r+1}{2(k+1)}$ 이다. (어김없이 다시 사용되는 앞의 소문항들!)

이때, 분모에 k 혹은 $k+1$ 이 들어간다는 공통점이 있지만 2 가 곱해져 있다는 차이점이 있다.

여기까지 와서 **[1]**과 **[2]**의 부등식을 사용하는 걸 포기하진 않을테고...
저 2 를 어떻게 좀 없애야 p 의 존재성을 보일 수 있을 것 같다.

근데 생각해보니 그냥 분자인 r 혹은 $r+1$ 이 짝수면 해결될 문제이다. 분자가 짝수면 분모의 2와 약분될테니 말이다.
r 이 짝수라면 **[1]**의 부등식을 사용하고, r 이 홀수라면 **[2]**의 부등식을 사용하여 p 의 존재성을 보이면 끝이다.

이제 r 의 홀짝성에 따라 Case분류하여 정리해보자.

$(\,\mathrm{i}\,)$ r 이 짝수일 경우 $(q = k$ 인 경우$)$
　　자연수 m 에 대하여 $r = 2m$ 이라 두자. 이를 [1]의 부등식에 대입하여 정리하면

$$\sqrt{n} \leq \frac{k^2 + m}{k} \leq \sqrt{n+1}$$

　　이므로, $p = k^2 + m$, $q = k$ 로 존재한다.

---

[9] 물론 $q = 1, 2, \cdots, k-1$ 도 가능은 하지만, $k\ \mathrm{or}\ k+1$ 보다 전혀 매력적이지 않음!

($\,$ii$\,$) r이 홀수일 경우 ($q = k + 1$인 경우)

자연수 m에 대하여 $r = 2m - 1$이라 두자. 이를 **[2]**의 부등식에 대입하여 정리하면

$$\sqrt{n} \leq \frac{k^2 + k + m}{k + 1} \leq \sqrt{n+1}$$

이므로, $p = k^2 + k + m$, $q = k + 1$로 존재한다.

따라서 임의의 자연수 n에 대하여 주어진 부등식을 만족하는 자연수 p, q가 존재함을 알 수 있다. (증명 끝!)

❸ Comment

[Comment 1]

수리논술을 공부할 때는 언제나 '제시문은 내 친구!'와 같은 마인드를 장착하자. 제시문은 언제나 문제 풀이 방향을 알려주는 역할을 하기 때문이다. 어려운 문제일수록, 제시문에 맞춰서 풀어야함을 잊지 않도록 하자.

[Comment 2]

[2]의 해설 Box 부분의 생각을 보고 '어떻게 이런 사소한 디테일까지 챙겨...'라고 느끼겠지만 이런 것들이 하나씩 모여 결국 발상적인 문제도 풀어내는 실력이 되는 것이다. 이후 해설에서도 이런 디테일과 습관들을 잘 집어줄테니, 하나씩 모아간다는 생각으로 학습하며 '수리논술의 센스'를 길러나가자.

[Comment 3]

이 문항을 수록한 이유는 물론 어려운 문제이기 때문도 있지만 '소문항끼리의 연관성은 언제나 의식하며 사용한다.'라는 핵심 주제를 학습하기에 너무 좋은 문제였기 때문이다. 문제를 다 푼 시점에서, 다시 한번 소문항끼리 어떻게 연결되는지 문제의 흐름을 복기해보자.

[1]에서 사용한 '부등식 전체 제곱'과 '$k^2 + r = n$를 이용하여 식정리'라는 태도가 그대로 **[2]**에서 똑같이 사용됐고, **[3]**의 '단' 조건을 해석해보니 **[1]**과 **[2]**의 부등식의 구조가 그대로 다시 등장하여 **[3]**이 해결되었다.

이처럼 직접적이든 간접적이든 앞의 소문항은 언제나 뒤의 소문항을 해결하는 '기본적인 태도와 필수적인 정보를 제공'함을 잊지 않도록 하자. 이 뿐만 아니라 답안 서술의 관점으로 바라볼 때, 소문항끼리의 연관성을 살려 작성하는 답안은 그렇지 않은 답안보다 더욱 높은 완결성을 지닐 수 있다.

[1] $k^2 \leq n < (k+1)^2 \Rightarrow 0 \leq r < 2k+1 \ (\because n = k^2 + r) \cdots \text{㉠}$

$$\sqrt{n} \leq k + \frac{r}{2k} \leq \sqrt{n+1}$$

$\Leftrightarrow n \leq k^2 + r + \frac{r^2}{4k^2} \leq n+1 \ (\because \text{제시문 (나)})$

$\Leftrightarrow 0 \leq \frac{r^2}{4k^2} \leq 1 \ (\because n = k^2 + r)$

$\Leftrightarrow 0 \leq r^2 \leq 4k^2$

$\Leftrightarrow 0 \leq r \leq 2k \ (\because \text{제시문 (나)})$이고,

㉠에 의해 부등식 $0 \leq r \leq 2k$은 참이다.

$$\therefore \text{부등식} \ \sqrt{n} \leq k + \frac{r}{2k} \leq \sqrt{n+1} \ \text{성립.}$$

[2] $k^2 \leq n < (k+1)^2 \Rightarrow 0 \leq r < 2k+1 \ (\because n = k^2 + r)$

$$\Rightarrow 1 \leq r+1 < 2(k+1)$$

$$\therefore \frac{r+1}{k+1} < 2 \cdots \text{㉡}$$

$$\sqrt{n} \leq k + \frac{r+1}{2(k+1)} \leq \sqrt{n+1}$$

$\Leftrightarrow n \leq k^2 + \frac{k}{k+1}(r+1) + \frac{(r+1)^2}{4(k+1)^2} \leq n+1 \ (\because \text{제시문 (나)})$

$\Leftrightarrow 0 \leq 1 - \frac{r+1}{k+1} + \frac{(r+1)^2}{4(k+1)^2} \leq 1 \ (\because n = k^2 + r)$

$$\underset{\text{①}}{\rule{0pt}{0pt}} \rule{6cm}{0.4pt} \underset{\text{②}}{\rule{0pt}{0pt}}$$

i) $1 - \frac{r+1}{k+1} + \frac{(r+1)^2}{4(k+1)^2} = \left(1 - \frac{r+1}{2(k+1)}\right)^2 \geq 0$이므로

참임이 자명하다.

$$\therefore \text{부등식 ① 성립}$$

ii) $1 - \dfrac{r+1}{k+1} + \dfrac{(r+1)^2}{4(k+1)^2} \leq 1$

$\Leftrightarrow -\dfrac{r+1}{4(k+1)}\left(4 - \dfrac{r+1}{k+1}\right) \leq 0$

이때, $-\dfrac{r+1}{4(k+1)} < 0$ 이고, ㉡에 의해 $4 - \dfrac{r+1}{k+1} > 0$ 이므로 참이다.

$$\therefore \text{부등식 ② 성립}$$

따라서 i)과 ii)에 의해 부등식 $\sqrt{n} \leq k + \dfrac{r+1}{2(k+1)} \leq \sqrt{n+1}$ 이 성립한다.

[3] $k^2 \leq n < (k+1)^2$

$\Leftrightarrow k \leq \sqrt{n} < k+1$ ($\because$ 제시문 (나))

$\Leftrightarrow k+1 \leq \sqrt{n}+1 < k+2$ 이다.

이때, $q \leq \sqrt{n}+1$ 이므로 $q \leq \sqrt{n}+1 < k+2$ 만족.

$$\therefore q = 1, 2, \cdots, k+1$$

i) r이 짝수일 때

[1]의 부등식에 $r = 2m$ (m은 자연수)을 대입하면,

$$\sqrt{n} \leq k + \dfrac{2m}{2k} \leq \sqrt{n+1}$$

$\Leftrightarrow \sqrt{n} \leq \dfrac{k^2+m}{k} \leq \sqrt{n+1}$ 이므로

주어진 부등식을 만족하는 자연수 $P = k^2 + m$, $q = k$ 가 존재한다.

ii) r이 홀수일 때

[2]의 부등식에 $r = 2m-1$ (m은 자연수)을 대입하면,

$$\sqrt{n} \leq k + \dfrac{r+1}{2(k+1)} \leq \sqrt{n+1}$$

$\Leftrightarrow \sqrt{n} \leq \dfrac{k^2+k+m}{k+1} \leq \sqrt{n+1}$ 이므로

주어진 부등식을 만족하는 자연수 $P = k^2 + k + m$,

$$q = k+1 \text{ 이 존재한다.}$$

$\therefore$ 부등식 $\sqrt{n} \leq \dfrac{P}{q} \leq \sqrt{n+1}$ ($q \leq \sqrt{n}+1$)을 만족하는 자연수

$$P, q \text{가 존재한다.}$$

삼각함수 덧셈정리 구조의 발견과 문제의 관점 통일

❶ 대학 제공 해설

[1]

수학적 귀납법을 이용하여 $a_n = \tan(n\theta)$임을 보이자.

(i) $n = 1$ 일 때, $a_1 = \tan\theta = \dfrac{3}{2}$ 이므로 성립한다.

(ii) $n = k$ 일 때, $a_k = \tan k\theta$ 라고 가정하자.

$$\text{그러면 } a_{k+1} = \frac{2a_k+3}{2-3a_k} = \frac{\dfrac{2a_k+3}{2}}{\dfrac{2-3a_k}{2}} = \frac{a_k+\dfrac{3}{2}}{1-\dfrac{3}{2}a_k} = \frac{\tan k\theta + \tan\theta}{1-\tan k\theta \cdot \tan\theta} = \tan(k+1)\theta \text{ 이다.}$$

그러므로 수학적 귀납법에 의해 $a_n = \tan n\theta$ 이다.

[2]

수학적 귀납법을 이용하여 모든 자연수 n 에 대해 a_n 은 유리수임을 보이자.

(i) $n = 1$ 일 때, $a_1 = \dfrac{3}{2}$ 은 유리수이므로 성립한다.

(ii) $n = k$ 일 때, a_k 가 유리수라고 가정하자.

그러면 $2a_k + 3$ 와 $2 - 3a_k$ 는 유리수이다. 따라서 $a_{k+1} = \dfrac{2a_k+3}{2-3a_k}$ 도 유리수이다.

그러므로 수학적 귀납법에 의해 모든 자연수 n 에 대해 a_n 은 유리수이다.

이제 n 을 홀수와 짝수로 나눈 후, 귀류법을 이용하여 a_n 이 0 이 아님을 보이자.

(i) n 이 홀수일 때

$$n = 2k+1 \text{ 일 때 } a_n = a_{2k+1} = \frac{2a_{2k}+3}{2-3a_{2k}} = \frac{2\tan 2k\theta + 3}{2-3\tan 2k\theta} = 0 \text{ 이 성립한다고 가정하자.}$$

$$2\tan 2k\theta + 3 = 0 \iff \tan 2k\theta = -\frac{3}{2}$$

따라서 $\tan$ 함수의 배각공식에 의해

$$-\frac{3}{2} = \tan 2k\theta = \frac{2\tan k\theta}{1-\tan^2 k\theta} = \frac{2a_k}{1-a_k^2} \iff 3a_k^2 - 4a_k - 3 = 0 \iff a_k = \frac{2 \pm \sqrt{13}}{3}$$

하지만 모든 a_k 는 유리수이므로 모순이다. 따라서 $n = 2k+1$ 일 때 $a_n \neq 0$ 이다.

(ii) n 이 짝수일 때

자연수 n 을 소인수분해하면 자연수 k 와 l 이 존재하여 $n = 2^k(2l-1)$ 로 표현할 수 있다.

짝수 $n = 2^k(2l-1)$ 에 대하여 $\tan$ 함수의 배각공식을 활용하면

$$a_n = a_{2^k(2l-1)} = \tan 2^k(2l-1)\theta = \tan 2 \times 2^{k-1}(2l-1)\theta = \frac{2\tan 2^{k-1}(2l-1)\theta}{1 - \tan^2 2^{k-1}(2l-1)\theta} = \frac{2a_{\frac{n}{2}}}{1 - \left(a_{\frac{n}{2}}\right)^2}$$

이다. 따라서 $a_n \neq 0$ 이기 위한 필요충분조건은 $a_{\frac{n}{2}} \neq 0$ 이다.

그러므로 위의 과정을 $n = 2^k(2l-1)$ 에서 $\dfrac{n}{2^k} = 2l-1$ 이 될 때까지 k 번 반복하면

$$a_n \neq 0 \Leftrightarrow a_{2^k(2l-1)} \neq 0 \Leftrightarrow \cdots \Leftrightarrow a_{2(2l-1)} \neq 0 \Leftrightarrow a_{2l-1} \neq 0$$

을 얻는다. 그러면 $2l-1$ 은 홀수이고 $a_{2l-1} \neq 0$ 이므로 모든 짝수 $n = 2^k(2l-1)$ 에 대해서도 $a_n \neq 0$ 이다.

그러므로 (i)과 (ii)에 의해 모든 자연수 n 에 대해 $a_n \neq 0$ 이 성립한다.

[3]

$n \neq m$ 이므로 적당한 자연수 k 에 대해 $m = n+k$ 이다. 그러면 $\tan$ 함수의 합과 차의 공식에 의해

$$\begin{aligned}
a_m - a_n &= \tan m\theta - \tan n\theta = \tan(n+k)\theta - \tan n\theta \\
&= \frac{\tan n\theta + \tan k\theta}{1 - \tan n\theta \tan k\theta} - \tan n\theta \\
&= \frac{\tan n\theta + \tan k\theta - \tan n\theta + \tan^2 n\theta \tan k\theta}{1 - \tan n\theta \tan k\theta} \\
&= \frac{\tan k\theta + \tan^2 n\theta \tan k\theta}{1 - \tan n\theta \tan k\theta} \\
&= \frac{\tan k\theta(1 + \tan^2 n\theta)}{1 - \tan n\theta \tan k\theta}
\end{aligned}$$

이다. [2]에서 $\tan k\theta \neq 0$ 였고 $1 + \tan^2 n\theta > 1$ 이 성립하므로, $a_m - a_n = \dfrac{\tan k\theta(1 + \tan^2 n\theta)}{1 - \tan n\theta \tan k\theta} \neq 0$ 이다.

[1]

문제를 쭉쭉 읽다보면... 신기하게 생긴 점화식과 $a_1 = \tan\theta = \dfrac{3}{2}$ 을 발견할 수 있다.

a_1 을 굳이 삼각함수 형태로 제시했으니, 이후 과정 또한 삼각함수에 초점을 두고 진행해야 함은 당연하다. (관점 통일)
그렇다면 문제에서 제시한 점화식은 어떻게 해야 삼각함수 관점으로 바라볼 수 있을까?

앞의 본편에서 다뤘던 내용을 잘 기억하고 있는 학생이라면,

'내가 아는 반각/배각 공식 혹은 덧셈정리를 이용하여 점화식을 해석해볼까?'

라는 생각에 다다를 수 있다.[10]

a_1 을 여러 삼각함수 중 굳이 $\tan$ 값으로 제시했으니, 당연히 $\tan$ 와 관련된 공식일 확률이 높을 것이다.
그러니, 주어진 점화식의 분모와 분자에 2를 나눠보자. $\tan$ 와 관련된 공식일 확률이 높을 것이다.

> **여기서 잠깐!**
>
> 이는 $\tan$ 공식의 핵심 구조인 '분모에 등장하는 $1 \pm \bigstar$ 구조'를 살리기 위해 한 행동이다.
> 이것이 발상적이라 느꼈다면 본편 챕터 3의 첫페이지에 있는 '공식의 구조를 살리며 암기하기'를
> 읽어보도록 하자.

분모와 분자에 2를 나눈 점화식은 다음과 같다.

$$a_{n+1} = \frac{a_n + \dfrac{3}{2}}{1 - a_n \times \dfrac{3}{2}}$$

여기서, 문제의 관점을 통일시키기 위해 $\dfrac{3}{2}$ 을 $\tan\theta$ 로 바꿔보자. 점화식을 정리하면 다음과 같다.

$$a_{n+1} = \frac{a_n + \tan\theta}{1 - a_n \times \tan\theta}$$

$\tan$ 덧셈정리의 기본 형태이다! 따라서 위의 점화식으로부터 $a_n = \tan(n\theta)$ 라 추측할 수 있겠다.
이후 수학적 귀납법을 이용하여 $a_n = \tan(n\theta)$ 임을 증명하면 문제 끝!

(수학적 귀납법을 이용해 증명하는 과정은 어렵지 않으므로, Pass 하겠습니다![11])

---

[10] 논제1의 [Comment 3]에서 언급한 '수리논술 개념을 공부했다면 충분히 떠올릴 수 있어야 하는 발상'에 해당된다.
[11] 눈치 빠른 학생이라면, 이 증명과정에서도 문제에서 제시한 점화식이 사용된다는 건 알아차릴 수 있을 것이다.

여기서 잠깐!

만약 $a_n = \tan(n\theta)$ 이 추측이 안된 학생이라면,

탄젠트 덧셈정리 꼴을 더욱 확실하게 확인하기 위해 a_n 을 $a_n = \tan b_n$ 라 둬보자.

$$\tan b_{n+1} = \frac{\tan b_n + \tan\theta}{1 - \tan b_n \times \tan\theta}$$

즉, $\tan b_{n+1} = \tan(\theta + b_n)$ 이다.

이제 위의 식으로부터 $b_n = n\theta$, 즉 $a_n = \tan(n\theta)$ 임이 좀 더 쉽게 눈에 들어올 것이다.

한번 더 잠깐!

사실, 정리된 점화식과 <u>완전히 동치인 조건</u>은 $b_n = n\theta$ 가 아닌 $b_{n+1} = k\pi + \theta + b_n$ (단, k 는 정수) 임을 알 수 있다.

그런데... 우리가 지금 하는 과정은 수열의 일반항을 추측하는 과정이다.[12]

즉, 가장 이상적인 상황을 가정한 후 이를 증명해내기만 한다면 다른 상황은 전혀 신경 쓸 이유가 없다는 것이다. (말 그대로 '추측'하는 과정이지, '증명'하는 과정이 아니기에 문제를 좀 러프하게 풀어도 상관 X)

그럼, 위의 점화식과 완전히 동치인 조건인 $b_{n+1} = k\pi + \theta + b_n$ (단, k 는 정수) 말고 이용하기도 쉽고 추측 이후 증명하기도 쉬운 가장 이상적인 상황은 어느 상황일까?

당연히 $b_{n+1} = \theta + b_n$, $b_1 = \theta$ 인 상황. 즉, $b_n = n\theta$ 인 상황이다.

[2]

이 문제에서 증명해야 할 것은 두 가지가 있다.

 ① a_n 이 유리수임을 증명하기
 ② $a_n \neq 0$ 임을 증명하기

①은 그냥 (유리수 = 유리수 ÷ 유리수)임을 이용해 수학적 귀납법 형식만 맞춰주면 끝이다. (과정은 생략)
②는 귀류법을 써서 $a_n = 0$ 을 가정한 후, 증명 중 모순만 찾으면 끝이다.

그런데... 여기서 ②를 증명하는 과정의 발상이 꽤 어렵다.[13] 힌트와 함께 해설 확인해보자.

---

[12] 이 유형의 구조를 모르는 학생은 본편 164p.의 예제 해설을 보자.
[13] 경험에 의존한 뜬금포 발상이기 때문이다. 처음 경험하는 학생이라면 이번 기회에 알아가자.

여기서 잠깐!

사실 논제3의 Hint는 원본 시험지의 **[2]**에 실려있던 Hint를 그대로 가져온 것이다. 저자의 뇌피셜이지만, 대학이 생각하기에도 힌트 없이 이 발상을 떠올리는 건 '전혀 자명하지 않다.'고 생각한 듯 하다...

수열의 밑수의 홀짝성에 따라 Case 분류 후 증명해보자. (Hint 따라가기[14])

(i) n이 홀수일 때

$a_{2k+1} = 0$이 성립한다고 가정하자. 즉,

$$a_{2k+1} = \frac{2a_{2k} + 3}{2 - 3a_{2k}} = \frac{2\tan(2k\theta) + 3}{2 - 3\tan(2k\theta)} = 0 \Leftrightarrow \tan(2k\theta) = -\frac{3}{2}$$

이다. 여기서 탄젠트 덧셈정리를 이용한 후 이차방정식을 정리하면 $\tan(k\theta) = \dfrac{2 \pm \sqrt{13}}{3}$을 얻을 수 있다.

이때, 이는 $a_k = \tan(k\theta)$가 유리수라는 사실과 모순이므로, 귀류법에 의하여 $a_{2k+1} \neq 0$이다.

(a_1은 단순 계산을 통해 $a_1 = \dfrac{3}{2} \neq 0$임을 알 수 있다.)

(ii) n이 짝수일 때

$a_{2k} = 0$이 성립한다고 가정하자. 즉,

$$a_{2k} = \tan(2k\theta) = \frac{2\tan(k\theta)}{1 - \tan(k\theta)} = 0 \Leftrightarrow \tan(k\theta) = a_k = 0$$

이다. 이는 곧

'어떤 0인 짝수항에 대하여, 그 짝수항의 밑수에서 소인수 2를 덜어낸 항 또한 0이다.'

와 같다.

따라서, 어떤 자연수 k에 대하여 $a_{2k} = 0$이 성립한다면 $a_{2l-1} = 0$(단, l은 자연수) 또한 존재함을 알 수 있다. 이는 $a_{2k-1} \neq 0$이라는 사실과 모순이므로, 귀류법에 의하여 $a_{2k} \neq 0$이다.

여기서 잠깐!

우리는 지금 귀류법의 가정인 $a_n = 0$임을 이용하여 증명 과정에서 모순을 찾아야 한다. 이런 이유로, a_{2k+1}과 a_{2k}을 어떻게든 식조작을 하여 a_k로 정리시키는 것이다. 그러니 '왜 갑자기 점화식이랑 덧셈정리로 저렇게 계산하는거지?' 와 같은 생각은 금물이다!

위의 모든 사실을 종합하면 a_n은 0이 아닌 유리수임을 알 수 있다. (증명 끝!)

---

14) 출제 의도가 힌트를 사용하는 것이므로, [발상의 사후적 근거]는 수록하지 않았다.

[3]

미리 말하지만 굉장히 발상적인 문항이다... 해설과 [발상의 사후적 근거]를 가볍게 읽어보는 걸로 충분하겠다.
(아무리 뜬금포 발상이어도 발상의 암기는 언제나 필수!)

$n \neq m$ 이므로 적당한 자연수 k 에 대하여 $m = n + k$ 이다. (?!)
이를 바탕으로 $a_m - a_n \neq 0$ 임을 보이자.

> **발상의 사후적 근거!**
>
> 일단, 주어진 식인 $a_m - a_n = \tan(m\theta) - \tan(n\theta)$ 자체는 더 이상 변형할 수 없을 것 같다.
> (혹시... 각각 식을 θ 의 m, n 배각으로 해석 후 배각 공식 여러번 쓰려는 학생은... 없겠죠..?[15])
>
> 따라서 증명을 위한 식 조작을 시도할 수 있도록 만드는 장치가 필요할 것이다. 이때, 지금까지 우리는
> tan 덧셈정리에 관점을 맞춰 문제를 풀어나가고 있었다. 따라서, 식 조작 또한 tan 덧셈정리를 이용하여
> 진행되어야 할 것은 예측할 수 있다.
>
> 위와 같은 근거를 바탕으로,
> $\tan(m\theta)$ 에서 $m\theta$ 를 $\bigstar + \bigcirc$ 꼴로 만들어 tan 덧셈정리를 이용하기 위해
> $m = n + k$ 를 설정한 것이다.

이제, 식정리를 열심히 해보자..!

$$
\begin{aligned}
a_m - a_n &= \tan(m\theta) - \tan(n\theta) \\
&= \tan((n+k)\theta) - \tan(n\theta) \\
&= \frac{\tan(n\theta) + \tan(k\theta)}{1 - \tan(n\theta)\tan(k\theta)} - \tan(n\theta) \\
&= \frac{\tan(n\theta) + \tan(k\theta) - \tan(n\theta) + \tan^2(n\theta)\tan(k\theta)}{1 - \tan(n\theta)\tan(k\theta)} \\
&= \frac{\tan(k\theta) + \tan^2(n\theta)\tan(k\theta)}{1 - \tan(n\theta)\tan(k\theta)} \\
&= \frac{\tan(k\theta)\left(1 + \tan^2(n\theta)\right)}{1 - \tan(n\theta)\tan(k\theta)} \quad \text{(어쩌다보니... 완성..!)}
\end{aligned}
$$

이때, **[2]**에 의하여 $\tan(k\theta) \neq 0$ 이므로, $a_m - a_n = \dfrac{\tan(k\theta)\left(1 + \tan^2(n\theta)\right)}{1 - \tan(n\theta)\tan(k\theta)} \neq 0$ 임을 알 수 있다.
따라서, 서로 다른 자연수 m 과 n 에 대하여 $a_m \neq a_n$ 이다. (증명 끝!)

---

15) 머릿속으로 이걸 떠올렸어도, 실전에서는 '이거 너무 막막한데..? 이 방향이 아닌 듯...'하고 포기했어야 한다.
    이에 대한 구체적인 내용을 논제7의 [Comment 1]에 수록해뒀으니 참고할 것!

❸ Comment

[Comment 1]
문제에서 조건의 정보를 특이하게 표현하여 제시하는 경우가 있다. 예를 들어, 굳이 분수를 약분 안 하고 제시한다든지, 그냥 써도 될 자연수를 ln 으로 표현한다든지, 등등… 왜 굳이 조건을 이렇게 제시하는 걸까?

이유는 바로, '내가 이렇게 제시했으니 너도 이 관점에 맞춰 문제를 풀어.' 라고 출제자가 직접 풀이의 방향을 잡아주는 것이다. 따라서 위의 문제에서도 모든 상황을 tan 와 tan 덧셈정리로 관점을 통일시켜 해석해 나간 것이다.

이처럼 문제에서 주는 디테일한 힌트를 놓치지 않도록 하자. 그 어떤 문제에서도 절대로 그냥이란 것은 없다.

[Comment 2]
많이 쓸 일은 없지만, 그렇다고 알아둬서 손해 볼 일은 없는 수열 발상!

    ① 수열을 관찰할 때, [$2k$ 항 / $2k-1$ 항] 으로 Case 분류하여 관찰하는 발상이 존재한다.
    ② 수열을 관찰할 때, [$3k$ 항 / $3k-1$ 항 / $3k-2$ 항] 으로 Case 분류하여 관찰하는 발상 또한 존재한다.

물론 이런 발상들은 문제에서 반드시 Hint를 줄 것이니, 걱정하지 않아도 좋다.
(그래도 '근데… Hint를 안 주면 어떡해요..?' 라는 걱정을 가진 학생들은 바로 아래의 [Comment 3]를 참고하자.)

[Comment 3]
몇몇 학생들은 이런 문제를 두고 '실전에서 Hint 없이 이런 발상을 어떻게 생각해요?' 라는 걱정이 생길 수 있다. 이에 대한 답변을 간단히 하면 다음과 같다.

    ① 어려운 테크닉이나 발상은 보통 모의논술에서 예방주사처럼 등장한다. (그러니 모의논술 학습은 필수이다.)
    ② 발상을 떠올리지 못해 틀려도 합격에 전혀 지장 없는 커트라인이 생성된다. (다 같이 못 풀고 틀리기 때문이다.)

그러니 너무 걱정하지 말고, 당장 주어진 학습에만 집중하도록 하자!
Hint 없이도 어려운 테크닉이나 발상을 떠올릴 수 있도록 Show and Prove가 여러분의 실력을 길러줄 것이다.

[1] 일반항 $a_n = \tan(n\theta)$ 임을 보이자.

　i) $n=1$ 일때　　$a_1 = \dfrac{3}{2} = \tan\theta$　　　∴ 성립.

　ii) $n=k$ 일때　　$a_k = \tan(k\theta)$ 가 성립한다고 가정하자.

$$a_{k+1} = \frac{2a_k + 3}{2 - 3a_k}$$

$$= \frac{a_k + \frac{3}{2}}{1 - \frac{3}{2}a_k}$$

$$= \frac{\tan(k\theta) + \tan\theta}{1 - \tan\theta \cdot \tan(k\theta)}$$

$$= \tan(k\theta + \theta)$$

$$= \tan\{(k+1)\theta\} \text{ 이므로 } n = k+1 \text{ 일 때에도 성립한다.}$$

따라서 수학적 귀납법에 의해 모든 자연수 n에 대하여 $a_n = \tan(n\theta)$ 이다.

[2] 먼저 모든 자연수 n에 대하여 a_n이 유리수임을 보이자.

　i) $n=1$ 일때　　$a_1 = \dfrac{3}{2}$　　∴ 성립.

　ii) $n=k$ 일때　　a_k 가 유리수라고 가정하자.

$$a_{k+1} = \frac{2a_k + 3}{2 - 3a_k} \text{ 인데 } a_k \text{가 유리수이므로 } a_{k+1} \text{도 유리수이다.}$$

따라서 수학적 귀납법에 의해 모든 자연수 n에 대하여 a_n은 유리수이다 ····· ①

다음으로 n을 홀/짝으로 나누어 $a_n \neq 0$ 임을 보이자.

　iii) n이 홀수일 때

$a_{2k+1} = 0$ 이 성립한다고 가정하자.

$$\Rightarrow a_{2k+1} = \frac{2a_{2k} + 3}{2 - 3a_{2k}}$$

$$= \frac{2\tan(2k\theta) + 3}{2 - 3\tan(2k\theta)} = 0$$

$$\Longleftrightarrow \tan(2k\theta) = -\frac{3}{2}$$

$$\Longleftrightarrow \frac{2\tan(k\theta)}{1 - \tan^2(k\theta)} = -\frac{3}{2}$$

$$\therefore \tan(k\theta) = \frac{2 \pm \sqrt{13}}{3} \text{ 이고 이는 ①에 모순이다.}$$

따라서 귀류법에 의해 n이 홀수일 때 $a_n \neq 0$. ····· ②

$$(n = 1 \text{일때 } a_1 = \tfrac{3}{2} \neq 0)$$

iv) n이 짝수일 때

$a_{2^k(2\ell-1)} = 0$ 이 성립한다고 가정하자.

$$\Rightarrow a_{2^k(2\ell-1)} = \tan\{2^k(2\ell-1)\theta\}$$
$$= \frac{2\tan\{2^{k-1}(2\ell-1)\theta\}}{1-\tan^2\{2^{k-1}(2\ell-1)\theta\}} = 0$$
$$\Longleftrightarrow \tan\{2^{k-1}(2\ell-1)\theta\} = 0$$

위 과정을 반복하면 $\tan\{(2\ell-1)\theta\} = 0$, 즉, $a_{2\ell-1} = 0$ 이 되는데

이는 앞서 증명한 ②에 모순이다.

따라서 귀류법에 의해 n이 짝수일 때 $a_n \neq 0$.

∴ iii), iv)에 따라 모든 자연수 n에 대하여 $a_n \neq 0$.

∴ 모든 자연수 n에 대하여 a_n은 0이 아닌 유리수이다.

[3]   서로 다른 자연수 n, m에 대하여 $m = n + k$ (k는 자연수)라 하자.

$$a_m - a_n = \tan(m\theta) - \tan(n\theta)$$
$$= \tan\{(n+k)\theta\} - \tan(n\theta)$$
$$= \frac{\tan(n\theta) + \tan(k\theta)}{1 - \tan(n\theta)\cdot\tan(k\theta)} - \tan(n\theta)$$
$$= \frac{\tan(k\theta)\{1 + \tan^2(n\theta)\}}{1 - \tan(n\theta)\cdot\tan(k\theta)}$$
$$\neq 0 \quad (\because [2]에 의하여 \ a_k = \tan(k\theta) \neq 0)$$

∴ 서로 다른 자연수 n, m에 대하여 $a_n \neq a_m$이다.

수열의 최대/최소는 언제나 일관된 방법으로 접근한다.

 # 수열의 최대/최소 추론   # 여러 가지 변수의 관계 해석   # 조건의 순서 (포함관계)

❶ 대학 제공 해설

제시문 (가)의 (ㄷ)는 범위에 포함되는 x 와 $1 \leq k \leq 5n$ 인 모든 자연수 k 에 대하여

$$\frac{1}{k} \ln \frac{k}{x} \leq \frac{1}{n} \ln \frac{n}{x}$$

이 성립함을 말한다.

그런데, 자연수 k 와 임의의 양의 실수 x 에 대하여

$$\frac{1}{k} \ln \frac{k}{x} - \frac{1}{k+1} \ln \frac{k+1}{x} = \frac{1}{k(k+1)} \ln \frac{k^{k+1}}{(k+1)^k x} \quad \cdots\cdots \ ①$$

이므로, $x \leq \dfrac{k^{k+1}}{(k+1)^k}$ 이면 $\dfrac{1}{k} \ln \dfrac{k}{x} \geq \dfrac{1}{k+1} \ln \dfrac{k+1}{x}$ 이고, $x > \dfrac{k^{k+1}}{(k+1)^k}$ 이면 $\dfrac{1}{k} \ln \dfrac{k}{x} < \dfrac{1}{k+1} \ln \dfrac{k+1}{x}$ 이다.

이때,

$$\frac{\dfrac{(k-1)^k}{k^{k-1}}}{\dfrac{k^{k+1}}{(k+1)^k}} = \left(\frac{k^2-1}{k^2} \right)^k < 1 \quad \cdots\cdots \ ②$$

이므로 $\dfrac{(k-1)^k}{k^{k-1}} < \dfrac{k^{k+1}}{(k+1)^k}$ 이 성립하여, k 가 증가함에 따라 $\dfrac{1}{k} \ln \dfrac{k}{x}$ 는 증가하다가 감소하는 형태가 된다.

따라서, 제시문 (가)의 (ㄷ)가 성립하려면, $\dfrac{1}{k} \ln \dfrac{k}{x}$ 가 $1 \leq k \leq n$ 에서 증가하고 $n \leq k \leq 5n$ 에서 감소해야 한다.

식 ①에 $k = n$ 을 대입하면 $x \leq \dfrac{n^{n+1}}{(n+1)^n}$ 인 경우,

$$\frac{1}{n} \ln \frac{n}{x} \geq \frac{1}{n+1} \ln \frac{n+1}{x} \geq \frac{1}{n+2} \ln \frac{n+2}{x} \geq \ \cdots \ \geq \frac{1}{5n} \ln \frac{5n}{x}$$

이다.

식 ①에 $k = n-1$ 을 대입하면 $\dfrac{(n-1)^n}{n^{n-1}} < x$ 인 경우,

$$\frac{1}{n}\ln\frac{n}{x} > \frac{1}{n-1}\ln\frac{n-1}{x} > \frac{1}{n-2}\ln\frac{n-2}{x} > \cdots > \ln\frac{1}{x}$$

이다.

즉, $\dfrac{(n-1)^n}{n^{n-1}} < x < \dfrac{n^{n+1}}{(n+1)^n}$ 에서 집합 $\left\{\dfrac{1}{k}\ln\dfrac{k}{x} \,\middle|\, 1 \le k \le 5n,\, k\text{는 자연수}\right\}$ 의 원소 중 최댓값은 $\dfrac{1}{n}\ln\dfrac{n}{x}$ 이다.

또한, (②)에 의하여 $\dfrac{(n-1)^n}{n^{n-1}} < \dfrac{n^{n+1}}{(n+1)^n}$ ($\because$ 제시문 (가)의 (ㄴ))이므로, $a_n = \dfrac{(n-1)^n}{n^{n-1}}$ 이다.

$\left(\dfrac{a_n}{n}\right)^{\frac{1}{n}} = \dfrac{n-1}{n}$, $\left(\dfrac{a_{n+1}}{n}\right)^{\frac{1}{n}} = \dfrac{n}{n+1}$ 이므로,

$$S = \sum_{n=1}^{\infty}\left\{\left(\frac{a_{n+1}}{n}\right)^{\frac{1}{n}} - \left(\frac{a_n}{n}\right)^{\frac{1}{n}}\right\} = \sum_{n=1}^{\infty}\left(\frac{1}{n} - \frac{1}{n+1}\right) = 1$$

이다.

문제에서 변수(= 미지수)가 두 개 이상 등장하면 무조건 각 변수가 서로 어떻게 작용하는지 관계파악이 먼저다.
문제의 조건과 변수의 관계를 차근차근 정리하면...

① n 이 주어짐으로써, a_n 과 a_{n+1} 의 값이 결정된다.

② a_n 과 a_{n+1} 의 값이 결정됨으로써, a_n 과 a_{n+1} 의 사이의 값으로 어떤 실수 x 가 결정된다.

③ x 가 결정됨으로써, k 에 대한 함수 $\dfrac{1}{k}\ln\dfrac{k}{x}$ 가 결정된다.

④ 이때, 함수 $\dfrac{1}{k}\ln\dfrac{k}{x}$ 는 언제나 $k = n$ 에서 최댓값을 가진다.

라는 사실들을 알 수 있다.

여기서 잠깐!

위의 내용을 읽고도 아직 혼란스러운 학생이 있을 수 있다. 이를 수능 친화적으로 표현하면 다음과 같다.

(~ 대충 상수 p 는 n 에 따라 달라진다는 말 ~) ($\Leftrightarrow$ ②)

이때, 상수 p 에 대하여 함수 $f(x) = \dfrac{1}{x}\ln\dfrac{x}{p}$ 가 다음 조건을 만족시킨다. ($\Leftrightarrow$ ③)

> 자연수 n 에 대하여 함수 $f(x) = \dfrac{1}{x}\ln\dfrac{x}{p}$ 가 항상 $x = n$ 에서 최댓값을 갖는다. ($\Leftrightarrow$ ④)

(~ 대충 답 구하라는 말 ~)

우선, 답안 작성과 해설의 편의성을 위하여 $q_k = \dfrac{1}{k}\ln\dfrac{k}{x}$ 라는 수열을 설정하자.

문제에서 수열 $\{q_k\}$ 가 '$k = n$ 에서 최댓값을 갖는다.'고 했다. 수열의 최댓값 조건?
우리가 배웠던 부등식 풀이의 관점으로 이 조건을 해석해보면...

'주어진 n 이 부등식 $q_{n-1} \leq q_n$ 과 $q_n \geq q_{n+1}$ 을 모두 만족시킨다.'

라는 사실을 알 수 있다. 각각의 부등식을 차례대로 잘 정리하면 다음과 같다.

① $q_{n-1} \leq q_n \Leftrightarrow \dfrac{(n-1)^n}{n^{n-1}} \leq x$

② $q_n \geq q_{n+1} \Leftrightarrow x \leq \dfrac{n^{n+1}}{(n+1)^n}$

를 종합 $\Rightarrow \dfrac{(n-1)^n}{n^{n-1}} \leq x \leq \dfrac{n^{n+1}}{(n+1)^n}$

(수열 $q_k = \dfrac{1}{k}\ln\dfrac{k}{x}$ 가 $k = n$ 에서 최댓값을 갖는다는 조건을 정리한 결과)

먼저, 답안 작성과 해설의 편의성을 위하여 $b_n = \dfrac{(n-1)^n}{n^{n-1}}$ 이라는 수열을 설정하자.

이제, 지금까지의 모든 사실들을 '문제 조건의 순서에 맞춰' 단계별로 정리하면 다음과 같다.

$$'\, a_n < x < a_{n+1} \;\Rightarrow\; q_k \text{가 } k = n \text{에서 최대} \;\Rightarrow\; b_n \le x \le b_{n+1} \,'$$

조건의 인과관계가 살짝 어려우니… 이를 집합의 관점으로 풀어서 x 에 대해 바라보자!

명제 기호의 정의와 벤다이어그램을 잘 떠올리면…

$$\{ \text{부등식 } a_n < x < a_{n+1} \text{를 만족시키는 } x \text{의 집합} \} \subset \{ \text{부등식 } b_n \le x \le b_{n+1} \text{를 만족시키는 } x \text{의 집합} \}$$

임을 알 수 있다!

모든 자연수 n 에 대하여, 부등식 $a_n < x < a_{n+1}$ 가 부등식 $b_n \le x \le b_{n+1}$ 에 포함되어야 한다?
부등식의 범위를 수직선 위에 표현하면 더욱 쉽게 해석이 가능하겠다.

먼저, 수직선 위에 a_n 의 위치들을 대략 찍어 부등식 $a_n < x < a_{n+1}$ 의 범위들을 표현한 후,
위의 조건에 맞춰 수직선 위에 b_n 의 위치들을 찍어보자.

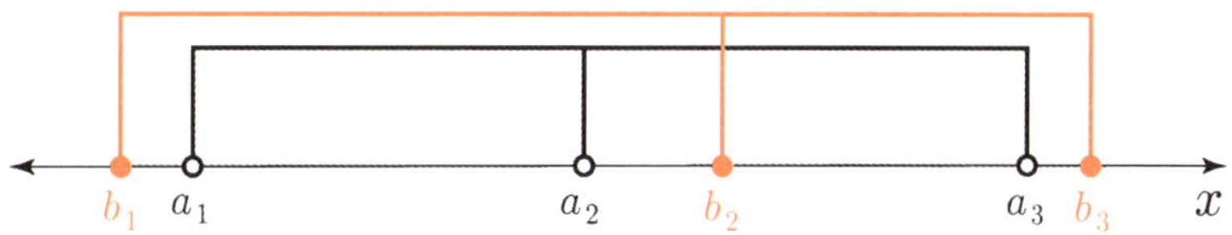

($n = 1$ 인 상황과 $n = 2$ 인 상황 동시 만족 불가능!)

당장 위의 그림처럼 부등식들의 범위를 수직선 위에 조금이라도 그려본 학생이라면…
어렵지 않게 $a_n = b_n$ 인 상황에서만 문제의 조건이 만족함을 알 수 있을 것이다!

따라서, 위의 결과에 의해 $a_n = \dfrac{(n-1)^n}{n^{n-1}} \; (= b_n)$ 임을 알 수 있다.

a_n 의 식을 구했으니, 이를 이용해 그대로 S 의 값을 계산하면 문제 끝! (단순 대입하여 계산하면 $S = 1$)

여기서 잠깐!

위의 해설에서 약간의 이상함을 느끼지 못 했는가? 우리가 배운 '부등식 풀이'의 논리에 의하면

$$\{q_k\}\text{가 } k = n \text{에서 최대} \Rightarrow \text{부등식 } q_{n-1} \le q_n \text{과 } q_n \ge q_{n+1} \text{이 성립}$$

가 항상 참이다. 하지만 위의 해설에서는 위의 명제의 역인

$$\text{부등식 } q_{n-1} \le q_n \text{과 } q_n \ge q_{n+1} \text{이 성립 } \left(\Rightarrow a_n = \frac{(n-1)^n}{n^{n-1}} \right) \Rightarrow \{q_k\}\text{가 } k = n \text{에서 최대}$$

를 사용하였다. 즉, 위의 부등식 $q_{n-1} \le q_n$ 과 $q_n \ge q_{n+1}$ 을 만족한다고해서 반드시 수열 $\{q_k\}$ 가 $k = n$ 에서 최대임을 보장할 수 없다. 오로지 극대인 것만을 보장할 수 있는 상황.

그러니까, $a_n = \dfrac{(n-1)^n}{n^{n-1}}$ 이라 했는데 막상 검토해보니 부등식 $q_{m-1} \le q_m$ 과 $q_m \ge q_{m+1}$ 을 만족시키면서 $q_n < q_m$ 인 자연수 m 이 존재할 수도 있지 않은가?

그러면 제시문의 (ㄷ) 조건을 만족시키지 못하므로,

$$\text{'문제의 조건을 만족시키는 } a_n \text{은 존재하지 않으므로,}$$

$$S = \sum_{n=1}^{\infty} \left\{ \left(\frac{a_{n+1}}{n} \right)^{\frac{1}{n}} - \left(\frac{a_n}{n} \right)^{\frac{1}{n}} \right\} \text{의 값도 존재하지 않는다.'}$$

가 이 논제의 정답이 되는 것이다.

위와 같은 이유로 이상함을 느꼈다면, 정말로 수학적인 논리가 탄탄한 학생이다.[16] 이러한 의문을 스스로 품었다면 자기 자신의 머리를 쓰다듬어 주도록.

그러면 이러한 의문은 어떤 방법으로 해결해야 할까?[17] 바로 본편에서 '부등식 풀이'보다 덜 추천하던 풀이인 '미분 풀이'를 활용하면 된다.

$q_k = \dfrac{1}{k} \ln \dfrac{k}{x}$ 대신 함수 $f(k) = \dfrac{1}{k} \ln \dfrac{k}{x}$ 를 생각하자. (변수가 x 가 아니고 k 임에 유의하자.)

도함수 $f'(k)$ 를 이용하여 곡선 $y = f(k)$ 을 그려보면 $k = ex$ 에서 유일한 극대를 갖는 그래프가 나온다.

즉, 이 함수는 증가하다가 감소하여 $\displaystyle \lim_{k \to \infty} f(k) = 0$ 으로 다가간다.

수열의 그래프는 이 함수의 그래프에 포함되는 점들의 집합이기 때문에, 수열도 마찬가지로 증가하다가 감소하는 경향을 쭉 유지하게 된다.

즉, 부등식 $q_{k-1} \le q_k$ 과 $q_k \ge q_{k+1}$ 를 만족하는 자연수 k 가 n 으로 유일할 수 밖에 없다! 이렇게 검증을 마무리할 수 있다.

---

16) 이상함을 못 느꼈어도 괜찮다. 지금까지 풀었던 실전 논제는 '최대/최소 지점을 추론하는 문제'였던 반면, 이 문제는 '최대/최소 지점을 미리 알려주고 이를 이용하는 문제'라고 충분히 실수를 범할만 하다. 너무 좌절하지 말 것!

17) 참고로 최종답안에서는 이 '추가 검증'을 생략하고, 최대한 컴팩트하게 답안을 작성하였다.

[Comment 1]

수열의 최대/최소를 파악하는 문제가 나왔을 때, 이를 판단하는 방법이 두 가지 있다고 본편에서 언급했었다.

> ① 두 부등식 $a_{n-1} \leq a_n$ 과 $a_n \geq a_{n+1}$ 을 동시에 만족시키는 n 을 최대/최소 '후보 지점'으로 두는 풀이
>
> ② $a_n = f(n)$ 으로 두고 미분을 통해 $f(n)$ 의 그래프를 그린 후, 최대/최소 후보 지점을 찾는 풀이

이때,
①의 방법에서 나온 부등식의 해는 '후보 지점'임을 항상 기억하자. 모든 극대값이 최댓값은 아닌 것과 같은 논리!

이제, 위의 해설을 살펴보자. 본편에서 배운 내용을 벗어나는 것이 하나라도 있었는가? No! 단 하나도 없었다.
이처럼 수열의 최대/최소에 대한 조건을 만났을 때는 항상 일관된 방법으로 접근하는 것이 중요함을 기억하자.
왜? 이미 꽤 많은 기출에서 등장한 소재이니 만큼 풀이 방법이 정해져 있기 때문이다.

[Comment 2]

[Comment 1]의 부등식 풀이를 표현만 살짝 변형하면 다음과 같다. a_n 의 모양에 따라 편한 표현을 선택하자.

> ① $a_{n+1} - a_n$ 의 부호 통해 a_n 의 증감을 파악 후, 최대/최소 후보 지점을 찾는 풀이
>
> ② $\dfrac{a_{n+1}}{a_n}$ 과 1 의 대소비교를 통해 a_n 의 증감을 파악 후, 최대/최소 후보 지점을 찾는 풀이

부등식 풀이의 근본이 '부등식의 작성을 통한 a_n 의 증감파악 후 최대/최소 후보 찾기'임을 잘 기억해두면 되겠다.

[Comment 3]

가끔씩 문제에서 여러 변수(= 미지수)가 등장하고, 그 변수들의 관계가 복잡하게 얽힌 상황이 등장한다. 이런 경우, 문제를 쭉 읽고 차근차근 단계별로 변수들의 관계를 파악하면 그리 어려운 것이 없다. 이때,

어떤 변수가 주어졌을 때 → 어떤 과정을 거쳐 → 어떤 변수가 결정됨

와 같은 세 Step으로 미지수들의 관계를 파악하자. 변수들의 관계만 잘 파악해도 문제의 난이도가 많이 내려간다.

[Comment 4]

문제가 복잡할수록 조건과 상황을 순서에 맞춰 단계별로 잘 정리해야 한다. 조건과 상황을 잘 정리해두지 않는다면..?
분명 문제를 풀고 있긴 하지만, '일단 뭔가 하긴 했는데... 이거 왜 하더라..? 이 다음에 뭐 해야하지..?'와 같은 생각에 빠져 문제를 그 이상 풀 수 없을 것이다.

혹은 약간 특별한 상황이긴 하지만, 위의 문제처럼 조건의 순서가 하나의 New 조건으로 활용될 수 있기도 하다.

따라서, 문제를 풀 때는 항상 '내가 이걸 왜 하지?' 혹은 '이걸 구하기 위해 이 계산을 하겠어!'와 같은
'문제의 목적 의식'을 기반으로 '조건과 상황을 순서에 맞춰 단계별로 정리'하는 습관을 갖자.

$P_k = \dfrac{1}{k} \cdot \ln \dfrac{k}{x}$ 라 두자.

제시문 (다)에서 $k=n$일 때 P_k가 최댓값을 가지므로 $P_{n-1} \leq P_n \geq P_{n+1}$을 만족한다.

i) $P_{n-1} \leq P_n \Leftrightarrow \dfrac{1}{n-1} \ln \dfrac{n-1}{x} \leq \dfrac{1}{n} \ln \dfrac{n}{x}$

$\Leftrightarrow \left(\dfrac{n-1}{x}\right)^n \leq \left(\dfrac{n}{x}\right)^{n-1}$

$\Leftrightarrow \dfrac{(n-1)^n}{n^{n-1}} \leq x$

ii) 같은 방법으로 정리하면 $P_n \geq P_{n+1} \Leftrightarrow x \leq \dfrac{n^{n+1}}{(n+1)^n}$

$$\therefore \dfrac{(n-1)^n}{n^{n-1}} \leq x \leq \dfrac{n^{n+1}}{(n+1)^n}$$

따라서 모든 자연수 n에 대하여 $a_n < x < a_{n+1}$ 일 때 $\dfrac{(n-1)^n}{n^{n-1}} \leq x \leq \dfrac{n^{n+1}}{(n+1)^n}$ 을 만족하려면 $a_n = \dfrac{(n-1)^n}{n^{n-1}}$ 이어야 함을 알 수 있다.

$\therefore S = \displaystyle\sum_{n=1}^{\infty} \left\{ \left(\dfrac{a_{n+1}}{n}\right)^{\frac{1}{n}} - \left(\dfrac{a_n}{n}\right)^{\frac{1}{n}} \right\}$

$= \displaystyle\sum_{n=1}^{\infty} \left(\dfrac{n}{n+1} - \dfrac{n-1}{n} \right)$

$= \displaystyle\lim_{m \to \infty} \sum_{n=1}^{m} \left(\dfrac{n}{n+1} - \dfrac{n-1}{n} \right)$

$= \displaystyle\lim_{m \to \infty} \left(\dfrac{m}{m+1} - \dfrac{1-1}{1} \right)$

$= 1$

$$\therefore 1$$

 # 텔레스코핑의 목표 # 삼각함수 덧셈정리 # 식 조작과 식 관찰

텔레스코핑의 목표는 '근접항 두 항'과 '차 형태'이다.

❶ 대학 제공 해설

치환적분법에 의해서 제시문 (가)의 함수 $f(x)$는 다음과 같다.

$$f(x) = 2\int_0^x \tan\theta\,(\tan\theta)'\,d\theta + 1 = \left[\tan^2\theta\right]_0^\pi + 1 = \tan^2 x + 1 = \frac{1}{\cos^2 x}$$

따라서 제시문 (나)의 수열 $\{a_n\}$의 일반항은 다음과 같다.

$$a_n = \frac{1}{4^n \cos^2\!\left(\dfrac{\pi}{2^{n+2}}\right)}$$

따라서 다음과 같은 계산을 할 수 있다.

$$\frac{1}{\sin^2\!\left(\dfrac{\pi}{2^2}\right)} = \frac{1}{4\sin^2\!\left(\dfrac{\pi}{2^{1+2}}\right) \times \cos^2\!\left(\dfrac{\pi}{2^{1+2}}\right)} = \frac{1}{4\sin^2\!\left(\dfrac{\pi}{2^{1+2}}\right)} + \frac{1}{4\cos^2\!\left(\dfrac{\pi}{2^{1+2}}\right)} = \frac{1}{4\sin^2\!\left(\dfrac{\pi}{2^{1+2}}\right)} + a_1$$

$$\frac{1}{4\sin^2\!\left(\dfrac{\pi}{2^{1+2}}\right)} = \frac{1}{4^2\sin^2\!\left(\dfrac{\pi}{2^{2+2}}\right)} + \frac{1}{4^2\cos^2\!\left(\dfrac{\pi}{2^{2+2}}\right)} = \frac{1}{4^2\sin^2\!\left(\dfrac{\pi}{2^{2+2}}\right)} + a_2$$

$$\vdots$$

$$\frac{1}{4^{n-2}\sin^2\!\left(\dfrac{\pi}{2^{n-2+2}}\right)} = \frac{1}{4^{n-1}\sin^2\!\left(\dfrac{\pi}{2^{n-1+2}}\right)} + \frac{1}{4^{n-1}\cos^2\!\left(\dfrac{\pi}{2^{n-1+2}}\right)} = \frac{1}{4^{n-1}\sin^2\!\left(\dfrac{\pi}{2^{n-1+2}}\right)} + a_{n-1}$$

$$\frac{1}{4^{n-1}\sin^2\!\left(\dfrac{\pi}{2^{n-1+2}}\right)} = \frac{1}{4^{n}\sin^2\!\left(\dfrac{\pi}{2^{n+2}}\right)} + \frac{1}{4^{n}\cos^2\!\left(\dfrac{\pi}{2^{n+2}}\right)} = \frac{1}{4^{n}\sin^2\!\left(\dfrac{\pi}{2^{n+2}}\right)} + a_n$$

이를 변변 더하면

$$\sum_{k=1}^{n} a_k = \frac{1}{\sin^2\!\left(\dfrac{\pi}{2^2}\right)} - \frac{1}{4^n\sin^2\!\left(\dfrac{\pi}{2^{n+2}}\right)}$$

이다.

한편, $\displaystyle\lim_{x\to 0}\frac{\sin x}{x}=1$ 이므로

$$\lim_{n\to\infty}\frac{1}{4^n\sin^2\left(\dfrac{\pi}{2^{n+2}}\right)}=\frac{16}{\pi^2}\lim_{n\to\infty}\left(\frac{\dfrac{\pi}{2^{n+2}}}{\sin\left(\dfrac{\pi}{2^{n+2}}\right)}\right)^2=\frac{16}{\pi^2}$$

따라서 제시문 (다)의 S 값은

$$S=\lim_{n\to\infty}\left(\sum_{k=1}^{n}a_k\right)=\frac{1}{\sin^2\left(\dfrac{\pi}{2^2}\right)}-\lim_{n\to\infty}\frac{1}{4^n\sin^2\left(\dfrac{\pi}{2^{n+2}}\right)}=2-\frac{16}{\pi^2}$$

이다.

우선, 주어진 $f(x)$를 정리하면 $f(x) = \dfrac{1}{\cos^2 x}$ 임을 알 수 있다.

이로부터, $a_n = \dfrac{1}{4^n} \times \dfrac{1}{\cos^2\left(\dfrac{\pi}{2^{n+2}}\right)}$ 임 또한 알 수 있다.

이제 $\displaystyle\sum_{n=1}^{\infty} a_n = \sum_{n=1}^{\infty}\left\{\dfrac{1}{4^n} \times \dfrac{1}{\cos^2\left(\dfrac{\pi}{2^{n+2}}\right)}\right\}$ 를 구해야하는데... 누가봐도 교과서 공식으로는 처리가 불가능하다.

따라서 텔레스코핑을 시도해야함은 매우 당연하다!

그렇다면 a_n 에서 식 조작을 통해 다음 두 가지 요소를 드러내야겠다.

   ① 서로 근접한 두 항
   ② 위에서 구한 두 항의 차 형태

이때, 제시문의 사인함수 두배각 공식이 눈에 띄인다. 제시문에서 사인함수 덧셈정리의 기본형태만 제시하지 않고, 굳이 두배각 공식까지 제시한 것에는 무조건 이유가 있을 것![18]

그러니 사인함수 두배각 공식을 이용해서 식정리를 해야겠다는 생각은 매우 당연하다.

또한 우리가 이 공식을 이용하여 식을 정리하는 방법은 $\cos\alpha = \dfrac{\sin 2\alpha}{2\sin\alpha}$ 로 정리하는 방법밖에 없겠다.

(a_n 에 $\cos$ 말고 다른 삼각함수가 없으니, 이 방법이 사인함수 두배각 공식을 이용하는 유일한 방법이겠죠..?)

> **여기서 잠깐!**
>
> 사실 제시문 (라)가 주어지지 않았더라도, 스스로 코사인/사인함수 두배각 공식을 떠올릴 수 있어야 한다.
> 왜? a_n 을 관찰할 때, 식 조작을 통하여 '근접한 두 항'을 만드는 것에 집중해야하기 때문이다.
> 즉, a_n 의 $\cos^2\left(\dfrac{\pi}{2^{n+2}}\right)$ 을 보고
>
>   '일단 a_n 을 식 조작 하다보면... $\theta = \left(\left(\dfrac{\pi}{2^{n+2}}\right)\text{에서 파생된 형태}\right)$인 $\cos\theta$ 혹은 $\sin\theta$ 로 정리되겠네...
>
>   그런데... 텔레스코핑을 하려면 '근접한 두 항'의 차를 만들어야 하니... 식을 정리할 때 최대한
> $\theta = \left(\dfrac{\pi}{2^{n+k}}\right)$와 $\theta = \left(\dfrac{\pi}{2^{n+k+1}}\right)$ 가 함께 나오도록 정리해야 하는구나~!
>   따라서 코사인[19]/사인함수 두배각 공식을 각각 시도해봐야겠다!'
>
> 와 같은 생각을 할 수 있어야 한다는 것이다.

---

18) 이미 논제3에서 다뤘던 내용과 일맥상통이다. 출제자가 제시해준 방향이 있다면, 그대로 따라가는 것!
19) 제시문이 없는 실전이라면, 코사인 두배각 공식을 사용하는 시행착오가 분명 있을 것이기 때문에 넣은 텍스트

정리하면 다음과 같다.

$$a_n = \frac{1}{4^n} \times \frac{1}{\cos^2\left(\frac{\pi}{2^{n+2}}\right)}$$

$$= \frac{1}{4^n} \times \frac{4\sin^2\left(\frac{\pi}{2^{n+2}}\right)}{\sin^2\left(\frac{\pi}{2^{n+1}}\right)} \quad \left(\because \cos\alpha = \frac{\sin 2\alpha}{2\sin\alpha}\right)$$

문제가 잘 풀리고 있다는 느낌이 온다. $\sin\left(\frac{\pi}{2^{n+2}}\right)$와 $\sin\left(\frac{\pi}{2^{n+1}}\right)$은 누가봐도 '서로 근접한 두 항'이기 때문이다!

그렇다면 남은건 '차 형태' 뿐인데... 삼각함수의 여러 가지 공식 중 어떤 것을 사용해야 이 형태를 뽑아낼 수 있을까?
조금만 생각해보면 $\sin^2\theta = 1 - \cos^2\theta$ 공식을 사용해야함은 충분히 생각할 수 있을 것이다!

여기서 잠깐!

'차 형태의 제작'이라는 텔레스코핑의 확실한 목표를 생각하면, 이는 전혀 발상적이지 않다. 왜?
우리가 알고있는 삼각함수 공식 중에 '차 형태'를 띄고 있는 공식이 그리 많지 않기 때문이다.

바로 떠올리지는 못 하더라도, 결국에는 반드시 찾아야만 하는 공식인 셈

$\sin^2\theta = 1 - \cos^2\theta$ 공식을 사용하여 a_n 을 다시 한번 정리하면 다음과 같다.

$$a_n = \frac{1}{4^n} \times \frac{4\sin^2\left(\frac{\pi}{2^{n+2}}\right)}{\sin^2\left(\frac{\pi}{2^{n+1}}\right)}$$

$$= \frac{1}{4^{n-1}} \times \frac{1}{\sin^2\left(\frac{\pi}{2^{n+1}}\right)} - \frac{1}{4^n} \times \frac{4\cos^2\left(\frac{\pi}{2^{n+2}}\right)}{\sin^2\left(\frac{\pi}{2^{n+1}}\right)} \quad \left(\because 4\sin^2\left(\frac{\pi}{2^{n+2}}\right) = 4 - 4\cos^2\left(\frac{\pi}{2^{n+2}}\right)\right)$$

'서로 근접한 두 항'이라는 텔레스코핑의 목표를 잘 생각하면...

위의 $\dfrac{4\cos^2\left(\frac{\pi}{2^{n+2}}\right)}{\sin^2\left(\frac{\pi}{2^{n+1}}\right)}$ 에서 분자인 $\cos^2\left(\frac{\pi}{2^{n+2}}\right)$ 을 제거함과 동시에 분모에서 $\sin^2\left(\frac{\pi}{2^{n+2}}\right)$ 을 만들어내는 것이

중요함을 알 수 있겠다..!

이는 이미 앞에서 했던 것과 같이 사인함수 두배각 공식을 이용하면 쉽게 처리 가능하다! (정보의 재활용)
정리하면 다음과 같다.

$$a_n = \frac{1}{4^{n-1}} \times \frac{1}{\sin^2\left(\dfrac{\pi}{2^{n+1}}\right)} - \frac{1}{4^n} \times \frac{4\cos^2\left(\dfrac{\pi}{2^{n+2}}\right)}{\sin^2\left(\dfrac{\pi}{2^{n+1}}\right)}$$

$$= \frac{1}{4^{n-1}} \times \frac{1}{\sin^2\left(\dfrac{\pi}{2^{n+1}}\right)} - \frac{1}{4^n} \times \frac{1}{\sin^2\left(\dfrac{\pi}{2^{n+2}}\right)} \quad \left(\because \cos\alpha = \frac{\sin 2\alpha}{2\sin\alpha}\right)$$

a_n 에서 텔레스코핑 구조(= 상쇄구조)가 잘 드러났으므로, 계산만 하면 S 의 값이 무조건 나온다는 확신이 있어야 한다.
이제 S 의 값을 계산하면 다음과 같다.

$$S = \lim_{n \to \infty} \sum_{k=1}^{n} a_k = \frac{1}{\sin^2\left(\dfrac{\pi}{2^2}\right)} - \lim_{n \to \infty} \frac{1}{4^n \sin^2\left(\dfrac{\pi}{2^{n+2}}\right)}$$

$$\left(\text{틈새 잔소리} : \sum_{n=1}^{\infty} a_n \text{은 항상 } \lim_{n \to \infty} \sum_{k=1}^{n} a_k \text{로 계산하는 것이 좋다.}\right)$$

한편, $\displaystyle\lim_{x \to 0} \frac{\sin x}{x} = 1$ 이므로

$$\lim_{n \to \infty} \frac{1}{4^n \sin^2\left(\dfrac{\pi}{2^{n+2}}\right)} = \frac{16}{\pi^2} \lim_{n \to \infty} \left(\frac{\dfrac{\pi}{2^{n+2}}}{\sin\left(\dfrac{\pi}{2^{n+2}}\right)}\right)^2 = \frac{16}{\pi^2}$$

이다. 따라서 $S = 2 - \dfrac{16}{\pi^2}$ 이다!

[Comment 1]

문제를 풀어봤으면 알 수 있다시피, 이 문제는 텔레스코핑 문제 중에서도 매우 어려운 축에 속한다. 여기서 질문.
이 문제를 풀기 위해 '지금까지 배우지 않았던 특별하고 새로운 텔레스코핑 개념'이 사용되었는가?
알다시피 전혀 아니다. 본편에서 소개했던 '실전에서 텔레스코핑을 대하는 태도'에서 벗어나는 것이 단 하나도 없었다.

즉, 제아무리 어려운 텔레스코핑 문제라도 아주 쉬운 텔레스코핑 문제와 근본적인 내용은 같다는 말이다.
그러니 실전에서 $\sum$ 문제가 텔레스코핑 문제임을 인지했다면, 텔레스코핑의 일관된 태도이자 우리의 목표인 '근접한 두 항'과 '차 형태'에 집중하여 문제를 풀어나가자.

[Comment 2]

이 문제의 경우, 주어진 수열 $\{a_n\}$ 을 첫째항부터 쭉 풀어 쓰더라도 텔레스코핑 모양(= 상쇄구조)를 찾기 어려웠을 것이다. 즉, 텔레스코핑 문제는 난이도가 높아질수록 텔레스코핑의 목표인 '근접한 두 항'과 '차 형태'를 드러내는 '식 조작'이 매우 중요해진다.

그렇다면 이 '식 조작'은 어떻게 해야 잘할 수 있는 걸까? 정답은 바로 어김없이 '식 관찰'이다.

목표가 확실치 않은 상황 (가령 논제 1과 같은 상황)에서의 식 관찰은 딱히 방향성이 정해져있지 않지만,
이 문제와 같이 '텔레스코핑'이라는 명확한 목표가 있는 상황에서의 식 관찰은 방향성이 어느 정도 정해져 있다.

따라서 앞으로 텔레스코핑 문제에서 식을 관찰할 때, 다음 사실을 상기시키며 식을 관찰하자.

> 어떤 $f(n)$ 이 $a_n = f(n) - f(n+1)$ 을 만족시킬지 ($f(n)$ 의 모양) 예측에 집중하며 a_n 을 관찰한다.
> 이때, $f(n)$ 은 결국 a_n 의 식에서 파생됨을 잊지 말자. 즉, $f(n)$ 은 a_n 과 어느 정도 비슷한 모양이다.

가령 '$\displaystyle\sum_{n=1}^{2022} \dfrac{n+2}{n! + (n+1)! + (n+2)!}$ 의 값을 구하시오.'와 같은 문제를 풀 때,

$$a_n = \frac{n+2}{n! + (n+1)! + (n+2)!} = \frac{n+1}{(n+2)!}$$

이므로, 이를 통하여 $f(n) = \dfrac{1}{(n+1)!}$ 로 추측할 수 있다.

$$f(x) = 2\int_0^x \tan\theta\,(\tan\theta)'\,d\theta + 1 = \left[\tan^2\theta\right]_0^\pi + 1 = \tan^2 x + 1 = \frac{1}{\cos^2 x}$$

$$\therefore a_n = \frac{1}{4^n} \times \frac{1}{\cos^2\left(\dfrac{\pi}{2^{n+2}}\right)}$$

a_n 을 다음과 같이 정리하자.

$$a_n = \frac{1}{4^n} \times \frac{1}{\cos^2\left(\dfrac{\pi}{2^{n+2}}\right)}$$

$$= \frac{1}{4^n} \times \frac{4\sin^2\left(\dfrac{\pi}{2^{n+2}}\right)}{\sin^2\left(\dfrac{\pi}{2^{n+1}}\right)} \quad (\because \text{제시문 (라)의 (ii))}$$

$$= \frac{1}{4^{n-1}} \times \frac{1}{\sin^2\left(\dfrac{\pi}{2^{n+1}}\right)} - \frac{1}{4^n} \times \frac{4\cos^2\left(\dfrac{\pi}{2^{n+2}}\right)}{\sin^2\left(\dfrac{\pi}{2^{n+1}}\right)} \quad \left(\because 4\sin^2\left(\dfrac{\pi}{2^{n+2}}\right) = 4 - 4\cos^2\left(\dfrac{\pi}{2^{n+2}}\right)\right)$$

$$= \frac{1}{4^{n-1}} \times \frac{1}{\sin^2\left(\dfrac{\pi}{2^{n+1}}\right)} - \frac{1}{4^n} \times \frac{1}{\sin^2\left(\dfrac{\pi}{2^{n+2}}\right)} \quad (\because \text{제시문 (라)의 (ii))}$$

$$\therefore S = \lim_{n\to\infty} \sum_{k=1}^n a_n$$

$$= \lim_{n\to\infty} \sum_{k=1}^n \left\{ \frac{1}{4^{n-1}} \times \frac{1}{\sin^2\left(\dfrac{\pi}{2^{n+1}}\right)} - \frac{1}{4^n} \times \frac{1}{\sin^2\left(\dfrac{\pi}{2^{n+2}}\right)} \right\}$$

$$= \lim_{n\to\infty} \left\{ \frac{1}{\sin^2\left(\dfrac{\pi}{2^2}\right)} - \frac{1}{4^n \sin^2\left(\dfrac{\pi}{2^{n+2}}\right)} \right\}$$

$$= 2 - \lim_{n\to\infty} \frac{1}{4^n \sin^2\left(\dfrac{\pi}{2^{n+2}}\right)}$$

한편, $t = \dfrac{\pi}{2^{n+2}}$ 로 치환하면 $\displaystyle\lim_{n\to\infty} \frac{1}{4^n \sin^2\left(\dfrac{\pi}{2^{n+2}}\right)} = \lim_{t\to 0+} \left(\frac{t}{\sin t}\right)^2 \times \frac{16}{\pi^2} = \frac{16}{\pi^2}$ 이다.

$$\therefore S = 2 - \frac{16}{\pi^2}$$

삼각함수값의 미시적 관찰과 수열의 최대/최소

❶ 대학 제공 해설

$1 \leq n \leq 500$이므로, $\dfrac{n+100}{100}$의 최댓값은 $n = 500$일 때 $\dfrac{500+100}{100} = 6$이고, 제시문 (마)에 의해 $6 < 2\pi$이다.

$n \geq 314$이면 $\sin\left(\dfrac{n+1}{100}\right),\ \sin\left(\dfrac{n+2}{100}\right),\ \cdots,\ \sin\left(\dfrac{n+100}{100}\right)$은 모두 음수이므로 a가 음수가 되어 최댓값이 될 수 없다.

어떤 자연수 $k\ (1 \leq k \leq 313)$에 대하여 $n = k$일 때의 a의 값을 p, $n = k+1$일 때의 a의 값을 q라 하면 $q - p = \sin\left(\dfrac{k+101}{100}\right) - \sin\left(\dfrac{k+1}{100}\right)$이다.

$q - p$는 $\left|\dfrac{k+101}{100} - \dfrac{\pi}{2}\right| < \left|\dfrac{k+1}{100} - \dfrac{\pi}{2}\right|$이면 양수이고 $\left|\dfrac{k+101}{100} - \dfrac{\pi}{2}\right| > \left|\dfrac{k+1}{100} - \dfrac{\pi}{2}\right|$이면 음수가 되므로, $1 \leq k \leq 106$이면 양수이고 $107 \leq k \leq 313$이면 음수이다.

따라서 $k = 107$일 때 최초로 $q - p$가 음수가 되고 a의 값이 최대가 되며 $m = 107$이다.

$m = 107$이므로 제시문 (다)의 b는 $b = \cos(1.08) + \cos(1.09) + \cdots + \cos(2.07)$이고, $1.570 \leq \dfrac{\pi}{2} \leq 1.571$이므로 $\cos(1.08),\ \cos(1.09),\ \cdots,\ \cos(1.57)$은 양수, $\cos(1.58),\ \cos(1.59),\ \cdots,\ \cos(2.07)$은 음수이다.

(a) 삼각함수의 성질에 의하여 다음이 성립한다.

$$\left|1.57 - \dfrac{\pi}{2}\right| < \left|1.58 - \dfrac{\pi}{2}\right| \Rightarrow \cos(1.57) + \cos(1.58) < 0$$

$$\left|1.56 - \dfrac{\pi}{2}\right| < \left|1.59 - \dfrac{\pi}{2}\right| \Rightarrow \cos(1.56) + \cos(1.59) < 0$$

$$\vdots$$

$$\left|1.08 - \dfrac{\pi}{2}\right| < \left|2.07 - \dfrac{\pi}{2}\right| \Rightarrow \cos(1.08) + \cos(2.07) < 0$$

따라서

$$b = (\cos(1.57) + \cos(1.58)) + \cdots + (\cos(1.08) + \cos(2.07)) < 0$$

이다.

(b) 비슷한 방법으로 1.56과 1.58부터 비교하면,

$$\left|1.56-\frac{\pi}{2}\right| > \left|1.58-\frac{\pi}{2}\right| \Rightarrow \cos(1.56)+\cos(1.58) > 0$$

$$\left|1.55-\frac{\pi}{2}\right| < \left|1.59-\frac{\pi}{2}\right| \Rightarrow \cos(1.55)+\cos(1.59) > 0$$

$$\vdots$$

$$\left|1.08-\frac{\pi}{2}\right| > \left|2.06-\frac{\pi}{2}\right| \Rightarrow \cos(1.08)+\cos(2.06) > 0$$

이고, $2.07=\dfrac{207}{100}=\dfrac{621}{300}<\dfrac{2}{3}\pi$이므로 $\cos(2.07) > \cos\left(\dfrac{2}{3}\pi\right)=-0.5$이고, 따라서,

$$b=\cos(1.57)+(\cos(1.56)+\cos(1.58))+\cdots+(\cos(1.08)+\cos(2.06))+\cos(2.07) > -0.5$$

이다.

따라서, (a)과 (b)에 의하여 $2b$는 $-1 < 2b < 0$을 만족하고, $k \leq -1$이면 $2b-k > 0$이고 $k \geq 0$이면 $2b-k < 0$이므로 집합 A는 모든 음의 정수의 집합이고 A의 가장 큰 원소는 -1이다.

[풀이 Step.1] – a_n 을 관찰 후, m 을 구하는 과정

문제의 첫 번째 단계는 수열 a_n 의 값이 최대가 되도록 하는 n 의 값을 찾는 것이다.

수열의 최댓값을 구해야한다? 본편을 잘 학습한 학생이라면 당연히 부등식 풀이를 떠올릴 것이다. (벌써 두 번째...)

따라서, 지금까지 해왔던 방식과 똑같이 $a_{n+1} - a_n$ 의 부호를 관찰하여 a_n 의 증감을 확인하자!

$$a_{n+1} = \sin\left(\frac{n+2}{100}\right) + \cdots + \sin\left(\frac{n+100}{100}\right) + \sin\left(\frac{n+101}{100}\right)$$

$$a_n = \sin\left(\frac{n+1}{100}\right) + \sin\left(\frac{n+2}{100}\right) + \cdots + \sin\left(\frac{n+100}{100}\right)$$

$$\therefore a_{n+1} - a_n = \sin\left(\frac{n+101}{100}\right) - \sin\left(\frac{n+1}{100}\right)$$

$$= 2\cos\left(\frac{n+51}{100}\right)\sin\frac{1}{2} \qquad \left(\because \sin A - \sin B = 2\cos\frac{A+B}{2}\sin\frac{A-B}{2}\right)$$

$a_{n+1} - a_n$ 의 식을 보니, $\cos\left(\frac{n+51}{100}\right)$ 의 부호에 따라 a_n 의 증감이 결정되겠다.

그렇다면 $\cos\left(\frac{x+51}{100}\right) = 0$ 을 만족시키는 x 의 값 근처의 자연수에서의 부호 조사가 필요하겠다..!

따라서, 제시문 (마)의 (ii)를 이용하여 $y = \cos x$ 의 그래프를 관찰하면... $\cos\left(\frac{n+51}{100}\right)$ 의 부호는

① $n = 106 \rightarrow n = 107$ 일 때, 양에서 음으로
② $n = 420 \rightarrow n = 421$ 일 때, 음에서 양으로

바뀜을 알 수 있다! 이를 통해 a_n 의 증감을 잘 생각해보면...

수열 $\{a_n\}$ 이 $n = 107$, $n = 500$ 에서 극댓값을 가짐을 알 수 있다! 따라서, 두 극댓값 중 더 큰 값이 a_n 의 최댓값이 되겠다.

이제, a_{107} 과 a_{500} 을 비교해보자.

$$a_{107} = \sin\left(\frac{108}{100}\right) + \cdots + \sin\left(\frac{207}{100}\right), \; a_{500} = \sin\left(\frac{501}{100}\right) + \cdots + \sin\left(\frac{600}{100}\right)$$

여기서 다시 한 번 제시문 (마)의 (ii)를 이용하여 $y = \sin x$ 의 그래프를 관찰하면...

a_{107} 은 양수들의 합으로, a_{500} 은 음수들의 합으로 이루어져 있음을 알 수 있다! 따라서, $m = 107$ 이다.

우선, $m = 107$ 임을 통해 $2b$ 를 나타내면 다음과 같다.

$$2b = 2\left\{\cos\left(\frac{108}{100}\right) + \cos\left(\frac{109}{100}\right) + \cdots + \cos\left(\frac{206}{100}\right) + \cos\left(\frac{207}{100}\right)\right\}$$

문제를 잘 이해한 학생이라면, 문제에서 구하는 k 의 값은 부등식 $p < 2b \leq p+1$ 를 만족시키는 정수 p 의 값과 같다는 사실을 알 수 있을 것이다..! (부등식에서 등호 위치 주의)

> **여기서 잠깐!**
>
> 여기까지가 딱 시험장에서 현실적으로 접근할 수 있는 한계 지점이다. 이후 과정은 매우 발상적이므로, 아래의 해설과 **[발상의 사후적 근거]**를 가볍게 읽으며 넘어가자.

(ⅰ) $2b < 0$ 임을 보이기

각각의 코사인값들을 중심 대칭적으로 두 개씩 묶어서 더해보자. (?!)

$$2b = 2\left\{\cos\left(\frac{108}{100}\right) + \cos\left(\frac{109}{100}\right) + \cdots + \cos\left(\frac{206}{100}\right) + \cos\left(\frac{207}{100}\right)\right\}$$

$$= 4\cos\left(\frac{315}{200}\right) \times \left\{\cos\left(\frac{99}{200}\right) + \cos\left(\frac{97}{200}\right) + \cdots + \cos\left(\frac{1}{200}\right)\right\}$$

$$\left(\because \cos A + \cos B = 2\cos\frac{A+B}{2}\cos\frac{A-B}{2}\right)$$

이때, 두 부등식 $\dfrac{99}{200} < \dfrac{\pi}{2}$ 와 $\dfrac{\pi}{2} < \dfrac{315}{200} < \pi$ 을 떠올리면... 다음 두 부등식

$$\cos\left(\frac{315}{200}\right) < 0, \ \left\{\cos\left(\frac{99}{200}\right) + \cos\left(\frac{97}{200}\right) + \cdots + \cos\left(\frac{3}{200}\right) + \cos\left(\frac{1}{200}\right)\right\} > 0$$

이 등장한다. 이로부터 $2b < 0$ 임을 알 수 있다!

(ⅱ) $-1 < 2b$ 임을 보이기

$\cos\left(\dfrac{207}{100}\right)$ 을 제외한 각각의 코사인값들을 중심 대칭적으로 두 개씩 묶어서 더해보자. (?!)

$$2b = 2\left\{\cos\left(\frac{108}{100}\right) + \cos\left(\frac{109}{100}\right) + \cdots + \cos\left(\frac{206}{100}\right) + \cos\left(\frac{207}{100}\right)\right\}$$

$$= 4\cos\left(\frac{314}{200}\right) \times \left\{\cos\left(\frac{98}{200}\right) + \cos\left(\frac{96}{200}\right) + \cdots + \cos\left(\frac{2}{200}\right) + \frac{1}{2}\right\} + 2\cos\left(\frac{207}{100}\right)$$

$$\left(\because \cos A + \cos B = 2\cos\frac{A+B}{2}\cos\frac{A-B}{2}\right)$$

이때, 두 부등식 $\dfrac{98}{200} < \dfrac{\pi}{2}$ 와 $\dfrac{314}{200} < \dfrac{\pi}{2}$ 을 떠올리면... 다음 두 부등식

$$\cos\left(\frac{314}{200}\right) > 0 \,,\ \left\{\cos\left(\frac{98}{200}\right) + \cos\left(\frac{96}{200}\right) + \cdots + \cos\left(\frac{4}{200}\right) + \cos\left(\frac{2}{200}\right) + \frac{1}{2}\right\} > 0$$

이 등장한다. 이로부터

$$4\cos\left(\frac{314}{200}\right) \times \left\{\cos\left(\frac{98}{200}\right) + \cos\left(\frac{96}{200}\right) + \cdots + \cos\left(\frac{4}{200}\right) + \cos\left(\frac{2}{200}\right) + \frac{1}{2}\right\} > 0$$

임을 알 수 있다.

또한, 우리는 $2b$ 와 근접한 정수와의 대소비교에 집중하고 있으므로, $2\cos\left(\frac{314}{200}\right)$ 와 -1 을 비교하자.

부등식 $\frac{207}{100} < \frac{2}{3}\pi$ 을 떠올리면... 다음 부등식

$$2\cos\left(\frac{207}{100}\right) > -1$$

이 등장한다. 이를 정리하면 $-1 < 2b$ 임을 알 수 있다!

위의 모든 사실들을 종합하면 $-1 < 2b < 0$ 이므로, k 의 최댓값은 -1 임을 알 수 있다.

발상의 사후적 근거!

사실 (i)의 과정은 시간 제약이 없다면 충분히 떠올릴 수 있는 발상이다. 왜? $2b$ 의 대략적 위치를 파악하는 것이 우리의 목표이므로, $2b$ 가 양수인지 음수인지 확인해야 문제 상황을 좁힐 수 있기 때문.

(i)의 과정을 받아들였다면, (ii) 또한 어느정도 설명이 가능하다.

(i)에서 $2b$ 를 정리했더니 $\cos\left(\frac{315}{200}\right) < 0$ 으로 식이 묶인 것을 확인할 수 있다. 이를 보고,

'제시문 (마)의 (ㄴ)에서 삼각함수의 근 근처에 주목하고 있네? 음...

그렇다면 (i)에서는 $\frac{\pi}{2}$ 보다 살짝 큰 값으로 식을 묶었으니, 이번에는 살짝 작은 값으로 묶어볼까?'

라는 생각이 들어 (ii)에서는 $\cos\left(\frac{314}{200}\right) > 0$ 으로 식을 묶은 것이다..!

조금 억지스럽기도 하고... 근거가 매우 타당하다라고 할 순 없지만...
그래도 제시문 (마)를 보면 알 수 있다시피, '완전 말도 안돼..!'와 같은 생각도 아니다.

❸ Show and Prove's 별해 풀이

텔레스코핑의 모양을 억지로 만들어내는 풀이다. 문제에서 근거를 찾을 수 없는 매우 발상적인 풀이기 때문에 별해 풀이는 간단히 읽고 넘어가는 것으로 충분하겠다.

[풀이 Step.1] – a_n 을 관찰 후, m 을 구하는 과정

$$a_n = \sum_{k=1}^{100} \sin\left(\frac{n+k}{100}\right)$$

$$= \frac{\displaystyle\sum_{k=1}^{100} \sin\left(\frac{n+k}{100}\right) \times \left(-2\sin\frac{1}{200}\right)}{-2\sin\frac{1}{200}} \quad \text{(?!)}$$

$$= \frac{1}{-2\sin\frac{1}{200}} \times \sum_{k=1}^{100}\left\{\cos\left(\frac{2n+2k+1}{200}\right) - \cos\left(\frac{2n+2k-1}{200}\right)\right\} \quad \text{(텔레스코핑 모양 등장)}$$

$$\left(\because \cos A - \cos B = -2\sin\frac{A+B}{2}\sin\frac{A-B}{2}\right)$$

$$\therefore a_n = \frac{1}{-2\sin\frac{1}{200}} \times \left\{\cos\left(\frac{2n+201}{200}\right) - \cos\left(\frac{2n+1}{200}\right)\right\}$$

$$= \frac{1}{-2\sin\frac{1}{200}} \times \left\{-2\sin\left(\frac{2n+101}{200}\right) \times \sin\frac{1}{2}\right\} \quad \left(\because \cos A - \cos B = -2\sin\frac{A+B}{2} + \sin\frac{A-B}{2}\right)$$

따라서 $\sin\left(\frac{2n+101}{200}\right)$ 이 최대일 때, a_n 또한 최대임을 알 수 있다.

$\frac{2n+101}{200}$ 의 값이 $\frac{\pi}{2} = \frac{100\pi}{200} = \frac{314.1592\cdots}{200}$ 와 제일 가까운 n 을 찾아보면 $n = 107$ 임을 알 수 있다.

$$\therefore m = 107$$

이후 풀이는 동일하다.

❹ Comment

[Comment 1]
m 을 구하는 과정을 가볍게 복기해보자.

    ① 수열의 최댓값 조건이 등장
    ② 이때, a_n 이 미분이 힘들기에 부등식 풀이를 선택
    ③ 부등식 풀이의 핵심인 '부등식의 작성을 통한 a_n 의 증감 파악'을 위해 부등식을 작성
    ④ a_n 의 증감을 통해 최댓값 후보(혹은 후보 지점)을 찾은 후, 비교를 통해 최댓값 확정

이 문제 또한 논제 4와 같이 수열의 최대/최소 조건을 일관된 방법으로 접근하고 있음을 알 수 있다.

[Comment 2]
이 문제는 지금까지 배웠던 제시문 활용, 삼각함수의 활용, 수열을 대하는 태도가 총 집합된 문제이다.

$2b < 0$ 을 구하는 과정까지는 본인이 지금까지 배웠던 개념을 일관된 태도로 잘 사용하였는지 확인하는 시간을, 이후 과정부터는 새로운 발상을 정리하는 시간을 갖는걸로 이 문제에 대한 학습은 충분하겠다!

[Comment 3]
텔레스코핑의 목표를 다시 한번 강조할 겸 [Show and Prove's 별해 풀이]의 $\sum$ 조작 과정을 바라보면...
다음과 같이 크게 두 가지에 집중할 수 있겠다.

    ① $\sin\left(\dfrac{n+k}{100}\right)$ 으로부터 '차 형태'를 드러내기 위해 $\cos A - \cos B = -2\sin\dfrac{A+B}{2}\sin\dfrac{A-B}{2}$ 을 사용

    ② 이때, 위의 공식을 사용하기 위해 + '근접한 두 항'을 드러내기 위해 $\left(-2\sin\dfrac{1}{200}\right)$ 을 분모/분자에 추가

이 문제를 보고 '논제 5의 [Comment 2] 논리대로라면 텔레스코핑 모양의 일부를 어느정도 예측할 수 있어야 하는데, 이 문제는 그게 불가능한거 아니에요..?'와 같이 생각할 수 있다.

이에 대한 대답은 No! 이 문제처럼 식 조작이 너무 어려워 예측이 힘든 경우, 논제 5의 제시문 (라)처럼 식 조작과 관련된 제시문을 반드시 수록해줄 것이다.[20] 우리는 그 제시문을 그대로 따라가며 배운대로 텔레스코핑 모양의 일부를 예측하면 된다!

(이 문제의 경우도 제시문에 $\cos A - \cos B = -2\sin\dfrac{A+B}{2}\sin\dfrac{A-B}{2}$ 이 있다고 가정하면, 텔레스코핑 모양의 일부를 충분히 예측할 수 있는 수준의 문제가 된다.)

---

[20] 제시문 없이 이런 문제를 낸다면... 논제3에서도 말했다시피, 합격자 중에서도 푼 사람이 정말 손에 꼽을 것이다.

$$a_{n+1} = \sin\left(\frac{n+2}{100}\right) + \sin\left(\frac{n+1}{100}\right) + \cdots + \sin\left(\frac{n+101}{100}\right)$$

$$-\quad a_n = \sin\left(\frac{n+1}{100}\right) + \sin\left(\frac{n}{100}\right) + \cdots + \sin\left(\frac{n+100}{100}\right)$$

$$a_{n+1} - a_n = \sin\left(\frac{n+101}{100}\right) - \sin\left(\frac{n+1}{100}\right)$$

$$= 2\cos\left(\frac{n+51}{100}\right)\cdot\sin\frac{1}{2}$$

i) $1 \le n \le 106$ 일때

$$a_{n+1} - a_n = 2\cos\left(\frac{n+51}{100}\right)\cdot\sin\frac{1}{2}$$
$$> 0 \ (\because \text{(마)에서 } \frac{n+51}{100} < \frac{\pi}{2}) \text{ 이므로 수열 } a_n \text{이 증가한다.}$$

ii) $106 < n \le 420$ 일때

$$a_{n+1} - a_n = 2\cos\left(\frac{n+51}{100}\right)\cdot\sin\frac{1}{2}$$
$$< 0 \ (\because \text{(마)에서 } \frac{\pi}{2} < \frac{n+51}{100} < \frac{3\pi}{2}) \text{ 이므로 수열 } a_n \text{이 감소한다.}$$

iii) $421 \le n \le 500$ 일때

$$a_{n+1} - a_n = 2\cos\left(\frac{n+51}{100}\right)\cdot\sin\frac{1}{2}$$
$$> 0 \ (\because \text{(마)에서 } \frac{3\pi}{2} < \frac{n+51}{100} < \frac{5\pi}{2}) \text{ 이므로 수열 } a_n \text{이 증가한다.}$$

즉, $a_1 < a_2 < \cdots < a_{106} < a_{107} > a_{108} > a_{109} > \cdots > a_{420} < a_{421} \cdots$ 을 만족한다.

따라서 a_{107}과 a_{500}중 최댓값이 존재한다.

이때 $0 < \frac{108}{100}, \frac{109}{100}, \cdots, \frac{207}{100} < \pi$ 이므로 $a_{107} = \sin\left(\frac{108}{100}\right) + \cdots + \sin\left(\frac{207}{100}\right) > 0$ 이고,

$\pi < \frac{501}{100}, \frac{502}{100}, \cdots, \frac{601}{100} < 2\pi$ 이므로 $a_{500} = \sin\left(\frac{501}{100}\right) + \cdots + \sin\left(\frac{601}{100}\right) < 0$ 이다.

따라서 $n = 107$일때 a_n이 최댓값을 가진다.

$$\therefore m = 107$$

제시문 (다)에 $m=107$을 대입하여 식을 정리하자.

$$b = \cos\frac{108}{100} + \cos\frac{109}{100} + \cdots + \cos\frac{206}{100} + \cos\frac{207}{100}$$

iii) 양끝 항씩 묶어 정리하자.

$$b = \left(\cos\frac{108}{100} + \cos\frac{207}{100}\right) + \cdots + \left(\cos\frac{157}{100} + \cos\frac{158}{100}\right)$$

$$= 2\cos\frac{315}{200}\left(\cos\frac{99}{200} + \cdots + \cos\frac{1}{200}\right)$$

$$< 0 \ \left(\because \cos\frac{315}{200} < \cos\frac{\pi}{2} = 0, \ \cos\frac{99}{200} + \cdots + \cos\frac{1}{200} > 0\right)$$

iv) $b = \left(\cos\frac{108}{100} + \cdots + \cos\frac{206}{100}\right) + \cos\frac{207}{100}$

$$= 2\cos\frac{314}{200}\left(\cos\frac{98}{100} + \cdots + \cos\frac{2}{200} + \frac{1}{2}\right) + \cos\frac{207}{100}$$

$$> \cos\frac{207}{100} \ \left(\because \cos\frac{314}{200} > \cos\frac{\pi}{2} = 0, \ \cos\frac{98}{100} + \cdots + \cos\frac{2}{200} + \frac{1}{2} > 0\right)$$

$$> \cos\frac{2}{3}\pi \ \left(\because \frac{207}{100} < \frac{2}{3}\pi\right)$$

$$= -\frac{1}{2}$$

$\therefore$ iii)라 iv)에 의해 $-\frac{1}{2} < b < 0$을 만족한다.

따라서 $b > \frac{k}{2}$를 만족하는 정수 k의 최댓값은 -1이다.

$$\therefore -1$$

문제 상황이 너무 복잡하다면, 규칙성을 의심해보자.

 # 추측 후 증명   # 문제를 풀며 해야하는 의심   # 식 관찰

❶ 대학 제공 해설

2018학년도 한양대학교 기출을
업그레이드시킨 문항이기에, 공식적인 해설은 없습니다.

기존 기출에 대한 대학 해설은 다소 복잡하게 풀고 있기에, 꼭 확인하지 않아도 괜찮습니다.

[1]

문제의 정답을 내는 건 너무 쉬우므로 Pass ~ 정답 여부보다 중요한 건...

[1]을 풀면서 $f'_{n+1}(x) = f_n(x)$, $f_{n+1}(x) = f_n(x) + \dfrac{x^{n+1}}{(n+1)!}$ 을 발견하는 것! (식 관찰)

[2]

두 함수 $f_{2025}(x)$, $f_{2026}(x)$ 의 그래프를 직접 구해서 근이 몇 개 있는지 확인할 수 있을까?
누구라도 문제를 읽자마자 두 그래프를 직접 그려 확인하는 것은 불가능하다고 느꼈을 것이다.

그렇다면... 이 시점에서 'n 에 따라 $f_n(x) = 0$ 의 실근의 개수가 결정되는 어떤 일반적인 규칙이 있지 않을까?'
라는 생각 정도는 충분히 할 수 있을 것이다. (언제 $n = 2025$ 까지 일일이 확인합니까...)

이제, 규칙이 있나 확인하기 위해 우선 가장 만만한 $f_4(x)$ 의 그래프를 관찰해보자.

[1]을 잘 푼 학생이라면, $f_4'(x) = f_3(x)$ 임은 어렵지 않게 찾을 수 있을 것이다.
따라서, $f_4(x)$ 는 $f_3(a) = 0$ 인 a 에 대하여 $x < a$ 에서 감소하고 $x > a$ 에서 증가한다.

이때, $f_4(a)$ 의 부호를 알아야 $f_4(x) = 0$ 의 실근의 개수를 파악할 수 있을 것이고,
이후 $f_5(x)$ 의 그래프의 대략적 개형을 유추할 수 있을 것이다.

여기까지 진행했다면, 누구나 다음과 같은 생각을 할 것이다.

'아... 이거 그냥 $f_4(x) > 0$ 이면 좋겠다... 그래야 $f_5(x)$ 가 증가함수가 되어 $f_6(x)$ 도 관찰하기 쉬울 텐데...'

> **여기서 잠깐!**
>
> 물론 $f_4(a) > 0$ 임을 다음과 같이 직접 확인해도 좋습니다.
>
> $$f_4(a) = f_3(a) + \frac{a^4}{4!} = 0 + \frac{a^4}{4!} > 0 \ (\because f_3(0) = 1 \Rightarrow a \neq 0)$$

여기서 한발짝 더 나아가 일반적인 상황에 대해 생각해보면...

'이럴 거면 그냥 항상 $f_{짝수}(x) > 0$ 이고 $f_{홀수}(x)$ 이 증가함수이면 좋을텐데...'

와 같은 생각을 할 수 있을 것이다. (사실상 생각보단 희망사항에 가깝긴 하다 ㅋㅋ)
왜냐면, 위의 생각대로 문제가 설계되었다면 정말 쉽고 간결한 상황이기 때문이다.

$f_{짝수}(x)$ 는 $f_{짝수}(x) > 0$ 이므로, $f_{짝수}(x) = 0$ 은 실근을 갖지 않고,
$f_{홀수}(x)$ 는 증가하는 다항함수이므로, $f_{홀수}(x) = 0$ 은 1 개의 실근을 갖기 때문이다. (완전 쉬운 상황이죠?)

이쯤되면 아래와 같은 생각이 떠오르지 않을 수가 없다.

> **여기서 잠깐!**
>
> '어... 저는 안 떠오르던데요..?'
>
> 충분히 그럴 수 있다! 그런 경우, 위의 방법 외 여러 가지 다른 방법들을 시도해보자. 아마 꽤 많은
> 시간이 지난 후, 위의 생각을 스스로 떠올리는 자신을 발견하게 될 것이다..!

이제, 모든 자연수 n 에 대하여 $f_{2n}(x) > 0$ 이고 $f_{2n-1}(x)$ 은 증가하는 다항함수임을 보이는 시도는 너무 당연하다. 모든 자연수 n 에 대한 명제의 증명이니, 수학적 귀납법을 가장 먼저 시도해봐야겠다!

(i) $n = 1$ 인 상황은 너무 쉬우니 Pass ~
(ii) $n = k$ 일 때, $f_{2k}(x) > 0$, $f_{2k-1}(x)$ 은 증가하는 다항함수임을 가정하자.

이제, $n = k+1$ 인 상황 ($f_{2k+2}(x) > 0$, $f_{2k+1}(x)$ 은 증가하는 다항함수)과
$n = k$ 인 상황을 어떻게 연결할지 간단하게 예측해보면...[21]

$f_{2k+2}(x)$ 는 $f_{2k+1}(x)$ 로부터, $f_{2k+1}(x)$ 는 $f_{2k}(x)$ 로부터 정보를 얻을 수 있겠다..! ($\because$ [1]에서의 식 관찰)

위에서 예측한 사실을 바탕으로 $n = k+1$ 인 상황을 확인하자.

(i) $f_{2k+1}(x)$ 은 증가하는 다항함수임을 확인
  $f'_{2k+1}(x) = f_{2k}(x) > 0$ 이므로, $f_{2k+1}(x)$ 는 증가하는 다항함수임을 알 수 있다.

(ii) $f_{2k+2}(x) > 0$ 임을 확인
  $f'_{2k+2}(x) = f_{2k+1}(x) = 0$ 인 x 의 값을 a 라 하면, $f_{2k+2}(x)$ 는 $x = a$ 에서 극솟값 $f_{2k+2}(a)$ 를 갖는다.
  이때, $f_{2k+2}(a) = f_{2k+1}(a) + \dfrac{a^{2k+2}}{(2k+2)!} = 0 + \dfrac{a^{2k+2}}{(2k+2)!} > 0$ 임을 알 수 있다.

$$(\because f_{2k+1}(0) = 1 \implies a \neq 0)$$

즉, 수학적 귀납법에 의하여 $f_{짝수}(x) > 0$, $f_{홀수}(x)$ 는 증가하는 다항함수이다.

따라서, $f_{짝수}(x) = 0$ 의 실근의 개수는 0 개, $f_{홀수}(x) = 0$ 의 실근의 개수는 1 개이다! (문제 끝!)

---

21) 항상 예측 후 계산이 중요하다고 했다.

[Comment 1]

살면서 처음 보는 조건으로 정의된 수열 a_n 이 제시되었고, 이때 수열 $\{a_n\}$의 20260 번째 항의 값을 구하는 상황을 생각해보자.

이 문제의 답을 구하라고 했을 때, '20259 번 대입해서 답 찾아야지~'라고 생각하는 사람은 그 누구도 없을 것이다. 100이면 100 모두 '일단 $\{a_n\}$의 규칙을 찾아야지~'라고 생각할 것이다.

왜? 이게 현 교육과정에서 원하는 것이고 학교에서도 이렇게 배웠으니까. 즉,

'광범위한 상황22)에서 대가리 박지 말고, 무조건 규칙성을 찾아서 똑똑하게 풀자.'

가 현 교육과정에서 광범위한 상황에 대한 유일한23) 해석 방법이다.

여기서 한발짝 더 나아가, 이 생각은 수열 뿐 아니라 '문제 풀이법 선택'에서도 그대로 사용된다.
예를 들어 설명하면 다음과 같다.

본인이 떠올린 문제 풀이 방법을 사용하기 직전

'아... 근데 이 방법... 너무 복잡하고 말도 안되는 계산이 있는 것 같은데...?'

와 같은 생각이 들었다면, 그 풀이 방법은 옳지 않은 풀이 방법(= 폐기해야 할 풀이)일 확률24)이 높다는 것이다!

따라서 이런 경우도 수열에서 대입 노가다 대신 규칙성을 찾던 것과 같이, 해당 풀이를 즉시 폐기하고

내가 못 찾은 어떤 Idea
(= 수열에서의 규칙성과 같이 문제를 똑똑하게 풀 수 있게 해주는 장치)

를 찾는 것에 집중해야 한다.

[Comment 2]

분명히 말해둔다. **[Comment 1]**에서 말한 '말도 안되는 과한 풀이법'을 '무조건 버텨내야 하는 볼륨이 큰 풀이법'과 확실하게 구분할 수 있어야 한다. 이를 구분하는 실력은 본인의 수학 경험치에서 나오는 것이므로, 아직 본인이 수학을 잘하는 것 같지 않다면... 본인이 어떤 풀이를 떠올렸든 일단 그 풀이에 온전히 부딪혀가며 머리를 깨는 시간을 갖자.

이렇게 머리가 깨지는 시간, '이게 아닌가..?'하며 해설지를 읽는 시간, 해설을 봤더니 '와... 이 정도는 해야 하는구나...' 하는 시간이 점점 늘어나다보면, 어느샌가 두 풀이법을 구분하는 자신을 발견하게 될 것이다. (엄청난 계산량을 버티는 체력이 생기는 것은 덤이다.)

---

22) 규모가 큰 상황을 뜻 한다. 예시 : a_{20260} 을 구하는 것, $f(x)$를 6번 합성한 함수의 식을 구하는 것
23) 단순 대입하여 구하는 것을 제외했을 때 (솔직히 20259번 대입하는걸 방법이라고 하긴 좀...)
24) **[Comment 2]**의 내용 참고

[1] $f_1(x) = 1 + x = 0 \Rightarrow x = -1$ ∴ 실근 개수 1개.

$f_2(x) = 1 + x + \frac{1}{2}x^2$

$\Rightarrow f_2'(x) = 1 + x$ 이므로 $f_2(x)$는 $x = -1$ 에서 극소이자 최솟값을 가진다.

이때, $f_2(x) \geq f_2(-1) > 0$ 이므로 $f_2(x) = 0$의 실근이 존재하지 않는다.

∴ 실근 개수 0개.

$f_3(x) = 1 + x + \frac{1}{2}x^2 + \frac{1}{6}x^3$

$\Rightarrow f_3'(x) = 1 + x + \frac{1}{2}x^2 > 0 \; (\because f_2(x) \geq f_2(-1) > 0)$ 이므로

$f_3(x)$는 증가하는 삼차함수이다.

∴ 실근 개수 1개.

[2]   모든 자연수 n에 대하여 $f_{2n}(x) > 0$, $f_{2n-1}(x)$는 증가하는 다항함수임을 보이자.

i) $n = 1$ 일때

$f_2(x) = 1 + x + \frac{1}{2}x^2 = \frac{1}{2}(x+1)^2 + \frac{1}{2} > 0$

$f_1'(x) = 1 > 0$ 이므로 $f_1(x)$는 증가하는 다항함수.   ∴ 성립.

ii) $n = k$ 일때 $f_{2k}(x) > 0$, $f_{2k-1}(x)$는 증가하는 다항함수라고 가정하자.

$f_{2k+1}'(x) = f_{2k}(x) > 0$ ∴ $f_{2k+1}(x)$은 증가하는 다항함수.

$f_{2k+2}'(x) = f_{2k+1}(x) = 0$ 을 만족하는 x는 유일하고 $(\because f_{2k+1}(x)$은 증가하는 다항함수$)$

그 값을 a라 하면, $f_{2k+2}(x)$는 $x = a$ 에서 극소이자 최소를 가진다.

이때 $f_{2k+2}(a) = \dfrac{a^{2k+2}}{(2k+2)!}$ $\left(\because f_{2k+2}(x) = f_{2k+1}(x) + \dfrac{x^{2k+2}}{(2k+2)!} , \; f_{2k+1}(a) = 0 \right)$

$> 0 \; (\because f_{2k+1}(0) = 1$ 이므로 $a \neq 0)$ 이므로 $f_{2k+2}(x) > 0$ 이다.

∴ $n = k+1$ 일 때에도 성립.

따라서 수학적 귀납법에 따라 모든 자연수 n에 대하여 $f_{2n}(x) > 0$, $f_{2n-1}(x)$는 증가하는 다항함수이다.

∴ $f_{2026}(x) = 0$의 실근의 개수는 0개, $f_{2025}(x) = 0$의 실근의 개수는 1개이다.

귀류법   # 복잡한 수열의 구조와 규칙 이해   # 식 관찰

고난도 문제일수록 식 관찰의 Detail이 중요하다.

❶ 대학 제공 해설

[1]

주어진 정의에 따라서 계산해 보면, $a_1 = a_2 = 0$이므로,

집합 $\{k | k$는 자연수, $k \leq 2$이고 $a_k = 0\}$의 원소의 개수는 2이다. 따라서, $a_6 = a_5 = a_4 = 0$이다.

집합 $\{k | k$는 자연수, $k \leq 3$이고 $a_k = 0\}$의 원소의 개수도 2이므로, $a_8 = a_7 = a_6 = 0$이다.

집합 $\{k | k$는 자연수, $k \leq 4$이고 $a_k = 0\}$의 원소의 개수는 3이므로, $a_9 = 1$, $a_{10} = 0$이다.

[2]

(i) 모든 자연수 n에 대하여,

집합 $\{k | k$는 자연수, $k \leq n$이고 $a_k = 0\}$의 원소의 개수가 짝수라면 $a_{2n} = a_{2n+1} = a_{2n+2}$이고,

집합 $\{k | k$는 자연수, $k \leq n$이고 $a_k = 0\}$의 원소의 개수가 홀수라면 $a_{2n} \neq a_{2n+1}$이고 $a_{2n+1} \neq a_{2n+2}$이므로 $a_{2n} = a_{2n+2}$이다. 주어진 조건에 의하여 $a_2 = 0$이고, $a_{2k} = 0$이라고 가정하면 $a_{2(k+1)} = a_{2k} = 0$이다.

따라서 수학적 귀납법에 의하여 모든 자연수 n에 대하여 $a_{2n} = 0$이다.

(ii) $n \geq m$인 모든 자연수 n에 대하여 $a_{n+1} = a_n$이 되도록 하는 자연수 m이 존재한다고 가정하자.

그러면 a_m의 값에 따라서 수학적 귀납법에 의하여 $n \geq m$인 모든 자연수 n에 대하여 $a_n = 0$이거나, 모든 자연수 n에 대하여 $a_n = 1$이어야 한다.

그런데, (a)에 의하여 모든 자연수 n에 대하여 $a_n = 1$일 수는 없다. 따라서 $n \geq m$인 모든 자연수 n에 대하여 $a_n = 0$이어야 한다. $n \geq m$인 경우 집합 $\{k | k$는 자연수, $k \leq n+1$이고 $a_k = 0\}$의 원소의 개수는 집합 $\{k | k$는 자연수, $k \leq n$이고 $a_k = 0\}$의 원소의 개수보다 1만큼 많으므로 $\{k | k$는 자연수, $k \leq n$이고 $a_k = 0\}$의 원소의 개수가 홀수인 n이 존재한다. 그러면 $a_{2n+1} \neq a_{2n}$이므로 모순이다. 귀류법에 의하여 문제에서 주어진 명제는 참이다.

[3]

먼저 자연수 k에 대하여 수열의 네 항 a_{4k-1}, $a_{4k,}$, a_{4k+1}, a_{4k+2} 중에는 0이 세 개, 1이 한 개 있다는 사실을 다음과 같이 두 경우로 나누어서 보일 수 있다.

(경우 1) a_1, a_2, ..., a_{2k-1} 중에 0이 짝수개 있는 경우 $a_{4k-1} = a_{4k-2} = 0$

$a_{2k} = 0$이므로 a_1, a_2, ..., a_{2k-1}, a_{2k} 중에는 0이 홀수개 있고 $a_{4k+1} \neq a_{4k} = 0$이므로, $a_{4k+1} = 1$이고 $a_{4k+2} = 0$

(경우 2) a_1, a_2, ..., a_{2k-1} 중에 0이 홀수개 있는 경우 $a_{4k-1} \neq a_{4k-2} = 0$이므로 $a_{4k-1} = 1$

a_1, a_2, ..., a_{2k-1}, a_{2k} 중에는 0이 짝수개 있고 $a_{4k+1} = a_{4k} = 0$

$k = 1$, 2, $\cdots$, 506을 대입하면 $a_1 = a_2 = 0$이므로 집합 $\{k | k$는 자연수, $k \leq 2026$이고 $a_k = 0\}$의 원소의 개수는 $2 + 506 \times 3 = 1520$이다. $a_{2026} = 0$이므로, $\{k | k$는 자연수, $k \leq 2025$이고 $a_k = 0\}$의 원소의 개수는 1519

[1]

규칙이 복잡해 보이지만 천천히 생각하면 쉬운 규칙이다. 주어진 규칙을 해석하면 다음과 같다.

① n 에 숫자 대입하기

② $\dfrac{n}{2}$ 항을 포함한 이전 항들을 관찰... ㉠ 0 인 항이 짝수개 → (n 항에서) $n+1$ 항으로 넘어갈 때, 값 유지!!

㉡ 0 인 항이 홀수개 → (n 항에서) $n+1$ 항으로 넘어갈 때, 값 변화!!

위의 규칙을 잘 이해하고 수열을 나열했다면, $a_9 = 1$, $a_{10} = 0$ 을 쉽게 찾을 수 있다.

[2-1]

모든 짝수항이 0 임을 보여야 한다. $a_2 = 0$ 과 $a_4 = 0$ 은 알고 있는데... 그 이후는 어떻게 해야할까?
문제에서 '이어진 항에 대한 규칙'을 제시했으므로, 이 규칙을 써야하는 건 당연하다.

'이어진 항'에 대한 규칙이라... 그냥 $2n$ 항과 $2n+2$ 항 사이의 규칙만 찾아내면 끝 아닐까?

> **여기서 잠깐!**
>
> 이걸 보고 '너무 발상적인거 아닌가요?'라는 질문이 생긴 학생이 있을 것이다.
> 하지만, 이는 **[1]**을 풀었다면 무조건 해야만 하는 발상이다.
>
> 왜? **[1]**에서 두 개의 항을 알고 있으니 규칙에 의해 나머지 항들이 도미노처럼 쭉 나열되었던 것처럼,
> **[2-1]**에서도 인접한 짝수항에 대한 규칙만 알아낸다면 $a_2 = 0$ 과 $a_4 = 0$ 을 통해 나머지 짝수항들 또한
> 도미노처럼 0 으로 쭉 나열시킬 수 있기 때문이다. (정말 똑같은 접근 방법 아닌가..?)
>
> 이를 부정하는 학생은 유일하다. **[1]**의 결과를 본인의 손으로 직접 구해보지 않은 것.
> 해설만 읽고 '아 그렇게 하면 $a_9 = 1$, $a_{10} = 0$ 이 나오나보다~' 하고 넘겼다면 당연히 이 부분이 발상적으로 느꼈을 것이다.
>
> **수학은, 머리 뿐만 아니라 손이 부지런한 사람이 잘한다.**

이어진 항에 대한 규칙을 알고 있으므로, 인접한 짝수항에 대한 규칙도 매우 쉽게 찾을 수 있겠다!
주어진 규칙의 n 자리에 각각 $2n$, $2n+1$ 을 넣으면...

① [$2n$ 항 → $2n+1$ 항]의 규칙
② [$2n+1$ 항 → $2n+2$ 항]의 규칙

이 등장! 그리고 이 둘을 엮으면 곧 [$2n$ 항 → $2n+2$ 항]의 규칙이 등장한다.

이제 주어진 규칙의 n 자리에 각각 $2n$, $2n+1$ 을 넣어 변형된 규칙을 찾아보자. 물론 이 과정에서 $\left[\dfrac{2n}{2}\right]$ 항[25)] 혹은

$\left[\dfrac{2n+1}{2}\right]$ 항을 포함한 이전 항들에서의 0 의 개수에 따라 규칙이 바뀌므로 Case 분류도 필요할 것이다!

다음과 같이 네 가지로 Case 분류 하자!

(ⅰ-ⅰ) $\left[\dfrac{2n}{2}\right]$ 항을 포함한 이전 항들에서의 0 의 개수가 짝수

　　　 규칙에 의하여 $a_{2n+1} = a_{2n}$ 이다.

(ⅰ-ⅱ) $\left[\dfrac{2n+1}{2}\right]$ 항을 포함한 이전 항들에서의 0 의 개수가 짝수

　　　 규칙에 의하여 $a_{2n+2} = a_{2n+1}$ 이다.

즉, n 항을 포함한 이전 항들에서의 0 의 개수가 짝수 일 때, $a_{2n+2} = a_{2n}$ 임을 알 수 있다.

(ⅱ-ⅰ) $\left[\dfrac{2n}{2}\right]$ 항을 포함한 이전 항들에서의 0 의 개수가 홀수

　　　 규칙에 의하여 $a_{2n+1} \neq a_{2n}$ 이다.

(ⅱ-ⅱ) $\left[\dfrac{2n+1}{2}\right]$ 항을 포함한 이전 항들에서의 0 의 개수가 짝수

　　　 규칙에 의하여 $a_{2n+2} \neq a_{2n+1}$ 이다.

이때, 수열 a_n 이 가질 수 있는 값이 0과 1 뿐 임을 생각하면...
n 항을 포함한 이전 항들에서의 0 의 개수가 홀수 일 때, $a_{2n+2} = a_{2n}$ 임을 알 수 있다.

위의 사실들을 종합하면, 모든 자연수 n 에 대하여 $a_{2n+2} = a_{2n}$ 임을 알 수 있다!

---

25) 해설의 가독성을 위해 가우스 기호를 사용했습니다. 논술에서는 자주 쓰이는 기호이니 친숙해집시다 ㅠㅠ

[2-2]

문제에서 주어진 상황은 다음과 같다.

$$\text{'}\, a_m = a_{m+1} = a_{m+2} = \cdots \text{ 을 만족시키는 어떤 자연수 } m \text{ 이 존재하지 않음을 보이시오.'}$$

즉, m 항 이후의 모든 항이 같도록 하는 m 은 존재하지 않음을 보이는 문제이다. 그런데...
풀이를 어떻게 시작할지 좀 막막한 감이 있다. 따라서, 일단 **[2-1]**를 최대한 이용해서 풀이 방향을 잡아보자.

[2-1]에서 수열의 모든 짝수항이 언제나 0이라 하였다. 이 사실을 바탕으로, 모든 짝수항이 0이면 결국
a_m, a_{m+1}, a_{m+2}, $\cdots$ 중에서도 0인 항이 무조건 존재한다는 것쯤은 어렵지 않게 알 수 있다.

즉, 문제의 주어진 상황을

$$\text{'}\, 0 = a_m = a_{m+1} = a_{m+2} = \cdots \text{ 을 만족시키는 어떤 자연수 } m \text{ 이 존재하지 않음을 보이시오.'}$$

정도로, 조금은 좁힐 수 있다.

이제 조금 풀만한 것 같다. 여기까지 정리했다면 제시문의 귀류법을 이 떠오른 학생들이 꽤 많을 것이다.

> **여기서 잠깐!**
>
> '저는 수학적 귀납법 쓰고 싶은데요...'라는 생각을 가진 학생들은 반성하자! 앞의 본편에서도 말했지만,
> '~이면 ~가 존재하지 않는다.'와 같은 <u>이분법적 명제</u>는 귀류법이 큰 위력을 발휘한다고 했다!

귀류법을 사용하기 위해 다음과 같은 명제를 만들어보자.

$$\text{'}\, 0 = a_m = a_{m+1} = a_{m+2} = \cdots \text{ 인 어떤 자연수 } m \text{ 이 존재한다.'}$$

이제, 수열의 규칙을 잘 이용하여 위의 가정을 증명하는 과정에서 모순을 찾아내기만 하면 문제 끝이다!

문제의 수열의 규칙에서 각각의 항을 결정하는 중요한 요인이 무엇이었는지 떠올려보자.
바로, $\left[\dfrac{n}{2}\right]$ 항을 포함한 이전 항들에서의 0 의 개수이다.

이 0 의 개수에 따라 수열의 값을 '<u>유지</u>'하거나 '<u>변화</u>'시키는 구조로 수열이 진행된다.

이때, 우리에게 주어진 상황은 m 항 이후의 항들이 모두 0 으로 '<u>유지</u>'되는 상황이다. (식 관찰)
위의 사실과 수열의 규칙을 잘 생각해보면...

1 항 ~ $\left[\dfrac{m}{2}\right]$ 항은 0 의 개수가 짝수개이고, (이전 항들의 0 의 개수가 짝수여야 수열의 값 유지!) ······ ㉠

$\left[\dfrac{m}{2}\right] + 1$ ~ $(m-1)$ 항은 0 이 존재하면 안됨을 알 수 있다. (이전 항들의 0 의 개수를 짝수로 유지시키기!) ······ ㉡

여기서 잠깐!

뜬금포 발상은 아니어도 위의 결과를 도출하는 것 자체가 꽤 어렵다.
다음 근거를 참고하여 수열을 직접 나열하면 조금 더 쉽게 결과를 도출할 수 있을 것이다.

㉠ : $a_m = a_{m+1}$ 이어야 하기 때문이다.
㉡ : $a_{m+i} = a_{m+i+1}$ 이어야 하기 때문이다. (단, i 는 자연수)

$\Rightarrow$ 1 이 처음 등장하는 순간, 1 항부터 $\left[\dfrac{m+i}{2}\right]$ 항까지의 0 의 개수가 홀수가 되는 자연수 i 가 존재!

그런데... 식 관찰의 Detail을 챙기는 학생이라면 여기서 이런 생각이 떠오를 것이다.

'아니 내가 이렇게 열심히 $(m-1)$ 항까지 0 의 개수를 맞춰줘도, 결국 m 항에서 0 이 하나 추가되는데?'

그렇다. 이전까지 아무리 0 의 개수를 잘 맞춰줘도... 결국 $a_m = 0$ 때문에 $a_{2m} = 1$ 이 되는 것이다... (허무하죠..?)

여기서 잠깐!

어떻게 이런 생각을 하는걸까? 대답은 생각보다 단순하다.

'처음부터 끝까지 0 의 개수에 집중하다보니 그냥 생각났어요..!'

이게 바로 식 관찰의 Detail이다. '식이나 상황을 관찰할 때, 일부(= 특이점)가 아닌 전체를 관찰하는 것'.
앞으로도 비슷한 상황이 나오게 된다면, 내가 식 관찰의 Detail을 잘 살리고 있나 생각해보자.

증명 과정에서 모순을 발견했으므로, 귀류법에 의하여 문제의 조건 증명 완료..!

[3]

미리 말하지만, 이 문제는 굉장히 발상적인 문항이다... 해설과 '발상의 사후적 근거!'를 가볍게 읽어보는 걸로 충분하 겠다.

（ⅰ）a_1, $\cdots$, a_{2k-2}, a_{2k-1} 중 0의 개수를 짝수라 가정해보자. (?!)
　　따라서 수열의 규칙에 의해 $a_{4k-2} = a_{4k-1}$ 이다.

　　또한 $a_{2k} = 0$ 이므로, a_1, $\cdots$, a_{2k}의 0의 개수는 홀수이다.
　　따라서 수열의 규칙에 의해 $a_{4k} \neq a_{4k+1}$ 이다.

　　수열의 짝수항이 항상 0임과 수열이 0과 1만 가짐을 이용하여 위의 사실을 정리하면
　　$a_{4k-2} = a_{4k-1} = a_{4k} = 0$, $a_{4k+1} = 1$ 임을 알 수 있다.

（ⅱ）a_1, $\cdots$, a_{2k-2}, a_{2k-1} 중 0의 개수를 홀수라 가정해보자. (?!)
　　따라서 수열의 규칙에 의해 $a_{4k-2} \neq a_{4k-1}$ 이다.

　　또한 $a_{2k} = 0$ 이므로, a_1, $\cdots$, a_{2k}의 0의 개수는 짝수이다.
　　따라서 수열의 규칙에 의해 $a_{4k} = a_{4k+1}$ 이다.

　　수열의 짝수항이 항상 0임과 수열이 0과 1만 가짐을 이용하여 위의 사실을 정리하면
　　$a_{4k-2} = a_{4k} = a_{4k+1} = 0$, $a_{4k-1} = 1$ 임을 알 수 있다.

위의 사실을 종합하면, k의 값과 관계없이 a_{4k-2}, a_{4k-1}, a_{4k}, a_{4k+1}에서 0의 개수는 항상 3이다.

> **발상의 사후적 근거!**
>
> 짝수항이 언제나 0인 것은 알고 있으므로... 홀수항의 규칙만 찾아낸다면 문제가 쉽게 풀릴 것이다.
>
> 따라서 **[2-1]**에서와 같은 방법으로 [$2n+1$항 → $2n+2$항]의 규칙과 [$2n+2$항 → $2n+3$항]의 규칙을 묶어 [$2n+1$항 → $2n+3$항]의 규칙을 찾으려는 시도는 매우 당연한데... 이게 잘 안될 것이다.
>
> 이 시행착오를 거치다보면...
>
> > '음... 그렇다면 a_{2n+1}과 같이 홀수항을 한 번에 처리하려 하지 말고, a_{4n-1}과 a_{4n+1}과 같이 두 가지로 나눠서 해석해 볼까? 어차피 두 수열을 합치면 홀수항 전체를 나타낼 수 있을테니까!'
>
> 라는 생각이 들면서 위의 풀이에 조금이라도 가까워질 수 있을 것이다.
>
> ('전체 = 부분1 + 부분2'라는 논리는 앞에서 이미 배운 논리이긴 해서 그리 발상적이라 말할 순 없지만... 부분1 = a_{4n-1}, 부분2 = a_{4n+1}을 떠올리는 것은 충분히 발상적이다. 이런건 그냥 받아드리자...)

따라서 $2025 = 1 + 2024$ 이므로, 문제에서 제시한 집합의 원소의 개수는 1519 이다.

[Comment 1]

낯선 수열을 만났을 때는 다음과 같이 행동한다고 했다.

(수열의 진행성 예측) → 대입 후 나열 with Case 분류 → 수열 관찰 → (규칙성 찾기)

이 문제도 수열 $\{a_n\}$ 의 정의가 사악해(?)보이지만, 막상 문제를 풀어보면 위의 구조를 단 하나도 벗어나지 않았다.
이렇듯 수열 문제를 풀 때는 '일단 해볼 수 있는 용기'가 필요하다. 그러니 너무 겁먹지 말고 Just Do It!

[Comment 2]

논제 3에 이어, 다시 한번 '전체 = 부분$_1$ + 부분$_2$'라는 Idea가 등장했다. 이 Idea의 핵심은

전체에 대한 조건을 사용하기 힘드니, 전체에 대한 조건을
'내가 잘 활용할 수 있는' 부분적인 조건들로 쪼개어 해석하는 것 (관점의 전환)

임을 기억하자. 사실 이는 문제를 풀 때 가지고 있어야 할 굉장히 기본적인 태도인데도 불구하고, 한번 데이기 전까지는
쉽게 떠올리지 못한다. 하지만 우리는 이미 두 번이나 경험해봤으니, 다음번에 비슷한 상황이 나온다면 떠올릴 수 있어
야 한다! (미리 스포하자면 이 '비슷한 상황'은 [Show and Prove 2편]에서 만나게 될 것이다. ^-^)

[Comment 3]

수능에서 보통 '특이점'에 대한 관찰만을 주로 다루다보니, 학생들도 그에 맞춰 특이점만을 관찰하려는 경우가 많다.
이런 습관은 문제에서 설계한 함정에 빠지기 쉬운 관찰 습관이다. 따라서 어떤 '조건'에 맞춰 무언가를 관찰하는 경우,

전체에 대한 관찰 → 특이점에서의 관찰 → 다시 한번 전체에 대한 관찰

과 같은 구조로 '내가 누락한 것이 없는지 두 번 생각'하는 태도를 가져야한다. 대게 [2-2]와 같이 불확실한 상황에서의
관찰에서 '특이점에서의 관찰'이 하나의 경험이 되어, '내가 놓쳤던 전체에 대한 관찰'을 찾아주기도 하기 때문이다.

이는 수열 문제 뿐 아니라, 수2 문제에서도 꼭 갖고 있어야 할 습관이므로 이번 기회에 잘 기억해두자.
그 어떤 문제도 '특이점에서만 확인/관찰하시오.'라고 발문을 제시하지 않는다! 전체에 대한 관찰은 언제나 필수!

❹ 최종답안

[1] $a_1 = a_2 = 0$

$n = 2, 3$ 일 때 $k \le \dfrac{n}{2}$, $a_k = 0$ 을 만족하는 자연수 k의 개수가 홀수이므로, $a_2 \ne a_3 = 1$
$$a_3 \ne a_4 = 0$$

$n = 4, 5$ 일 때 $k \le \dfrac{n}{2}$, $a_k = 0$ 을 만족하는 자연수 k의 개수가 짝수이므로, $a_4 = a_5 = 0$
$$a_5 = a_6 = 0$$

같은 방법으로 구하면 $a_6 = a_7 = 0$
$$a_7 = a_8 = 0$$
$$a_8 \ne a_9 = 1$$
$$a_9 \ne a_{10} = 0$$

$$\therefore a_9 = 1, \ a_{10} = 0 \ \text{이다.}$$

[2]-(a) i) $k \le \dfrac{2n}{2}$ 일 때 $a_k = 0$ 을 만족하는 자연수 k의 개수가 짝수라면,

$k \le \dfrac{2n+1}{2}$ 일 때에도 $a_k = 0$ 을 만족하는 자연수 k의 개수가 짝수이다.

$$\therefore a_{2n+1} = a_{2n} , \ a_{2n+2} = a_{2n+1} \text{이므로} \ a_{2n} = a_{2n+2}.$$

ii) $k \le \dfrac{2n}{2}$ 일 때 $a_k = 0$ 을 만족하는 자연수 k의 개수가 홀수라면,

$k \le \dfrac{2n+1}{2}$ 일 때에도 $a_k = 0$ 을 만족하는 자연수 k의 개수가 홀수이다.

$$\therefore a_{2n+2} \ne a_{2n} , \ a_{2n+2} \ne a_{2n} \text{이므로} \ a_{2n} = a_{2n+2}.$$

$$\therefore \text{모든 자연수 } n \text{에 대하여 } a_{2n} = a_{2n+2} \text{가 성립한다.}$$

이때, $a_2 = 0$ 이므로 $a_2 = a_4 = a_6 = \cdots = 0$ 이고, 모든 자연수 n에 대하여 $\underline{a_{2n} = 0}$ 이 성립한다.
$$\text{①}$$

[2]-(b) 다음 조건을 만족하는 어떤 자연수 m이 존재한다고 가정하자.
$$a_m = a_{m+1} = a_{m+2} = \cdots$$
위 항들 중 짝수번째 항이 반드시 하나 존재하고, ① 에 의해 짝수번째항은 0이므로
$$a_m = a_{m+1} = \cdots = a_{2m-1} = a_{2m} = a_{2m+1} = \cdots = 0 \text{이다.}$$

우선 $a_m = a_{m+1} = \cdots = a_{2m-1} = 0$ 을 만족하려면,

$k \le \dfrac{m}{2}$ 일 때 $a_k = 0$ 을 만족하는 k의 개수는 짝수개이고, $\dfrac{m}{2} < k < m$ 일 때 a_k는 모두 1이어야한다. ②

한편, $a_{2m} = a_{2m+1} = 0$ 을 만족하려면,

$k \le \dfrac{2m}{2} = m$ 일 때 $a_k = 0$ 을 만족하는 k의 개수가 짝수개여야 하는데
$$\text{② 에서 홀수개임을 알 수 있으므로 모순이다.}$$

따라서 문제에서 주어진 조건을 만족하는 자연수 m은 존재하지 않는다.

[3]   i) $a_1 \sim a_{2k-1}$ 중 0의 개수가 짝수라면, $a_{4k-2} = a_{4k-1}$ 이고

　　　$a_1 \sim a_{2k}$ 중 0의 개수는 홀수이므로 $a_{4k} \neq a_{4k+1}$ 이다.

　　　　　∴ ①에 의해 $a_{4k-2} = a_{4k} = 0$ 이고, $a_{4k-1} = 0$, $a_{4k+1} = 1$ 이다.

　　ii) $a_1 \sim a_{2k-1}$ 중 0의 개수가 홀수라면, $a_{4k-2} \neq a_{4k-1}$ 이고

　　　$a_1 \sim a_{2k}$ 중 0의 개수는 짝수이므로 $a_{4k} = a_{4k+1}$ 이다.

　　　　　∴ ①에 의해 $a_{4k-2} = a_{4k} = 0$ 이고, $a_{4k+1} = 0$, $a_{4k-1} = 1$ 이다.

따라서 모든 자연수 n에 대하여 $a_1 \sim a_{2n-1}$ 중 0의 개수와 상관없이
$$a_{4n-2} \sim a_{4n+1} \text{ 중 0은 3개, 1은 1개를 가진다.}$$

$2025 = 1 + 4 \times 506$ 이므로 문제에서 구하고자하는 집합의 원소의 개수는 $1 + 3 \times 506 = 1519$개이다

$$\therefore 1519개$$

Show and Prove

1

수리논술을 위한 Basic Logic & 수학 1

최신 기출 갈무리 해설 모음

최신 기출 갈무리

논제 1

$0 < \theta < \alpha$, $\theta = \alpha$, $\alpha < \theta < \pi$에 따른 제시된 상황을 각각 그림으로 나타내면 다음과 같다.

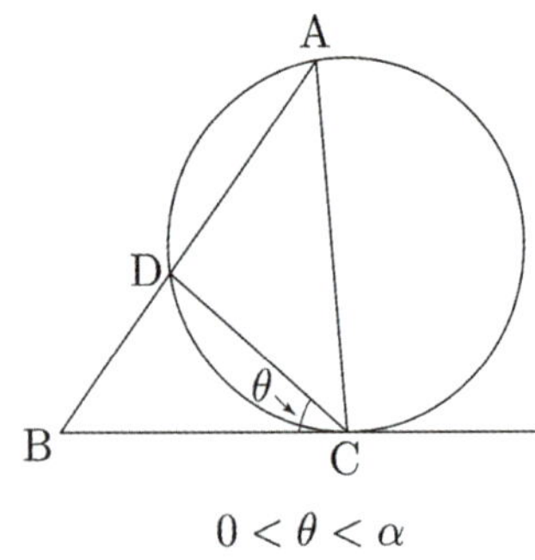

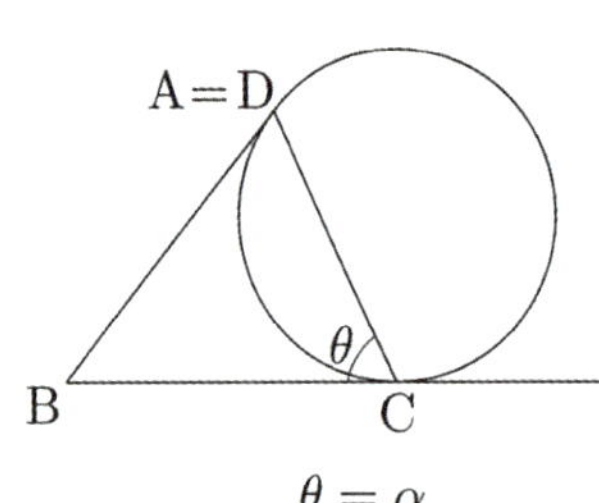

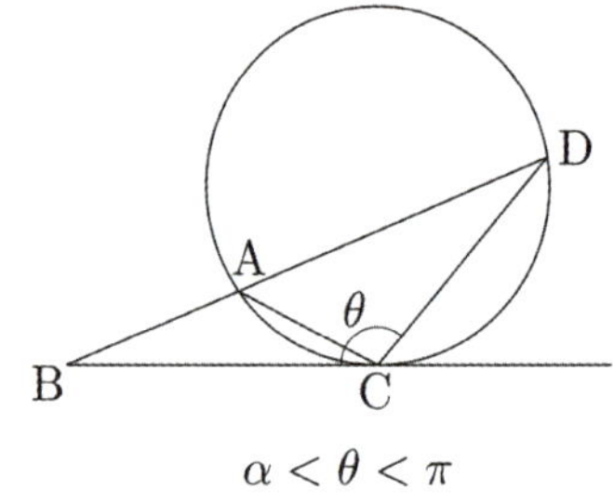

[1]

원의 반지름을 r이라고 하자. $0 < \theta < \alpha$, $\theta = \alpha$, $\alpha < \theta < \pi$의 세 가지 경우로 나누어서 r을 찾는다.

(i) $0 < \theta < \alpha$인 경우

접선과 현이 이루는 각의 성질에 의하여 $\angle \mathrm{CAD} = \angle \mathrm{DCB} = \theta$이다.

$\overline{\mathrm{CD}} = 3$이므로 삼각형 CAD에 사인법칙을 적용하면 $r = \dfrac{3}{2\sin\theta}$이다.

(ii) $\theta = \alpha$인 경우

더 긴 길이를 갖는 호 AC 위에 양 끝점이 아닌 임의의 점을 E라고 하자.

접선과 현이 이루는 각의 성질에 의하여 $\angle \mathrm{CED} = \angle \mathrm{DCB} = \theta$이다.

$\overline{\mathrm{CD}} = 3$이므로 삼각형 CED에 사인법칙을 적용하면 $r = \dfrac{3}{2\sin\theta}$이다.

(iii) $\alpha < \theta < \pi$인 경우

접선과 현이 이루는 각의 성질에 의하여 $\angle \mathrm{CAD} = \pi - \angle \mathrm{DCB} = \pi - \theta$이다.

$\overline{\mathrm{CD}} = 3$이므로 삼각형 CAD에 사인법칙을 적용하면 $r = \dfrac{3}{2\sin(\pi - \theta)} = \dfrac{3}{2\sin\theta}$이다.

따라서 (i), (ii), (iii)에 의하여 $r = \dfrac{3}{2\sin\theta}$이다.

[2]

원이 점 D에서 직선 BD와 접할 경우, 삼각형 BCD는 이등변삼각형이다.

$\overline{BC} = \overline{BD} = 4$, $\overline{CD} = 3$, $\angle BCD = \alpha$이므로 코사인법칙을 적용하면 $\cos\alpha = \dfrac{4^2 + 3^2 - 4^2}{2 \cdot 4 \cdot 3} = \dfrac{3}{8}$이다.

이로부터 $\sin\alpha = \dfrac{\sqrt{55}}{8}$이므로 **[1]**에서 얻은 식을 활용하면 $r = \dfrac{3}{2\sin\alpha} = \dfrac{12}{\sqrt{55}}$이다.

[별해 풀이]

선분 CD의 중점을 H라고 하면, 직각삼각형 BCH으로부터 $\cos\alpha = \dfrac{\overline{CH}}{\overline{BC}} = \dfrac{3}{8}$을 얻는다.

[3]

삼각형 BCD에 코사인법칙을 적용하면 $\overline{BD}^2 = 9 + 16 - 2 \cdot 3 \cdot 4\cos\theta = 25 - 24\cos\theta$이다.
이제 다음 두 경우를 나누어서 생각해보자.

(i) $0 < \theta < \alpha$인 경우

할선정리에 의해 $4^2 = \overline{BD}\left(\overline{BD} + f(\theta)\right)$이므로 $f(\theta) = \dfrac{4^2 - \overline{BD}^2}{\overline{BD}} = \dfrac{24\cos\theta - 9}{\sqrt{25 - 24\cos\theta}}$이다.

(ii) $\alpha < \theta < \pi$인 경우

할선정리에 의해 $4^2 = \overline{BD}\left(\overline{BD} - f(\theta)\right)$이므로 $f(\theta) = \dfrac{\overline{BD}^2 - 4^2}{\overline{BD}} = \dfrac{9 - 24\cos\theta}{\sqrt{25 - 24\cos\theta}}$이다.

한편 $0 < \cos\alpha < \dfrac{1}{2}, 0 < \alpha < \pi$ 이므로 $\dfrac{\pi}{3} < \alpha < \dfrac{\pi}{2}$이다.

따라서 (i)로부터 $f\left(\dfrac{\pi}{3}\right) = \dfrac{3}{\sqrt{13}}$이고, (ii)로부터 $f\left(\dfrac{\pi}{2}\right) = \dfrac{9}{5}$이다.

[4]

다음 세 가지 경우로 나누어서 생각해보자.

$(\mathrm{i}) \; 0 < \theta < \alpha$인 경우

삼각형 BCD와 삼각형 BAC는 서로 닮음이므로 $3 : \overline{\mathrm{AC}} = 4 : (f(\theta) + \overline{\mathrm{BD}})$이다.

이때 $\overline{\mathrm{AC}} = f(\theta)$이므로 위 식을 정리하면 $\overline{\mathrm{BD}} = \dfrac{1}{3} f(\theta)$이다.

이때 $\overline{\mathrm{BD}} = \sqrt{25 - 24\cos\theta}$, $f(\theta) = \dfrac{24\cos\theta - 9}{\sqrt{25 - 24\cos\theta}}$이므로 이를 연립하여 계산하면 $\cos\theta = \dfrac{7}{8}$이다.

$(\mathrm{ii}) \; \theta = \alpha$인 경우

$f(\theta) = 0$, $\overline{\mathrm{AC}} = \overline{\mathrm{DC}} = 3$이므로 $f(\theta) \neq \overline{\mathrm{AC}}$이다.

$(\mathrm{iii}) \; \alpha < \theta < \pi$인 경우

삼각형 BAC와 삼각형 BCD는 서로 닮음이므로, $\overline{\mathrm{AC}} : 3 = 4 : \overline{\mathrm{BD}}$를 얻는다.

이때 $\overline{\mathrm{BD}} = \sqrt{25 - 24\cos\theta}$, $\overline{\mathrm{AC}} = f(\theta) = \dfrac{9 - 24\cos\theta}{\sqrt{25 - 24\cos\theta}}$이므로 이를 연립하여 계산하면 $\cos\theta = -\dfrac{1}{8}$이다.

따라서 (i), (ii), (iii)에 의하여 가능한 모든 $\cos\theta$는 $\dfrac{7}{8}$, $-\dfrac{1}{8}$이다.

$t = 2\sin\left(\dfrac{\pi}{2}a\right)$ 라고 놓자.

$|f(t)| = \sqrt{3}$, 즉 $\dfrac{|2t|}{\sqrt{t^2+1}} = \sqrt{3}$ 을 정리하면 $t = \pm\sqrt{3}$ 이다.

즉, $2\sin\left(\dfrac{\pi}{2}a\right) = \sqrt{3}$ 또는 $2\sin\left(\dfrac{\pi}{2}a\right) = -\sqrt{3}$ 이 되는 양수 a를 찾아보자.

(i) $2\sin\left(\dfrac{\pi}{2}a\right) = \sqrt{3}$ 을 만족하는 양수 a는 $a = \dfrac{2}{3} + 4(k-1)$ 또는 $a = \dfrac{4}{3} + 4(k-1)$ 이다. (단, k는 자연수)

(ii) $2\sin\left(\dfrac{\pi}{2}a\right) = -\sqrt{3}$ 을 만족하는 양수 a는 $a = \dfrac{8}{3} + 4(k-1)$ 또는 $a = \dfrac{10}{3} + 4(k-1)$ 이다. (단, k는 자연수)

따라서 (i), (ii)로부터 이 값들을 크기 순서로 나열하여 얻어지는 수열 $\{a_n\}$은 다음과 같다.

$$a_{2k-1} = \dfrac{2}{3} + 2(k-1), \quad a_{2k} = \dfrac{4}{3} + 2(k-1)$$

따라서

$$\sum_{k=1}^{2n} a_k = \sum_{k=1}^{n} \left(a_{2k-1} + a_{2k}\right)$$
$$= \sum_{k=1}^{n} \{2 + 4(k-1)\}$$
$$= 2n^2$$

이므로, $\displaystyle\sum_{k=1}^{62} a_k = 1922$, $\displaystyle\sum_{k=1}^{64} a_k = 2048$을 얻는다.

또한 $a_{63} = \dfrac{188}{3}$, $a_{64} = \dfrac{190}{3}$ 이므로, $\displaystyle\sum_{k=1}^{63} a_k < 2025 < \sum_{k=1}^{64} a_k$ 이다.

따라서 $\displaystyle\sum_{k=1}^{m} a_k > 2025$를 만족하는 최소의 자연수 m은 64이다.

점 R에서 선분 BC에 내린 수선의 발을 H라 하고, $\overline{BQ}=a$라 하자.

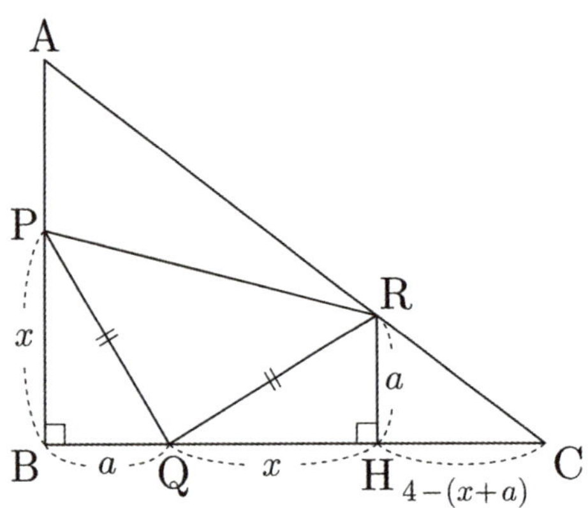

이때 삼각형 PBQ와 삼각형 QHR은 합동이므로 $\overline{HR}=\overline{BQ}=a$이다.

이때 $\overline{HC}=4-(x+a)$이고 $\tan C=\dfrac{\overline{RH}}{\overline{HC}}=\dfrac{3}{4}$이므로 이를 정리하면 $a=\dfrac{12-3x}{7}$이다.

삼각형 PQR의 넓이를 S라 하자.
삼각형 PQR의 넓이는 사다리꼴 PBHR의 넓이에서 삼각형 PBQ의 넓이와 삼각형 QHR의 넓이를 뺀 것이므로

$$S=\frac{1}{2}\left(x+\frac{12-3x}{7}\right)^2-2\times\frac{1}{2}x\times\frac{12-3x}{7}=\frac{29}{49}\left(x-\frac{18}{29}\right)^2+\frac{36}{29}$$

이다. $0\le x\le 3$이므로, $S=\dfrac{29}{49}\left(x-\dfrac{18}{29}\right)^2+\dfrac{36}{29}$는 $x=\dfrac{18}{29}$일 때, 넓이의 최솟값 $\dfrac{36}{29}$을 갖는다.

따라서 구하는 x의 값은 $\dfrac{18}{29}$이다.

[1]

직선 AP 가 원 C_1 과 만나는 점을 Q' 라 할 때, $\overline{AQ} = 3 \times \overline{AQ'}$ 가 되도록 점 Q 를 잡자.

할선 정리에 의하여 $\overline{AP} \times \overline{AQ'} = 3$ 이므로, $\overline{AQ} = 3 \times \overline{AQ'}$ 가 되도록 점 Q' 를 잡으면 $\overline{AP} \times \overline{AQ} = 9$ 를 만족시킨다.

즉, 단순히 점 Q' 의 자취를 점 A 를 기준으로 3 배 확대시킨 것이 점 Q 의 자취인 것이다.

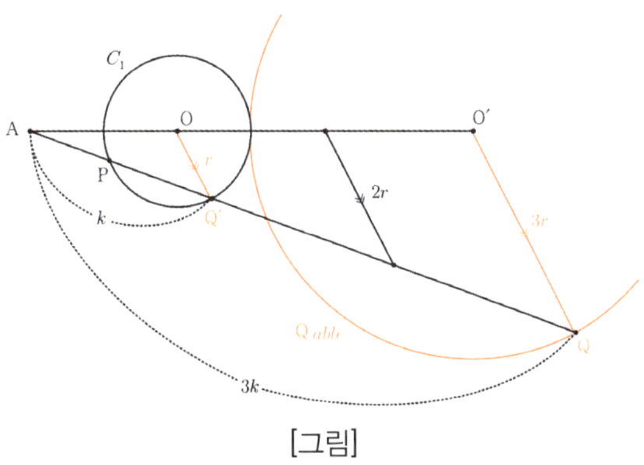

[그림]

따라서, 점 Q가 그리는 도형의 방정식은 $(x-4)^2 + y^2 = 3^2$ 임을 알 수 있다.

[2]

답안 작성과 해설의 편의성을 위해, 두 원 C_1, C_2 로 둘러싸인 공통영역의 경계에 대하여
왼쪽 경계를 곡선 l_1 , 오른쪽 경계를 곡선 l_2 라고 하자.

점 P 의 움직임을 곡선 l_1 과 곡선 l_2 에 대하여 한번에 관찰하는 것은 힘들어 보인다.
따라서, 문제의 상황을 두 가지 **Case**로 나눠 점 Q' 과 점 Q 의 자취를 생각해보자.

(i) 점 P 가 곡선 l_1 위에서 움직일 때

직선 AP 가 원 C_1 과 만나는 점을 Q' 라 할 때, **[1]**과 같은 원리로 점 Q' 의 자취는 아래의 그림과 같다.

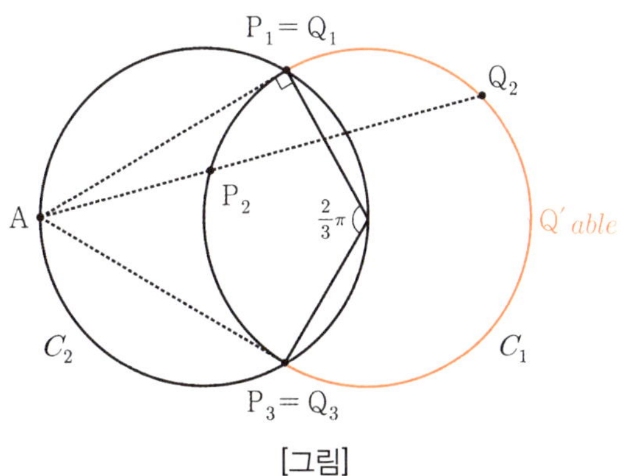

[그림]

이때, **[1]**에서와 같은 원리로 **[그림]**의 점 Q' 의 자취를 3 배 확대시킨 것이 점 Q 의 자취임을 알 수 있다.

따라서, 점 Q 의 자취는 반지름이 3 이고 중심각의 크기가 $\dfrac{4}{3}\pi$ 인 부채꼴의 호와 같다.

(ii) 점 P 가 곡선 l_2 위에서 움직일 때

$\overline{\text{AP}} \times \overline{\text{AQ}} = 9$ 임을 삼각비를 이용하여 나타내면 아래의 [그림 1]과 같다.

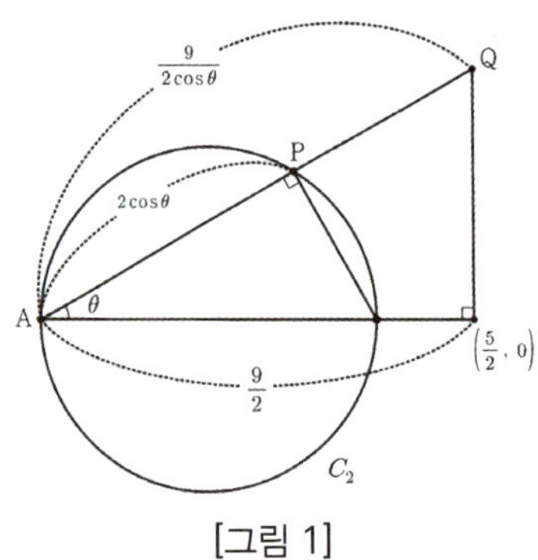

[그림 1]

따라서, θ 의 값에 상관없이 점 Q 가 $x = \dfrac{5}{2}$ 위의 점임을 알 수 있다.

이제, 위의 사실을 바탕으로 점 Q 의 자취를 구하면 [그림 2]와 같다.

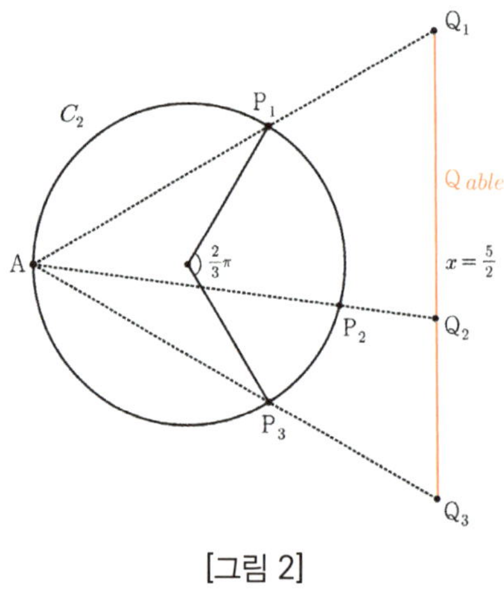

[그림 2]

따라서, 점 Q 의 자취는 $\left(\dfrac{5}{2},\,0\right)$ 을 지나고 y 축과 수직인 길이가 $3\sqrt{3}$ 인 선분임을 알 수 있다.

위의 사실을 종합하면, (i)과 (ii)에서 각각 점 Q 의 자취의 길이를 더한 값이 문제의 답임을 알 수 있다.

$\therefore$ (점 Q가 그리는 도형의 길이) $= 4\pi + 3\sqrt{3}$

$a_1 = S_1$, $a_n = S_n - S_{n-1}$ $(n \geq 2)$이므로 경우를 짝수와 홀수로 나누자.

(ⅰ) $n = 2m$ $(m \geq 1)$인 경우, $S_{2m} = \dfrac{1}{2}(S_{2m} - S_{2m-1}) - 2$이므로 $S_{2m} = -S_{2m-1} - 4$를 얻는다.

(ⅱ) $n = 2m+1$ $(m \geq 1)$인 경우, $S_{2m+1} = 2(S_{2m+1} - S_{2m}) + 3$이므로 $S_{2m+1} = 2S_{2m} - 3$을 얻는다.

따라서 (ⅰ), (ⅱ)에 의해

$$S_{2m+2} = -(2S_{2m} - 3) - 4 = -2S_{2m} - 1$$

이므로 위 식에 $m = 3,\ 2,\ 1$을 반복하여 대입하면

$$S_8 = -2S_6 - 1 = 4S_4 + 1 = -8S_2 - 3$$

이다. 따라서, $S_2 = -\dfrac{507}{2}$이므로 $S_2 = -S_1 - 4$를 이용하면, $S_1 = a_1 = \dfrac{499}{2}$이다.

삼각형 BAC의 넓이는 삼각형 BAD와 삼각형 DAC의 넓이의 합과 같다.

$$2\sin 3x = 2f(x)\sin x + f(x)\sin 2x$$

삼각함수의 덧셈정리에 의해 $\sin 3x = \sin(x + 2x) = \sin x \cos 2x + \cos x \sin 2x$ 이므로 위 식을 정리하면

$$f(x) = \frac{4\cos^2 x - 1}{1 + \cos x}$$

이다. 따라서 $\cos x = y$로 치환하여 적분하면 아래와 같다.

$$\int_{\frac{\pi}{6}}^{\frac{\pi}{4}} \frac{4\cos^2 x - 1}{1 + \cos x} \sin^3 x \, dx = \int_{\frac{\pi}{6}}^{\frac{\pi}{4}} \frac{4\cos^2 x - 1}{1 + \cos x} (1 - \cos^2 x)\sin x \, dx$$

$$= -\int_{\frac{\sqrt{3}}{2}}^{\frac{\sqrt{2}}{2}} \frac{4y^2 - 1}{y + 1} (1 - y^2) \, dy$$

$$= \int_{\frac{\sqrt{2}}{2}}^{\frac{\sqrt{3}}{2}} (4y^2 - 1)(1 - y) \, dy$$

$$= \frac{\sqrt{2}}{6} - \frac{3}{16}$$

(i) $n=1$일 때 $\dfrac{1}{\sqrt{1}} \geq 1$이므로 주어진 부등식이 성립한다.

(ii) $n=k$일 때 부등식 $\displaystyle\sum_{m=1}^{k^2} \dfrac{1}{\sqrt{2m-1}} \geq k$가 성립한다고 가정하자.

위 부등식의 양변에 $\dfrac{1}{\sqrt{2k^2+1}} + \dfrac{1}{\sqrt{2k^2+3}} + \cdots + \dfrac{1}{\sqrt{2(k+1)^2-1}}$ 을 더하면

$$\sum_{m=1}^{k^2} \dfrac{1}{\sqrt{2m-1}} + \dfrac{1}{\sqrt{2k^2+1}} + \dfrac{1}{\sqrt{2k^2+3}} + \cdots + \dfrac{1}{\sqrt{2(k+1)^2-1}}$$
$$\geq k + \dfrac{1}{\sqrt{2k^2+1}} + \dfrac{1}{\sqrt{2k^2+3}} + \cdots + \dfrac{1}{\sqrt{2(k+1)^2-1}}$$

여기에서,

$$\sum_{m=1}^{k^2} \dfrac{1}{\sqrt{2m-1}} + \dfrac{1}{\sqrt{2k^2+1}} + \dfrac{1}{\sqrt{2k^2+3}} + \cdots + \dfrac{1}{\sqrt{2(k+1)^2-1}} = \sum_{m=1}^{(k+1)^2} \dfrac{1}{\sqrt{2m-1}}$$

임을 알 수 있다.

또한, $\dfrac{1}{\sqrt{2k^2+1}} + \dfrac{1}{\sqrt{2k^2+3}} + \cdots + \dfrac{1}{\sqrt{2(k+1)^2-1}}$ 의 항의 개수는 $2k+1$이므로,

$$\sum_{m=1}^{(k+1)^2} \dfrac{1}{\sqrt{2m-1}} \geq k + \dfrac{2k+1}{\sqrt{2(k+1)^2-1}} = k + \sqrt{\dfrac{4k^2+4k+1}{2k^2+4k+1}} = k + \sqrt{1 + \dfrac{2k^2}{2k^2+4k+1}} \geq k+1$$

가 성립한다.

즉, $n=k+1$일 때도 주어진 부등식이 성립한다.

따라서 수학적 귀납법에 의해, 모든 자연수 n에서 주어진 부등식이 성립한다.

[1]

삼각형 OP_1P_2에서 사인법칙을 적용하면

$$\frac{\overline{OP_2}}{\sin\left(\pi-\left(\alpha+\frac{\pi}{3}\right)\right)}=\frac{\overline{OP_1}}{\sin\frac{\pi}{3}}$$

이므로 $\overline{OP_2}=\dfrac{2}{\sqrt{3}}\sin\left(\alpha+\dfrac{\pi}{3}\right)\overline{OP_1}$ 이다.

직각삼각형 OP_3P_2에서 $\overline{OP_3}=\sin\alpha\,\overline{OP_2}$ 이다.

이와 같은 방법으로 α 대신 $\dfrac{\pi}{2}-\beta$를 사용하여 값을 구하면 다음과 같다.

$$\overline{OP_4}=\frac{2}{\sqrt{3}}\sin\left(\frac{\pi}{2}-\beta+\frac{\pi}{3}\right)\overline{OP_3}$$

$$\overline{OP_5}=\sin\left(\frac{\pi}{2}-\beta\right)\overline{OP_4}$$

위의 결과들과 $\overline{OP_1}=1$을 모두 적용하면,

$$\overline{OP_5}=\frac{4}{3}\sin\left(\alpha+\frac{\pi}{3}\right)\sin\alpha\,\sin\left(\frac{\pi}{2}-\beta+\frac{\pi}{3}\right)\sin\left(\frac{\pi}{2}-\beta\right)$$

이다. 이때, $\sin\left(\dfrac{\pi}{2}-\beta+\dfrac{\pi}{3}\right)=\cos\left(\beta-\dfrac{\pi}{3}\right)$, $\sin\left(\dfrac{\pi}{2}-\beta\right)=\cos\beta$임을 이용하여 식을 정리하면

$$\overline{OP_5}=\frac{4}{3}\sin\left(\alpha+\frac{\pi}{3}\right)\sin\alpha\,\cos\left(\beta-\frac{\pi}{3}\right)\cos\beta$$

이다. 따라서, $A=\dfrac{4}{3}$, $B=\dfrac{\pi}{3}$, $C=-\dfrac{\pi}{3}$ 이다.

[2]

$\beta = \dfrac{\pi}{6}$ 이면, $\overline{OP_5} = \overline{OP_1}\sin\left(\alpha + \dfrac{\pi}{3}\right)\sin\alpha$ 이다.

또한 삼각형 OP_1P_2, OP_5P_6, OP_9P_{10}, $\cdots$ 들은 모두 닮음이고, 그 닮음비가

$$\frac{\overline{OP_5}}{\overline{OP_1}} = \frac{\overline{OP_9}}{\overline{OP_5}} = \cdots = \sin\left(\alpha + \frac{\pi}{3}\right)\sin\alpha$$

이다. 따라서 $\overline{OP_1} + \overline{OP_5} + \overline{OP_9} + \cdots$ 의 합은 첫째항이 $\overline{OP_1} = 1$ 이고 공비가 $r = \sin\left(\alpha + \dfrac{\pi}{3}\right)\sin\alpha$ 인 등비급수의

합이다. 따라서, $0 < \alpha < \dfrac{\pi}{2}$ 에서 $|r| < 1$ 이므로

$$f(\alpha) = \frac{1}{1 - \sin\left(\alpha + \dfrac{\pi}{3}\right)\sin\alpha}$$

이다. 이때, $f(\alpha)$를 미분하여 삼각함수의 덧셈정리를 적용하여 정리하면

$$f'(\alpha) = \frac{\cos\left(\alpha + \dfrac{\pi}{3}\right)\sin\alpha + \sin\left(\alpha + \dfrac{\pi}{3}\right)\cos\alpha}{\left(1 - \sin\left(\alpha + \dfrac{\pi}{3}\right)\sin\alpha\right)^2} = \frac{\sin\left(2\alpha + \dfrac{\pi}{3}\right)}{\left(1 - \sin\left(\alpha + \dfrac{\pi}{3}\right)\sin\alpha\right)^2}$$

이므로 $f'(\alpha) = 0$ 에서 $\alpha = \dfrac{\pi}{3}$ 이다.

$0 < \alpha < \dfrac{\pi}{2}$ 에서 $f(\alpha)$에 대하여 다음과 같이 증가와 감소의 표를 구할 수 있다.

α	(0)	$\cdots$	$\dfrac{\pi}{3}$	$\cdots$	$\left(\dfrac{\pi}{2}\right)$
$f'(\alpha)$		$+$	0	$-$	
$f(\alpha)$		$\nearrow$	4	$\searrow$	

따라서, $f(\alpha)$는 $\alpha = \dfrac{\pi}{3}$ 에서 최댓값 4를 갖는다.

문제의 조건을 만족시키기 위해서는 각 OAB가 예각이어야 한다.
즉, $\cos\angle OAB > 0$이어야 하므로

$$\overline{AB}^2 + 3^2 - \overline{OB}^2 > 0$$

이어야 한다. 이를 문제에서 주어진 좌표를 대입하면 다음과 같다.

$$\{3\cos t - (7+\cos 3t)\}^2 + (3\sin t - \sin 3t)^2 + 9 - \{(7+\cos 3t)^2 + (\sin 3t)^2\} > 0$$

이 식을 정리하면 다음과 같다.

$$7\cos t + \cos t \cos 3t + \sin t \sin 3t - 3 < 0$$

이때 좌변을 정리하면

$$\begin{aligned}
7\cos t + \cos t \cos 3t + \sin t \sin 3t - 3 &= 7\cos t + \cos(3t - t) - 3 \\
&= 7\cos t + (2\cos^2 t - 1) - 3 \\
&= 2\cos^2 t + 7\cos t - 4
\end{aligned}$$

이므로 부등식 $2\cos^2 t + 7\cos t - 4 < 0$으로부터 $(2\cos t - 1)(\cos t + 4) < 0$을 얻는다.
따라서 $\cos t < \dfrac{1}{2}$이고, t의 범위는 $\dfrac{\pi}{3} < t < \dfrac{5\pi}{3}$이다.

[1]

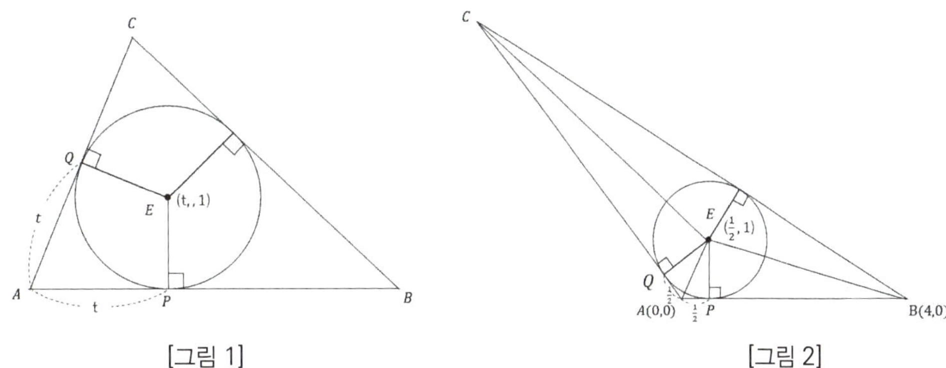

[그림 1]   [그림 2]

[그림 1]과 같이 $A(0, 0)$, $B(4, 0)$, 원의 중심을 $E(t, 1)$ 이라 하자.

직선 AC 의 기울기를 m 이라 하면, 직선 AC 의 방정식은 $y = mx \, (m \neq 0)$이다. 직선 AC 와 점 E 사이의 거리가

내접원의 반지름 1 과 같으므로 $\dfrac{\left| 1 - \dfrac{m}{2} \right|}{\sqrt{m^2 + 1}} = 1$, 따라서 $m = -\dfrac{4}{3}$ 이다.

직선 BC 의 기울기를 n 이라 하면, 직선 BC 의 방정식은 $y = n(x-4) \, (n \neq 0)$이다.

직선 BC 와 점 E 사이의 거리가 내접원의 반지름 1 과 같으므로 $\dfrac{\left| \dfrac{n}{2} - 1 - 4n \right|}{\sqrt{n^2 + 1}} = 1$ 이다.

그러므로 $n = -\dfrac{28}{45}$ 이다.

[그림2]와 같이 직선 $AC : y = -\dfrac{4}{3}x$ 와 직선 $BC : y = -\dfrac{28}{45}(x-4)$ 의 교점을 구하면 $C\left(-\dfrac{7}{2}, \ \dfrac{14}{3} \right)$ 이다.

따라서 삼각형의 넓이는 $\dfrac{1}{2} \times \overline{AB} \times (C \text{ 의 } y \text{ 좌표}) = \dfrac{28}{3}$ 이다.

[2]

삼각형 ABC 가 만들어지려면 $A + B < \pi$ 이어야 한다.

즉 $\pi - A > B$ 이므로 $\dfrac{\pi}{2} - \dfrac{A}{2} > \dfrac{B}{2}$, 따라서 $\tan\left(\dfrac{\pi}{2} - \dfrac{A}{2} \right) > \tan \dfrac{B}{2}$ 이다.

그런데, $\tan\left(\dfrac{\pi}{2} - \dfrac{A}{2} \right) = \dfrac{\sin\left(\dfrac{\pi}{2} - \dfrac{A}{2} \right)}{\cos\left(\dfrac{\pi}{2} - \dfrac{A}{2} \right)} = \dfrac{\cos \dfrac{A}{2}}{\sin \dfrac{A}{2}} = \dfrac{1}{\tan \dfrac{A}{2}}$ 이므로 $\tan \dfrac{A}{2} \tan \dfrac{B}{2} < 1$ 이다.

$\tan \dfrac{A}{2} = \dfrac{1}{t}$, $\tan \dfrac{B}{2} = \dfrac{1}{4-t}$ 이고 $t(4-t) > 1$ 즉 $t^2 - 4t + 1 < 0$ 이므로 $2 - \sqrt{3} < t < 2 + \sqrt{3}$ 이다.

[1]

$\sin\left(2x - \dfrac{3}{2}a_n\right) = \cos\left(2x - \dfrac{3}{2}a_n - \dfrac{\pi}{2}\right)$ 이므로 $\sin\left(2x - \dfrac{3}{2}a_n\right) = \cos\left(x - \dfrac{3}{2}a_n\right)$ 이면

$2x - \dfrac{3}{2}a_n - \dfrac{\pi}{2} = x - \dfrac{3}{2}a_n + 2l\pi$ 인 정수 l이 존재하거나 $2x - \dfrac{3}{2}a_n - \dfrac{\pi}{2} = 2k\pi - \left(x - \dfrac{3}{2}a_n\right)$ 인 정수 k가 존재한다.

각각의 경우

$$x = \dfrac{\pi}{2}, \ \dfrac{\pi}{2} + 2\pi, \ \dfrac{\pi}{2} + 4\pi, \ \dfrac{\pi}{2} + 6\pi, \ \cdots \quad \cdots\cdots ①$$

또는

$$x = a_n + \dfrac{\pi}{6}, \ a_n + \dfrac{\pi}{6} \pm \dfrac{2\pi}{3}, \ a_n + \dfrac{\pi}{6} \pm \dfrac{4\pi}{3}, \ a_n + \dfrac{\pi}{6} \pm \dfrac{6\pi}{3}, \ \cdots \ 중 \ 양수인 \ 것이다. \quad \cdots\cdots ②$$

①을 만족하는 x의 값은 수열의 이전 항의 값에 관계없이 결정되며, ②를 만족하는 x의 값은 이전 항의 값에 따라서 달라질 수 있다.

① 또는 ②를 만족하는 x의 값을 작은 것부터 나열해 보면 a_2는 $\dfrac{\pi}{6}, \ \dfrac{\pi}{2}, \ \dfrac{5\pi}{6}, \ \cdots$ 중에서 2번째 값인 $\dfrac{\pi}{2}$이고,

a_3는 $\dfrac{\pi}{2}, \ \dfrac{2}{3}\pi, \ \dfrac{4}{3}\pi, \ 2\pi, \ \cdots$ 중에서 3번째 값인 $\dfrac{4\pi}{3}$이다.

[2]

각각의 n에 대하여 ②를 만족하는 x는 각각의 구간 $\left(\dfrac{2(m-1)\pi}{3},\ \dfrac{2m\pi}{3}\right]$에 하나씩 존재한다. $(m = 1,\ 2,\ 3,\ \cdots)$

(i) $n = 1$일 때 ①을 만족하는 값 $\dfrac{\pi}{2}$와 ②를 만족하는 가장 작은 값이 서로 다르면,

　a_2는 이 두 값 중 더 큰 값이다.

　②를 만족하는 양수 중 가장 작은 값이 $a_1 + \dfrac{\pi}{6}$가 되려면 $a_1 + \dfrac{\pi}{6} \leq \dfrac{2\pi}{3}$이어야 하고 이 값이 $\dfrac{\pi}{2}$보다 크려면

$\dfrac{\pi}{2} < a_1 + \dfrac{\pi}{6}$이어야 한다. 따라서 $\dfrac{\pi}{3} < a_1 \leq \dfrac{\pi}{2}$이다.

(ii) $n = 1$일 때 ①을 만족하는 값 $\dfrac{\pi}{2}$와 ②를 만족하는 가장 작은 값이 같으면,

　a_2는 ②를 만족하는 x의 값 중 크기순으로 두 번째의 값이다.

　그러므로 $\dfrac{2\pi}{3} < a_2 \leq \dfrac{4\pi}{3}$이어야 하는데, $a_2 = a_1 + \dfrac{\pi}{6}$이므로 ②를 만족하는 가장 작은 값은 $a_1 + \dfrac{\pi}{6} - \dfrac{2\pi}{3}$이고

　이 값이 $\dfrac{\pi}{2}$와 같아야 한다. 따라서 $a_1 = \pi$이다.

그러므로 문제의 조건을 만족하려면 $\dfrac{\pi}{3} < a_1 \leq \dfrac{\pi}{2}$ 또는 $a_1 = \pi$이다.

[3]

$\dfrac{\pi}{2} < a_2 = a_1 + \dfrac{\pi}{6} < \dfrac{2\pi}{3}$인 경우, a_3는 ②를 만족하는 값 중 구간 $\left(\dfrac{2\pi}{3},\ \dfrac{4\pi}{3}\right]$에 있는 것이다.

따라서 $a_3 = a_2 + \dfrac{\pi}{6} = a_1 + \dfrac{\pi}{3}$이다.

a_4는 ②를 만족하는 값 중에 구간 $\left(\dfrac{4\pi}{3},\ 2\pi\right]$에 있는 것이므로 $a_4 = \left(a_3 + \dfrac{\pi}{6}\right) + \dfrac{2\pi}{3} = a_1 + \dfrac{7\pi}{6}$이다.

a_5는 구간 $\left(2\pi,\ \dfrac{8\pi}{3}\right]$에 있으면서 ②를 만족하는 값 $a_1 + 2\pi$와 ①을 만족하는 값 $\dfrac{\pi}{2} + 2\pi$ 중 작은 값인 $a_1 + 2\pi$이다.

위 과정을 반복하면 $a_5,\ a_6,\ a_7,\ a_8$은 각각 $a_1,\ a_2,\ a_3,\ a_4$에 각각 2π씩 더한 값이고 이 규칙성은 4개의 항마다 반복된다.

따라서 $\left\{ \sin a_n \mid n = 1,\ 2,\ 3,\ \cdots \right\} = \left\{ \sin a_1,\ \sin\left(a_1 + \dfrac{\pi}{6}\right),\ \sin\left(a_1 + \dfrac{\pi}{3}\right),\ \sin\left(a_1 + \dfrac{7\pi}{6}\right) \right\}$이고,

$\dfrac{\pi}{3} < a_1 < \dfrac{\pi}{2}$일 때 이 집합의 원소의 개수는 일반적으로 4이지만, $a_1 = \dfrac{5\pi}{12}$일 때는 $\sin a_1 = \sin\left(a_1 + \dfrac{\pi}{6}\right)$이므로 원소의 개수가 3이다.

$a_1 = \dfrac{\pi}{2},\ a_2 = \dfrac{2\pi}{3}$인 경우에는 $a_3 = a_2 + \dfrac{\pi}{6} = \dfrac{5\pi}{6}$이다.

이 이후의 항은 다음과 같다.

(i) $n = 4m$ (m은 자연수)꼴일 때

a_n은

$$\left\{\frac{\pi}{3},\ \frac{\pi}{3}+2\pi,\ \frac{\pi}{3}+4\pi,\ \cdots\right\}\cup\left\{\frac{\pi}{2},\ \frac{\pi}{2}+2\pi,\ \frac{\pi}{2}+4\pi,\ \cdots\right\}$$
$$\cup\{\pi,\ \pi+2\pi,\ \pi+4\pi,\ \cdots\}\cup\left\{\frac{5\pi}{3},\ \frac{5\pi}{3}+2\pi,\ \frac{5\pi}{3}+4\pi\right\}$$

중 n번째의 값이며 이 값은 $\dfrac{5\pi}{3},\ \dfrac{5\pi}{3}+2\pi,\ \dfrac{5\pi}{3}+4\pi,\ \cdots$ 중 하나이다.

(ii) $n = 4m+1$ (m은 음이 아닌 정수)꼴일 때

a_n은

$$\left\{\frac{\pi}{2},\ \frac{\pi}{2}+2\pi,\ \frac{\pi}{2}+4\pi,\ \cdots\right\}\cup\left\{\frac{7\pi}{6},\ \frac{7\pi}{6}+2\pi,\ \frac{7\pi}{6}+4\pi,\ \cdots\right\}\cup\left\{\frac{11\pi}{6},\ \frac{11\pi}{6}+2\pi,\ \frac{11\pi}{6}+4\pi,\ \cdots\right\}$$

중 n번째 값이며 이 값은 $\dfrac{\pi}{2},\ \dfrac{7\pi}{6}+2\pi,\ \dfrac{11\pi}{6}+4\pi,\ \cdots$ 중 하나이다.

(iii) $n = 4m+2$ (m은 음이 아닌 정수)꼴일 때

a_n은

$$\left\{\frac{\pi}{3},\ \frac{\pi}{3}+2\pi,\ \frac{\pi}{3}+4\pi,\ \cdots\right\}\cup\left\{\frac{\pi}{2},\ \frac{\pi}{2}+2\pi,\ \frac{\pi}{2}+4\pi,\ \cdots\right\}$$
$$\cup\left\{\frac{4\pi}{3},\ \frac{4\pi}{3}+2\pi,\ \frac{4\pi}{3}+4\pi,\ \cdots\right\}\cup\{2\pi,\ 4\pi,\ 6\pi,\ \cdots\}$$

중 n번째의 값이며 이 값은 $\dfrac{2\pi}{3},\ \dfrac{2\pi}{3}+2\pi,\ \dfrac{2\pi}{3}+4\pi,\ \cdots$ 중 하나이다.

(iv) $n = 4m+3$ (m은 음이 아닌 정수)꼴일 때

a_n은

$$\left\{\frac{\pi}{6},\ \frac{\pi}{6}+2\pi,\ \frac{\pi}{6}+4\pi,\ \cdots\right\}\cup\left\{\frac{\pi}{2},\ \frac{\pi}{2}+2\pi,\ \frac{\pi}{2}+4\pi,\ \cdots\right\}$$
$$\cup\left\{\frac{5\pi}{6},\ \frac{5\pi}{6}+2\pi,\ \frac{5\pi}{6}+4\pi,\ \cdots\right\}\cup\left\{\frac{3\pi}{2},\ \frac{3\pi}{2}+2\pi,\ \frac{3\pi}{2}+4\pi,\ \cdots\right\}$$

중 n번째의 값이며 이 값은 $\dfrac{5\pi}{6},\ \dfrac{5\pi}{6}+2\pi,\ \dfrac{5\pi}{6}+4\pi,\ \cdots$ 중 하나이다.

이때 집합

$$\{\sin a_n \mid n=1,\ 2,\ 3,\ \cdots\}=\left\{\sin\frac{5\pi}{3},\ \sin\frac{\pi}{2},\ \sin\frac{7\pi}{6},\ \sin\frac{11\pi}{6},\ \sin\frac{2\pi}{3},\ \sin\frac{5\pi}{6}\right\}=\left\{1,\ \pm\frac{1}{2},\ \pm\frac{\sqrt{3}}{2}\right\}$$

의 원소의 개수는 5이다.

따라서 이 집합의 원소의 개수가 될 수 있는 값은 3, 4, 5이다.

Memo

Memo